JN303906

新・数理科学ライブラリ[物理学]=6

量子力学講義

小川 哲生 著

サイエンス社

サイエンス社のホームページのご案内
http://www.saiensu.co.jp
ご意見・ご要望は　rikei@saiensu.co.jp　まで．

まえがき

　原子や分子などの微視的世界では，波動と粒子の二重性が顕著である．このような二重性を持つ微視的要素を取り扱う理論体系が量子力学である．量子力学は物理学の歴史の中でも比較的新しい学問体系であり，量子力学が生まれてまだ100年も経っていない．しかし，現代の物理学の大きな柱であると同時に，自然科学全体においても際だった重要性を担っている．よって，自然科学を志す者は，量子力学およびその自然観を一通りは身につけておかねばならないし，特に物理学を専攻する学生は，完全に理解し自家薬籠中のものにしておかなければならない．微視的世界を記述する体系として構築された量子力学は，その誕生以降も発展を続け，適用される範囲も素粒子の世界から，多彩な性質を示す固体や凝縮物質，宇宙の起源や星の進化など，現代物理学のほとんどすべての分野に及んでいる．さらに物理学だけでなく，化学・工学・分子生物学・情報処理・通信理論等の分野でも量子力学は必須の道具となりつつある．

　しかし，量子力学の教える自然観は，古典力学に慣れ親しんだ者から見ると奇異に映る．量子力学的考え方や自然観に初めて触れると，その「非常識さ」に驚くはずである．そこで，新しい概念や自然観は，目と耳と手を総動員して脳に馴染ませなければならない．だからこそ，理解のためには，教科書を目で追い，講義を耳で聴き，演習問題を手で解き，自分の頭で考える作業が不可欠である．その一助となることを目標に執筆したのが本書である．

　著者は，東京大学工学部，大阪市立大学工学部，東北大学理学部，大阪大学理学部で，15年間以上にわたって量子力学の講義や演習を担当してきた．よって，量子力学が，工学部においては材料工学・電子工学・化学工学などの応用分野の基礎として，理学部においては現代物理学や現代化学の基礎として，いずれの学部でも重要であることを痛切に感じている．これをふまえて，本書は，著者の講義と演習のノートやメモをもとに，学生の表情を思い浮かべながら，学生からの質問の多い点をより詳しく記述した教科書を目指して，工学部・理学部いずれの学生にとっても必要最低限の内容を盛り込んで執筆したものである．

　量子力学に関する優れた教科書が数多く出版されている中で，本書の特徴は，どのページも講義や演習での学生の反応や顔色を思い浮かべながら，講義の臨場感を失わないように記述したことにある．著者自身が，自分の学生時代に量子力学を初めて習った頃の印象を思い出しながら，学生の目から見る立場に絶えず立ちながら執筆した．すなわち，わかりにくい点や重要な点は何度も説明した．また，計算結果や論理的帰結のみを列挙して覚え込ませるのではなく，どのような物理的背景の下でいかなる概念を用いているのか，それはどのような目的のためか，どのような数学的手法を用いて何を表現しようとするのか，それによって得られる御利益は何か，をできる限り明記しようと試みた．目的と手段とをはっきり区別することによって，枝葉末節にとらわれて本筋を見失うことがないようにすることが，初学者には特に有効と考えるからである．また，他の数学書をいちいち参照しなくてもよいように，数学手法もできるだけ解

説した．しかし，重要なのは数学ではなく物理である．よって，計算や数式に惑わされないように物理の本質や考え方の大切な点を明示するように，絶えず心がけた．特に古典力学との比較を通じて，それらの違いや類似に気付きながら，量子力学的考え方に慣れてもらう配慮をした．なお，すべての章にわたってプランク定数 $\hbar$ や光速度 c を省略せずに，物理量の次元がわかるようにしている．

本書が対象としている読者層は，大学の理学部や工学部の低学年の学生で，特に，量子力学を系統的に学び始めようとする学生で，高学年に進むにつれて量子力学を完全にマスターしたいと意気込んでいる学生である．予備知識として，大学の初年級で学ぶはずの古典力学，解析力学，電磁気学と線形代数学を想定している．本書だけでも説明が完結し一通りの理解まで到達できるように心がけて説明を惜しまず執筆したので，学部 2 年生以降の大学生なら，独力でも十分に読み解くことができるはずである．本書を読み進むことによって，量子力学という学問体系にスムーズに入っていけると確信している．また，本書を読破した段階では，量子力学の基本的枠組みを理解し終えているので，量子物性物理学，量子多体問題，相対論的量子力学，場の量子論などの専門書やさらに進んだ教科書に一人で挑戦できるレベルになっているはずである．また，固体物理学や量子化学に進むための基礎も十分身に付いているだろう．

教科書の執筆では，何を書くかよりも何を書かないかが重要であるといわれる．そこで，本書では「量子力学ミニマム」のみに内容を絞った．本書が取り扱う量子力学は，有限個数の粒子を対象とする有限自由度の量子力学，特に 1 粒子系の量子力学に限っており，多粒子系や量子場などの無限自由度の系はほんの紹介にとどめた．量子力学の表現形式についても，量子力学を初めて学ぶ読者を対象としているために，親しみやすい波動関数と微分方程式を用いる波動力学形式（演算子形式）を採用し，行列力学形式にはほとんど触れていない．また，散逸や緩和のような不可逆な時間変化を伴う「開いた系の量子力学」はまったく取り扱っていない．さらに，相対性理論が必要な話題も含まないようにした．経路積分法，散乱の量子論，マクロ系の量子力学については，ほんの導入部分を記しただけである．本書で割愛したテーマのいくつかを列挙しておくと，密度演算子による表現法，分子などの共有結合，観測問題などの量子力学基礎論，量子ホール効果などの電磁場と荷電粒子の相互作用，光の吸収と放出，原子核や凝縮系の問題などである．これらは，さらに上級の教科書や原著論文で勉強すればよい．

第 1 章では，古典物理学の限界が認識されはじめた 20 世紀初頭を振り返りながら，量子力学がどのような動機で，いかなる目的で作られたかを説明する．第 2 章は，波動力学形式の量子力学のもっとも基本的なシュレーディンガー (Schrödinger) 方程式を，「対応原理」という仮定の下で導く．現在ではシュレーディンガー方程式の導出の様々な定式化が提案されているが，ここでは歴史的順序にしたがって，発見的な方法で導出する．ただし，いずれの導出法も，数学的・論理的な導出ではない．量子力学は，深い洞察を基にしたいくつかの「仮定」の上に成り立っていることに注意して欲しい．量子力学の体系と考え方は第 3 章に詳述した．この章が本書の中核となるので，徹底的に熟読して欲しい．第 4 章以降では，量子力学を簡単な系に適用し，古典力学との違いを具体的計算や現象の具体例によって感じ取ってもらう．第 4 章は，1 次元空間中での 1 粒子の量子力学を考える．特に，比較的容易にシュレーディンガー方程式の解の性質を考察できる単純なポテンシャル問題を対象としている．第 5 章では，近似法のいく

つかを紹介する．特に，摂動法に重きを置いてある．第6章は，3次元空間で中心力を及ぼし合う2粒子の量子力学を議論する．角運動量の量子力学を述べた後，水素原子などの単純ではあるが重要な系を量子力学で記述する．スピン角運動量という量子力学で初めて現れる物理量も登場する．第7章は，進んだ教科書を読むための水先案内となるように，量子力学の進んだ話題や最近の話題をごく簡単に紹介した．特に，同種の多粒子系の量子力学では，フェルミ粒子とボーズ粒子という2種類の量子力学的粒子が存在することを示す．

各ページの上段部分が本文である．ページの下段部分には，本文に関連する図面や語句の詳しい説明，数学的証明，より進んだ話題などを掲載している．まずは，上段部分の本文を通読することをお勧めする．本文だけで必要事項は網羅されるように構成してあるが，興味に応じて下段部分を随時参照すればよいだろう．また，各章末問題は，独力でできそうな基本的な問題のみに絞った．本文の理解の確認用として解くとよい．その際，サイエンス社ホームページ(http://www.saiensu.co.jp) にまとめてある略解を読みながら解いても十分に意義はあると思う．ただし，十分な問題数ではないので，他の演習書等を用いて各自で補ってもらいたい．巻末には，書店や図書館などで比較的容易に入手できる，日本語で書かれた教科書を参考文献として列挙している．歴史的に定評のある教科書から，最近の新しいスタイルの教科書まで，著者が目を通したものを幅広く含めた．また，原著論文を本文中で参考文献として挙げることはしなかったが，より本格的な教科書に進んでからじっくりと読めばいいと思う．

なお，本書には記述がまだまだ不十分な箇所や誤りも残っていると危惧している．内容に関する質問やコメントを始めとし，本書に関するご助言，ご叱正なども承りたい．

本書の大部分は，著者が大学生であった時分に，恩師花村榮一先生，田辺行人先生，國府田隆夫先生の講義から学んだことを基盤としている．ここに記して感謝する次第である．また，本書の執筆の機会を与えてくださった宮下精二先生にも，感謝の意を表したい．執筆にあたって，研究室のメンバーである有井宏敏君，花宮輝彰君，中谷正俊君，渡邊耕太君には，数式のチェックなどの多くの協力をしてもらった．出版にあたっては，サイエンス社編集部の田島伸彦氏，渡辺はるか氏に全面的にお世話になった．あつく御礼申し上げたい．

2005年10月

豊中と西宮にて

小川哲生

目 次

1 量子力学の必要性と役割 — 1
- 1.1 離散的なエネルギー：黒体輻射 2
- 1.2 光の粒子性と波動性 5
  - 1.2.1 光量子仮説 5
  - 1.2.2 ヤングの二重スリットの実験 7
- 1.3 ボーアの原子模型 9
- 1.4 物質の粒子性と波動性 12
- 1.5 量子力学の必要性 14
  - 1.5.1 古典力学との相違点 15
- 1.6 章末問題 16

2 対応原理と量子力学の基本方程式 — 19
- 2.1 粒子−波動の二重性と対応原理 20
  - 2.1.1 粒子としての記述 21
  - 2.1.2 波動としての記述 22
  - 2.1.3 量子力学を作るための仮定：対応原理 23
- 2.2 シュレーディンガー方程式 26
  - 2.2.1 時間に依存しないシュレーディンガー方程式 26
  - 2.2.2 時間に依存するシュレーディンガー方程式 27
  - 2.2.3 $\Psi(r,t)$ と $\psi(r)$ の関係 28
- 2.3 章末問題 30

3 要請と基本事項 — 31
- 3.1 数学の準備 32
  - 3.1.1 ディラックのデルタ関数 32
  - 3.1.2 フーリエ級数とフーリエ変換 33
  - 3.1.3 ディラックのデルタ関数のフーリエ変換 36
- 3.2 状態と波動関数 37
  - 3.2.1 波動関数とその確率解釈 37
  - 3.2.2 規格化条件 39
  - 3.2.3 量子状態の重ね合わせの原理 40
- 3.3 物理量と演算子 41
  - 3.3.1 線形エルミート演算子 41

		3.3.2 正準交換関係 42

3.4 固有値と固有関数 46
3.5 物理量の測定値 49
3.5.1 ボルンの確率規則 49
3.5.2 測定値の期待値（平均値） 52
3.5.3 同時固有関数 53
3.5.4 エネルギー固有状態 54
3.6 位置と運動量の固有関数 56
3.6.1 位置演算子とその固有関数 56
3.6.2 運動量（波数）演算子とその固有関数 56
3.7 時間発展と運動法則 58
3.7.1 閉じた系の時間発展：ユニタリー時間発展 59
3.7.2 測定による時間発展：非ユニタリー時間発展 69
3.8 不確定性関係 70
3.8.1 位置と運動量の不確定性関係 70
3.8.2 一般の不確定性関係 73
3.9 ディラックの記法 76
3.9.1 ブラベクトルとケットベクトル 76
3.9.2 座標表示の波動関数 $\psi(\boldsymbol{r}) = \langle \boldsymbol{r}|\psi\rangle$ 78
3.10 章末問題 79

4 1次元空間での1粒子の問題 — 81

4.1 1次元自由粒子の運動 82
4.1.1 自由粒子のエネルギー固有状態 82
4.1.2 一般の自由粒子の時間発展 83
4.1.3 ガウス波束の時間発展 84
4.2 矩形ポテンシャル問題の解き方 87
4.2.1 手順1：区間ごとに解く 88
4.2.2 手順2：各区間の波動関数を接続する 89
4.3 階段状ポテンシャル 91
4.3.1 $0 \leq E < V_0$ の場合：完全反射 92
4.3.2 $E \geq V_0$ の場合：量子反射 95
4.4 ポテンシャル障壁 97
4.4.1 $0 \leq E < V_0$ の場合：トンネル効果 98
4.4.2 $E \geq V_0$ の場合：量子反射 101
4.5 井戸型ポテンシャル 103
4.5.1 $-V_0 \leq E < 0$ の場合：束縛状態 105
4.5.2 $E \geq 0$ の場合：非束縛状態 113
4.6 1次元調和振動子 114
4.6.1 解析的方法：級数展開法とエルミート多項式 115

	4.6.2	代数的方法：演算子法 120
	4.6.3	ハイゼンベルク表示 124
	4.6.4	コヒーレント状態 125
4.7	章末問題 130

5 近似法   131

5.1	定常的摂動法 132
	5.1.1 縮退の無い場合 133
	5.1.2 縮退のある場合 137
5.2	非定常的摂動法 142
	5.2.1 占有確率と遷移確率 142
	5.2.2 フェルミの黄金律 146
	5.2.3 瞬間近似 149
5.3	変分法 150
	5.3.1 レイリー-リッツの変分原理 151
	5.3.2 変分法の手順 152
5.4	WKB法 154
	5.4.1 量子力学の古典極限 154
	5.4.2 WKB近似（準古典近似）.................................... 155
	5.4.3 ボーア-ゾンマーフェルトの量子条件との関係 157
5.5	断熱近似 158
5.6	章末問題 160

6 3次元空間で中心力を及ぼし合う2粒子の問題   161

6.1	3次元中心力ポテンシャル場での1体問題と軌道角運動量 162
	6.1.1 重心運動と相対運動の分離 162
	6.1.2 軌道角運動量演算子 164
	6.1.3 3次元ラプラス演算子と軌道角運動量演算子との関係 165
	6.1.4 動径方程式 166
6.2	軌道角運動量の固有値問題 168
	6.2.1 球面極座標系 168
	6.2.2 軌道角運動量演算子の球面極座標表示 170
	6.2.3 軌道角運動量の固有値問題 171
	6.2.4 "一般化された"角運動量演算子 173
	6.2.5 代数的方法：演算子法 173
	6.2.6 軌道角運動量演算子の固有値 177
	6.2.7 軌道角運動量演算子の固有関数 179
6.3	3次元等方的調和振動子 181
6.4	3次元球対称井戸型ポテンシャル中の束縛状態 184
	6.4.1 井戸内部（$0 \leq r < a$）の解 185

	6.4.2 井戸外部 ($r \geq a$) の解 186
	6.4.3 井戸の内部と外部の接続 187
6.5	水素状原子の束縛状態 189
	6.5.1 解析的方法：級数展開法とラゲール陪多項式 190
	6.5.2 代数的方法：演算子法 195
6.6	スピン角運動量 200
	6.6.1 スピン角運動量演算子 200
	6.6.2 電子，陽子，中性子のスピン角運動量 201
6.7	角運動量の合成 203
	6.7.1 合成された角運動量の量子数 204
	6.7.2 2つの電子のスピン角運動量の合成 208
6.8	章末問題 210

7 進んだ話題 — 211

7.1	ボーズ粒子とフェルミ粒子 212
7.2	多粒子系に対する近似法 216
	7.2.1 独立粒子近似 217
	7.2.2 1体近似：ハートリー近似とハートリー-フォック近似 ... 218
	7.2.3 場の量子論へ 222
7.3	電磁場の量子化 224
7.4	ゲージ不変性とゲージ原理 225
7.5	ベリー位相 227
7.6	経路積分量子化法 229
7.7	散乱現象の量子力学 233
	7.7.1 散乱の積分方程式 234
	7.7.2 ボルン近似 237
	7.7.3 部分波展開法 238
7.8	巨視的量子現象 241
7.9	章末問題 244

参考文献 —————————————————— 245

索　引 ————————————————————— 247

量子力学の必要性と役割

19世紀から20世紀に入る頃，ニュートン (Newton) 力学やマクスウェル (Maxwell) 電磁気学を柱とする古典物理学だけでは説明のつかない現象が発見され始めた．それを引き金にして，新しい自然観とそれに基づく新しい力学体系が必要となった．その頃の状況を振り返りながら，古典物理学だけでは不可解な現象のいくつかを紹介し，量子力学への第一歩を追体験してみる．当時は量子力学誕生の前夜にあたり，前期量子論と呼ばれる試行錯誤の議論が進展していた．前期量子論は，古典物理学から論理的に演繹できない「仮定」のいくつかを含んでいる．しかし，古典物理学では解決できない諸現象を見事に説明できたことから，前期量子論での「仮定」は，自然現象を理解するための，古典物理学では見落とされている重大な鍵だと考えられた．そこで，このような「仮定」をより所にして，新しい量子力学の体系を構築していったのである．この章では，どのような現象を説明するために量子力学が必要とされたのかを理解しよう．

本章の内容

1.1 離散的なエネルギー：黒体輻射
1.2 光の粒子性と波動性
1.3 ボーアの原子模型
1.4 物質の粒子性と波動性
1.5 量子力学の必要性

1.1　離散的なエネルギー：黒体輻射

ニュートン (Newton) 力学（古典力学），マクスウェル (Maxwell) 電磁気学および熱力学・古典統計力学を根幹とする古典物理学は 19 世紀末すでに完成の域に達し，直接観察できる巨視的現象を矛盾無く記述していた．しかし 19 世紀末以降に拓けた原子物理学の分野で微視的現象に対して古典論をそのまま適用すると，多くの矛盾が生じることが漸次判明してきた（解説 1.1 参照）．それは，低温技術の発展や測定方法の進歩という実験技術の進展の賜でもある．

産業革命以降の製鉄業からの工業的な要請と関連し，溶鉱炉の内部の温度を測定するために，高炉から放出される光のエネルギーと温度の関係を調べる必要があった．そこで，19 世紀末から**黒体輻射**の研究が盛んに行われた．任意の物質壁に囲まれた空間（「**空洞**」という）に電磁輻射（光）が存在し，壁と輻射とが温度 T で熱平衡に達すると，輻射のエネルギー E は振動数 ν の各輻射に配分され，単位体積あたりのエネルギー密度分布関数 $u(\nu, T)$ は絶対温度 T によって（壁の物質によらず）一義的に規定される．

このエネルギー密度分布関数として，ウィーン (**Wien**) の**輻射公式**[*1]

[*1] プランク (Planck) の輻射公式 (1.4) の，低温領域あるいは高振動数領域での近似式に相当する．輻射（光）をエネルギー $h\nu$ を持つ古典的粒子から成る理想気体であると考え，マクスウェル-ボルツマン (Maxwell-Boltzmann) 分布則を適用した式である．

解説 1.1　1900 年のケルヴィン卿の講演

19 世紀末を代表する物理学者であったケルヴィン卿 (Lord Kelvin) は，1900 年 4 月に「熱と光の力学的理論の頭上にある 19 世紀の雲」という演題で講演を行っている．そこで未解決の 2 つの問題として，(a) エーテルの運動が観測されない問題（マイケルソン-モーリー (Michelson-Morley) の実験）と，(b) 黒体輻射と物質の比熱の理論が実験と合わない問題とを挙げている．(a) は，1905 年のアインシュタイン (Einstein) の特殊相対性理論によって一気に解決された．(b) は，1900 年 10 月に発表されたプランクの輻射公式 (1.4) がきっかけとなり，量子力学へと発展して解決された．20 世紀に出現した相対性理論と量子力学はニュートン以来の自然観を根底から変革したが，ケルヴィン卿は 19 世紀最後の段階でその出現と必要性を予見していたといえよう．

解説 1.2　黒体と黒体輻射

黒体とは，表面に入射したすべての波長の光を吸収してしまう物質のこと．黒体輻射は黒体の熱輻射である．熱輻射は，溶鉱炉に限らず，電球や太陽の光から宇宙進化の名残を示す 3K 宇宙背景輻射に至るまで，様々な場面に普遍的に存在する重要な現象である．

1.1 離散的なエネルギー：黒体輻射

$$u_{\mathrm{W}}(\nu, T) = \frac{8\pi h \nu^3}{c^3} \exp\left(-\frac{h\nu}{k_{\mathrm{B}} T}\right) \tag{1.1}$$

がすでに知られていた[*2]．ここで c は真空中の光速度[*3]，k_{B} はボルツマン定数[*4]である．しかしこの式は，高温で ν が小さな領域では実験と合わない．他方，エネルギー密度分布関数を古典電磁気学を用いて計算すると，

$$u_{\mathrm{RJ}}(\nu, T) = \frac{8\pi k_{\mathrm{B}} T \nu^2}{c^3} \tag{1.2}$$

となり，これはレイリー-ジーンズ (**Rayleigh-Jeans**) の輻射公式と呼ばれている[*5]．この公式は，高温で ν の小さな低振動数領域の光については実験とよく一致する．しかし，ν が大きくなるとともにエネルギー密度 $u_{\mathrm{RJ}}(\nu, T)$ がどこまでも増え続けてしまい実験と合わない．また，$u_{\mathrm{RJ}}(\nu, T)$ を ν に関

[*2] ウィーンの輻射公式のもともとの形は黒体輻射の波長 $\lambda = c/\nu$ の関数として書かれており，プランク定数 h は含まれていなかった：$u_{\mathrm{W}}(\lambda, T) = C_1 \lambda^{-5} \exp[-C_2/(\lambda T)]$．係数 C_1 と C_2 は実験から決める定数であった．プランク定数 h を用いて，$C_1 = 8\pi ch$，$C_2 = ch/k_{\mathrm{B}}$ と表せることが分かったのは，後になってからである．

[*3] $c = 2.99792 \times 10^8$ m·s^{-1}．

[*4] $k_{\mathrm{B}} = 1.38066 \times 10^{-23}$ J·K^{-1}．

[*5] プランクの輻射公式 (1.4) の，高温領域あるいは低振動数領域での近似式に相当する．輻射（光）を古典的波動（調和振動子）と考え，エネルギー等分配則によってその各自由度に平均エネルギー $k_{\mathrm{B}} T$ を割り当てた式になっている．導出は下段解説を参照．

🔵 レイリー-ジーンズの輻射公式 (1.2) の導出 🔵

一辺の長さが L の立方体の空洞（箱）を考え，この空洞内に閉じ込められている輻射（光）の固有振動（モード）の数を，古典電磁気学を用いて勘定する．光の波長を λ とする．ある 1 次元方向を考えると，定在波の条件は $(\lambda/2)n = L$　（ここで $n = 1, 2, 3, \cdots$）であるから，n 番目の定在波モードの振動数 $\nu(n)$ は，$\nu(n) = nc/(2L)$ となる．考えているのは 3 次元空洞だから，モードの番号を各方向について n_x, n_y, n_z とし，ν を，$n_x c/(2L), n_y c/(2L), n_z c/(2L)$ を軸とする 3 次元空間の動径ベクトルの大きさだと考えると，$\nu(n_x, n_y, n_z) = \sqrt{n_x^2 + n_y^2 + n_z^2}\, c/(2L)$ となる．この空間の単位体積当たりに存在するモードの数（モード数密度）は，$(2L/c)^3 = 8L^3/c^3$ であるから，$\nu \sim \nu + d\nu$ の薄い球殻内に存在するモードの数は，

$$N(\nu)d\nu = 4\pi\nu^2 d\nu \times \frac{8L^3}{c^3} \times 2 \times \frac{1}{8} = \frac{8\pi L^3 \nu^2}{c^3} d\nu \tag{1.3}$$

と計算できる．ここで，$4\pi\nu^2 d\nu$ は球殻の体積，$8L^3/c^3$ はモード数密度，2 は偏光の自由度（光は横波なので，1 つの振動数に対して 2 つの偏光状態がある），$1/8$ は n_x, n_y, n_z が非負であることによる空間象限の制限である．古典統計力学のエネルギー等分配則によれば，温度 T では，調和振動子の各自由度（各モード）に対して平均的に $k_{\mathrm{B}} T$ だけのエネルギーが分配されるから，単位体積当たりのエネルギーは $u_{\mathrm{RJ}}(\nu, T) d\nu = [N(\nu) k_{\mathrm{B}} T / L^3] d\nu$ となり，(1.2) が得られる．

して積分した全エネルギー*6 を求めると，無限大となり発散してしまう．これは原理的な困難である．

プランクはエネルギー密度分布関数を再計算し，1900年に**プランク (Planck) の輻射公式**（図 1.1）

$$u(\nu, T) = \frac{8\pi h \nu^3}{c^3} \frac{1}{\exp[h\nu/(k_B T)] - 1} \quad (1.4)$$

を発表し，実験を見事に説明した．これは，**シュテファン-ボルツマン (Stefan-Boltzmann) の法則**も再現する*7．$h\nu/k_B T$ は無次元量であるから，$h\nu$ はエネルギーの次元を持つ変数である．また，振動数 ν の次元は (時間)$^{-1}$ であるから，h は (エネルギー)×(時間)，すなわち**作用 (action)** の次元を持つ定数となる．この定数 h が，今日では**プランク定数***8 と呼ばれる基本的な普遍定数*9 である．このプランク定数 h を 2π で割った数にも特別に記号が定められていて，$\hbar$ と書く*10．これもプランク定数と呼ばれる．

---

*6 「輻射の全エネルギーは絶対温度の 4 乗に比例する」という**シュテファン-ボルツマン (Stefan-Boltzmann) の法則**がすでに知られていた．

*7 $\int_0^\infty u(\nu, T) d\nu = 8\pi^5 k_B^4 T^4/(15 c^3 h^3)$. 章末問題 (1) を参照．

*8 $h = 6.62607 \times 10^{-34}$ J·s．

*9 プランク定数は，ジュール (J) や秒 (s) の単位で測ると，10^{-34} と非常に小さな値である．つまり，日常の巨視的世界ではプランク定数は無視できるほど小さいので，エネルギーの離散性は目立たず連続的だとみなしても支障はない．

*10 「エイチバー」と発音する．$\hbar \equiv h/(2\pi) = 1.05459 \times 10^{-34}$ J·s．

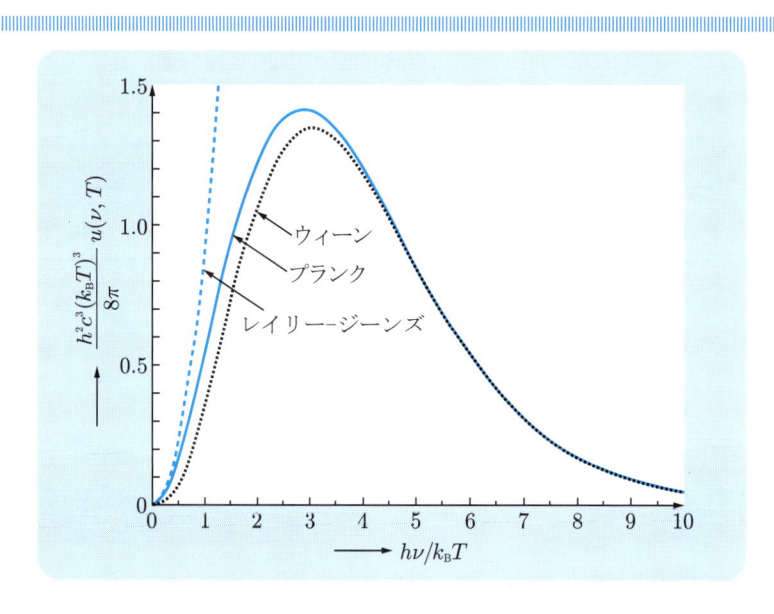

図 1.1 黒体輻射のエネルギー密度分布関数．横軸は $h\nu/(k_B T)$，縦軸は $[h^2 c^3 (k_B T)^3/(8\pi)]u(\nu, T)$．
青い実線：プランクの輻射公式 (1.4)，黒い点線：ウィーンの輻射公式 (1.1)，
青い破線：レイリー–ジーンズの輻射公式 (1.2)．

下段導出で示すように，統計力学にしたがって (1.4) を導くために，プランクは，**エネルギーは連続量ではなく，等間隔で離散的な値をとる**と仮定する**エネルギー量子**の考えを導入し，$E = nh\nu$ ($n = 0, 1, 2, \cdots$) とせざるを得ないという結論に達した．(1.4) で $h \to 0$ の極限[*11]を考えると，$\lim_{h \to 0} h\nu / \{\exp[h\nu/(k_B T)] - 1\} = k_B T$ となるから，レイリー–ジーンズの輻射公式 (1.2) に一致する．しかしこの時点では，プランクの用いたエネルギー量子の仮定は，あくまでも仮定にすぎなかった．量子力学が誕生して初めて，エネルギー量子の本当の意味が明らかになるのである（4.6 節を参照）．

1.2 光の粒子性と波動性

1.2.1 光量子仮説

プランクのエネルギー量子仮説では，エネルギーという物理量が離散的な値をとることを仮定している．この考えをさらに進めたのがアインシュタイン (Einstein) である．マクスウェル電磁気学によって光は電磁波であることが示されていたし，1880 年代のヘルツ (Hertz) の実験によって光が屈折などを示す波動であることが実験的にも確認されていた．しかし 1905 年にアインシュタインは，**光電効果**と呼ばれる現象（p.7 解説 1.4 参照）を説明する

[*11] $h \to 0$ の極限は $h\nu \ll k_B T$ を意味する．よって，プランクの輻射公式は，温度のエネルギー $k_B T$ に比べてエネルギーの離散性 $h\nu$ が無視できるような高温領域あるいは低振動数領域では，レイリー–ジーンズの輻射公式 (1.2) に帰着する．

● プランクの輻射公式 (1.4) の導出 ●

振動数が $\nu \sim \nu + d\nu$ に存在するモードの数 $N(\nu) d\nu$ は，(1.3) で与えられる．1.2.1 項の光量子仮説を用いると，振動数 ν の光は $h\nu$ のエネルギーを持っているから，温度 T で $mh\nu$ のエネルギーを持つ確率（すなわち m 個の光量子が存在する確率）は，統計力学のボルツマンの定理によると，$\exp[-mh\nu/(k_B T)]$ で与えられる．よって，輻射のエネルギー密度 $u(\nu, T)$ は，

$$u(\nu, T) = \sum_{m=0}^{\infty} mh\nu \exp\left(-\frac{mh\nu}{k_B T}\right) \frac{N(\nu)}{L^3} \Big/ \sum_{m=0}^{\infty} \exp\left(-\frac{mh\nu}{k_B T}\right)$$

$$= \frac{8\pi h\nu^3}{c^3} \frac{1}{\exp[h\nu/(k_B T)] - 1}$$

となる．

ために，振動数 ν の光（輻射）そのものがエネルギー $h\nu$ を持つ「粒子」から構成され，それゆえに光の全エネルギーは

$$E = nh\nu \quad (n = 0, 1, 2, \cdots) \tag{1.5}$$

という離散的な値をとる，という**光量子仮説**を提出し，光が理想気体分子と同様に互いに独立なエネルギーの粒子の集合として振る舞うことを提案した．すなわち，全エネルギー $E = nh\nu$ の光は，エネルギー $h\nu$ の**光量子**[*12]が n 個存在したものであると考えた．マクスウェルの電磁波理論に裏付けられるように，光は波としての性格も併せて持っているため，光量子の概念は，**光が粒子と波動の二重の性格を持つ**ことを示している．アインシュタインは輻射公式 (1.4) に基づいて黒体輻射のエネルギーと運動量の時間的揺らぎを計算し，それらが，

$$\text{エネルギー} \quad E = h\nu \tag{1.6}$$

$$\text{運動量の大きさ} \quad p = \frac{h}{\lambda} = \frac{h\nu}{c} \tag{1.7}$$

を持つ粒子とみなして得られる項と古典的波動論に由来する項との和として与えられることを示し，光が「粒子と波動の二重性を持つ」ことを決定づけた．ここで λ は光の波長である．上式左辺の E と p は粒子的描像に，右辺の ν と λ は波動的描像に属する量であるから，$E = h\nu, p = h/\lambda$ という関係式自体に光の二重性が現れている．光電効果だけでなく，**コンプトン効果** (Compton effect) の実験からも，光量子仮説は疑い得ない事実となった．

[*12]今日では，光子 (photon) と呼ばれている．

解説 1.3 エネルギー量子の仮説と固体の比熱

エネルギー量子の仮説は，固体の比熱の問題でも，実験事実を説明するのに大きな役割を果たした．比熱とは，物質の温度を単位の温度だけ上げるのに必要な熱量で，その物質を構成する原子や分子が振動の自由度をたくさん持っていればいるほど，その物質の温度を上げるのに多くの熱量を必要とするから，比熱は原子や分子がどのくらいの振動の自由度を持っているかを表す尺度になっている．固体は原子からできており，原子は 3 次元空間において 3 つの方向に振動できる．よって，古典物理学での固体の比熱は，1 つの振動自由度を単位として 3 倍の大きさの比熱を持つ．これは**デュロン-プティ** (Dulong-Petit) **の法則**と呼ばれている．実際に高温で比熱を測定すると，この法則の通りの比熱が観測されるが，低温では高温の場合と比べて比熱が小さくなり，絶対零度で比熱は 0 に近づく．これを説明するために，振動のエネルギーにも最小単位があり，この最小単位が振動数 ν に比例すると仮定してみる．すると低温では，ν の大きな振動は $\exp[-h\nu/(k_\mathrm{B} T)]$ の因子だけ抑制されるので，ν の大きな振動の寄与はないのと同等になり，低温では実質的な自由度が減ったことに相当する．つまり比熱は小さくなる．

1.2.2 ヤングの二重スリットの実験

ヤング (**Young**) の二重スリットの実験[*13]を考えてみよう．二重スリットを単色光で照射すると，二重スリットの後方のスクリーンには2つのスリットを通過してきた光による干渉縞ができる．干渉縞が生じることは，波動描像では容易に理解できる．これを粒子描像で考えてみよう．(i) 古典力学の質点力学では，1つの粒子はどちらか一方のスリットしか通れない．よって，1つの古典的粒子だけを考えたのでは干渉は決して起こりえない．(ii) 光の強度を小さくし，光源とスクリーンとの間に（平均的に）ただ1個の光子しか存在しないようにしても，露光時間を非常に長くすればやはり干渉縞と同じ露光点パターンが観測される．よって，異なる2つのスリットを通過する2つの粒子の間で干渉が起こっているのでもない．よって，古典力学の粒子描像での理解は不可能である．

さて，この「露光時間を非常に長くすれば，干渉縞と同じ露光点パターンが観測される」とはどういうことだろうか．(iii) 露光時間が短いとスクリーン上の露光は点状になる．これは粒子（光子）描像と合致するし，粒子描像でしか理解できない．露光は単なる点なので，干渉縞とはほど遠い．(iv) そこで露光時間を長くすることによってこのような単一光子露光の実験を多数回行い，多くの光子の到達位置の測定結果を積算すると，光子の到達位置の

[*13] 1800年頃にヤングが光を用いて行った最初の二重スリットの実験は，光が波動性を示すための実験であった．のちにこの実験は，光や物質粒子が粒子性と波動性の両方の性質を持つことを示す有名な実験として取り上げられるようになった．

解説 1.4 光電効果

光電効果とは，紫外線，可視光，赤外線などの電磁波（光）が金属表面に照射されたとき，その表面から電子が飛び出す現象のことである．その飛び出した電子を**光電子**という．金属表面に照射する光の振動数や強度を変えて実験することにより，光電効果には次のような性質があることが分かっている．

(a) 金属に照射される光の振動数 ν が，その金属に特有の振動数 ν_0 よりも大きくないと，光電効果は生じない．ν_0 を光電限界振動数という．つまり，$\nu < \nu_0$ ではどんなに強い光を照射しても光電効果は生じないが，$\nu > \nu_0$ ではどんなに弱い光を照射しても，光を照射した瞬間に光電子が放出される．

(b) 光電子のエネルギー E は，照射した光の強度には無関係で，振動数 ν だけに依存して決まる．$\nu > \nu_0$ では，$E = h\nu - h\nu_0$ である．ここで，$W \equiv h\nu_0$ を，その金属の**仕事関数**という．光電子のエネルギー E はその電子の運動エネルギーなので，電子の質量を m，飛び出す速さを v とすると，$mv^2/2 = h\nu - W$ となるが，これをアインシュタインの光電方程式という．

(c) 照射する光の強度を大きくすると，個々の光電子のエネルギー E は変わらず，放出される光電子の個数が増える．

光電効果のこれらの性質は，光の波動説では説明することができない．

確率分布（ヒストグラム）が得られる．つまり，どの位置に光子は到達しやすいかの確率頻度分布が得られる[*14]．不思議なことにこの分布は，光を波だと考えて得られる干渉縞パターンと一致する．よって，個々の光子（粒）は自分が「波であることを知っているかのように」振る舞っていることになる．
(v) なお，個々の光子がどちらのスリットを通過したのかは特定できない．これを特定する実験を行うと干渉縞は消えてしまうからである[*15]．

結局，古典物理学での波動説だけでも粒子説だけでも実験結果を説明できない．よって，この二重スリットの実験は，光の二重性が端的に表れており，粒子描像と波動描像とを統一的に記述するには何らかの確率的記述が不可欠であるように思われる．さらに，この確率は粒子（光子）の持つ波動的性質で決まっているように見える．なお，1.4節で示すように，粒子と考えられていた電子には波動性があるので，光子の代わりに電子を用いた実験でも同じ結果になる．1つの電子だけを用いた二重スリットの実験は，トノムラ(外村) らによって1989年にようやく成功した（図 1.2 参照）．

[*14] どの位置に光子は到達しやすいかの確率はわかっても，どの位置に到達するかを予言することはできない．

[*15] 光子がどちらのスリットを通ったかを**原理的に区別できない**場合に干渉縞が現れる．原理的に区別できる場合は，どちらのスリットを通ったかを実際に測定しなくても，干渉縞は現れない．

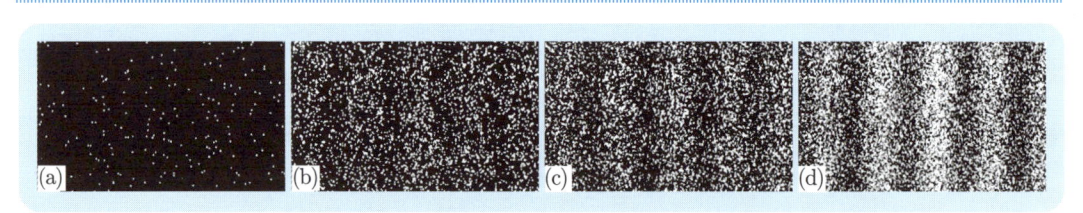

図 1.2 電子でのヤングの二重スリットの実験．1個1個の電子を入射しながら，検出された電子数を積算していくと干渉縞が形成されることがわかる．入射された全電子数は，(a)から順に大きくなっている．(外村彰ほか『数理科学』サイエンス社，No.478，2003年4月号より)

解説 1.5 「光子は自分自身としか干渉しない」

ディラック (Dirac) は，有名な量子力学の教科書[43]で二重スリットの実験について言及し，「光子は自分自身としか干渉しない」（"Each photon then interferes only with itself".）と，逆説的な記述をしている．しかし，言い得て妙であり，正しい．光子は（「粒」であるにもかかわらず），二重スリットをあたかも波のように通過して自分自身と干渉するように見えるのである．しかし，光子がどちらのスリットを通過したかを測定する観測を行うと，干渉縞は消えてしまう．どちらのスリットを通過したかを確認しようとする実験は粒子描像に立っているが，どちらのスリットをも通過したとして，波が干渉縞をつくると考える実験は波動描像に立っている．これら2通りの実験は同時には行えないものなので，それぞれの実験で電子が粒子と波動の性質を別々に示したとしても矛盾はない．これをボーア (Bohr) は**相補性原理**と名付けた．

1.3 ボーアの原子模型

光に対してだけでなく原子や電子に対しても，古典物理学は破綻する．ラザフォード (Rutherford) の原子模型にマクスウェル電磁気学を適用してみよう．負の電荷を持つ荷電粒子である電子が，正の電荷を持つ原子核（陽子）からクーロン力として中心力を受けて等速円運動しているとすると，電子は加速度運動していることになる．マクスウェル電磁気学によれば，加速度運動している荷電粒子は電磁波を放射しなければならない．電磁波のエネルギーを外部へ放出するから，電子のエネルギーは減少するので，円運動の半径は変化するはずである．加速度運動を続ける限り電磁波エネルギーを放出し続け，電子は原子核に引き寄せられて，ついには原子核に「接触」して原子は潰れてしまうだろう[16]．だとすると，すべての原子は不安定になり，自然界の物質すべてが安定に存在し得ないことになる．これは現実と合わない．

さらに，電子が放出する電磁波の波長は，円運動の半径の変化にしたがって徐々に変化するはずであるが，実際に実験で観測される電磁波の波長は時間的に一定でとびとびの値だけをとる（図 1.3 参照）．最も簡単な構造の水素原子の発する光の線スペクトルの振動数 ν は，バルマー (**Balmer**) の公式

---

[16] 加速度 $d\boldsymbol{v}/dt$ の荷電粒子が単位時間に電磁波として放出するエネルギー P についてのラーモア (Larmor) の式 $P = (2/3)[e^2/(4\pi\epsilon_0 c^3)]|d\boldsymbol{v}/dt|^2$ を用いて概算すると，10^{-12} 秒程度の短い時間で潰れてしまうことになる．

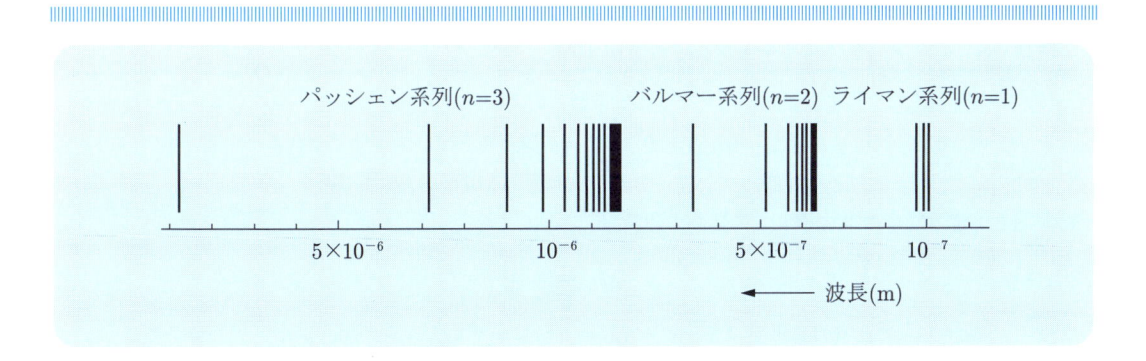

図 1.3 水素ガスを気体放電管に封入して放電させ，発する光の振動数分布を分光器で調べると，分布は連続的ではなく離散的な多数の線状のスペクトルから成っている．このような線状のスペクトルを**線スペクトル** (line spectrum) という．図は，水素原子の線スペクトルの一部である．

$$\nu = \nu(n, m) \equiv \frac{R}{h}\left(\frac{1}{n^2} - \frac{1}{m^2}\right) \tag{1.8}$$

(n, m は正の整数で $m > n$）で見事にまとめられる[*17]．ここで R を，水素のリュードベリ (**Rydberg**) 定数[*18]という．水素原子だけでなく，より複雑な原子に対しても拡張できる．原子のスペクトルは一見複雑な構造を持つが，線スペクトルの振動数は，必ず2つの項の差として表される．この項を**スペクトル項**という．すなわち，1つの原子には，その原子に固有なスペクトル項の数列 $T_1, T_2, \cdots$ があり（**スペクトル項系列**という），任意の線スペクトルの振動数は $T_1, T_2, \cdots$ のうちの適当な2項の差として，$\nu \propto (T_m - T_n)$ と表せる．これはリッツ (**Ritz**) の結合則 (Ritz's combination rule) といわれる．スペクトル項が整数によって整理されるということは，原子内の電子状態が整数に関連した量により記述されることを示している．

これらを説明するためにボーア (Bohr) は，ラザフォードの原子模型を基に，1913年に次の3つの仮説を提唱した．

[*17] $n = 1, m = 2, 3, 4, \cdots$ をライマン (Lyman) 系列，$n = 2$ をバルマー系列，$n = 3$ をパッシェン (Paschen) 系列，$n = 4$ をブラケット (Blackett) 系列，$n = 5$ をプント (Pfund) 系列と，発見者名にちなんだ名称が付けられている．可視光領域にあるのはバルマー系列である．

[*18] $R = 2.17991 \times 10^{-18}$ J $= 13.6058$ eV. ちなみに，$R/h = 3.289842 \times 10^{15}$ Hz や $R/(ch) = 1.09737 \times 10^7$ m^{-1} もリュードベリ定数と呼ばれる．なお，1 eV（電子ボルト）とは 1.602176×10^{-19} J である．

解説 1.6　ボーアの原子模型を水素原子に適用する

ボーアの原子模型を水素原子に適用しよう．原子核と電子の相対運動を考える．静止質量 M_0 の陽子の回りを，静止質量 m_0 の電子が半径 r の（古典的な）等速円運動をしているとする．電子の円周接線方向の速さを v とすると，電子と原子核の間のクーロン引力が向心力となるから，換算質量を $\mu = m_0 M_0/(m_0 + M_0)$ とすると，古典力学のニュートンの運動方程式は，

$$\mu \frac{v^2}{r} = \frac{1}{4\pi\epsilon_0}\frac{e^2}{r^2}$$

となる．ここで ϵ_0 は真空の誘電率で 8.854×10^{-12} C^2/Nm である．今の場合，ボーアの量子条件 (1.11) は $r\mu v = n\hbar$ となるから，電子の円軌道の半径は，

$$r_n = \frac{4\pi\epsilon_0 \hbar^2 n^2}{\mu e^2} = n^2 a_\mathrm{B} \quad (n = 1, 2, 3, \cdots) \tag{1.9}$$

のように離散的になる．$a_\mathrm{B} \equiv 4\pi\epsilon_0 \hbar^2/(\mu e^2)$ は最小の軌道半径で，**ボーア半径**と呼ばれる．同時に，電子の力学的エネルギー $E = \mu v^2/2 - e^2/(4\pi\epsilon_0 r)$ も離散的になり，

$$E_n = -\frac{1}{(4\pi\epsilon_0)^2}\frac{\mu e^4}{2n^2\hbar^2} = -\frac{R}{n^2} = -\frac{\hbar^2}{2\mu}\left(\frac{n}{r_n}\right)^2 = -\frac{\hbar^2}{2\mu}\left(\frac{1}{na_\mathrm{B}}\right)^2 \tag{1.10}$$

となる．よって，水素のリュードベリ定数 R は，$R = \hbar^2/(2\mu a_\mathrm{B}^2)$ と表すことができる．

i) 定常状態の存在 原子のエネルギーとしては各原子に固有の非連続的な値（エネルギー準位という）$E_1, E_2, \cdots$ だけが許される．各エネルギー準位において，原子は電磁波を放射することなく存在する．これを原子の**定常状態** (stationary states) という．

ii) ボーアの振動数条件 原子のエネルギーの変化は，定常状態間の非連続的量子的飛躍によって行われる．これを**遷移** (transition) という．遷移に際してのエネルギーの差は 1 個の光子として吸収・放出され，その単色光の振動数は $\nu(n,m) = |E_m - E_n|/h$ によって定まる（図 1.4 参照）．

iii) ボーアの量子条件 定常状態において電子はニュートン力学にしたがって等速円運動する（ただし電子の加速度による放射はない）と仮定し，古典力学的に可能なあらゆる運動のうちから定常状態だけを選び出す条件として，

$$（電子の軌道角運動量）= n\hbar \quad (n = 1, 2, 3, \cdots) \tag{1.11}$$

を設定する[*19]．

ボーアの量子条件 (1.11) と古典力学により，水素原子における電子の軌道半径は $r_n = a_B n^2$ と量子化される．$n=1$ の場合に相当する最小軌道半径 $a_B \equiv 4\pi\epsilon_0 \hbar^2/(\mu e^2) = 5.29177 \times 10^{-11}\,\mathrm{m} = 0.0529177\,\mathrm{nm}$ がボーア半径で

[*19]量子化の過程において現れる整数を一般に**量子数** (quantum number) というが，これによってエネルギー準位 (energy level) が区別される．ここでは量子数 $n=1$ が最低エネルギーの準位に相当し，原子はこれよりエネルギーの低い状態へ遷移することはできない．このエネルギー最低の状態を**基底状態** (ground state) という．

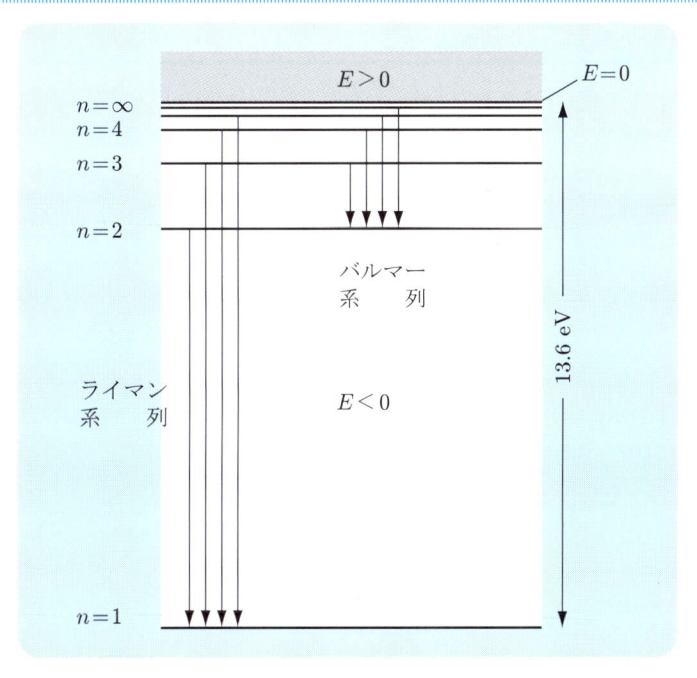

図 1.4 水素原子中の電子のエネルギー準位と発光系列

ある．これは，原子の大きさがなぜ 0.1 nm 程度なのかについての初めての理論的評価である．

1.4　物質の粒子性と波動性

　光（輻射）に波動と粒子の二重性があることと定常状態の存在という 2 つの事実から出発して，1923 年にド・ブロイ (de Broglie) は**物質波**の概念を発表した．つまり，エネルギー E，運動量の大きさ p で運動するいかなる物質粒子（電子，中性子，陽子など）にも，光子の場合の (1.6), (1.7) と全く同じ関係式

$$E = h\nu, \tag{1.12}$$

$$p = \frac{h}{\lambda} = \frac{h\nu}{c} \tag{1.13}$$

で規定される波動性，すなわち，振動数が $\nu = E/h$，波長が $\lambda = h/p$ で規定される波動性があるとする (この波長を**ド・ブロイ波長**という)．以降，これらの式は**アインシュタイン-ド・ブロイの関係式**と呼ばれる[20]．1927 年にデヴィッソン (Davisson) とガーマー (Germer) とがニッケル結晶による電子線回折の実験を行い，電子にも波としての性質があることが確実になった．これにより，光だけでなくすべての物質粒子は，「粒子」と「波動」の二面性を

---

[20] 運動量はベクトル量であるので，(1.13) は波数ベクトル $\boldsymbol{k}$ を用いて (2.10) のように書かれることが多い．

解説 1.7　デヴィッソン-ガーマーの実験

　デヴィッソンとガーマーは，ニッケルの単結晶の表面に電子ビームを照射したところ，結晶表面で散乱された電子の強度がある特定の方向のみで強くなること，さらにその方向（散乱角 θ という）は電子ビームの加速電圧 V に依存して変わることを発見した．一般に波は，周期的に並んだ散乱体によって回折されるが，結晶表面の原子間隔を a とすると，波長 λ_e の波は，ブラッグ反射の条件 $a\sin\theta = n\lambda_e$ $(n = 1, 2, \cdots)$ を満たす散乱角 θ の方向に強く散乱される．これと実験で得られた散乱角から，電子を波とした場合の波長 λ_e を求めることができる．他方，加速電圧 V のもとでの電子のエネルギーは $E = p^2/(2m) = eV$ なので，(1.13) を仮定すると電子のド・ブロイ波長 λ は，V をボルト単位として

$$\lambda = \frac{h}{\sqrt{2meV}} = \sqrt{\frac{150.4\text{V}}{V}} \times 10^{-10} \text{ m}$$

となる．彼らは電子が結晶内に入るときに屈折する効果も取り入れて解析し，λ が実験結果から得られた λ_e とよく一致することを示した．

原理的に併せ持っていることが明らかになった[*21].

　静止質量 m_0 の電子1個が，時間的に変化しない1次元ポテンシャル $V(x)$ の外力場中を運動する場合を考える．古典力学によれば，力学的エネルギー保存則から，ハミルトニアン $H(p,x)$ は一定値 E をとるが，この状態に対しては固有振動数 $\nu = E/h$ の定在波が伴っていると考える．また，粒子の運動量は，位置座標 x の関数として $p(x) = \sqrt{2m_0[E-V(x)]}$ と表せるが[*22]，これに伴って (1.13) より，波長 $\lambda(x) = h/p(x)$ も位置 x に依存して変化する．電子がなんらかの周期軌道運動を行う場合は，電子に伴う波が定在波を作らなければならない．そのためには波が軌道に沿って一周したとき位相がうまくつながる必要がある（図 1.5 参照）．すなわち，

$$\oint \frac{dx}{\lambda(x)} = n = 1, 2, 3, \cdots \tag{1.14}$$

である必要が生じる．これは，ゾンマーフェルト (Sommerfeld) らによって導かれた**ボーア-ゾンマーフェルトの量子条件**と呼ばれる関係

$$\oint p\,dq = nh \quad (n = 1, 2, 3, \cdots) \tag{1.15}$$

に他ならず，電子の等速円運動を仮定したボーアの量子条件(1.11)を，楕円軌道を

[*21] 粒子と波動のどちらの性質が現れるかは，どのような物理量をどのように測定するかに依存している．なお，光子と電子の違いは，7.1 節で述べる量子統計性を考えて初めて明確に現れる．

[*22] 古典力学では，$E - V(x) < 0$ となる領域の運動は禁止されている．

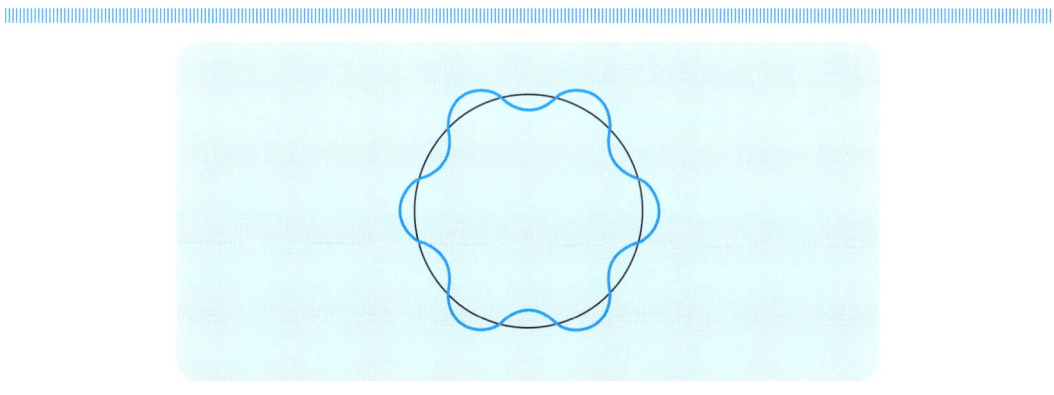

図 1.5　ボーアの量子条件と物質波の概念図．定在波を作るような閉じた振動状態だけが，安定な状態（軌道）として存在できる．

描く場合に拡張したものである．ここでqは周期運動を行う任意の力学系の各自由度に対する座標，pはその正準共役運動量，$\oint pdq$は運動の一周期にわたる作用積分を意味する．この条件を調和振動子に適用すると，調和振動のエネルギーが$E=nh\nu$という離散値を持つことになり，光量子仮説(1.5)と一致する．

光も含めてすべての物質には粒子と波動の二重性があるので，ヤングの二重スリットの実験の干渉縞の出現を理解するためには，粒子描像に立って古典力学を適用しただけではまったく不十分である．つまり，粒子の位置座標を時々刻々追跡するという古典力学の考え方を放棄しなければならない．つまり，粒子には，それが存在する位置が常に確定してある，という常識を放棄しなければならないことになる．

1.5 量子力学の必要性

「粒子でもあり波動でもある」[*23]という二重性は，古典物理学では記述も理解もできない．しかし，実験事実から，両方の性質を併せ持っていることは明白である．さらに，プランクの量子仮説，アインシュタインの光量子仮説(1.5)やボーアの量子条件(1.11)の性質を議論するにも古典力学ではまったく不十分であり，新しい力学の枠組みが必要である．また，その新しい枠組みは，粒子と波動の二重性を自然に取り入れていなければならない．波動–

[*23]「粒子のような振る舞いを示すこともあるし，波動のような振る舞いを示すこともある」という意味．

解説 1.8 位置と運動量は同時に正確に決めることができない

素朴な考察をしてみよう．波動的性質を観測するには，その波長λ程度以上の長さが必要である．すなわち$\lambda=h/p$程度の空間的広がりが，波には必ず付随している．つまり，波の「存在位置」は，$\lambda=h/p$程度以上に広がってぼやけていると考えてもよい．他方，粒子的性質は粒子の位置xと運動量pを決めれば確定するが，粒子の位置xを決めてしまうと，存在位置の広がり（ぼやけ）は0となるので，波動としての性質は見えなくなってしまう．よって，粒子と波動の二重性を持つためには，「存在位置」のひろがり（ぼやけ具合）は，運動量の大きさに反比例して，有限でなければならない．このように，粒子と波動の二重性に起因して，粒子の位置と運動量は同時に正確に決めることができなくなる．この不確定さはプランク定数hによって決まり，**不確定性原理** (uncertainty principle) と呼ばれる量子力学の基本的性質につながっている．詳細は3.8節で述べるが，実験誤差などで不正確になるのではなく，同時に正確に決めることが**原理的**にできなくなるのである．これは古典力学の考え方とは大きく異なっている．

粒子の二重性を矛盾無く説明しうる新しい理論形式が量子力学である．

古典物理学の破綻は，今まで述べてきた波動 – 粒子の二重性の他にも，様々な面で露見した．1925 年にウーレンベック (Uhlenbeck) とハウトスミット (Goudsmit) は，Na 原子スペクトルの D 線二重項を説明するため，電子には $\pm \hbar/2$ の値を持つ「自転」の角運動量が附随していると考え，**スピン角運動量**を導入した．しかしこれには古典的描像で対応する量が存在しない．すなわち，量子力学を用いて初めて記述することのできる量である．詳細は 6.6 節で述べる．

1.5.1 古典力学との相違点

量子力学では，古典力学で暗黙に仮定されていたもの（解説 1.9 参照）の大部分を変更しなければならない．詳細は第 3 章で述べるが，量子力学には，波動と粒子の二重性のために，2 つ以上の物理量（たとえば粒子の位置と運動量）は必ずしも同時に正確に観測できず，その不確定さがプランク定数 h によって決まるという不確定性原理が根源にある．すなわち，すべての物理量が確定値を持つ（各時刻で定まった値を持つ）ような状態は存在しないことが，自然の真の姿であると考える．量子力学で予言（計算）できるのは，物理量の確定値そのものではなく，「どのような値をとりやすいか」という確率分布だけである．理論形式から見ても大きな違いがある．古典力学でのニュートン運動方程式は微分積分学という数学的道具を用いて記述されていることに対して，量子力学はヒルベルト空間でのベクトルと演算子という数学の上

解説 1.9　古典力学での基本的仮定

巨視的な対象にしか適用できない古典力学では，以下のことが基本的に仮定されていた．

(1) 時刻 t に j 番目の粒子が持つ位置 $\boldsymbol{r}_j(t)$ と運動量 $\boldsymbol{p}_j(t)$ の実数値の組を，その時刻の粒子系の「状態」だと考える．

(2) これらの位置と運動量すべてが，原理的に正確に，時々刻々定まった値を持っているとする．よって，すべての物理量 $\{\boldsymbol{r}_j(t), \boldsymbol{p}_j(t)\}$ は（測定する・しないにかかわらず）各時刻で定まった値を持つ．

(3) ある特定の時刻における物理量の値を知ることを，その時刻の物理量の「測定」という．

(4) 物理量の値が時間とともに変化していくことを，「時間発展する」という．

これらの仮定のいずれもが，我々の素朴な直感に合っているし常識的である．すなわち，古典力学は（素朴）実在論に準拠した力学体系である．

に構築されている．ヒルベルト空間は「状態」，演算子は「観測可能な物理量」という量子力学の基本的概念に対応している（第3章を参照）．

普遍定数 (プランク定数) $\hbar$ は物理量としてはきわめて小さいので，巨視的現象[*24]を考察し古典論を定式化する際は無視しうる．つまり，定数 $\hbar$ を量子力学を特徴づけるパラメータと見なすと，$\hbar \to 0$ の極限では量子力学は古典力学に帰着する．しかし，微視的現象においては，$\hbar$ と同程度の大きさの作用が本質的な役割を演じ，古典論は破局をきたすのである．

1.6 章末問題

章末問題の略解は，サイエンス社のホームページ (http://www.saiensu.co.jp) から手に入れることができる．

(1) プランクの輻射公式 (1.4) からシュテファン-ボルツマンの法則を導け．
(2) 最も輻射の強い波長（波長の関数としてのエネルギー密度分布関数 $u(\lambda, T)$ が極大となる波長）$\lambda_{\max}$ が絶対温度 T に反比例することは，**ウィーンの変移則**として経験的に知られていた．実験から得られていた経験則は，

[*24] 量子力学は，微視的世界の力学を記述する理論であるが，微視的現象と巨視的現象とを区別するスケールパラメータは量子力学自体には含まれていない．よって，量子効果が巨視的現象として現れることもある．このような巨視的量子現象に対しては，巨視的対象物であっても古典的取り扱いはできない．7.8 節を参照．

解説 1.10 量子力学の必然性について

量子力学は，20世紀初頭に発見された「古典物理学では説明のつかない実験事実」を正しく説明し，「古典物理学からは帰結されない理論的要求」を満たすような理論体系でなければならない．しかし，このような理論体系は何種類も作ることが可能であろう．実験事実や理論的要求だけからは，古典物理学が破綻していることはいえるが，量子力学でなければならないことはいえないので，量子力学は実験事実や理論的要求からの唯一の論理的必然ではない．そのため，「隠れた変数の理論」などの他の多くの試みがなされてきた．その試みの中で，量子力学だけが，今のところ，広い範囲の実験を見事に説明している唯一の理論体系なのである．ただし，量子力学は「非常にうまくいっている」理論体系であるが，自然が量子力学にしたがっているわけではないので，量子力学が自然現象のすべてを正しく記述し尽くせているのかどうかは不明であることに注意しておかねばならない．

$$\lambda_{\max} T \simeq \text{const.} = 0.294 \text{ cm} \cdot \text{K}$$

である．プランクの輻射公式 (1.4) を用いて，$\lambda_{\max} T$ を計算せよ．

(3) ボーアの原子模型を水素原子に適用して，電子の円軌道の半径 r_n と電子のエネルギー E_n とを求めよ．基底状態にある電子を無限遠方に持ち去るために必要なイオン化エネルギーを eV 単位で求めよ．

(4) バルマーの公式 (1.8) を用いて，水素原子のバルマー系列 ($n = 2$) のスペクトル線の波長を，$m = 3, 4, 5$ について nm 単位で求めよ．

2 対応原理と量子力学の基本方程式

　量子力学は，「すべての物質を構成する微小要素は波動性と粒子性とを兼ね備えている」という実験事実を出発点とし，その性質を表しうる理論体系でなければならない．そこでまず，そのような理論体系を作るための導入と仮定を本章で示す．量子力学の表現形式には数学的に等価なものがいくつか存在し，波動力学形式と行列力学形式がその代表例である．本書では波動力学形式の量子力学を取り扱うが，その基本方程式をシュレーディンガー (Schrödinger) 方程式という．この章では，もっとも簡単な1粒子系を考え，歴史的考察の経緯を追いながら，古典力学から量子力学への橋渡しをする「対応原理」を仮定する．これは他の事実から論理的に導くことはできないもので，量子力学の大前提となる原理である．この原理を用いて，波動性と粒子性とを兼ね備えた実体を記述するシュレーディンガー方程式を導いてみよう．

本章の内容

2.1　粒子-波動の二重性と対応原理
2.2　シュレーディンガー方程式

2.1 粒子 – 波動の二重性と対応原理

第1章で述べたように，様々な実験結果を総合すると，自然界のすべての物質粒子は「粒子と波動の二重性」を持っていると考えなければならない．よって，新しく作られる理論体系は，この二重性を持つ不思議な実体をうまく記述する体系でなくてはならない．

本章では，粒子と波動の二重性を持つ実体をどのように記述するかを考える．古典力学では，対象とする系の状態は，時刻 t に j 番目の粒子が持つ位置 $\boldsymbol{r}_j(t)$ と運動量 $\boldsymbol{p}_j(t)$ の実数値の組で完全に指定できると考えたが，量子力学では，すべての物理量が確定値を持つ（各時刻で定まった値を持つ）ような状態は存在しないので，状態を古典力学と同じような方法で指定することはできない．そこで，(座標表示の) 波動力学形式での量子力学では，対象とする系の状態が $\Psi(\boldsymbol{r},t)$ あるいは $\psi(\boldsymbol{r})$ という位置座標 $\boldsymbol{r}$ の関数で記述されるとする[*1]．つまり，Ψ や ψ は状態を区別するための「名前」である．この Ψ や ψ がどのような関数であり，どのような方程式にしたがうのかを，本章で明らかにする．そのために，粒子と波動それぞれの立場から出発して記述を試み，後で融合させる．

[*1] 古典力学でも量子力学でも，考察の対象としている系が周りの他の系（環境や外界と呼ばれる）と相互作用していない場合，そのような孤立した系を**閉じた系** (closed system) と呼ぶ．他方，何らかの相互作用をしている場合を**開いた系** (open system) と呼ぶ．開いた系の量子力学は非常に難しいので，本書では触れない．

解説 2.1　行列力学形式

1925年にハイゼンベルク (Heisenberg) は，粒子と波動の二重性を持つ実体を記述する表現法の1つを発見した．彼は，原子を構成する電子が異なる状態 m から n に遷移する過程で光を吸収したり放出したりすることに着目し，物理量はこれらの遷移を表す量と関係していると考え，離散的な数の集合として記述できると考えた．そこで，たとえば電子の位置座標 x も，単なる1つの数ではなく，いくつかの数の集合であるとし，それらを行列

$$x \longrightarrow \hat{x} = (x_{nm}) = \begin{bmatrix} x_{11} & x_{12} & \cdots \\ x_{21} & x_{22} & \cdots \\ \vdots & \vdots & \ddots \end{bmatrix}$$

に対応させた．古典力学の力学変数を行列に対応させるハイゼンベルクの理論は，今日では**行列力学**と呼ばれている．その頃，ディラックは，行列力学と古典力学のハミルトン形式の類似性に気づき，古典力学から量子力学へ移行するには，粒子の位置座標 x と運動量 p を，単なる数ではなく，交換関係

$$\hat{x}\hat{p} - \hat{p}\hat{x} = i\hbar$$

を満たす演算子 $\hat{x}, \hat{p}$ と置き換えればよいことを示した．これが，3.3.2項で出てくる正準交換関係である．

2.1.1 粒子としての記述

古典力学では，質量 m の粒子（質点）の運動状態は，ある時刻 t におけるその質点の位置 $\boldsymbol{r}(t) = (x(t), y(t), z(t))$ と運動量 $\boldsymbol{p}(t) = (p_x(t), p_y(t), p_z(t))$ の 6 つの状態変数で完全に規定される．その際の運動エネルギー K は，$K(\boldsymbol{p}) = |\boldsymbol{p}|^2/2m = (p_x^2 + p_y^2 + p_z^2)/2m$ で与えられる．ポテンシャルエネルギーを V とすると[*2]，全エネルギー（ハミルトニアン）H は，$H(\boldsymbol{p}, \boldsymbol{r}) = K + V$ となる．このとき，ハミルトニアン H と状態変数との間には，**ハミルトン (Hamilton) の正準方程式**

$$\frac{dx(t)}{dt} = \frac{\partial H(\boldsymbol{p},\boldsymbol{r})}{\partial p_x}, \quad \frac{dp_x(t)}{dt} = -\frac{\partial H(\boldsymbol{p},\boldsymbol{r})}{\partial x}, \tag{2.1}$$

$$\frac{dy(t)}{dt} = \frac{\partial H(\boldsymbol{p},\boldsymbol{r})}{\partial p_y}, \quad \frac{dp_y(t)}{dt} = -\frac{\partial H(\boldsymbol{p},\boldsymbol{r})}{\partial y}, \tag{2.2}$$

$$\frac{dz(t)}{dt} = \frac{\partial H(\boldsymbol{p},\boldsymbol{r})}{\partial p_z}, \quad \frac{dp_z(t)}{dt} = -\frac{\partial H(\boldsymbol{p},\boldsymbol{r})}{\partial z} \tag{2.3}$$

の関係がある．これから $dH/dt = 0$，すなわち力学的エネルギー保存則[*3]

$$H(\boldsymbol{p}, \boldsymbol{r}) = \frac{\boldsymbol{p}^2}{2m} + V(\boldsymbol{r}) = E \tag{2.4}$$

[*2] 古典力学でも量子力学でも，通常のポテンシャル V は実数で，運動量 $\boldsymbol{p}$ には依存しない．

[*3] 粒子の運動の速さが光速よりも十分小さい場合，つまり非相対論的な粒子系の場合に成立する．

解説 2.2 波動力学形式

1926 年にシュレーディンガー (Schrödinger) は，粒子と波動の二重性を持つ実体を記述する別の表現法を，ハイゼンベルクの行列力学形式とは独立に提案した．彼は，ド・ブロイの物質波の考えを発展させ，**波動力学**と呼ばれる形式を構築した．そこでは，(座標表示の) **波動関数** $\Psi(\boldsymbol{r}, t)$ に対する微分方程式が基礎となっている．これは現在，シュレーディンガー方程式と呼ばれている．一見したところ行列力学とはまったく異なる形式であるが，水素原子のスペクトルを正しく計算できたことから，広く受け入れられるようになった．後日，行列力学と波動力学とは数学的に同等であることが示された．

波動関数 Ψ は何を表す関数なのかが問題である．シュレーディンガー自身は，電子の空間的広がりに対応する「実際の波」と考えたので，「波動関数」と呼ばれるようになったが，実在の波と考えると様々な不都合が生じる．たとえば，実際の波は分割可能であるが，波動関数の表す波は分割不可能である．また，実在の波の振幅や位相は直接観測できる量であるが，波動関数の振幅や位相は，別の観測できる量（位置や運動量など）の測定を通して間接的にしか分からない．よって，量子力学での波動関数を直接測定することはできない．そこで現在では，「Ψ は**物理現象の出現確率と関連した関数**である」というボルン (Born) による**確率解釈**が主流である（3.2 節で述べる）．このように，粒子の状態を 3 次元空間内の位置座標 $\boldsymbol{r}$ の関数 $\Psi(\boldsymbol{r}, t)$ を用いて具体化した形式が（座標表示の）波動力学と称される．

2.1.2 波動としての記述

最も基本的な波動である**平面波** (plane wave) を考えて，古典力学の範囲内で，波動運動を記述する基本方程式である波動方程式を簡単な手順で導出しよう．波長が λ で周期が T である平面波を記述する関数 $u(\boldsymbol{r},t)$ は，

$$u(\boldsymbol{r},t) = A\exp[i(\boldsymbol{k}\cdot\boldsymbol{r} - \omega t + \phi)] \tag{2.5}$$

である．ここで，A を波の振幅，実数 $\varphi(\boldsymbol{r},t) \equiv \boldsymbol{k}\cdot\boldsymbol{r} - \omega t + \phi$ を波の位相，実数 ϕ を初期位相という．平面波を特徴づける 2 つの量は，波長 λ と周期 T よりも，**波数ベクトル** (wave vector) $\boldsymbol{k} = (k_x, k_y, k_z) = (2\pi/\lambda)(\alpha, \beta, \gamma)$ と角振動数 $\omega = 2\pi/T = 2\pi\nu$ が便利である[*4]．ここで，(α, β, γ) は，平面波の伝搬方向の**方向余弦**である．波数ベクトルの大きさ $k = |\boldsymbol{k}|$ を**波数** (wave number) と呼び，単位長さ中の波の数を表す．波数と角振動数との関係は**分散関係** (dispersion relation) と呼ばれ，平面波の位相速度（の大きさ）を c とすると，

$$\omega = ck = c\sqrt{k_x^2 + k_y^2 + k_z^2} \tag{2.6}$$

である[*5]．

[*4] 量子力学では，λ や T, ν よりも，波数ベクトル $\boldsymbol{k}$ と角振動数 ω が頻出する．

[*5] 分散関係は一般には $\omega = \omega(\boldsymbol{k})$ であるが，ここでは線形分散関係 (2.6) の場合の考察だけで十分である．

解説 2.3　平面波と球面波

ある時刻に位相が等しい点を集めた連続面を**波面**という．平面波 (2.5) では $\boldsymbol{k}\cdot\boldsymbol{r} = \text{const.}$ のときに同じ位相となるので，$\boldsymbol{k}\cdot\boldsymbol{r} = \omega t - \phi$ が波面を表す式となり，これは各時刻で $\boldsymbol{k}$ に垂直な平面を表している．また，$r = \sqrt{x^2 + y^2 + z^2}$ としたとき，$\exp[i(kr - \omega t + \phi)]/r$ も波動方程式 (2.9) の解で，この時刻 t での波面は $kr = \omega t - \phi$ の球面である．このような波を**球面波** (spherical wave) という．球面波の振幅は，r とともに減少する．

波の位相 φ は，$\varphi(\boldsymbol{r},t) = k_x x + k_y y + k_z z - \omega t + \phi$ と表せるから，

$$\frac{\partial^2 u}{\partial x^2} = -Ak_x^2 e^{i\varphi}, \quad \frac{\partial^2 u}{\partial y^2} = -Ak_y^2 e^{i\varphi}, \quad \frac{\partial^2 u}{\partial z^2} = -Ak_z^2 e^{i\varphi}, \quad (2.7)$$

$$\frac{\partial^2 u}{\partial t^2} = -A\omega^2 e^{i\varphi} \tag{2.8}$$

が成り立つことが分かる．分散関係 (2.6) の 2 乗 $\omega^2 = c^2 k^2 = c^2(k_x^2 + k_y^2 + k_z^2)$ の両辺に，$-Ae^{i\varphi}$ を掛けて上式を使うと，波動方程式

$$\begin{aligned}\frac{\partial^2 u}{\partial t^2} &= \frac{\omega^2}{k^2}\left(\frac{\partial^2}{\partial x^2} + \frac{\partial^2}{\partial y^2} + \frac{\partial^2}{\partial z^2}\right)u \\ &= c^2\left(\frac{\partial^2}{\partial x^2} + \frac{\partial^2}{\partial y^2} + \frac{\partial^2}{\partial z^2}\right)u \end{aligned} \tag{2.9}$$

が得られる．これは実は，平面波に限らず線形分散関係 (2.6) を満たすような球面波でも成り立つ基礎方程式である（解説 2.3 も参照）．

2.1.3 量子力学を作るための仮定：対応原理

ここで，2.1.1 項の粒子としての記述と，2.1.2 項の波動としての記述を融合したい．量子力学誕生以前の物理学では，粒子と波動とは別物であり，それらを結びつける手法や考え方は存在しなかった．しかし，量子力学を構築するためには，すなわち粒子と波動とを融合するためには，何らかの「仮定」が必要である．そこで，以下のように考える．

粒子としての性質はエネルギー E と運動量 $\boldsymbol{p}$ とで表される．他方，波動としての性質は角振動数 ω と波数ベクトル $\boldsymbol{k}$ とが担っている．これらの「橋渡

解説 2.4　ラプラス演算子とナブラ演算子

(2.9) の右辺の微分演算子

$$\frac{\partial^2}{\partial x^2} + \frac{\partial^2}{\partial y^2} + \frac{\partial^2}{\partial z^2}$$

をラプラス演算子（ラプラシアン）と呼び，∇^2 と略記する．ラプラス演算子を Δ と表す場合もある．なお，2 次元空間や 1 次元空間でのラプラス演算子は，それぞれ $\partial^2/\partial x^2 + \partial^2/\partial y^2$, $\partial^2/\partial x^2$ である．

∇ は，**ナブラ演算子** (nabla operator) と呼ばれるベクトル演算子で

$$\nabla \equiv \left(\frac{\partial}{\partial x}, \frac{\partial}{\partial y}, \frac{\partial}{\partial z}\right)$$

で定義される．$\phi(\boldsymbol{r})$ と $\boldsymbol{V}(\boldsymbol{r})$ をそれぞれスカラー場とベクトル場とすると，$\nabla\phi = \mathrm{grad}\,\phi = (\partial\phi/\partial x, \partial\phi/\partial y, \partial\phi/\partial z)$ を勾配 (gradient)，スカラー積 $\nabla \cdot \boldsymbol{V} = \mathrm{div}\,\boldsymbol{V} = \partial V_x/\partial x + \partial V_y/\partial y + \partial V_z/\partial z$ を発散 (divergence)，ベクトル積 $\nabla \times \boldsymbol{V} = \mathrm{rot}\,\boldsymbol{V} = (\partial V_z/\partial y - \partial V_y/\partial z, \partial V_x/\partial z - \partial V_z/\partial x, \partial V_y/\partial x - \partial V_x/\partial y)$ を回転 (rotation) と呼ぶ．$\nabla \cdot \nabla = \nabla^2 = \mathrm{div}\,\mathrm{grad}$ がラプラシアンである．また，$\nabla \times \nabla\phi = \mathrm{rot}\,\mathrm{grad}\,\phi = 0$ と $\nabla \cdot \nabla \times \boldsymbol{V} = \mathrm{div}\,\mathrm{rot}\,\boldsymbol{V} = 0$ は，任意の ϕ と $\boldsymbol{V}$ に対して恒等的に成り立つ．なお，$\nabla \times (\nabla \times \boldsymbol{V}) = \nabla(\nabla \cdot \boldsymbol{V}) - \nabla^2 \boldsymbol{V}$ もしばしば用いられる．

し役」として思いつくのは，アインシュタイン-ド・ブロイの関係式

$$\boldsymbol{p} = \hbar \boldsymbol{k}, \tag{2.10}$$

$$E = \hbar \omega \tag{2.11}$$

である[*6]．これを使おう．(2.10) と (2.11) の両辺をそれぞれ 2 乗すると，$k^2 = p^2/\hbar^2$ と $\omega^2 = E^2/\hbar^2$ となり，これらを (2.9) に代入し，関数 $u(\boldsymbol{r},t)$ として変数分離解 $u(\boldsymbol{r},t) = F(\boldsymbol{r})G(t)$ を仮定すると，

$$p^2 F(\boldsymbol{r}) = -\hbar^2 \nabla^2 F(\boldsymbol{r}), \tag{2.12}$$

$$E^2 G(t) = -\hbar^2 \frac{\partial^2}{\partial t^2} G(t) \tag{2.13}$$

という関係式が得られる（下段導出を参照）．これらの両辺を見比べると，形式的な対応関係

$$\boldsymbol{p} = -i\hbar \boldsymbol{\nabla}, \tag{2.14}$$

$$E = i\hbar \frac{\partial}{\partial t} \tag{2.15}$$

が得られる．符号の取り方は歴史的慣習である（解説 2.5 も参照）．(2.14) を各成分で書くと，

[*6] 第 1 章では，振動数 ν と波長 λ で表したが，角振動数 ω と波数ベクトル $\boldsymbol{k}$ を用いるとこのような形になる．この表記では，プランク定数は h ではなく $\hbar$ を用いることに注意．

🔵 (2.12) と (2.13) の導出について 🔵

(2.12) と (2.13) の右辺の係数に負号がつく理由を示そう．次のような簡単な場合で示せたら十分である．空間の各点で同位相で角振動数 ω の単振動をする波動は，$u(\boldsymbol{r},t) = F(\boldsymbol{r})\exp(-i\omega t)$ と表せる．つまり，$G(t) = \exp(-i\omega t)$ の場合である．波動方程式 (2.9) に代入すると，

$$(\text{左辺}) = \frac{\partial^2 u}{\partial t^2} = -\omega^2 F(\boldsymbol{r})\exp(-i\omega t) = -\omega^2 u, \tag{2.16}$$

$$(\text{右辺}) = c^2 \nabla^2 u = c^2 \nabla^2 F(\boldsymbol{r})\exp(-i\omega t) \tag{2.17}$$

となり，この両者が等しいから，関数 $F(\boldsymbol{r})$ については，$\nabla^2 F(\boldsymbol{r}) + (\omega^2/c^2)F(\boldsymbol{r}) = 0$ すなわち，

$$\nabla^2 F(\boldsymbol{r}) + k^2 F(\boldsymbol{r}) = 0 \tag{2.18}$$

が成り立つ．(2.10) の両辺をそれぞれ 2 乗した $k^2 = p^2/\hbar^2$ を (2.18) に代入すると，(2.12) が得られる．次に，プランクの式 (2.11) を (2.16) に代入すると，

$$\frac{\partial^2}{\partial t^2} u = -\frac{E^2}{\hbar^2} u$$

となるから，(2.13) が得られる．

$$p_x = -i\hbar\frac{\partial}{\partial x}, \quad p_y = -i\hbar\frac{\partial}{\partial y}, \quad p_z = -i\hbar\frac{\partial}{\partial z} \tag{2.19}$$

となる．この形式的な関係式 (2.14) や (2.15) は，波動と粒子とを結びつけるためにアインシュタイン-ド・ブロイの関係式を用いて形式的に得られたもので，物理的にも意味が付けられないし，論理的に導くことのできる数学的等式でもないことに注意して欲しい．すなわち，運動量がナブラ演算子に，全エネルギーが時間微分演算子に「対応する（ように見える）」ことを示しているだけである．ところが，量子力学はこれを積極的に採用する．つまり，関係式 (2.14) と (2.15) とが成り立つと**仮定**し，この対応関係を大前提として認めることで，量子力学の出発点とするのである．この関係 (2.14), (2.19) を**対応原理**と呼ぶ．

この対応原理は，粒子と波動とを融合した結果，運動量はもはや「量」や「数」ではなく，空間座標に関する微分を表す**演算子（線形作用素）**と考えねばならないことを意味している．これ以降，単なる複素数（**c 数**という[*7]）と演算子（**q 数**[*8]）とを明示的に区別するために，演算子記号には「 ˆ 」（キャレット）を付けて，c 数と区別することにしよう．すなわち，$\hat{\boldsymbol{p}} = -i\hbar\boldsymbol{\nabla}$ である．なお，位置座標 $\boldsymbol{r}$ は，対応原理によってもそのままである．つまり，位置座標に対応する演算子 $\hat{\boldsymbol{r}}$ は，$\boldsymbol{r}$ を掛けるだけの演算子 $\hat{\boldsymbol{r}} = \boldsymbol{r}$ である．また，

[*7] 古典的 (classical) あるいは複素 (complex) の "c" である．
[*8] 量子的 (quantum) の "q" である．

解説 2.5　(2.14) と (2.15) の符号の取り方

平面波を (2.5) と定義しているので，対応関係の符号を $\boldsymbol{p} = +i\hbar\boldsymbol{\nabla}$ とすると，平面波状態での運動量の固有値が $-\hbar\boldsymbol{k}$ となり，負号が付いてしまってよくない．(2.15) においても，$E = -i\hbar\partial/\partial t$ とすると，平面波状態での $-i\hbar\partial/\partial t$ の固有値が $-\hbar\omega$ となって負になり，負のエネルギーになってしまうが，それは避けたい．なぜここで「固有値」が出てくるかは，3.3 節以降で分かるだろう．

解説 2.6　分散関係と対応原理

平面波は，線形分散関係 $\omega = ck$ を持つ波動方程式 (2.9) の解であるが，(古典的な) 自由粒子の (非相対論的な) エネルギーは $E = p^2/(2m)$ なので，(2.11) より $\omega = \hbar k^2/(2m) \propto k^2$ となり，非線形な分散を持つ．よって，「粒子」は波動方程式 (2.9) の解にならない．そこで，このような非線形分散を持つ「粒子」が解となるような波動方程式（に相当する方程式）を作るために，対応原理が必要なのである．そうして得られる方程式が，シュレーディンガー方程式 (2.25) である．古典的な波動方程式 (2.9) は，時間微分と空間微分がいずれも 2 階微分であり対称であるが，シュレーディンガー方程式 (2.25) は，非線形分散に起因して，時間微分と空間微分の微分階数が異なる．

(2.15) の対応関係から全エネルギー E を演算子とみなして $\hat{E} = i\hbar\partial/\partial t$ とはしない．次節で述べるように，全エネルギーに対応する演算子はハミルトニアン演算子 (2.21) であり，全エネルギー E の値は，シュレーディンガー方程式 (2.23) を解いた結果の固有値として求まるものである．

2.2 シュレーディンガー方程式

2.2.1 時間に依存しないシュレーディンガー方程式

エネルギー保存則 (2.4) に対応原理 (2.14) を適用すると，

$$-\frac{\hbar^2}{2m}\nabla^2 + V(\boldsymbol{r}) = E \tag{2.20}$$

となる（解説 2.7 に注意）．この式の左辺全体を**ハミルトニアン演算子**（略して単にハミルトニアン）といい，(古典力学の) ハミルトニアン $H = H(\boldsymbol{p}, \boldsymbol{r})$ を，対応原理を用いて微分演算子として表したもの

$$\hat{H} = H(\hat{\boldsymbol{p}}, \hat{\boldsymbol{r}}) = H(-i\hbar\boldsymbol{\nabla}, \boldsymbol{r}) = -\frac{\hbar^2}{2m}\nabla^2 + V(\boldsymbol{r}) \tag{2.21}$$

に他ならない．さて，(2.20) の左辺は演算子，右辺は単なる数なので，釣り合いが悪い．そこで，(2.20) の両辺の右側から $\boldsymbol{r}$ の関数 $\psi(\boldsymbol{r})$ を掛けて，演算子を関数 $\psi(\boldsymbol{r})$ に作用させると，

$$-\frac{\hbar^2}{2m}\nabla^2\psi(\boldsymbol{r}) + V(\boldsymbol{r})\psi(\boldsymbol{r}) = E\psi(\boldsymbol{r}) \tag{2.22}$$

解説 2.7 運動エネルギー項の符号は大切

運動エネルギー $p^2/2m$ に対応原理 (2.14) を適用する際，

$$p^2 = |\boldsymbol{p}|^2 \stackrel{(2.14)}{=} |-i\hbar\boldsymbol{\nabla}|^2 = |-i\hbar|^2 \boldsymbol{\nabla}\cdot\boldsymbol{\nabla} = \hbar^2\nabla^2$$

と変形してしまうと，運動エネルギー項が $+[\hbar^2/(2m)]\nabla^2$ となり符号を間違える．$p^2 = p_x^2 + p_y^2 + p_z^2$ に (2.19) を適用し，

$$\begin{aligned} p^2 &= p_x^2 + p_y^2 + p_z^2 \\ &\stackrel{(2.19)}{=} (-i\hbar)^2\left(\frac{\partial}{\partial x}\right)^2 + (-i\hbar)^2\left(\frac{\partial}{\partial y}\right)^2 + (-i\hbar)^2\left(\frac{\partial}{\partial z}\right)^2 \\ &= -\hbar^2\nabla^2 \end{aligned}$$

と変形すること．

が得られる．この方程式が，粒子と波動を融合した結果得られた**波動関数** $\psi(\boldsymbol{r})$ の満たすべき方程式であり，(**時間に依存しない**) **シュレーディンガー** (**Schrödinger**) **方程式**と呼ばれる．波動力学形式での量子力学の基本的方程式の 1 つである[*9]．(2.22) は，

$$\hat{H}\psi(\boldsymbol{r}) = E\psi(\boldsymbol{r}) \tag{2.23}$$

とも表せる．

2.2.2 時間に依存するシュレーディンガー方程式

時間とエネルギーの対応関係 (2.15) も同時に (2.4) に適用すると，

$$-\frac{\hbar^2}{2m}\nabla^2 + V(\boldsymbol{r}) = i\hbar\frac{\partial}{\partial t} \tag{2.24}$$

となるから，この両辺の右側から $\boldsymbol{r}$ と t の関数 $\Psi(\boldsymbol{r},t)$ を掛けて，演算子を関数 $\Psi(\boldsymbol{r},t)$ に作用させると，左辺と右辺とを入れ替えて，

$$i\hbar\frac{\partial}{\partial t}\Psi(\boldsymbol{r},t) = -\frac{\hbar^2}{2m}\nabla^2\Psi(\boldsymbol{r},t) + V(\boldsymbol{r})\Psi(\boldsymbol{r},t) \tag{2.25}$$

あるいは，

$$i\hbar\frac{\partial}{\partial t}\Psi(\boldsymbol{r},t) = \hat{H}\Psi(\boldsymbol{r},t) \tag{2.26}$$

[*9] 相対論的効果を無視できる場合の基本方程式である．相対性理論も併せて考慮する相対論的量子力学では，ディラック方程式という偏微分方程式が基本となる．

解説 2.8　固有方程式としての（時間に依存しない）シュレーディンガー方程式

　時間に依存しないシュレーディンガー方程式 (2.23) は，ハミルトニアン演算子 $\hat{H}$ の**固有方程式** (eigenequation) である．すなわち，エネルギー E は演算子 $\hat{H}$ の**固有値** (eigenvalue)，波動関数 $\psi(\boldsymbol{r})$ は演算子 $\hat{H}$ の（固有値 E に属する）**固有関数** (eigenfunction) である．よって，恒等的に $\psi \equiv 0$ ではない固有関数（これを「非自明な固有関数」という）が存在するためには，ある境界条件の下で，固有値 E がある特別な値をとらなければならない．つまり，任意の E に対して，非自明な ψ は存在しないことがある．よって，与えられた境界条件の下で，与えられたポテンシャル $V(\boldsymbol{r})$ 場での粒子のエネルギー E のとりうる値は，(2.23) の固有値として定まるので，任意の連続値をとることは一般にはできない．これは古典力学と大きく異なる点である．プランクの量子仮説のようなエネルギーの離散性を仮定する「仮定」が，量子力学では，このような理論体系によって自然に導かれる．ちなみに，ポテンシャル $V(\boldsymbol{r})$ の関数形と境界条件に依存して，固有値 E は離散的にも連続的にもなる．通常の境界条件としては，与えられた $\boldsymbol{r}$ のある領域で ψ が発散せずに有限の値を持ち，無限遠 ($|\boldsymbol{r}| \to \infty$) で $\psi \to 0$ となるような条件を課す．

　また，(2.23) の両辺に同じ定数を掛けても固有方程式自体は変わらないので，固有関数 $\psi(\boldsymbol{r})$ には**定数倍だけの不定性**がある．つまり，$\psi(\boldsymbol{r})$ が固有関数なら，c を定数とした $c\psi(\boldsymbol{r})$ も固有関数である．そこで，3.2 節で示す**規格化**という手続きによって，この定数倍の不定性を取り除き，定数 c の絶対値を一意に定める．

という方程式が得られる．この $\Psi(\boldsymbol{r},t)$ も**波動関数**という．この方程式が波動関数 $\Psi(\boldsymbol{r},t)$ の満たすべき方程式であり，**（時間に依存する）シュレーディンガー方程式**と呼ばれる．

ポテンシャル V が時間 t に依存する場合は，ハミルトニアン $\hat{H}(t) = -\hbar^2 \nabla^2/(2m) + V(\boldsymbol{r},t)$ が時間に依存するので，シュレーディンガー方程式は必ず時間に依存する形式になり，

$$i\hbar\frac{\partial}{\partial t}\Psi(\boldsymbol{r},t) = -\frac{\hbar^2}{2m}\nabla^2\Psi(\boldsymbol{r},t) + V(\boldsymbol{r},t)\Psi(\boldsymbol{r},t)$$
$$= \hat{H}(t)\Psi(\boldsymbol{r},t) \quad (2.27)$$

となる．(2.27) も，（時間に依存する）シュレーディンガー方程式という．

2.2.3　$\Psi(\boldsymbol{r},t)$ と $\psi(\boldsymbol{r})$ の関係

ここで，（時間に依存する）波動関数 $\Psi(\boldsymbol{r},t)$ と（時間に依存しない）波動関数 $\psi(\boldsymbol{r})$ との関係を調べてみよう．ハミルトニアンが時間 t に陽に依存しない場合，すなわちポテンシャル V が時間に依存しない場合[*10]を考える．

変数分離形の解 $\Psi(\boldsymbol{r},t) = f(\boldsymbol{r})g(t)$ を仮定して，（時間に依存する）シュレーディンガー方程式 (2.25) に代入して整理すると，

$$\frac{i\hbar}{g(t)}\frac{dg(t)}{dt} = \frac{1}{f(\boldsymbol{r})}\left[-\frac{\hbar^2}{2m}\nabla^2 f(\boldsymbol{r})\right] + V(\boldsymbol{r}) \quad (2.28)$$

[*10] ハミルトニアンが時間 t に陽に依存する場合は，Ψ と ψ との間に一般的な関係は存在しない．

解説 2.9　ポテンシャル V の時間依存性について

閉じた系では，一般にはポテンシャル V は時間に依存しない．また，開いた系では，波動関数のしたがう方程式は (2.25) や (2.27) の形にならない．ただし，外界からの影響を「外場」という古典場が印加していることとみなせたり，系のパラメータの値を時間変化させることとみなしてもよい場合がある．それは，外場の大きさやパラメータの時間変化の仕方が，着目している系の状態に左右されない場合である．ポテンシャル $V(\boldsymbol{r},t)$ が時間的に変動するのは，このような場合を想定している．

となる．この式の左辺は時間 t のみの関数，右辺は位置座標 r のみの関数であるから，両者はある定数*11に等しい．その定数を $\hbar\omega$ とおくと，2 つの常微分方程式

$$\frac{i\hbar}{g(t)}\frac{dg(t)}{dt} = \hbar\omega, \tag{2.29}$$

$$\frac{1}{f(\bm{r})}\left[-\frac{\hbar^2}{2m}\nabla^2 f(\bm{r})\right] + V(\bm{r}) = \hbar\omega \tag{2.30}$$

に帰着する．(2.29) は容易に解けて，$g(t) = N\exp(-i\omega t)$ であり（N は積分定数），(2.30) を整理すると，

$$-\frac{\hbar^2}{2m}\nabla^2 f(\bm{r}) + V(\bm{r})f(\bm{r}) = \hbar\omega f(\bm{r}) \tag{2.31}$$

となるが，これは時間に依存しないシュレーディンガー方程式 (2.22) に他ならない．よって，$f(\bm{r})$ は，時間に依存しないシュレーディンガー方程式 (2.22) の固有値 $E = \hbar\omega$ に属する固有関数 $\psi(\bm{r})$ である．よって，ψ と Ψ との間には（変数分離解を仮定すれば），

$$\Psi(\bm{r},t) \propto \psi(\bm{r})\exp\left(-iEt/\hbar\right) \tag{2.32}$$

の関係がある．3.5.4 項で示すように，この波動関数 (2.32) で表される状態は**エネルギー固有状態** (energy eigenstates) と呼ばれ，エネルギーが $E = \hbar\omega$

---

*11 両辺の次元はエネルギーであるから，この定数はエネルギーの次元を持つ．

解説 2.10　シュレーディンガー方程式のすぐに分かる特徴

時間に依存するシュレーディンガー方程式 (2.25), (2.27) をみて，すぐに気づく特徴を挙げてみよう．

(i)　**線形性**：波動関数 Ψ の 1 乗の項しかない．つまり，Ψ^2 や $\exp(\Psi)$ や $\cos(\Psi)$ のような項がない．よって，(2.25) や (2.27) に Ψ_1 と Ψ_2 の 2 つの解が存在するならば，これらの線形結合 $\Psi_1 + \Psi_2$ もまた (2.25) や (2.27) の解になる．これを，**重ね合わせの原理**という．重ね合わせの原理については，3.2 節で述べる．

(ii)　時刻 t についての 1 階微分しか含まない．したがって，ある時刻 t_0 の波動関数 $\Psi(\bm{r},t_0)$ が与えられたならば，その後の任意の時刻 $t \geq t_0$ での波動関数 $\Psi(\bm{r},t)$ は，(2.25) や (2.27) から**一意的に決まる**．このような時間発展については，3.7.1 項で述べる．

(iii)　空間座標 $\bm{r}$ についての 2 階微分を含む．したがって，波動関数 $\Psi(\bm{r},t_0)$ の空間依存性を一意に決めるためには，境界条件として，空間のある 1 点での波動関数の値とそこでの 1 階導関数の値，あるいは空間の異なる 2 点での波動関数の値が必要である．すなわち，波動関数は空間の大域的な情報を反映している．

に確定した状態である．すなわち，エネルギー固有状態では，(2.25) の解が変数分離形 (2.32) になっている[*12]．なお，エネルギー固有状態では，絶対値 (の 2 乗) $|\Psi(\boldsymbol{r},t)|^2 = |\psi(\boldsymbol{r})\exp(-iEt/\hbar)|^2 = |\psi(\boldsymbol{r})|^2$ が時刻 t に依存しないので，エネルギー固有状態は**定常状態** (stationary states) である．

2.3　章末問題

章末問題の略解は，サイエンス社のホームページ (http://www.saiensu.co.jp) から手に入れることができる．

(1)　平面波の分散関係 (2.6) を導け．

(2)　$f(\boldsymbol{r})$ を位置座標 $\boldsymbol{r}$ の任意の関数とするとき，
　　(a)　$x\hat{p}_x f(\boldsymbol{r}) - \hat{p}_x x f(\boldsymbol{r})$ を計算せよ．
　　(b)　$y\hat{p}_x f(\boldsymbol{r}) - \hat{p}_x y f(\boldsymbol{r})$ を計算せよ．

[*12] 一般の状態は，エネルギー固有状態の重ね合わせ $\Psi(\boldsymbol{r},t) = \sum_n \tilde{C}_n \psi_n(\boldsymbol{r})\exp(-iE_n t/\hbar)$ となるので，変数分離形になっていない．(3.56) 式を参照せよ．

要請と基本事項

　粒子と波動の二重性を基にした対応原理を仮定し，基本方程式であるシュレーディンガー方程式を前章で導入した．この章では，有限自由度系の量子力学の基本的考え方を解説し，必要な概念や数学を説明する．量子力学を学ぶ上では，本書の中でもっとも大切な章である．量子力学で使われる数学や計算技術に習熟することはもちろん必要だが，量子力学の考え方を理解することはさらに重要である．そこで，この章は古典力学とどのように異なるかを絶えず念頭に置きながら読み進めるとよい．量子力学の体系や考え方は，数学的論理性から演繹的に導かれるものではないので，この章のどの部分が原理としての「要請」で，どの部分がそれらから導かれる性質なのかに注意して読んでほしい．

本章の内容

3.1 数学の準備
3.2 状態と波動関数
3.3 物理量と演算子
3.4 固有値と固有関数
3.5 物理量の測定値
3.6 位置と運動量の固有関数
3.7 時間発展と運動法則
3.8 不確定性関係
3.9 ディラックの記法

3.1 数学の準備

3.1.1 ディラックのデルタ関数

ディラックは，次で定義されるような特殊な関数[*1]を提案した．非常に便利な関数で，本書でもしばしば用いるので，ここで整理しておこう[*2]．1次元空間での**ディラックのデルタ関数 (δ 関数)** $\delta(x-a)$ は，a を実定数として，

$$\delta(x-a) = \begin{cases} 0 & (x \neq a \text{ のとき}) \\ \infty & (x = a \text{ のとき}) \end{cases} \tag{3.1}$$

を満たす．$x=a$ における発散の程度は，

$$\int_{-\infty}^{\infty} \delta(x-a) dx = 1 \tag{3.2}$$

である．これらから，次の性質が導かれる．$x=a$ で連続な任意の関数 $f(x)$ と任意の区間 $x_1 < x < x_2$ に対して

$$\int_{x_1}^{x_2} f(x)\delta(x-a) dx = \begin{cases} f(a) & (x_1 < a < x_2 \text{ のとき}) \\ 0 & (a < x_1 \text{ または } a > x_2 \text{ のとき}) \end{cases} \tag{3.3}$$

つまり，この積分は，$f(x)$ の $x=a$ での値を抽出する働きをしている．

[*1] 数学で**超関数**と呼ばれているものの 1 つである．

[*2] ディラックのデルタ関数の離散版のような**クロネッカー (Kronecker) のデルタ記号** $\delta_{\mu\nu}$ も，頻繁に用いられる．これは，$\mu = \nu$ の時には $\delta_{\mu\nu} = 1$，$\mu \neq \nu$ の時には $\delta_{\mu\nu} = 0$ を表す．

解説 3.1 ディラックのデルタ関数の諸性質

ディラックのデルタ関数は偶関数であり，$\delta(-x) = \delta(x)$ を満たす．また，α を実定数とすると，

$$\delta(\alpha x) = \frac{\delta(x)}{|\alpha|} \tag{3.4}$$

となる．(3.3) の拡張として，ディラックのデルタ関数の n 階微分を

$$\int_{-\infty}^{\infty} f(x) \frac{d^n}{dx^n} \delta(x-a) dx = (-1)^n \frac{d^n f(x)}{dx^n}\bigg|_{x=a}$$

から定義できる．通常の関数の極限として表示する方法は，

$$\begin{aligned} \delta(x) &= \frac{d\theta(x)}{dx}, \\ \delta(x) &= \lim_{k \to \infty} \frac{\sin(kx)}{\pi x}, \\ \delta(x) &= \lim_{k \to \infty} \frac{1}{k\sqrt{2\pi}} \exp\left(-\frac{x^2}{2k^2}\right), \\ \delta(x) &= \lim_{k \to 0} \frac{1}{\pi} \frac{k}{x^2 + k^2} \end{aligned} \tag{3.5}$$

などがある．ここで $\theta(x)$ は**階段関数** (step function) で，$x > 0$ で $\theta(x) = 1$，$x < 0$ で $\theta(x) = 0$ である．

3.1.2 フーリエ級数とフーリエ変換

任意の関数 $f(\boldsymbol{r})$ は，様々な波数の波の重ね合わせで表すことができる．波数 $\boldsymbol{k}$ の波は，$\exp(i\boldsymbol{k}\cdot\boldsymbol{r})$ や $\cos(k_x x), \sin(k_y y)$ などの平面波で表されるが，適当な振幅を持つこれらの波を重ね合わせると，任意の関数 $f(\boldsymbol{r})$ を表すことができる．簡単のために 1 次元空間を考える．長さの周期が L の周期関数 $f(x)$ があるとする．すなわち，任意の x に対して**周期的境界条件** $f(x+L)=f(x)$ を満たす．この関数を関数系 $\{\exp(ik_n x)\}$ で展開し，

$$f(x) = \sum_{n=-\infty}^{\infty} c_n \exp(ik_n x) \tag{3.6}$$

と書くと，周期的境界条件より k_n の値が決まり

$$k_n = \frac{2\pi}{L}n \quad (n=0,\pm 1,\pm 2,\dots) \tag{3.7}$$

となる．また，展開係数 c_n は，$L^{-1}\int_0^L \exp\left[i(n-m)\frac{2\pi x}{L}\right]dx = \delta_{nm}$ を用いると

$$c_n = \frac{1}{L}\int_0^L f(x)\exp(-ik_n x)dx = \frac{1}{L}\int_0^L f(x)\exp\left(-i\frac{2\pi n x}{L}\right)dx \tag{3.8}$$

で与えられる．この級数展開 (3.6) を**フーリエ (Fourier) 級数展開**という．展開係数の絶対値の集合 $\{|c_n|\}$ を，関数 $f(x)$ の**スペクトル**という．$f(x)$ が実関数ならば，$c_{-n}=c_n^*$ となる．

フーリエ展開係数 c_n と元の関数 $f(x)$ との間には，ベッセル-パーセヴァル **(Bessel-Perseval) の等式**

解説 3.2　3 次元空間でのディラックのデルタ関数

3 次元の場合のディラックのデルタ関数は，1 次元のディラックのデルタ関数の積として，

$$\delta(\boldsymbol{r}) = \delta(x)\delta(y)\delta(z)$$

と定義する．$\boldsymbol{r}=\boldsymbol{a}$ で連続な任意の関数 $f(\boldsymbol{r})$ について，任意の 3 次元積分領域 R に対して，

$$\int_R f(\boldsymbol{r})\delta(\boldsymbol{r}-\boldsymbol{a})d^3\boldsymbol{r} = \begin{cases} f(\boldsymbol{a}) & (\boldsymbol{a}が領域 R の内部にある場合) \\ 0 & (\boldsymbol{a}が領域 R の外部にある場合) \end{cases}$$

となる．ここで，$d^3\boldsymbol{r} = dxdydz$ である．

球面極座標系でのディラックのデルタ関数は，$\boldsymbol{r}_1=(r_1,\theta_1,\varphi_1), \boldsymbol{r}_2=(r_2,\theta_2,\varphi_2)$ とすると

$$\delta(\boldsymbol{r}_1-\boldsymbol{r}_2) = \frac{1}{r^2\sin\theta_1}\delta(r_1-r_2)\delta(\theta_1-\theta_2)\delta(\varphi_1-\varphi_2)$$

$$= \frac{1}{r^2}\delta(r_1-r_2)\delta(\cos\theta_1-\cos\theta_2)\delta(\varphi_1-\varphi_2)$$

である．ここで，r は r_1 または r_2 で，$r_1\neq 0$ または $r_2\neq 0$ の場合にのみ成り立つ．原点では，

$$\delta(\boldsymbol{r}) = \frac{1}{4\pi r^2}\delta(r)$$

となる．

$$\frac{1}{L}\int_0^L |f(x)|^2 dx = \sum_{n=-\infty}^{\infty} |c_n|^2 \tag{3.9}$$

が成り立っている．一般には，$L^{-1}\int_0^L g^*(x)f(x)dx = \sum_{n=-\infty}^{\infty} d_n^* c_n$ が成り立つ．ここで d_n は，関数 $g(x)$ のフーリエ展開係数である．

フーリエ変換は，フーリエ級数の極限として定義することができる．$f(x)$ を任意の関数とし，区間 $-L/2 \leq x \leq L/2$ での $f(x)$ を $f_L(x)$ と書くことにする．$f_L(x)$ については周期的境界条件を仮定して，級数展開 (3.6)

$$f_L(x) = \sum_{n=-\infty}^{\infty} c_n \exp(ik_n x) \tag{3.10}$$

を行うと，展開係数は，

$$c_n = \frac{1}{L}\int_{-L/2}^{L/2} f(x) \exp(-ik_n x)dx = \frac{k_{n+1}-k_n}{2\pi}\int_{-L/2}^{L/2} f(x) \exp(-ik_n x)dx \tag{3.11}$$

である．ここで $k_n = 2\pi n/L$ を用いた．これを展開式 (3.10) に代入し，極限 $L \to \infty$ を考える．$k_{n+1} - k_n \to dk$ すると，

$$f(x) \equiv \lim_{L \to \infty} f_L(x) = \int_{-\infty}^{\infty}\frac{dk}{2\pi}\left[\int_{-\infty}^{\infty} f(\xi)\exp(-ik\xi)d\xi\right]\exp(ikx)$$
$$= \frac{1}{\sqrt{2\pi}}\int_{-\infty}^{\infty}\left[\frac{1}{\sqrt{2\pi}}\int_{-\infty}^{\infty} f(\xi)\exp(-ik\xi)d\xi\right]\exp(ikx)dk \tag{3.12}$$

が得られる．これが**フーリエの積分定理**で，無限区間で定義される関数の展開である．よって，関数 $\tilde{f}(k)$ を (3.12) の被積分関数の大括弧内と定義すれ

解説 3.3 三角関数によるフーリエ級数展開

フーリエ級数展開の別の表現として，三角関数による展開もある．展開式 (3.6) を変形すると，

$$f(x) = c_0 + \sum_{n=1}^{\infty}[c_n \exp(ik_n x) + c_{-n}\exp(-ik_n x)]$$
$$= \frac{C_0}{2} + \sum_{n=1}^{\infty}[C_n \cos(k_n x) + iS_n \sin(k_n x)]$$

と表すこともできる．ここで，cos 項の展開係数 $C_n \equiv c_n + c_{-n}$ および sin 項の展開係数 $S_n \equiv c_n - c_{-n}$ は，それぞれ

$$C_n = c_n + c_{-n} = \frac{2}{L}\int_0^L f(x)\cos(k_n x)dx \quad (n=0,1,2,\cdots),$$
$$S_n = c_n - c_{-n} = \frac{2}{L}\int_0^L f(x)\sin(k_n x)dx \quad (n=1,2,3,\cdots)$$

で与えられる．この場合のベッセル-パーセヴァルの等式は，

$$\frac{1}{L}\int_0^L |f(x)|^2 dx = \frac{1}{4}|C_0|^2 + \frac{1}{2}\sum_{n=1}^{\infty}\left[|C_n|^2 + |S_n|^2\right].$$

ば，関数 $f(x)$ と関数 $\tilde{f}(k)$ とは，次の積分変換

$$f(x) = \frac{1}{\sqrt{2\pi}} \int_{-\infty}^{\infty} \tilde{f}(k) \exp(ikx) dk, \tag{3.13}$$

$$\tilde{f}(k) = \frac{1}{\sqrt{2\pi}} \int_{-\infty}^{\infty} f(x) \exp(-ikx) dx \tag{3.14}$$

でお互いに関連していることになる．この積分変換を**フーリエ変換** (Fourier transform) と呼び，関数 $\tilde{f}(k)$ を元の関数 $f(x)$ のフーリエ変換という．フーリエ変換操作を $\mathcal{F}[\ ]$ で表して，$\tilde{f}(k) = \mathcal{F}[f(x)]$ と書くことも多い．このとき (3.13) は**フーリエ逆変換**となり，$f(x) = \mathcal{F}^{-1}[\tilde{f}(k)]$ と表す．一般には，$\tilde{f}(k)$ は複素数値をとる関数である．関数 $f(x)$ が実関数ならば，$[\tilde{f}(k)]^* = \tilde{f}(-k)$ が成り立つ．

フーリエ展開の場合の (3.9) に相当する関係式は，**パーセヴァル-プランシュレル** (**Perseval-Plancherel**) **の等式**

$$\int |f(x)|^2 dx = \int |\tilde{f}(k)|^2 dk \tag{3.15}$$

である．一般には，$\int [f(x)]^* g(x) dx = \int [\tilde{f}(k)]^* \tilde{g}(k) dk$ が成り立つ．

今まで考察してきたフーリエ変換は，位置座標 x と波数 k とがフーリエ変換で互いに変換される独立変数であった．(3.13) は，任意の関数 $f(x)$ を正弦波 (平面波) $\exp(ikx)$ で展開した式であり，重ね合わせる正弦波の振幅（重ね合わせの重み）が (3.14) のフーリエ変換 $\tilde{f}(k)$ で与えられると考えればよい．また，時間 t と角振動数 ω もフーリエ変換で変換される独立変数の組とし

解説 3.4 フーリエ変換の別の定義

フーリエ変換を

$$f(x) = \frac{1}{2\pi} \int_{-\infty}^{\infty} \tilde{f}(k) \exp(ikx) dk,$$

$$\tilde{f}(k) = \int_{-\infty}^{\infty} f(x) \exp(-ikx) dx$$

と定義する場合もあるが，本書では使わない．

なお，$0 < x < \infty$ で定義された任意の関数 $f(x)$ に対して，

$$\tilde{f}_c(k) = \left(\frac{2}{\pi}\right)^{1/2} \int_0^{\infty} f(x) \cos(kx) dx,$$

$$\tilde{f}_s(k) = \left(\frac{2}{\pi}\right)^{1/2} \int_0^{\infty} f(x) \sin(kx) dx$$

をそれぞれ，**フーリエ余弦変換**，**フーリエ正弦変換**という．

てしばしば現れる．時間 t の関数 $f(t)$ とそのフーリエ変換 $\tilde{f}(\omega)$ も，(3.13)，(3.14) と同じ積分変換でつながっているが，指数の符号を逆にして定義することが多い．すなわち，次の2式とする．

$$f(t) = \frac{1}{\sqrt{2\pi}} \int_{-\infty}^{\infty} \tilde{f}(\omega) \exp(-i\omega t) d\omega, \tag{3.16}$$

$$\tilde{f}(\omega) = \frac{1}{\sqrt{2\pi}} \int_{-\infty}^{\infty} f(t) \exp(+i\omega t) dt. \tag{3.17}$$

3.1.3 ディラックのデルタ関数のフーリエ変換

ディラックの δ 関数のフーリエ変換を考えよう．1 次元のディラックの δ 関数 $\delta(x-a)$ のフーリエ変換 $\tilde{\delta}_a(k)$ は，(3.3) と (3.14) を用いると，

$$\tilde{\delta}_a(k) \equiv \frac{1}{\sqrt{2\pi}} \int_{-\infty}^{\infty} \delta(x-a) \exp(-ikx) dx = \frac{1}{\sqrt{2\pi}} \exp(-ika) \tag{3.18}$$

となる[*3]．特に $a=0$ の場合は，$\tilde{\delta}_0(k) = 1/\sqrt{2\pi}$ となり，関数 $\delta(x)$ のフーリエ変換は，k に依存しない定数となる．(3.13) を用いて，(3.18) をフーリエ逆変換すると，

$$\delta(x-a) = \frac{1}{\sqrt{2\pi}} \int_{-\infty}^{\infty} \left[\frac{1}{\sqrt{2\pi}} \exp(-ika)\right] \exp(ikx) dk$$

$$= \frac{1}{2\pi} \int_{-\infty}^{\infty} \exp[ik(x-a)] dk \tag{3.19}$$

[*3] ポアソンの和公式 $\sum_{m=-\infty}^{\infty} \exp(2\pi i m x) = \sum_{n=-\infty}^{\infty} \delta(x-n)$ も有用なので，知っておいてよい．これを用いると，整数についての関数値の和を，連続変数の積分で表現することができる．$\sum_{n=-\infty}^{\infty} f(n) = \sum_{m=-\infty}^{\infty} \int_{-\infty}^{\infty} \exp(2\pi i m x) f(x) dx$.

解説 3.5 フーリエ変換の諸性質

フーリエ変換に関して，以下の関係式が成り立つ．

$$\mathcal{F}[\exp(ik_0 x) f(x)] = \tilde{f}(k - k_0),$$

$$\mathcal{F}[f(x - x_0)] = \exp(-ikx_0) \tilde{f}(k),$$

$$\mathcal{F}[f(cx)] = \frac{1}{|c|} \tilde{f}\left(\frac{k}{c}\right),$$

$$\mathcal{F}[x^n f(x)] = (i)^n \frac{d^n \tilde{f}(k)}{dk^n},$$

$$\mathcal{F}\left[\frac{d^n f(x)}{dx^n}\right] = (i)^n k^n \tilde{f}(k).$$

また，関数 $f_1(x)$ のフーリエ変換を $\tilde{f}_1(k)$，$f_2(x)$ のそれを $\tilde{f}_2(k)$ とすると，**たたみこみ**（**たたみこみ積分**）

$$f_1(x) * f_2(x) \equiv \int_{-\infty}^{\infty} f_1(x') f_2(x - x') dx'$$

のフーリエ変換は，$\sqrt{2\pi} \tilde{f}_1(k) \tilde{f}_2(k)$ となる．この逆も成り立つ．すなわち，

$$\mathcal{F}[f_1(x) * f_2(x)] = \sqrt{2\pi} \tilde{f}_1(k) \tilde{f}_2(k), \quad \mathcal{F}^{-1}[\tilde{f}_1(k) * \tilde{f}_2(k)] = \sqrt{2\pi} f_1(x) f_2(x).$$

となる．これがディラックのデルタ関数のフーリエ積分表示である[*4]．x と a は任意であったので，これを x と x' で書き直すと，

$$\delta(x-x') = \int_{-\infty}^{\infty} \left[\frac{1}{\sqrt{2\pi}}\exp(ikx')\right]^* \left[\frac{1}{\sqrt{2\pi}}\exp(ikx)\right] dk \qquad (3.20)$$

となり，関数 $(2\pi)^{-1/2}\exp(ikx)$ の完全性条件 (3.48) を表している．また，(3.20) で k と x とを入れ替えると，正規直交性 (3.45) を表している[*5]．

3.2 状態と波動関数

3.2.1 波動関数とその確率解釈

第2章の冒頭で述べたように，量子力学では，すべての物理量が各時刻で定まった値を持つことはないので，対象とする系の状態は Ψ という波動関数で記述されるとした．これについて再確認しておこう．(座標表示の波動力学形式の) 量子力学では，粒子[*6]の運動形態（**状態**[*7]）を表す数学的表現として，

[*4] (3.19) の右辺の積分の上限と下限を $\pm K$ として定積分を実行すると $\sin[K(x-a)]/[\pi(x-a)]$ となる．ここで $K \to \infty$ とすると，(3.5) が得られる．

[*5] 3.6.2項で示すように，$(2\pi)^{-1/2}\exp(ikx)$ は運動量演算子の固有関数なので，(3.20) は運動量固有状態の完全性や正規直交性を意味している．

[*6] ここでは，古典的な粒子や質点ではなく，波動性も付随した量子力学的粒子を指す．

[*7] 量子力学で取り扱う「状態」には，**純粋状態** (pure state) と**混合状態** (mixed state) の2種類がある．簡単にいえば，1つの波動関数のみで表される状態を純粋状態といい，そうでない状態を混合状態という．本書では，考察の対象を純粋状態に限定している．

解説 3.6 多次元系でのフーリエ変換

3次元系でのフーリエ変換は，

$$f(\boldsymbol{r}) = \frac{1}{(2\pi)^{3/2}} \int_{-\infty}^{\infty} \tilde{f}(\boldsymbol{k})\exp(i\boldsymbol{k}\cdot\boldsymbol{r})d^3\boldsymbol{k}, \qquad (3.21)$$

$$\tilde{f}(\boldsymbol{k}) = \frac{1}{(2\pi)^{3/2}} \int_{-\infty}^{\infty} f(\boldsymbol{r})\exp(-i\boldsymbol{k}\cdot\boldsymbol{r})d^3\boldsymbol{r} \qquad (3.22)$$

となる．ここで $d^3\boldsymbol{k} = dk_x dk_y dk_z$, $d^3\boldsymbol{r} = dxdydz$ である．

空間座標 $\boldsymbol{r} = (x,y,z)$ と時間 t 両方の変数の関数 $f(\boldsymbol{r},t)$ を扱う場合は，どちらの変数についてのフーリエ変換なのかを明示する必要がある．両方に対してフーリエ変換する際は，

$$f(\boldsymbol{r},t) = \frac{1}{4\pi^2}\int \tilde{f}(\boldsymbol{k},\omega)\exp[i(\boldsymbol{k}\cdot\boldsymbol{r}-\omega t)]d^3\boldsymbol{k}d\omega,$$

$$\tilde{f}(\boldsymbol{k},\omega) = \frac{1}{4\pi^2}\int f(\boldsymbol{r},t)\exp[-i(\boldsymbol{k}\cdot\boldsymbol{r}-\omega t)]d^3\boldsymbol{r}dt$$

としてフーリエ変換を定義する．

時間 t および位置座標 $\boldsymbol{r}=(x,y,z)$ の関数である「規格化された**波動関数** $\Psi(\boldsymbol{r},t)$」[*8]を用いる．与えられた時刻 t における系に関する**すべての**情報は，波動関数 $\Psi(\boldsymbol{r},t)$ が担っていると考える．これは，量子力学の要請である．「規格化」の意味は 3.2.2 項で述べる．

波動関数 $\Psi(\boldsymbol{r},t)$ は，シュレーディンガー方程式 (2.25) を満たす，つまり，微分方程式 (2.25) の解であるとする．これから，$\Psi(\boldsymbol{r},t)$ のいくつかの性質が導かれる．波動関数 $\Psi(\boldsymbol{r},t)$ は $\boldsymbol{r}$ についても t についても連続であり，ポテンシャル $V(\boldsymbol{r})$ が有界ならば，その 1 階導関数 $\nabla\Psi(\boldsymbol{r},t), \partial\Psi(\boldsymbol{r},t)/\partial t$ も連続である[*9]．$V(\boldsymbol{r})$ がある点で発散する場合は，その点では $\nabla\Psi(\boldsymbol{r},t)$ は必ずしも連続にならない（例として，p.90 の解説 4.9 や p.93 の解説 4.10 を参照せよ）．なお，$V(\boldsymbol{r})$ が有限領域で $+\infty$ に発散している場合は，その領域内では $\Psi(\boldsymbol{r},t)=0$ である．

波動関数は一般に複素数値をとり，そのまま物理的に観測され得る量では

[*8]数学的には，**ヒルベルト空間**（無限次元複素ベクトル空間）でのベクトルであればよい．よって，波動関数は，必ずしも直交座標系での位置座標 $\boldsymbol{r}$ の関数である必要はなく，波数ベクトル $\boldsymbol{k}$ や運動量 $\boldsymbol{p}$ などの関数でもよい．位置座標を引数とする波動関数を，特に「**座標表示の波動関数**」という．この「表示」については，3.9 節を参照．

[*9]シュレーディンガー方程式は空間座標についての 2 階の微分方程式なので，2 階導関数 $\nabla^2\Psi(\boldsymbol{r},t)$ の存在を前提としている．よって，$\Psi(\boldsymbol{r},t)$ も $\nabla\Psi(\boldsymbol{r},t)$ も $\boldsymbol{r}$ の連続関数でなければならない．これは，ポテンシャル $V(\boldsymbol{r})$ が有界であるならば不連続点を含む場合でも成り立つ．4.2.2 項の解説 4.7 を参照せよ．

解説 3.7　古典力学での状態の記述との違い

古典力学において，1 つの粒子の運動形態は，位置座標 $\boldsymbol{r}(t)=(x(t),y(t),z(t))$ と運動量 $\boldsymbol{p}(t)=(p_x(t),p_y(t),p_z(t))$ という時間 t の 6 つの関数で完全に表されていた．それに対して，量子力学では，位置と時間の複素数値関数 $\Psi(\boldsymbol{r},t)$ で粒子の運動形態（状態）が完全に決定されることになる．

量子力学では，波動関数 $\Psi(\boldsymbol{r},t)$ の中の位置座標 $\boldsymbol{r}$ は，その粒子の位置を示すのではなく，関数 Ψ の引数に過ぎない．粒子の位置情報は，位置座標 $\boldsymbol{r}$ が担うのではなく，波動関数 $\Psi(\boldsymbol{r},t)$ に含まれるものである．

ない[*10]．しかし，この波動関数によって粒子の波動性や粒子性を記述するのであるから，その絶対値が大きい付近に粒子が存在している可能性が高いであろうと考える．そこで，波動関数の絶対値の 2 乗 $|\Psi(r,t)|^2$ が，時刻 t で位置 r に粒子が存在する**確率密度** (probability density) を表すとする．つまり，粒子を r 付近の微小体積 d^3r の中に見出す確率が $|\Psi(r,t)|^2 d^3r$ で与えられるとする．ここで $d^3r \equiv dxdydz$ である．確率密度は波動関数の絶対値 $|\Psi|$ の 2 乗なので，Ψ の位相因子 $\exp(i\theta)$ の不定性は位置の確率密度に影響しないことに注意せよ．ここで θ は r や t によらない実数である．このような波動関数の意味付けは**確率解釈**と呼ばれ，現在の量子力学の主流である（解説 3.8 も参照）．

3.2.2 規格化条件

粒子は，空間のどこかには必ず存在する．よって，確率密度を積分すると全確率を与え，それが 1 に等しいことから，波動関数は**規格化条件**

$$\int |\Psi(r,t)|^2 d^3r = 1 \tag{3.23}$$

を各時刻 t で満たさねばならない．この積分範囲は一般には全空間であるが，もし粒子が空間のある特定の領域（たとえば有限体積の箱の中）に閉じこめられているときは，積分範囲は全空間でなくこの領域に制限してよい．つまり，波動関数の空間積分は，粒子が到達可能な空間の領域全体にわたって行

[*10] 波動関数が実数となる場合でも，観測できる量ではない．

解説 3.8 コペンハーゲン解釈

確率解釈によると，3.5 節で述べるように，観測結果はランダムであり，測定結果をあらかじめ予言することが原理的に不可能となる．この解釈によって，「物理的実在とは何か」があらためて問われることになり，アインシュタインも含めた大きな論争になった．ボーアに代表されるデンマークのコペンハーゲン学派の考え方が重要で，測定が行われ測定値が得られるまでは物理的実在を考えてはいけない，測定以前は確率振幅 Ψ という情報しか存在しない，とする**コペンハーゲン解釈**が現在の標準的解釈である．ただし，この解釈では，3.7.2 項で述べる「観測による波束の収縮」に関して「古典的測定器」と呼ばれる装置の存在を仮定しているという問題点を含んでおり，今でも研究が進められている．

えばよい.規格化条件 (3.23) を満たす波動関数を「規格化されている」という.この規格化によって,波動関数の定数倍の不定性が取り除かれるが,位相因子は不定のままである.一般に波動関数の位相はどのような物理量にも影響しないので,位相因子が不定のままでも問題は生じない[*11].なお,この (3.23) の意味の規格化ができない場合がある.たとえば,平面波の状態 $\Psi(\boldsymbol{r},t) = \exp[i(\boldsymbol{k}\cdot\boldsymbol{r}-\omega t)]$ の規格化積分を全空間にわたって行うと発散してしまう.その際の処方は,3.6.2 項で後述する.

3.2.3 量子状態の重ね合わせの原理

p.29 の解説 2.10 で述べたように,シュレーディンガー方程式 (2.27) は Ψ に関して線形であるから,状態の**重ね合わせの原理** (principle of superposition) が成り立っている.すなわち,$\Psi_n(\boldsymbol{r},t)$ が波動関数ならば,c_n を複素数の定数として,それらの線形結合 $\sum_n c_n \Psi_n(\boldsymbol{r},t)$ もまた波動関数である[*12].つまり,$\Psi_n(\boldsymbol{r},t)$ で表される状態を重ね合わせたものも,量子力学的な状態で,これは,量子力学的粒子の波動性(干渉性)の表れである.このように,複数の状態 Ψ_1 と Ψ_2 の線形結合をとることにより,「重ね合わせの状態」$\Psi \equiv c_1\Psi_1 + c_2\Psi_2$ を新たに作ることができるのが,(古典力学にはない)量子力学の特徴である.

2 つの状態 Ψ_1 と Ψ_2 の「重ね合わせの状態」$\Psi = c_1\Psi_1 + c_2\Psi_2$ を考えよう.このような重ね合わせの状態 Ψ での粒子の存在確率密度を計算すると,

---

[*11] 巨視的波動関数の位相については 7.8 節を参照.
[*12] 異なる時刻の Ψ_n の重ね合わせは解にはならない.

解説 3.9　ヤングの二重スリットの実験:再訪

1.2.2 項で述べたヤングの二重スリットの実験と重ね合わせの原理との関連を考えよう.2 つのスリットをスリット A,スリット B とする.スリット A を通過している量子力学的粒子(今の場合は光子)の状態を波動関数 ψ_A,スリット B を通過している粒子の状態を波動関数 ψ_B で表すと,スクリーン上での粒子の波動関数 ψ は,

$$\psi = \psi_A + \psi_B$$

と重ね合わせの状態になっている.これは,粒子が両方のスリットを通過することを意味している.スクリーン上での粒子の存在確率密度は,波動関数の絶対値の 2 乗であるから,

$$|\psi|^2 = |\psi_A + \psi_B|^2 = |\psi_A|^2 + |\psi_B|^2 + 2\mathrm{Re}\,[\psi_A^* \psi_B]$$

となる.この最右辺 3 項目が干渉縞を生ずる干渉項になっている.つまり,スリット A を通る状態とスリット B を通る状態の重ね合わせの状態になっていることが,干渉縞が生じる原因である.この「重ね合わせの状態」は古典力学的粒子では決して存在しないので,古典粒子では最右辺 3 項目は消えて,干渉縞は生じない.

個々の粒子がどちらのスリットを通過したのかは特定できない.これを特定する実験を行うと 3.7.2 項で示すような「波束の収縮」が生じ,粒子の波動関数 ψ は測定したとたんに ψ_A と ψ_B の重ね合わせではなくなり,ψ_A か ψ_B のどちらかに決まってしまうので,干渉縞は消えてしまう.

$$|\Psi|^2 = |c_1|^2|\Psi_1|^2 + |c_2|^2|\Psi_2|^2 + 2\mathrm{Re}\,(c_1^* c_2 \Psi_1^* \Psi_2) \qquad (3.24)$$

となり，確率密度は単純な加算にならず，右辺第 3 項のような付加項 $2\mathrm{Re}\,(c_1^* c_2 \Psi_1^* \Psi_2)$ が生じる．このような効果を**干渉効果**といい，右辺第 3 項を**干渉項**と呼ぶ．これから分かるように，波動関数の重ね合わせに際しては，重ね合わされる状態間の**相対的な位相**が重要になる．光を用いたヤングの二重スリットの実験で観測される干渉縞は，古典的光の波動としての性質から生じているが，電子を用いた二重スリットの実験でも干渉縞が観測され，それは電子のもつ波動性に起因している．量子力学的粒子では粒子性だけでなく波動性ももつので，干渉縞が生じる．これを数学的に表現したものが，波動関数の重ね合わせの原理に基づく干渉項の存在である（解説 3.9 を参照）．

3.3 物理量と演算子

3.3.1 線形エルミート演算子

対応原理 (2.14) では，物理量である運動量 p と微分演算子 $-i\hbar\nabla$ とが対応していた．これを敷衍し，すべての物理量と何らかの演算子との間には対応関係があることを基にして量子力学を構築する．すなわち，量子力学では，すべての観測可能な物理量[*13]は，単なる数（c 数）ではなく，**波動関数に作用する演算子**（q 数）で表されるとする．これは量子力学の要請である．つ

[*13] **オブザーバブル** (observable) とも呼ばれる．

解説 3.10　物理量の表記法

一般に，物理量を表すときは，キャレットを付けない A という記法を用いる．その物理量 A を表す演算子を $\hat{A}$ と書く．正確には「演算子 $\hat{A}$ で表される物理量 A」というべきところを，単に「物理量 $\hat{A}$」と略すこともある．

まり量子力学では，物理量 A は演算子 $\hat{A}$ となるので，直接測定される「数値」ではなくなる．演算子 $\hat{A}$ をどのように決めるかは，次項 3.3.2 で示す．

3.4 節と 3.5 節で示すように，量子力学では，物理量を測定した際に得られる「数値」は，その演算子の固有値のいずれかであると考える[*14]．すると，得られる測定数値は実数でなければならないので，物理量を表す演算子は，**線形でエルミートな**演算子でなければならないことが要請される．すなわち，$\hat{A}$ を演算子としたとき，

(1) **線形性**：任意の関数 Ψ_1, Ψ_2 に対して，$\hat{A}(c_1\Psi_1 + c_2\Psi_2) = c_1\hat{A}\Psi_1 + c_2\hat{A}\Psi_2$ が成り立ち，

(2) **エルミート性（自己共役性）**：$\hat{A}^\dagger = \hat{A}$ が成り立つ．

ここで，$\hat{A}^\dagger$ は $\hat{A}$ の共役演算子である（解説 3.11 参照）．

3.3.2 正準交換関係

位置の演算子と運動量の演算子は，一般の物理量を表す演算子を定める基本なので，量子力学においても，直交座標系での粒子の位置座標 $\boldsymbol{r}$ と運動量 $\boldsymbol{p}$ は重要な物理量である．これらを表す演算子 $\hat{\boldsymbol{r}}, \hat{\boldsymbol{p}}$ も，線形でエルミートな演算子でなければならない．$\hat{\boldsymbol{p}}$ は，対応原理 (2.14) より微分演算子 $-i\hbar\boldsymbol{\nabla}$ であるが，位置演算子 $\hat{\boldsymbol{r}}$ については，位置座標を単に掛けるだけの演算子つまり，$\hat{\boldsymbol{r}} = \boldsymbol{r}$ であった．古典力学では対等であった $\boldsymbol{r}$ と $\boldsymbol{p}$ とが，量子力学において

[*14] 物理量が演算子で表されることから，ある物理量を測定しても，得られる測定値は，一般には測定のたびにばらつくことが導かれる．

解説 3.11　共役演算子とエルミート演算子

$\hat{A}$ の共役演算子 $\hat{A}^\dagger$ は，「A ダガー」とか「A ダッガー」と発音する．任意の Ψ_1 と Ψ_2 に対して，

$$\int \Psi_1^* (\hat{A}\Psi_2) d^3\boldsymbol{r} = \int (\hat{A}^\dagger \Psi_1)^* \Psi_2 d^3\boldsymbol{r}$$

が成り立つものとして，$\hat{A}^\dagger$ は定義される．線形演算子 $\hat{A}, \hat{B}$ に対して，

$$(\hat{A}^\dagger)^\dagger = \hat{A},$$
$$(\hat{A} + \hat{B})^\dagger = \hat{A}^\dagger + \hat{B}^\dagger,$$
$$(\hat{A}\hat{B})^\dagger = \hat{B}^\dagger \hat{A}^\dagger$$

が成り立つ．c を c 数とすると $(c\hat{A})^\dagger = c^* \hat{A}^\dagger$ となる．

$\hat{A}$ がエルミート（自己共役）ならば，$\hat{A}$ の実数倍もエルミートである．ただし，$\hat{A}$ と $\hat{B}$ がエルミートのとき $(\hat{A}\hat{B})^\dagger = \hat{B}\hat{A}$ なので，エルミート演算子の積は必ずしもエルミートにはならない．

演算子になると，役割が非常に異なり非対称的であるように見えるが，実は，位置と運動量の演算子の形は，どのような基底で表示するかに依存することが分かっている．そこで，今日の量子力学では，位置と運動量の演算子を定める際の根本的な要請を，**正準交換関係** (canonical commutation relation)

$$\hat{r}_\mu \hat{p}_\nu - \hat{p}_\nu \hat{r}_\mu = i\hbar \delta_{\mu\nu}, \tag{3.25}$$

$$\hat{r}_\mu \hat{r}_\nu - \hat{r}_\nu \hat{r}_\mu = \hat{p}_\mu \hat{p}_\nu - \hat{p}_\nu \hat{p}_\mu = 0 \tag{3.26}$$

におく．ここで $\mu, \nu = x, y, z$ である．また，$\delta_{\mu\nu}$ はクロネッカー (Kronecker) のデルタ記号[15]である．すなわち，量子力学では，位置と運動量を，(3.25) と (3.26) を満たすような線形エルミート演算子 $\hat{r}, \hat{p}$ であるとする．

正準交換関係 (3.25), (3.26) を満たす演算子 $\hat{r}$ と $\hat{p}$ の数学的表現は無数に存在するが，その代表例が，波動力学形式[16]と行列力学形式[17]である．(座標表示の) 波動力学形式では，位置と運動量の演算子を

$$x_\mu \longrightarrow \hat{x}_\mu \equiv x_\mu, \tag{3.27}$$

$$p_\mu \longrightarrow \hat{p}_\mu \equiv -i\hbar \frac{\partial}{\partial x_\mu} \tag{3.28}$$

---

[15] $\mu = \nu$ のとき $\delta_{\mu\nu} = 1$ で，$\mu \neq \nu$ のとき $\delta_{\mu\nu} = 0$.
[16] 正準交換関係の**シュレーディンガー表現**ともいう．p.21 解説 2.2 も参照．
[17] **ハイゼンベルク表現**ともいう．p.20 解説 2.1 も参照．

解説 3.12 運動量演算子 $\hat{p} = -i\hbar \nabla$ のエルミート性

積分 $\int \psi_1^*(\boldsymbol{r})[\hat{\boldsymbol{p}}\psi_2(\boldsymbol{r})]d^3\boldsymbol{r}$ を変形する．被積分関数に運動量演算子 $\hat{\boldsymbol{p}} = -i\hbar\nabla$ を代入し，部分積分を行うと，波動関数は遠方で 0 になるから表面積分は消えるので，

$$-i\hbar \int \psi_1^*(\boldsymbol{r}) \nabla \psi_2(\boldsymbol{r}) d^3\boldsymbol{r} = i\hbar \int [\nabla \psi_1^*(\boldsymbol{r})] \psi_2(\boldsymbol{r}) d^3\boldsymbol{r}$$

となる．この右辺を変形すると，

$$i\hbar \int [\nabla \psi_1^*(\boldsymbol{r})] \psi_2(\boldsymbol{r}) d^3\boldsymbol{r} = \int [-i\hbar \nabla \psi_1(\boldsymbol{r})]^* \psi_2(\boldsymbol{r}) d^3\boldsymbol{r}$$

$$= \int [\hat{\boldsymbol{p}}\psi_1(\boldsymbol{r})]^* \psi_2(\boldsymbol{r}) d^3\boldsymbol{r}$$

となる．これより，演算子 $\hat{\boldsymbol{p}}$ はエルミート演算子であることが分かる．

のように，それぞれ，単なる掛け算を行う演算子 $\hat{x}_\mu$[*18]と微分演算子 $\hat{p}_\mu$ とする．この波動力学形式での運動量演算子が，第2章で出てきた対応原理 (2.14) なのである．

座標や運動量以外の全エネルギーや軌道角運動量などの物理量演算子 $\hat{A}$ は，古典力学での直交座標での位置座標 $\boldsymbol{r}$ と運動量 $\boldsymbol{p}$ による表式 $A(\boldsymbol{r},\boldsymbol{p})$ に，上記の正準交換関係を満たす演算子 $\hat{\boldsymbol{r}}, \hat{\boldsymbol{p}}$ を代入して作ればよい．このようにして量子力学での物理量演算子 $\hat{A} \equiv A(\hat{\boldsymbol{r}}, \hat{\boldsymbol{p}})$ を作る方法を，（波動力学形式の）**正準量子化**と呼び，波動力学形式の量子力学を導く[*19]．ちなみに，$\boldsymbol{r}$ と $\boldsymbol{p}$ 以外でも，正準共役な量であれば，どのようなものを用いても量子化を実行することは可能だが，解析力学において正しく正準共役になっていることを確認しなくてはならない．たとえば，球面極座標系での動径座標 r と微分演算子 $-i\hbar\partial/\partial r$ は互いに正準共役な変数ではないので，これらを用いて量子化

[*18]この際，$\hat{p}_\mu \equiv -i\hbar\partial/\partial x_\mu + f(x_\mu)$ のように，x_μ の任意の関数 $f(x_\mu)$ が不定因子として存在しても正準交換関係は満たされる．$f(x_\mu)$ は，波動関数 $\psi(\boldsymbol{r})$ の位相因子 $\exp[ig(x_\mu)]$ としての影響しか与えない．ここで，$\hbar\partial g(x_\mu)/\partial x_\mu = f(x_\mu)$ である．

[*19]正準量子化は，古典力学でのハミルトニアンやラグランジアンが与えられたときに，それを基にして量子力学を作る規則である．しかし，このように構成された量子力学が，自然を正しく記述しているとは限らないことに注意．たとえば，6.6節で述べるように，量子力学的粒子はスピン角運動量という自由度をもっているが，この量は古典力学では記述できないので，正準量子化によって古典力学から量子力学を作る手順では，スピン自由度は含まれない．

解説 3.13　$\hat{x}_\mu$ と $\hat{p}_\mu$ との順序：対称化操作

物理量 $A(\boldsymbol{r},\boldsymbol{p})$ の正準量子化を行う際に，$\hat{x}_\mu$ と $\hat{p}_\mu$ との順序が問題になる．たとえば古典力学での物理量 $A(x,p_x) = xp_x$ を正準量子化する場合を考えよう．これをこのまま単純に $\hat{x}$ と $\hat{p}_x$ で置き換えると，$\hat{A} = \hat{x}\hat{p}_x$ となるが，$\hat{A}^\dagger = (\hat{x}\hat{p}_x)^\dagger = \hat{p}_x^\dagger \hat{x}^\dagger = \hat{p}_x\hat{x} = \hat{x}\hat{p}_x - i\hbar = \hat{A} - i\hbar \neq \hat{A}$ となり，エルミートでなくなってしまう．このような場合，通常はその順序に関して**対称化操作**を行い，演算子 $\hat{A}$ がエルミートになるように構成する．つまり，$A(x,p_x) = (xp_x + p_x x)/2$ としておいてから演算子 $\hat{A} = (\hat{x}\hat{p}_x + \hat{p}_x\hat{x})/2$ に置き換えると，$\hat{A}$ はエルミート演算子になる．

一般には，$\boldsymbol{r}$ と $\boldsymbol{p}$ とに対しての関数 $A(\boldsymbol{r},\boldsymbol{p})$ のフーリエ変換

$$\tilde{A}(\boldsymbol{\xi},\boldsymbol{\eta}) \equiv \frac{1}{(2\pi)^3}\int A(\boldsymbol{r},\boldsymbol{p})\exp[-i(\boldsymbol{r}\cdot\boldsymbol{\xi} + \boldsymbol{p}\cdot\boldsymbol{\eta})]d^3\boldsymbol{r}d^3\boldsymbol{p}$$

を用いて，

$$\hat{A} = \frac{1}{(2\pi)^3}\int \tilde{A}(\boldsymbol{\xi},\boldsymbol{\eta})\exp[i(\boldsymbol{\xi}\cdot\hat{\boldsymbol{r}} + \boldsymbol{\eta}\cdot\hat{\boldsymbol{p}})]d^3\boldsymbol{\xi}d^3\boldsymbol{\eta}$$

として定義する．ただし，この対称化操作を行っても，正準量子化によって量子力学における演算子を一意的に構成することはできない．不定の部分は，物理的考察により対称性や実験との比較や経験によって決めざるを得ない．

はできない．

なお，任意の完全正規直交系 $\{\chi_n\}$ をとり，演算子 $\hat{A}$ を行列要素が $A_{nm} \equiv \int \chi_n^* \hat{A} \chi_m d^3 \boldsymbol{r}$ の行列としたものが行列力学形式の量子力学となる．有限自由度系で正準交換関係を満たすどんな表現も，互いにユニタリー変換で結ばれており，本質的に同じ（**ユニタリー同値という**）であることが数学的に証明されている（フォン・ノイマン (von Neumann) の一意性定理）．よって，波動力学形式と行列力学形式とは等価である．

以上のように，量子力学では物理量は演算子（あるいは行列）であるので，2つの演算子（行列）$\hat{A}$ と $\hat{B}$ とがある場合，それらを作用させる順序が問題となる．つまり，$\hat{A}\hat{B}$ と $\hat{B}\hat{A}$ とは一般には異なる演算子である．$\hat{A}\hat{B} \neq \hat{B}\hat{A}$ を**非可換性**という[20]．非可換性を表す量(演算子)として**交換子**(commutator) $[\hat{A},\hat{B}] \equiv \hat{A}\hat{B} - \hat{B}\hat{A}$ がしばしば用いられる．可換（交換可能）な演算子では，それらの交換子が 0 となる．正準交換関係は，交換子を用いて表すと，

$$[\hat{x}_\mu, \hat{p}_\nu] = i\hbar \delta_{\mu\nu}, \tag{3.29}$$

$$[\hat{x}_\mu, \hat{x}_\nu] = [\hat{p}_\mu, \hat{p}_\nu] = 0 \tag{3.30}$$

と簡潔に書ける．

---

[20]非可換性は量子力学の特徴であり，ある物理量が確定するとそれに共役な物理量が不確定になるという不確定性原理の定式化にも関連している（3.8.2 項参照）．

解説 3.14　交換関係に関連する恒等式

交換関係に関連する恒等式をリストアップしておく．$\hat{A}, \hat{B}, \hat{C}$ を任意の演算子，c を任意のc数とすると，

$$[\hat{A}, c] = 0,$$

$$[\hat{A}, \hat{A}] = 0,$$

$$[\hat{A}, \hat{B}] = -[\hat{B}, \hat{A}],$$

$$[\hat{A} + \hat{B}, \hat{C}] = [\hat{A}, \hat{C}] + [\hat{B}, \hat{C}], \tag{3.31}$$

$$[\hat{A}, \hat{B}\hat{C}] = [\hat{A}, \hat{B}]\hat{C} + \hat{B}[\hat{A}, \hat{C}], \tag{3.32}$$

$$[\hat{A}\hat{B}, \hat{C}] = \hat{A}[\hat{B}, \hat{C}] + [\hat{A}, \hat{C}]\hat{B}, \tag{3.33}$$

$$[\hat{A}, [\hat{B}, \hat{C}]] + [\hat{B}, [\hat{C}, \hat{A}]] + [\hat{C}, [\hat{A}, \hat{B}]] = 0 \tag{3.34}$$

これらは実際の計算の際に便利である．(3.34) は**ヤコビ (Jacobi) の恒等式**という．ちなみに，これらの関係式は，交換子を古典力学でのポアソンの括弧式とみなした場合でも成立する．

3.4 固有値と固有関数

数学の線形代数学で使われる言葉の復習を兼ねながら，必要事項を列挙しよう．

(1) ある演算子 $\hat{A}$ が与えられたとき，ある関数 χ_n と c 数 a_n とが存在して，

$$\hat{A}\chi_n = a_n \chi_n \tag{3.35}$$

が成り立つとき，これを**固有方程式**という．この固有方程式を満たす特別な関数 χ_n を演算子 $\hat{A}$ の**固有関数** (eigenfunction)，c 数 a_n を演算子 $\hat{A}$ の**固有値** (eigenvalue) と呼ぶ．固有値問題を「解く」とは，与えられた境界条件の下で，固有方程式を満たす固有関数と固有値とを同時に求めることである．量子力学の場合，$\hat{A}$ が物理量を表す演算子であり，その固有関数 $\chi_n(\boldsymbol{r})$ で表された系の状態[*21]を（$\hat{A}$ の）**固有状態** (eigenstate) という．また，与えられた $\hat{A}$ に対し，固有関数や固有値は 1 つとは限らず，自由度の数だけ存在する．(3.35) の添字 n は，これを区別するためのインデックスである．

(2) ただ 1 つの固有関数が付随する固有値を単一固有値といい，1 つの固有値に一次独立な複数の固有関数が付随する場合を，**縮退している**という．N 個の一次独立な固有関数が縮退していることを N 重縮退 (N-fold degeneracy) といい，N を**縮退度**と呼ぶ．

[*21] 系の座標表示の波動関数が $\chi_n(\boldsymbol{r})$ で表されるような状態のこと．

解説 3.15 役に立つ交換関係

実際の計算では，$\hat{\boldsymbol{r}}$ や $\hat{\boldsymbol{p}}$ と $\hat{\boldsymbol{r}}$ や $\hat{\boldsymbol{p}}$ の関数との交換関係がしばしば出てくる．$P(\hat{\boldsymbol{p}})$ を，運動量演算子 $\hat{\boldsymbol{p}}$ に関する任意のべき関数とすると，

$$[\hat{\boldsymbol{r}}, P(\hat{\boldsymbol{p}})] = i\hbar \left(\frac{\partial P(\hat{\boldsymbol{p}})}{\partial \hat{p}_x}, \frac{\partial P(\hat{\boldsymbol{p}})}{\partial \hat{p}_y}, \frac{\partial P(\hat{\boldsymbol{p}})}{\partial \hat{p}_z} \right) \tag{3.36}$$

となる．また，$R(\hat{\boldsymbol{r}})$ を，位置演算子 $\hat{\boldsymbol{r}}$ に関する任意のべき関数とすると，

$$[R(\hat{\boldsymbol{r}}), \hat{\boldsymbol{p}}] = i\hbar \left(\frac{\partial R(\hat{\boldsymbol{r}})}{\partial \hat{x}}, \frac{\partial R(\hat{\boldsymbol{r}})}{\partial \hat{y}}, \frac{\partial R(\hat{\boldsymbol{r}})}{\partial \hat{z}} \right) \tag{3.37}$$

となる．

(3) 固有値の集合 $\{a_n\}$ を **固有値スペクトル** と呼ぶ．一般に固有値スペクトルに中には，離散的な部分（**離散スペクトル**）[*22]と連続的な部分（**連続スペクトル**）の両方が存在しうる．それぞれの部分の固有値を **離散固有値** や **連続固有値** という．

(4) 演算子 $\hat{A}$ がエルミート演算子であるなら，その固有値 a_n は必ず実数になる．3.5 節で示すように，観測によって得られる物理量の値は，その物理量を表す演算子の固有値のどれかに限られる．測定される値は実数だから[*23]，固有値は実数でなければならない．そのために，観測可能な物理量の演算子は必ずエルミート演算子でなければならない．

(5) エルミート演算子 $\hat{A}$ が離散固有値 a_n を持ち，それらの固有関数を $\chi_n(\boldsymbol{r})$ としよう．簡単のために縮退がないとする．

完全性: 任意の関数を固有関数系 $\{\chi_n(\boldsymbol{r})\}$ で展開することが可能である．つまり，任意の波動関数 $\Psi(\boldsymbol{r},t)$ は，展開係数を $C_n(t)$ として，関数系 $\{\chi_n(\boldsymbol{r})\}$ で

$$\Psi(\boldsymbol{r},t) = \sum_n C_n(t)\chi_n(\boldsymbol{r}) \tag{3.38}$$

と必ず表せる．つまり，固有関数系 $\{\chi_n(\boldsymbol{r})\}$ は **完全系** (complete set) を構成している．ある固有値が縮退している場合は，その固有値に属するすべての固有関数も含めたものが完全系を成すとする．

[*22] (3.35) の固有値を区別するためのインデックス n が離散量の場合．

[*23] これは，量子力学だけでなく古典力学においても前提となる約束（仮定）である．

🔵 エルミート演算子の固有値は実数であることの証明 🔵

固有値 a_n の固有方程式 $\hat{A}\chi_n(\boldsymbol{r}) = a_n\chi_n(\boldsymbol{r})$ に，$\chi_n(\boldsymbol{r})$ の複素共役 $\chi_n^*(\boldsymbol{r})$ を掛けて，全空間にわたって積分すると，

$$\begin{aligned}
a_n \int \chi_n^*(\boldsymbol{r})\chi_n(\boldsymbol{r})d^3\boldsymbol{r} &\stackrel{(3.35)}{=} \int \chi_n^*(\boldsymbol{r})\hat{A}\chi_n(\boldsymbol{r})d^3\boldsymbol{r} \\
&= \int [\hat{A}^\dagger \chi_n(\boldsymbol{r})]^* \chi_n(\boldsymbol{r})d^3\boldsymbol{r} \\
&\stackrel{\hat{A}\text{のエルミート性}}{=} \int [\hat{A}\chi_n(\boldsymbol{r})]^* \chi_n(\boldsymbol{r})d^3\boldsymbol{r} \\
&\stackrel{(3.35)}{=} a_n^* \int \chi_n(\boldsymbol{r})^* \chi_n(\boldsymbol{r})d^3\boldsymbol{r}
\end{aligned}$$

となるので，$a_n = a_n^*$ となる．

正規直交性：エルミート演算子の固有関数系 $\{\chi_n(\boldsymbol{r})\}$ は，**直交性** (orthogonality)

$$\int \chi_n^*(\boldsymbol{r})\chi_m(\boldsymbol{r})d^3\boldsymbol{r} = \delta_{nm} \tag{3.39}$$

も満たす．$n=m$ の場合は χ_n の規格化条件を表しているが，本書では固有関数系 $\{\chi_n(\boldsymbol{r})\}$ はいつでも規格化されているとする．よって，エルミート演算子の固有関数系 $\{\chi_n(\boldsymbol{r})\}$ は**完全正規直交系** (complete orthonormal set) を構成している．(3.39) の左辺の積分は，2 つの関数 $\chi_n(\boldsymbol{r})$ と $\chi_m(\boldsymbol{r})$ の**内積** (inner product) と呼ばれる量[*24]である．内積が 0 のとき，その 2 つの関数は**直交**する (orthogonal) という．

なお，縮退している固有値に属する固有関数は，互いに直交しているとは限らない．しかし，**シュミット (Schmidt) の直交化法**などを用いると，正規直交系に変換できる．つまり，適当な線形結合をとることによって，互いに直交するように選び直すことができる．そこで本書では，縮退固有値に属する固有関数も含めて，エルミート演算子の固有関数はいつでも完全正規直交系になっているとする．

規格化条件：波動関数 $\Psi(\boldsymbol{r},t)$ は任意の時刻 t で規格化されているので，規格化条件 (3.23) に (3.38) を代入し，(3.39) を用いると，展開係数については

[*24]内積は関数ではなく複素数であり，2 つの関数の順序に依存することに注意．なお，ある関数 $f(\boldsymbol{r})$ と自分自身との内積 $\int f^*(\boldsymbol{r})f(\boldsymbol{r})d^3\boldsymbol{r} = \int |f(\boldsymbol{r})|^2 d^3\boldsymbol{r}$ の平方根を**ノルム** (norm) という．

🔵 **エルミート演算子の固有関数系は直交系をなすことの証明** 🔵

エルミート演算子 $\hat{A}$ の異なる 2 つの固有値を a_1 と a_2 とし，これらの固有関数をそれぞれ $\chi_1(\boldsymbol{r})$ と $\chi_2(\boldsymbol{r})$ とする．すなわち，

$$\hat{A}\chi_1(\boldsymbol{r}) = a_1\chi_1(\boldsymbol{r}),$$
$$\hat{A}\chi_2(\boldsymbol{r}) = a_2\chi_2(\boldsymbol{r})$$

が成り立っているとする．これらより，$[\hat{A}\chi_1(\boldsymbol{r})]^* = [a_1\chi_1(\boldsymbol{r})]^* = a_1\chi_1^*(\boldsymbol{r})$ となるので，これに $\chi_2(\boldsymbol{r})$ を掛けたもの，および，下の式に $\chi_1^*(\boldsymbol{r})$ を掛けたものを積分すると，

$$\int [\hat{A}\chi_1(\boldsymbol{r})]^*\chi_2(\boldsymbol{r})d^3\boldsymbol{r} = a_1\int \chi_1^*(\boldsymbol{r})\chi_2(\boldsymbol{r})d^3\boldsymbol{r},$$
$$\int \chi_1^*(\boldsymbol{r})\hat{A}\chi_2(\boldsymbol{r})d^3\boldsymbol{r} = a_2\int \chi_1^*(\boldsymbol{r})\chi_2(\boldsymbol{r})d^3\boldsymbol{r}$$

となる．演算子 $\hat{A}$ はエルミートなので，左辺同士は等しいから，右辺も等しくなり，$(a_1-a_2)\int \chi_1^*(\boldsymbol{r})\chi_2(\boldsymbol{r})d^3\boldsymbol{r} = 0$ が成立しなければならない．$a_1 \neq a_2$ であるから，$\chi_1(\boldsymbol{r})$ と $\chi_2(\boldsymbol{r})$ とは直交することになる．

$$\sum_n |C_n(t)|^2 = 1 \tag{3.40}$$

が任意の時刻で成り立つ.

展開係数：(3.38) の展開係数 C_n は一般に複素数である．(3.38) の両辺に $\chi_m^*(\boldsymbol{r})$ を掛けて $\boldsymbol{r}$ で積分し，(3.39) を用いると，C_n は

$$C_n(t) = \int \chi_n^*(\boldsymbol{r}) \Psi(\boldsymbol{r},t) d^3\boldsymbol{r} \tag{3.41}$$

で与えられる．これを (3.38) に代入すると，$\Psi(\boldsymbol{r},t) = \int \sum_n \chi_n^*(\boldsymbol{r}')\chi_n(\boldsymbol{r})$ $\times \Psi(\boldsymbol{r}',t)d^3\boldsymbol{r}'$ となるが，これが任意の状態 Ψ で成り立つためには，

$$\sum_n \chi_n^*(\boldsymbol{r}')\chi_n(\boldsymbol{r}) = \delta(\boldsymbol{r}' - \boldsymbol{r}) \tag{3.42}$$

でなければならない．これは，固有関数系 $\{\chi_n(\boldsymbol{r})\}$ の完全性条件を表現したもので，**閉包関係** (closure) や**完全性関係**と呼ばれる．

3.5 物理量の測定値

3.5.1 ボルンの確率規則

(3.38) のように展開できる波動関数 $\Psi(\boldsymbol{r},t)$ で表される状態の粒子があるとする．この粒子について，時刻 t に物理量 A の測定を行うと，測定結果は，$\hat{A}$ の複数個存在する固有値 a_n のうちの**どれか 1 つ**になる．しかし量子力学

解説 3.16 シュミットの直交化法

N 重に縮退している固有関数を $\zeta^{(1)}, \zeta^{(2)}, \cdots, \zeta^{(N)}$ とする．まず，$\chi^{(1)} \equiv c_1^{(1)} \zeta^{(1)}$ とおいて，規格化条件

$$\int |\chi^{(1)}|^2 d^3\boldsymbol{r} = 1$$

を満たすように定数 $c_1^{(1)}$ を定める．次に，$\chi^{(2)} \equiv c_1^{(2)} \chi^{(1)} + c_2^{(2)} \zeta^{(2)}$ とおいて，$\chi^{(1)}$ との直交性と規格化条件

$$\int [\chi^{(1)}]^* \chi^{(2)} d^3\boldsymbol{r} = 0, \quad \int |\chi^{(2)}|^2 d^3\boldsymbol{r} = 1$$

から定数 $c_1^{(2)}, c_2^{(2)}$ を定める．さらに，$\chi^{(3)} \equiv c_1^{(3)} \chi^{(1)} + c_2^{(3)} \chi^{(2)} + c_3^{(3)} \zeta^{(3)}$ とおいて，$\chi^{(1)}$ との直交性，$\chi^{(2)}$ との直交性，規格化条件

$$\int [\chi^{(1)}]^* \chi^{(3)} d^3\boldsymbol{r} = 0, \quad \int [\chi^{(2)}]^* \chi^{(3)} d^3\boldsymbol{r} = 0, \quad \int |\chi^{(3)}|^2 d^3\boldsymbol{r} = 1$$

から定数 $c_1^{(3)}, c_2^{(3)}, c_3^{(3)}$ を定める．この手続きを繰り返して，$\chi^{(1)}, \chi^{(2)}, \cdots, \chi^{(N)}$ について，$\int [\chi^{(\alpha)}]^* \chi^{(\beta)} d^3\boldsymbol{r} = \delta_{\alpha\beta}$ を満たす正規直交系 $\{\chi^{(\alpha)}\}$ を作るのがシュミットの直交化法である．

では，同一条件下で[*25]何回測定しても，一般には測定結果は1つには定まらない[*26]．ただし，$\Psi(\boldsymbol{r},t)$ が物理量 $\hat{A}$ のある固有関数 $\chi_\mu(\boldsymbol{r})$ になっているような状態は特別である．つまり，$\Psi(\boldsymbol{r},t) = \chi_\mu(\boldsymbol{r})$，すなわち，(3.38) の展開係数が $C_n(t) = \delta_{n\mu}$ の場合，そのような状態 Ψ で物理量 $\hat{A}$ を測定すれば，何回測定しても常に a_μ という確定した測定値が得られる．

量子力学で計算できることは，「どの固有値（測定値）がどのくらいの確率で観測されるか」を表す確率分布のみであって，ある1回の測定で得られる測定結果を予言することは**原理的にできない**．時刻 t での系の状態が $\Psi(\boldsymbol{r},t)$ であるとき，その状態で物理量 A を測定した際の測定値が a_n となる確率は，波動関数 $\Psi(\boldsymbol{r},t)$ を演算子 $\hat{A}$ の固有関数系 $\{\chi_n(\boldsymbol{r})\}$ で展開した式 (3.38) の，固有値 a_n に属する固有状態 $\chi_n(\boldsymbol{r})$ の**展開係数の絶対値の2乗** $|C_n(t)|^2$ で与えられる．つまり，測定結果が a_n となる確率[*27]は，

$$|C_n(t)|^2 = \left|\int \chi_n^*(\boldsymbol{r})\Psi(\boldsymbol{r},t)d^3\boldsymbol{r}\right|^2 \tag{3.43}$$

で与えられる．これを**ボルンの確率規則**という．すなわち，値 a_1 が測定され

[*25]時刻 t に，同じ波動関数 $\Psi(\boldsymbol{r},t)$ で表される状態を準備する必要がある．

[*26]言い方を変えると，同じ状態に対してまったく同じ実験条件で同じ実験を繰り返し行っても，毎回異なる測定結果が得られる（ことがある）．これは古典力学では理解できないことである．測定に伴う「誤差」が原因なのではない．

[*27]演算子 $\hat{A}$ の固有関数系が規格化されているなら，この確率は絶対確率を表す．

解説 3.17 連続固有値の場合

エルミート演算子 $\hat{A}$ が連続固有値 a を持つ場合に触れておこう．固有方程式は $\hat{A}\chi_a(\boldsymbol{r}) = a\chi_a(\boldsymbol{r})$ で，連続固有値 a に属する固有関数を $\chi_a(\boldsymbol{r})$ とする．この $\{\chi_a(\boldsymbol{r})\}$ も正規直交関数系を構成している．大ざっぱにいうと，離散固有値の場合の結果において，離散固有値についての和 $\sum_n$ を連続固有値についての積分 $\int da$ に置き換え，クロネッカーのデルタ $\delta_{nn'}$ をディラックのデルタ関数 $\delta(a-a')$ と読み替えれば，連続固有値の場合の結果が得られる．

$$\text{任意の関数の展開式 (3.38)} \iff \Psi(\boldsymbol{r},t) = \int C_a(t)\chi_a(\boldsymbol{r})da, \tag{3.44}$$

$$\text{正規直交性 (3.39)} \iff \int \chi_a^*(\boldsymbol{r})\chi_{a'}(\boldsymbol{r})d^3\boldsymbol{r} = \delta(a-a'), \tag{3.45}$$

$$\text{規格化条件 (3.40)} \iff \int |C_a(t)|^2 da = 1, \tag{3.46}$$

$$\text{展開係数 (3.41)} \iff C_a(t) = \int \chi_a^*(\boldsymbol{r})\Psi(\boldsymbol{r},t)d^3\boldsymbol{r}, \tag{3.47}$$

$$\text{閉包関係 (3.42)} \iff \int \chi_a^*(\boldsymbol{r}')\chi_a(\boldsymbol{r})da = \delta(\boldsymbol{r}'-\boldsymbol{r}). \tag{3.48}$$

る確率は $|C_1(t)|^2$，値 a_2 が測定される確率は $|C_2(t)|^2$，… となる．「どれか 1 つ」の測定値が必ず得られることは，(3.40) のように，確率の総和が 1 になっていることから分かる．よって，固有値 a_n の集合は，$\Psi(\boldsymbol{r},t)$ という状態で物理量 $\hat{A}$ を測定したときにとりうる値の領域を意味し，$|C_n|^2$ が固有値 a_n の観測される確率を表す．

このように量子力学においては，物理量の観測結果は本質的に確率的で統計的であるが，その確率分布は，物理量 $\hat{A}$ と状態 Ψ から一意的に定まる．量子力学には，演算子形式や経路積分形式などの異なる表現がいくつかあるが，これらはどれも同じ確率分布を導くので，どの形式も等価である．

2 つの状態 Ψ_1 と Ψ_2 の線形結合をとった重ね合わせの状態 $\Psi = c_1\Psi_1 + c_2\Psi_2$ があるとする．この重ね合わせの状態で，物理量 A の測定値が a_n となる確率を考えよう．状態 Ψ_1 での確率が $|C_n^{(1)}|^2$，状態 Ψ_2 での確率が $|C_n^{(2)}|^2$ であるとすると[*28]，重ね合わせの状態 Ψ での確率 $|C_n|^2$ は，$|C_n^{(1)}|^2$ と $|C_n^{(2)}|^2$ の和にはならないことに注意しなければならない．つまり，$|C_n|^2 \neq |c_1|^2|C_n^{(1)}|^2 + |c_2|^2|C_n^{(2)}|^2$ となり「確率の和」にはならない．状態については $\Psi = c_1\Psi_1 + c_2\Psi_2$ のように，「状態の和」の形で書けることと対照的である．純粋状態を重ね合わせた状態は，一般には純粋状態であるので，重ね合わせの状態での確率は，元々の状態での確率の和にならない．古典力学の質点力学では，こういう効果は決して生じない．

[*28] Ψ_i を演算子 $\hat{A}$ の固有関数で展開したとき，その展開係数を $C_n^{(i)}$ と書いた．

解説 3.18 連続固有値の場合のボルンの確率規則

エルミート演算子 $\hat{A}$ が連続固有値 a を持つ場合のボルンの確率規則では，$|C_a(t)|^2$ を測定値がちょうど a に等しい確率とするのではなく，$|C_a(t)|^2 da$ を測定値が a から $a+da$ までの範囲内になる確率だと考える．ここでの da は微小量である．すなわち，展開係数の 2 乗 $|C_a(t)|^2$ は確率ではなく確率密度となる．時刻 t での期待値は，

$$\langle A \rangle = \int a|C_a(t)|^2 da \tag{3.49}$$

となるが，この場合も (3.51) に書き換えることができる．

観測の結果として固有値 a_n が得られたならば，観測後の物理系は状態 $\chi_n(\boldsymbol{r})$ になっているはずである．これを観測による**波束の収縮** (reduction of wave packet) といい，確率的・非因果的な過程である（3.7.2 項を参照）．この波束の収縮を用いて，集団を観測し，ある特定の測定値が出た系のみを選びとることによって，所望のある特定の波動関数で記述される系だけからなる集団を得ることができる．この過程を状態の**用意** (preparation) という．

3.5.2 測定値の期待値（平均値）

状態 $\Psi(\boldsymbol{r},t)$ にある系の物理量 A を，同一条件下で何回も測定を繰り返して測定したとすると，時刻 t での観測結果の**期待値**（平均値）$\langle \hat{A} \rangle$ は，前節の結果から

$$\langle A \rangle \equiv \sum_n a_n |C_n(t)|^2 \tag{3.50}$$

となる[*29]．これから分かるように，期待値は展開係数の 2 乗 $|C_n(t)|^2$ で決定されるので，一般に，物理量 A の期待値は，その物理量 $\hat{A}$ の固有関数 χ_n で波動関数 Ψ を展開した際の展開係数 $C_n(t)$ の符号には無関係である．しかし，他の物理量の期待値には $C_n(t)$ の符号も影響する．なお，(3.50) は，

$$\langle A \rangle = \int \Psi^*(\boldsymbol{r},t) \hat{A} \Psi(\boldsymbol{r},t) d^3\boldsymbol{r} \tag{3.51}$$

と変形することができる．これは，期待値の計算においてしばしば使われる．

[*29] 連続固有値の場合は (3.49) となる．

解説 3.19 (3.50) と (3.51) の関係

(3.50) の右辺に (3.41) とその複素共役を代入し，閉包関係 (3.42) を用いて (3.51) を導くことができる．逆に，(3.51) の右辺の被積分関数の $\Psi(\boldsymbol{r},t)$ と $\Psi^*(\boldsymbol{r},t)$ に，(3.38) とその複素共役を代入すると，

$$
\begin{aligned}
\int \Psi^*(\boldsymbol{r},t) \hat{A} \Psi(\boldsymbol{r},t) d^3\boldsymbol{r} &= \int \left[\sum_n C_n^*(t) \chi_n^*(\boldsymbol{r}) \right] \hat{A} \left[\sum_m C_m(t) \chi_m(\boldsymbol{r}) \right] d^3\boldsymbol{r} \\
&= \sum_n \sum_m C_n^*(t) C_m(t) \int \chi_n^*(\boldsymbol{r}) \hat{A} \chi_m(\boldsymbol{r}) d^3\boldsymbol{r} \\
&\stackrel{(3.35)}{=} \sum_n \sum_m C_n^*(t) C_m(t) \int \chi_n^*(\boldsymbol{r}) a_m \chi_m(\boldsymbol{r}) d^3\boldsymbol{r} \\
&= \sum_n \sum_m C_n^*(t) C_m(t) a_m \left[\int \chi_n^*(\boldsymbol{r}) \chi_m(\boldsymbol{r}) d^3\boldsymbol{r} \right] \\
&\stackrel{(3.39)}{=} \sum_n \sum_m C_n^*(t) C_m(t) a_m \delta_{nm} \\
&= \sum_n a_n |C_n(t)|^2.
\end{aligned}
$$

重ね合わせの状態 $\Psi = c_1\Psi_1 + c_2\Psi_2$ での期待値 $\langle A \rangle$ にも，干渉効果は現れる．状態 Ψ_1 での期待値を $\langle A \rangle_{\Psi_1}$，状態 Ψ_2 での期待値を $\langle A \rangle_{\Psi_2}$ と表すと，

$$\langle A \rangle = \int (c_1\Psi_1 + c_2\Psi_2)^* \hat{A} (c_1\Psi_1 + c_2\Psi_2) d^3\boldsymbol{r}$$

$$= |c_1|^2 \langle A \rangle_{\Psi_1} + |c_2|^2 \langle A \rangle_{\Psi_2} + 2\mathrm{Re}\left[c_1^* c_2 \int \Psi_1^* \hat{A} \Psi_2 d^3\boldsymbol{r} \right]$$

$$\neq |c_1|^2 \langle A \rangle_{\Psi_1} + |c_2|^2 \langle A \rangle_{\Psi_2} \qquad (3.52)$$

となって，それぞれの状態での期待値の加重平均にならない．2 行目の右辺第 3 項が干渉項である．

3.5.3 同時固有関数

2 つのエルミート演算子 $\hat{A}$ と $\hat{B}$ が可換（$[\hat{A}, \hat{B}] = 0$）であるならば，$\hat{A}$ と $\hat{B}$ の一次独立な**すべての**固有関数を，$\hat{A}$ と $\hat{B}$ の両方に共通な固有関数（これを $\hat{A}$ と $\hat{B}$ の**同時固有関数**という）となるように選ぶことができる[*30]．すなわち，$\hat{A}$ と $\hat{B}$ のすべての固有関数 χ を，$\hat{A}\chi(\boldsymbol{r}; a, b) = a\chi(\boldsymbol{r}; a, b)$ と $\hat{B}\chi(\boldsymbol{r}; a, b) = b\chi(\boldsymbol{r}; a, b)$ の両方を満たすように選ぶことができる．逆に，$\hat{A}$ と $\hat{B}$ のすべての固有関数を同時固有関数となるように選べるならば，$[\hat{A}, \hat{B}] = 0$ である．

[*30] $\hat{A}$ と $\hat{B}$ が非可換（$[\hat{A}, \hat{B}] \neq 0$）であっても $[\hat{A}, \hat{B}] = i\hat{C}$ のように交換子が演算子（定数演算子ではないもの）になる場合は，$\hat{A}$ と $\hat{B}$ の**一部**の固有関数を同時固有関数に選ぶことができることもある．

解説 3.20 演算子の可換性 ⇒ 同時固有関数の存在

エルミート演算子 $\hat{B}$ の固有値を b_n とし，それに属する固有関数を χ_n とする．すなわち $\hat{B}\chi_n = b_n\chi_n$ とする．この両辺に左から別のエルミート演算子 $\hat{A}$ を作用させると

$$\hat{A}\hat{B}\chi_n = \hat{A}b_n\chi_n \qquad (3.53)$$

となる．ここで，$\hat{A}$ と $\hat{B}$ とは可換であると仮定すると，(3.53) の左辺は $\hat{B}\hat{A}\chi_n$ となり，右辺は $b_n\hat{A}\chi_n$ であるから，

$$\hat{B}\hat{A}\chi_n = b_n\hat{A}\chi_n$$

となる．すなわち，$\hat{A}\chi_n$ は $\hat{B}$ の固有値 b_n に属する固有関数であることになる．よって固有関数が非縮退ならば $\hat{A}\chi_n \propto \chi_n$ なので，$\hat{A}\chi_n = a_n\chi_n$ と表すことができ，χ_n は $\hat{A}$ の固有状態でもあることになる．縮退している場合も，固有関数系 $\{\chi_n^{(\alpha)}\}$ をうまく選ぶことにより，χ_n が $\hat{A}$ の固有状態でもあることを示すことができる．以上の議論では χ_n は $\hat{B}$ の任意の固有関数であったので，$\hat{B}$ のすべての固有関数は $\hat{A}$ の固有関数でもあることが示されたことになる．

ある状態を表す波動関数 $\psi(\boldsymbol{r})$ が 2 つの演算子 $\hat{A}$ と $\hat{B}$ の同時固有関数である場合（つまり，$\psi(\boldsymbol{r}) = \chi(\boldsymbol{r};a,b)$ である場合），その状態において，2 つの物理量は同時に測定でき，ともに確定値 a および b が得られる．逆に，ともに確定値が得られるような 2 つの物理量は，同時固有関数が存在しうるような 2 つの演算子で表されていなければならない．これらは，不確定性関係と呼ばれる量子力学特有の性質に関連しており，3.8 節で詳しく述べる．

3.5.4 エネルギー固有状態

時間に依存しないシュレーディンガー方程式 (2.22) は，ハミルトニアン演算子の固有方程式である．ハミルトニアンはエネルギーという物理量を表すエルミート演算子であるので，シュレーディンガー方程式 (2.22) の固有値 E を**エネルギー固有値**，固有関数 $\psi(\boldsymbol{r})$ を**エネルギー固有関数**，これで表される状態を**エネルギー固有状態**と呼ぶ．

固有値 E_n に属する固有関数を $\psi_n(\boldsymbol{r})$ とする．$\psi_n(\boldsymbol{r})$ を規格化しておけば，エネルギーが E_n のときのエネルギー固有状態は，(2.32) で考察したように

$$\Psi_n(\boldsymbol{r},t) = \psi_n(\boldsymbol{r}) \exp\left(-\frac{iE_n t}{\hbar}\right) \tag{3.54}$$

の形の波動関数で表される．このような（固有値 E_n の）エネルギー固有状態でエネルギーの測定を行うと，E_n という確定値が**常**に得られる．エネルギー固有状態の波動関数自体は $\exp(-iE_n t/\hbar)$ 項があるので時間的に変動するが，この状態の確率密度は $|\Psi_n(\boldsymbol{r},t)|^2 = |\psi_n(\boldsymbol{r})|^2$ となり，時間に依存しな

解説 3.21 同時固有関数の存在と完全性 $\Rightarrow$ 演算子の可換性

2 つのエルミート演算子 $\hat{A}, \hat{B}$ に同時固有関数系 $\{\chi_n\}$ が存在し，それぞれの固有値を a_n, b_n とする．すなわち，

$$\hat{A}\chi_n = a_n\chi_n, \quad \hat{B}\chi_n = b_n\chi_n \tag{3.55}$$

が成り立っているとする．この $\{\chi_n\}$ が完全系であるならば，任意の関数 ψ は $\{\chi_n\}$ で展開できて

$$\psi = \sum_n C_n \chi_n$$

と表すことができる．この両辺に左から演算子 $\hat{A}\hat{B}$ と $\hat{B}\hat{A}$ を作用させると

$$\hat{A}\hat{B}\psi = \sum_n C_n \hat{A}\hat{B}\chi_n \stackrel{(3.55)}{=} \sum_n C_n a_n b_n \chi_n,$$

$$\hat{B}\hat{A}\psi = \sum_n C_n \hat{B}\hat{A}\chi_n \stackrel{(3.55)}{=} \sum_n C_n b_n a_n \chi_n$$

となり，右辺同士は等しいので $(\hat{A}\hat{B} - \hat{B}\hat{A})\psi = 0$ となる．これが任意の関数 ψ で成り立っているので $[\hat{A}, \hat{B}] = 0$ である．よって，演算子 $\hat{A}$ と $\hat{B}$ に同時固有関数が存在し，それらが完全系であるならば，演算子は可換 $[\hat{A}, \hat{B}] = 0$ となる．

い．すなわち，エネルギー固有状態は**定常状態** (stationary state) である．

シュレーディンガー方程式 (2.22) のすべての固有関数の集合（関数系）$\{\psi_n(\boldsymbol{r})\}$ は，エルミート演算子であるハミルトニアンの固有関数だから，完全直交系を構成している．よって，エネルギー固有値 $E = E_n$ が離散スペクトル[*31]ならば，任意の状態 $\Psi(\boldsymbol{r},t)$ は，(3.54) の重ね合わせとして表され，$\{\psi_n(\boldsymbol{r})\}$ を用いて，

$$\Psi(\boldsymbol{r},t) = \sum_n \tilde{C}_n \exp\left(-\frac{iE_n t}{\hbar}\right)\psi_n(\boldsymbol{r}) \tag{3.56}$$

と必ず展開できる[*32]．展開係数を

$$C_n(t) \equiv \tilde{C}_n \exp\left(-\frac{iE_n t}{\hbar}\right)$$

と見ると[*33]，この展開 (3.56) は (3.38) の一例である．展開係数の 2 乗 $|C_n(t)|^2 = |\tilde{C}_n|^2$ は時間 t に依存せずに一定である．すなわち，任意の状態においてエネルギーを測定した際，E_n という測定値が得られる確率 $|C_n(t)|^2$ は時間的に変化しない．なお，ハミルトニアンが時間に依存する場合は，$\tilde{C}_n$ も時間に依存する．

[*31]離散固有値に適当なラベル n を付けて区別する．簡単のため，縮退は考えない．

[*32]エネルギー固有値 $E = E_\nu$ が連続スペクトルならば，任意の状態 $\Psi(\boldsymbol{r},t)$ は，$\Psi(\boldsymbol{r},t) = \int \tilde{C}(\nu)\exp(-iE_\nu t/\hbar)\psi_\nu(\boldsymbol{r})d\nu$ と展開できる．

[*33](3.41) より，$C_n(t) = \int \psi_n^*(\boldsymbol{r})\Psi(\boldsymbol{r},t)d^3\boldsymbol{r}$ でもある．

🔵 (3.56) の証明 🔵

$\{\psi_n(\boldsymbol{r})\}$ は完全系なので，$\{\psi_n(\boldsymbol{r})\}$ を用いて任意の $\boldsymbol{r}$ の関数 $\Psi(\boldsymbol{r},t=0)$ を展開することができる．展開係数を $\tilde{C}_n$ と書くと，

$$\Psi(\boldsymbol{r},t=0) = \sum_n \tilde{C}_n \psi_n(\boldsymbol{r}) \tag{3.57}$$

である．時間に依存しないハミルトニアン $\hat{H}$ によって，この関数 $\Psi(\boldsymbol{r},t=0)$ で表される状態がユニタリー時間発展するとしよう．3.7.1 項で述べるように，時刻 t での状態は，(3.66) と (3.70) より，$\Psi(\boldsymbol{r},t) = \exp(-i\hat{H}t/\hbar)\Psi(\boldsymbol{r},t=0)$ で表される．これを変形すると，

$$\Psi(\boldsymbol{r},t) = \exp\left(-\frac{i\hat{H}t}{\hbar}\right)\Psi(\boldsymbol{r},t=0) \stackrel{(3.57)}{=} \exp\left(-\frac{i\hat{H}t}{\hbar}\right)\sum_n \tilde{C}_n \psi_n(\boldsymbol{r})$$

$$= \sum_n \tilde{C}_n \exp\left(-\frac{i\hat{H}t}{\hbar}\right)\psi_n(\boldsymbol{r})$$

$$= \sum_n \tilde{C}_n \exp\left(-\frac{iE_n t}{\hbar}\right)\psi_n(\boldsymbol{r})$$

となり，(3.56) が得られる．最後の等号では，$\hat{H}\psi_n(\boldsymbol{r}) = E_n \psi_n(\boldsymbol{r})$ を用いた．

3.6 位置と運動量の固有関数

物理量の中でも，位置 r と運動量 p は基本的で重要である．これらの固有値問題を考えよう．

3.6.1 位置演算子とその固有関数

ある粒子の位置を表す物理量が位置座標 r である．波動力学形式の量子力学で，波動関数を位置座標 r の関数として表す場合には，エルミート演算子 $\hat{r}$ は単に r を掛ける操作を行うのみの演算子である．つまり，$\hat{r}\chi(r) = r\chi(r)$ である．解説 3.22 より，位置演算子の固有値は任意の実数（3 次元実ベクトル）a で，これに属する固有関数は，ディラックのデルタ関数 $\delta(r-a)$ である．これを用いると，時刻 t での位置の測定結果が $r = a$ となる確率密度は，展開式 (3.44) の展開係数の 2 乗 $|C_a(t)|^2 = |\Psi(a,t)|^2$ になり，3.2.1 項で述べた確率解釈と合致している．換言すると，（座標表示の）波動関数 $\Psi(r,t)$ とは，位置演算子 $\hat{r}$ の r という固有値に属する固有関数での展開係数でもあるので，ボルンの確率規則より，その絶対値の 2 乗 $|\Psi(r,t)|^2$ が，粒子が r という位置に存在する確率密度になる．

3.6.2 運動量（波数）演算子とその固有関数

運動量演算子は $\hat{p} = -i\hbar\boldsymbol{\nabla}$ であるから，その固有値を p，固有値 p に属する固有関数を $\chi_p(r)$ とすると，固有方程式は $-i\hbar\boldsymbol{\nabla}\chi_p(r) = p\chi_p(r)$ である．これより $\chi_p(r)$ は，N を規格化定数として

解説 3.22　位置演算子の固有値問題

固有値問題 $\hat{r}\chi(r) = a\chi(r)$ を解いて，固有値 a と固有関数 $\chi(r)$ を調べよう．まず，ディラックのデルタ関数の性質から，任意の関数 $f(r)$ に対して

$$\int f(r)\hat{r}\delta(r-a)d^3r = \int f(r)r\delta(r-a)d^3r = af(a),$$

$$\int f(r)a\delta(r-a)d^3r = a\int f(r)\delta(r-a)d^3r = af(a)$$

が成り立つ．右辺は等しいから最左辺の被積分関数も等しく，$\hat{r}\delta(r-a) = a\delta(r-a)$ となる．よって，位置演算子 $\hat{r}$ の固有値は（任意の実数の）連続値 a で，その固有値 a に属する固有関数 $\chi_a(r)$ は，ディラックのデルタ関数 $\chi_a(r) = \delta(r-a)$ であることがわかる．ただし，この固有関数 $\delta(r-a)$ は，$\int |\delta(r-a)|^2 d^3r = \infty$ なので通常の規格化をすることができない．

連続固有値の場合の展開式 (3.44) を用いて，任意の状態 $\Psi(r,t)$ を位置演算子 $\hat{r}$ の固有関数 $\chi_a(r) = \delta(r-a)$ で展開すると，

$$\Psi(r,t) = \int \Psi(a,t)\delta(r-a)d^3a$$

となる．すなわち，展開式 (3.44) の展開係数は $C_a(t) = \Psi(a,t)$ となる．

3.6 位置と運動量の固有関数

$$\chi_{\boldsymbol{p}}(\boldsymbol{r}) = N \exp\left(i\frac{\boldsymbol{p}\cdot\boldsymbol{r}}{\hbar}\right) \tag{3.58}$$

となり，運動量演算子の固有関数は平面波を表す．ここで，波数ベクトル $\boldsymbol{k}=\boldsymbol{p}/\hbar$ に対応する波数演算子を，

$$\hat{\boldsymbol{k}} \equiv \frac{\hat{\boldsymbol{p}}}{\hbar} = -i\boldsymbol{\nabla}$$

と定義しよう[*34]．この固有値は（任意の実数の）連続値 $\boldsymbol{k}$ で，これに属する固有関数は，

$$\chi_{\boldsymbol{k}}(\boldsymbol{r}) = N \exp(i\boldsymbol{k}\cdot\boldsymbol{r}) \tag{3.59}$$

である．この波動関数の規格化は，**箱形規格化**（解説 3.23 参照）と**デルタ関数規格化**（p.58 解説 3.24 参照）の 2 種類の方法がある．

波数演算子 $\hat{\boldsymbol{k}}$ の固有関数は完全系を成している．そこで，任意の（座標表示の）波動関数 $\Psi(\boldsymbol{r},t)$ を，波数演算子 $\hat{\boldsymbol{k}}$ のデルタ関数規格化をした固有関数 (3.63) で展開してみよう．展開係数を $C_{\boldsymbol{k}}(t)$ とすると

$$\Psi(\boldsymbol{r},t) = \frac{1}{(2\pi)^{3/2}} \int C_{\boldsymbol{k}}(t) \exp(i\boldsymbol{k}\cdot\boldsymbol{r}) d^3\boldsymbol{k} \tag{3.60}$$

となるが，これはフーリエ変換 (3.21) に他ならない．すなわち，展開係数 $C_{\boldsymbol{k}}(t)$ は，波動関数 $\Psi(\boldsymbol{r},t)$ の $\boldsymbol{r}$ についてのフーリエ変換 $\tilde{\Psi}(\boldsymbol{k},t)$ になっている．そこで，この波数ベクトル $\boldsymbol{k}$ を引数とする関数 $\tilde{\Psi}(\boldsymbol{k},t)$ を，**波数表示の**

[*34] 本書では，$\hbar$ が現れる煩わしさを低減するために，運動量演算子 $\hat{\boldsymbol{p}}$ の代わりに波数演算子 $\hat{\boldsymbol{k}} = \hat{\boldsymbol{p}}/\hbar$ を多用する．

解説 3.23　箱形規格化

箱形規格化では，平面波の存在領域を箱の中の領域 $L^3 = \{x,y,z \,|\, 0 \le x \le L_x, 0 \le y \le L_y, 0 \le z \le L_z\}$ に限定し，この領域 L^3 においての積分

$$\int_{L^3} |\chi_{\boldsymbol{k}}(\boldsymbol{r})|^2 d^3\boldsymbol{r} = 1$$

を用いて規格化を定義する．すると，固有関数 (3.59) の規格化定数は，$1/\sqrt{L_x L_y L_z}$ となるので，箱形規格化の下での波数演算子の固有関数は，

$$\chi_{\boldsymbol{k}}(\boldsymbol{r}) = \frac{1}{\sqrt{L_x L_y L_z}} \exp(i\boldsymbol{k}\cdot\boldsymbol{r})$$

となる．

この場合，しばしば**周期的境界条件**が用いられ，固有関数に境界条件

$$\chi_{\boldsymbol{k}}(x+L_x,y,z) = \chi_{\boldsymbol{k}}(x,y,z),$$
$$\chi_{\boldsymbol{k}}(x,y+L_y,z) = \chi_{\boldsymbol{k}}(x,y,z),$$
$$\chi_{\boldsymbol{k}}(x,y,z+L_z) = \chi_{\boldsymbol{k}}(x,y,z)$$

を課すことがある．境界での連続性より，波数 k_x, k_y, k_z は離散的な値しかとることができなくなり，$n = 0, \pm 1, \pm 2, \cdots$ として，$k_x = 2\pi n/L_x, k_y = 2\pi n/L_y, k_z = 2\pi n/L_z$ となる．

波動関数と呼ぶ*35．フーリエ変換の形で表すと，

$$\tilde{\Psi}(\boldsymbol{k},t) = \frac{1}{(2\pi)^{3/2}} \int \Psi(\boldsymbol{r},t) \exp(-i\boldsymbol{k}\cdot\boldsymbol{r}) d^3\boldsymbol{r} \tag{3.61}$$

である．パーセヴァル-プランシュレルの等式より，規格化条件 $\int |\tilde{\Psi}(\boldsymbol{k},t)|^2 d^3\boldsymbol{k} = 1$ は常に成り立っている．

ボルンの確率規則より，波数ベクトル $\boldsymbol{k}$ を測定したときの測定値が $\boldsymbol{k} \sim \boldsymbol{k} + d^3\boldsymbol{k}$ の微小領域内にある確率は，展開係数の 2 乗 $|C_{\boldsymbol{k}}(t)|^2$，すなわち波数表示の波動関数 $\tilde{\Psi}(\boldsymbol{k},t)$ の絶対値の 2 乗 $|\tilde{\Psi}(\boldsymbol{k},t)|^2$ を用いて，$|\tilde{\Psi}(\boldsymbol{k},t)|^2 d^3\boldsymbol{k}$ で表される．よって，波数の x 成分 k_x の期待値は，(3.49) より $\langle k_x \rangle = \int k_x |\tilde{\Psi}(\boldsymbol{k},t)|^2 d^3\boldsymbol{k}$ である．この被積分関数に (3.61) を代入して部分積分を行うと，$\langle k_x \rangle = \int \Psi^*(\boldsymbol{r},t) \hat{k}_x \Psi(\boldsymbol{r},t) d^3\boldsymbol{r} = \int \Psi^*(\boldsymbol{r},t) (-i\partial/\partial x) \Psi(\boldsymbol{r},t) d^3\boldsymbol{r}$ となり，(3.51) の形に変形できる．

3.7　時間発展と運動法則

量子力学での時間発展は，以下の 2 種類に分けて定式化されている．
(i) **閉じた系の時間発展**．これは，考察の対象である系が他の系から影響

---

*35 $\tilde{\Psi}(\boldsymbol{k},t)$ の頭に付いているチルダ (tilde) 記号は，$\tilde{\Psi}(\boldsymbol{k},t)$ が $\Psi(\boldsymbol{r},t)$ のフーリエ変換であることを示しているが，引数 $\boldsymbol{k}$ をきちんと書いておけば誤解はないので，チルダ記号を省略しても構わない．

解説 3.24　デルタ関数規格化

固有値の波数 $\boldsymbol{k}$ を連続量として取り扱う場合には，デルタ関数規格化がしばしば用いられる．これは，ディラックのデルタ関数を用いて，

$$\int \chi_{\boldsymbol{k}}^*(\boldsymbol{r}) \chi_{\boldsymbol{k}'}(\boldsymbol{r}) d^3\boldsymbol{r} = \delta(\boldsymbol{k}-\boldsymbol{k}') \tag{3.62}$$

で規格化を定義する．これは一般に，連続固有値の場合の固有関数の正規直交性 (3.45) を表し，離散固有値の場合の (3.39) に対応する．このときの波数演算子の固有関数は，(3.20) を 3 次元に拡張したものを用いると規格化定数が $(2\pi)^{-3/2}$ となり，

$$\chi_{\boldsymbol{k}}(\boldsymbol{r}) = \frac{1}{(2\pi)^{3/2}} \exp(i\boldsymbol{k}\cdot\boldsymbol{r}) \tag{3.63}$$

である．

なお，運動量演算子の連続固有値 $\boldsymbol{p} = \hbar\boldsymbol{k}$ で固有関数を定義すると，$\chi_{\boldsymbol{p}}(\boldsymbol{r}) = N \exp(i\boldsymbol{p}\cdot\boldsymbol{r}/\hbar)$ となり，(3.59) と（一見）同じものであるが，デルタ関数規格化 $\int \chi_{\boldsymbol{p}}^*(\boldsymbol{r}) \chi_{\boldsymbol{p}'}(\boldsymbol{r}) d^3\boldsymbol{r} = \delta(\boldsymbol{p}-\boldsymbol{p}')$ を行うと，

$$\chi_{\boldsymbol{p}}(\boldsymbol{r}) = \frac{1}{(2\pi\hbar)^{3/2}} \exp\left(i\frac{\boldsymbol{p}\cdot\boldsymbol{r}}{\hbar}\right) \tag{3.64}$$

となり，規格化定数が (3.63) とは異なる．本書では (3.63) を採用する．

を受けずに時間発展する場合である．これを 3.7.1 項で考察する．この場合，2.2.2 項で述べたように，時刻 t に依存する波動関数 $\Psi(\boldsymbol{r},t)$ は，時間に依存するシュレーディンガー方程式 (2.25), (2.27) にしたがって時間発展する．この方程式は，時刻 t についての 1 階の微分方程式だから，ある時刻 t_0 の波動関数 $\Psi(\boldsymbol{r},t_0)$ が与えられたならば，その後の任意の時刻 $t \geq t_0$ での波動関数 $\Psi(\boldsymbol{r},t)$ は一意的に決まる．つまり，古典力学でも量子力学でも，閉じた系を考察する限りは，決定論的 (deterministic) な時間発展をする．

(ii) **測定による時間発展**．これは，考察の対象である系が「測定される」場合の時間発展である．**測定**とは，測定装置という外部の系と考察の対象である系とを結合（相互作用）させることによって，必要な物理量の情報を取り出すことであるから，考察の対象である系は閉じた系ではなくなっている．よって，(i) の時間発展とは本質的に異なり，決定論的ではなくなる．これについては，3.7.2 項で簡単に触れる．

3.7.1 閉じた系の時間発展：ユニタリー時間発展

閉じた系の量子力学においては，時刻時刻によって，その物理量の測定値の出現確率分布が変化する（異なる）ことを，系が時間発展するという．この時間発展を表すには，2.2.2 項で述べたような，時刻 t での波動関数 $\Psi(\boldsymbol{r},t)$ を，時間に依存するシュレーディンガー方程式 (2.25), (2.27) を用いて追跡していけばよい．しかし，時間発展の追跡には，この方法だけではなく別の方法も存在することを，この節で紹介しよう．

測定値の出現確率は物理量 $\hat{A}$ と状態 Ψ とで定まるので，その出現確率の

解説 3.25 波数表示の波動関数 $\tilde{\Psi}(\boldsymbol{k},t)$ がしたがう時間発展方程式

波数表示の波動関数 $\tilde{\Psi}(\boldsymbol{k},t)$ の時間発展はどのような方程式にしたがうだろうか．簡単のために，空間は 1 次元とする．シュレーディンガー方程式 (2.25) の両辺を x についてフーリエ変換すると，時間微分の項は，$i\hbar \partial \tilde{\Psi}(k,t)/\partial t$ となる．座標の 2 階微分を含む項は，部分積分を行うと

$$-\frac{\hbar^2}{2m}\frac{1}{\sqrt{2\pi}}\int_{-\infty}^{\infty}\Psi(x,t)\left[\frac{d^2}{dx^2}e^{-ikx}\right]dx = \frac{\hbar^2 k^2}{2m}\tilde{\Psi}(k,t)$$

となる．ポテンシャル $V(x)$ を含む項は，$V(x)$ がテイラー (Tayler) 展開可能だとして

$$\sum_{n=0}^{\infty}\frac{V^{(n)}(0)}{n!}\frac{1}{\sqrt{2\pi}}\int_{-\infty}^{\infty}x^n\Psi(x,t)e^{-ikx}dx = \sum_{n=0}^{\infty}\frac{V^{(n)}(0)}{n!}\frac{1}{\sqrt{2\pi}}\int_{-\infty}^{\infty}\Psi(x,t)\left(i\frac{d}{dk}\right)^n e^{-ikx}dx$$

$$= \sum_{n=0}^{\infty}\frac{V^{(n)}(0)}{n!}\left(i\frac{d}{dk}\right)^n\tilde{\Psi}(k,t) = V\left(i\frac{d}{dk}\right)\tilde{\Psi}(k,t)$$

となる．よって，シュレーディンガー方程式 (2.25) の波数表示は，

$$i\hbar\frac{\partial}{\partial t}\tilde{\Psi}(k,t) = \frac{\hbar^2 k^2}{2m}\tilde{\Psi}(k,t) + V\left(i\frac{\partial}{\partial k}\right)\tilde{\Psi}(k,t) \tag{3.65}$$

となる．これより，位置演算子 $\hat{x}$ の波数表示は $i\partial/\partial k$ であることがわかる．なお，波数演算子の波数表示は $\hat{k} = k$ である．

時間変化は，状態 Ψ が時間変化すると考えても，物理量 $\hat{A}$ が時間変化すると考えても，両方が時間変化すると考えてもよい．出現確率分布の時間変化が同じなら，どの考え方も等価である．時間発展の表現には，大きく分けて3種類の形式がある．

(i) **シュレーディンガー表示**では，$\hat{A}$ は時間変化せずに Ψ が時間発展すると考える．

(ii) **ハイゼンベルク表示**では，波動関数 Ψ は時間変化せずに物理量の演算子 $\hat{A}$ が時間発展すると考える．

(iii) **相互作用表示**は，(i) と (ii) の中間に位置し，Ψ も $\hat{A}$ もどちらも時間変化する．5.2 節の p.143 の解説 5.10 を参照せよ．

■ **シュレーディンガー表示** ■

状態を表す波動関数が時間発展することで系の時間的推移を記述する流儀が，シュレーディンガー表示である．時刻 t における波動関数 $\Psi(\boldsymbol{r},t)$ の時間的変化は，時間に依存するシュレーディンガー方程式 (2.27) によって決まる．ここで，ハミルトニアン演算子 $\hat{H}(t)$ は時間に依存するポテンシャル $V(\boldsymbol{r},t)$ を含んでいてもよい．初期時刻 $t=0$ での波動関数 $\Psi(\boldsymbol{r},0)$ と時刻 t での波動関数 $\Psi(\boldsymbol{r},t)$ とを，

$$\Psi(\boldsymbol{r},t) = \hat{U}(t,0)\Psi(\boldsymbol{r},0) \tag{3.66}$$

のように結びつける演算子 $\hat{U}(t,0)$ を，**時間推進演算子** (time evolution operator) または**時間発展演算子**という．この時間推進演算子は，確率の保存

解説 3.26 全確率の保存則

波動関数 Ψ がある時刻 t_0 で規格化されているとする．シュレーディンガー方程式 (2.27) によって時間発展した波動関数は，任意の時刻 $t \geq t_0$ で規格化条件が保たれているかを確認しよう．(2.27) の両辺に左から $\Psi^*(\boldsymbol{r},t)$ を掛けて全空間で積分した式

$$i\hbar \int \Psi^* \frac{\partial \Psi}{\partial t} d^3\boldsymbol{r} = \int \Psi^* \hat{H} \Psi d^3\boldsymbol{r}$$

から，(2.27) の複素共役に右から $\Psi(\boldsymbol{r},t)$ を掛けて全空間で積分した式

$$-i\hbar \int \frac{\partial \Psi^*}{\partial t} \Psi d^3\boldsymbol{r} = \int [\hat{H}\Psi]^* \Psi d^3\boldsymbol{r} = \int \Psi^* \hat{H}^\dagger \Psi d^3\boldsymbol{r}$$

を辺々引くと，

$$i\hbar \frac{\partial}{\partial t} \int \Psi^* \Psi d^3\boldsymbol{r} = \int \Psi^* \hat{H} \Psi d^3\boldsymbol{r} - \int \Psi^* \hat{H}^\dagger \Psi d^3\boldsymbol{r}$$

となる．ハミルトニアン $\hat{H}$ はエルミート演算子なので $\hat{H}^\dagger = \hat{H}$ が成り立ち，右辺は 0 となるので，全確率 $\int \Psi^* \Psi d^3\boldsymbol{r} = \int |\Psi|^2 d^3\boldsymbol{r}$ は保存し，規格化条件は常に成り立っていることになる．

則を満たすこと*36から，**ユニタリー演算子** (unitary operator)*37でなければならない（章末問題 (11) を参照）．また，$t_2 > t_1 > t_0$ に対して，合成則 $\hat{U}(t_2, t_0) = \hat{U}(t_2, t_1)\hat{U}(t_1, t_0)$ も満たす．

(3.66) をシュレーディンガー方程式 (2.27) に代入した等式が任意の $\Psi(\boldsymbol{r}, 0)$ で成り立つことから，時間推進演算子 $\hat{U}$ もシュレーディンガー方程式と同じ形の方程式

$$i\hbar \frac{\partial \hat{U}(t,0)}{\partial t} = \hat{H}(t)\hat{U}(t,0) \tag{3.67}$$

を満たす．初期条件は，$\hat{U}(0,0) = \hat{1}$ である．

$\Psi(\boldsymbol{r}, 0)$ と $\Psi(\boldsymbol{r}, t)$ との対応は 1 対 1 であり，ユニタリー演算子で結びついているので，$\Psi(\boldsymbol{r}, 0)$ から $\Psi(\boldsymbol{r}, t)$ への写像は，**ユニタリー変換**である．微小な時間しか経たないなら，波動関数の変化も微小であるので，波動関数は時間とともに**連続的**に変化していき，突然不連続に変化することはない．よって，閉じた系の波動関数は，時間の経過とともに連続的にユニタリー変換されながら，時間発展していく．このような時間発展を**ユニタリー時間発展**と呼ぶ．以下では，ユニタリー演算子である時間推進演算子の具体的表式を，場合分けして記す．

---

*36 波動関数 $\Psi(\boldsymbol{r}, t)$ は，任意の時刻 t で規格化されていなければならない．

*37 ユニタリー演算子は $\hat{U}^\dagger \hat{U} = \hat{U}\hat{U}^\dagger = \hat{1}$ を満たす演算子で（$\hat{1}$ は恒等演算子），適当なエルミート演算子 $\hat{A}$ を用いて指数演算子 $\hat{U} = \exp(i\hat{A}) \equiv \sum_{n=0}^{\infty}(i\hat{A})^n/n!$ の形で表すことができる．よって，ユニタリー演算子の固有値は $\exp(i\theta)$ と表せる（θ は実数）．$\hat{U}$ は逆変換（逆写像）$\hat{U}^{-1}$ を持つので，$\hat{U}^\dagger = \hat{U}^{-1}$ である．

解説 3.27　局所的確率の保存則：連続の方程式

波動関数 $\Psi(\boldsymbol{r}, t)$ がエネルギー固有状態を表す場合，$\hat{H}$ の測定値（全エネルギー）は時刻によらずに一定である．時刻 t において位置 $\boldsymbol{r}$ に粒子を発見する確率密度 $\rho(\boldsymbol{r}, t) \equiv |\Psi(\boldsymbol{r}, t)|^2$ は，定常状態においては時間的に変化しない．

しかし非定常状態では一般に確率密度が時間変化する．確率密度の流れ（**確率密度流**）を，

$$\begin{aligned}\boldsymbol{j}(\boldsymbol{r}, t) &\equiv \frac{\hbar}{2im}\left\{\Psi^*(\boldsymbol{r}, t)\boldsymbol{\nabla}\Psi(\boldsymbol{r}, t) - [\boldsymbol{\nabla}\Psi^*(\boldsymbol{r}, t)]\Psi(\boldsymbol{r}, t)\right\} \\ &= \mathrm{Re}\left[\Psi^*(\boldsymbol{r}, t)\frac{\hbar}{im}\boldsymbol{\nabla}\Psi(\boldsymbol{r}, t)\right]\end{aligned} \tag{3.68}$$

で定義すれば，局所的な確率の保存則を表す**連続の方程式**

$$\frac{\partial \rho(\boldsymbol{r}, t)}{\partial t} + \boldsymbol{\nabla} \cdot \boldsymbol{j}(\boldsymbol{r}, t) = 0 \tag{3.69}$$

が成り立つ（導出は章末問題 (10) を参照）．

(1) ハミルトニアン $\hat{H}$ が時間をあらわに含まない場合，つまりポテンシャルが $V(\boldsymbol{r})$ の場合，(3.67) は簡単に解けて，時間推進演算子は，

$$\hat{U}(t,0) = \exp\left(-\frac{i\hat{H}t}{\hbar}\right) \tag{3.70}$$

で与えられる．指数関数の形の演算子は，べき級数展開 $\hat{U}(t,0) = \hat{1} - i\hat{H}t/\hbar + (1/2!)(-i\hat{H}t/\hbar)^2 + (1/3!)(-i\hat{H}t/\hbar)^3 + \cdots$ で定義される．この場合，$\hat{U}^\dagger(t,0) = \exp(+i\hat{H}t/\hbar)$ であり，$[\hat{H}, \hat{U}(t,0)] = [\hat{H}, \hat{U}^\dagger(t,0)] = 0$ も明らかである．

(2) ハミルトニアン $\hat{H}(t)$ が時間 t に依存するが，異なる時刻での $\hat{H}(t)$ が可換の場合，つまり $t \neq t'$ で $[\hat{H}(t), \hat{H}(t')] = 0$ の場合，

$$\hat{U}(t,0) = \exp\left[-\frac{i}{\hbar}\int_0^t \hat{H}(t')dt'\right] \tag{3.71}$$

となる[*38]．

(3) 一般の $\hat{H}(t)$ の場合，つまり $[\hat{H}(t), \hat{H}(t')] \neq 0$ の場合は，$\hat{U}(t,0)$ は
ダイソン (Dyson) 級数 (Dyson series)

$$\hat{U}(t,0) = \hat{1} + \sum_{n=1}^\infty \left(\frac{-i}{\hbar}\right)^n \int_0^t dt_1 \int_0^{t_1} dt_2 \cdots \int_0^{t_{n-1}} dt_n$$
$$\times \hat{H}(t_1)\hat{H}(t_2)\cdots\hat{H}(t_n) \tag{3.72}$$

[*38] (3.73) において，時間順序積 $\vec{T}$ がなくてもよい場合になっている．

🔵 ダイソン級数 (3.72) の導出 🔵

(3.67) を形式的に積分すると，

$$\hat{U}(t,0) = \hat{1} + \left(\frac{-i}{\hbar}\right)\int_0^t \hat{H}(t_1)\hat{U}(t_1,0)dt_1$$

となる．この右辺の被積分関数の中の $\hat{U}(t_1,0)$ に，上式と同じ式 $\hat{U}(t_1,0) = \hat{1} - (i/\hbar)\int_0^{t_1} \hat{H}(t_2)\hat{U}(t_2,0)dt_2$ を代入し，

$$\hat{U}(t,0) = \hat{1} + \left(\frac{-i}{\hbar}\right)\int_0^t \hat{H}(t_1)dt_1 + \left(\frac{-i}{\hbar}\right)^2 \int_0^t\int_0^{t_1} \hat{H}(t_1)\hat{H}(t_2)\hat{U}(t_2,0)dt_1 dt_2$$

を得る．この右辺の被積分関数の中の $\hat{U}(t_2,0)$ に，$\hat{U}(t_2,0) = \hat{1} - (i/\hbar)\int_0^{t_2}\hat{H}(t_3)\hat{U}(t_3,0)dt_3$ を代入する．この操作を無限回繰り返すと，

$$\hat{U}(t,0) = \hat{1} + \left(\frac{-i}{\hbar}\right)\int_0^t \hat{H}(t_1)dt_1 + \left(\frac{-i}{\hbar}\right)^2 \int_0^t\int_0^{t_1} \hat{H}(t_1)\hat{H}(t_2)dt_1 dt_2$$
$$+ \left(\frac{-i}{\hbar}\right)^3 \int_0^t\int_0^{t_1}\int_0^{t_2} \hat{H}(t_1)\hat{H}(t_2)\hat{H}(t_3)dt_1 dt_2 dt_3 + \cdots$$

という無限級数（ダイソン級数）を得る．

3.7 時間発展と運動法則

となる．$t \geq t_1 \geq t_2 \geq \cdots$ であるので，**時間順序積**[*39]$\vec{T}$ を用いると，

$$\hat{U}(t,0) = \vec{T}\left[\hat{1} + \sum_{n=1}^{\infty}\frac{1}{n!}\left(\frac{-i}{\hbar}\right)^n \int_0^t dt_1 \int_0^t dt_2 \cdots \int_0^t dt_n \right.$$
$$\left. \times \hat{H}(t_1)\hat{H}(t_2)\cdots\hat{H}(t_n)\right]$$
$$= \vec{T}\left[\hat{1} + \sum_{n=1}^{\infty}\frac{1}{n!}\left(\frac{-i}{\hbar}\int_0^t \hat{H}(t')dt'\right)^n\right]$$
$$= \vec{T}\exp\left[-\frac{i}{\hbar}\int_0^t \hat{H}(t')dt'\right] \qquad (3.73)$$

と表すこともできる．なお，$[\hat{H}(t), \hat{U}(t,0)] \neq 0$, $[\hat{H}(t), \hat{U}^\dagger(t,0)] \neq 0$ である．

■ ハイゼンベルク表示 ■

ハイゼンベルク表示では，状態を表す波動関数は時間的に変化せず，物理量を表す演算子が時間発展する．任意の物理量 $\hat{A}$ の，時刻 t での状態における行列要素を考えてみよう．シュレーディンガー表示では波動関数が時間発展するので，時刻 t での状態を $\Psi_1(\boldsymbol{r},t)$ や $\Psi_2(\boldsymbol{r},t)$ で表すとすると，時刻 t での行列要素は

[*39] 異なる時間の演算子の積が出てきたら，それらの演算子を時間の大きい順に $(t_1 \geq t_2 \geq t_3 \geq \cdots)$ 左から右へ並べ替える操作をする．

解説 3.28 ユニタリー変換と正準交換関係

ある物理量（エルミート演算子）$\hat{A}$ の，固有値 a_n に属する固有状態を $\chi_n(\boldsymbol{r})$ としよう．固有方程式は，$\hat{A}\chi_n(\boldsymbol{r}) = a_n\chi_n(\boldsymbol{r})$ である．この式の両辺に左からユニタリー演算子 $\hat{U}$ を掛けると，右辺は，$a_n\hat{U}\chi_n(\boldsymbol{r})$ である．一方，左辺は，$\hat{U}\hat{A}\chi_n(\boldsymbol{r}) = \hat{U}\hat{A}\hat{U}^{-1}\hat{U}\chi_n(\boldsymbol{r}) \equiv \hat{A}'\hat{U}\chi_n(\boldsymbol{r})$ と変形できる．ここで，ユニタリー変換された新たな演算子 $\hat{A}' \equiv \hat{U}\hat{A}\hat{U}^{-1}$ を定義した．これより，

$$\hat{A}'[\hat{U}\chi_n(\boldsymbol{r})] = a_n[\hat{U}\chi_n(\boldsymbol{r})]$$

と表せるので，ユニタリー変換された固有関数 $\hat{U}\chi_n(\boldsymbol{r})$ は，演算子 $\hat{A}'$ の固有関数で，その固有値 a_n は元の演算子 $\hat{A}$ の固有値と同じであることがわかる．

物理量 $\hat{A}$ として位置 $\hat{x}$ と運動量 $\hat{p}_x$ をとると，これらのユニタリー変換された演算子は，$\hat{x}' = \hat{U}\hat{x}\hat{U}^{-1}$ と $\hat{p}'_x = \hat{U}\hat{p}_x\hat{U}^{-1}$ である．このとき，これらの交換関係は，

$$[\hat{x}', \hat{p}'_x] = \hat{U}[\hat{x}, \hat{p}_x]\hat{U}^{-1} = \hat{U}(i\hbar)\hat{U}^{-1} = i\hbar$$

であるので，正準交換関係はユニタリー変換で不変である．よって，ハイゼンベルク表示のもとでも（同時刻の）正準交換関係 $[\hat{x}_H(t), (\hat{p}_x)_H(t)] = i\hbar$ が成り立つ．

$$\int \Psi_2^*(\boldsymbol{r},t)\hat{A}\Psi_1(\boldsymbol{r},t)d^3\boldsymbol{r} \tag{3.74}$$

となる.時刻 $t=0$ での状態を $\Psi_1(\boldsymbol{r},0)$ や $\Psi_2(\boldsymbol{r},0)$ とすると,(3.66) より,$\Psi_i(\boldsymbol{r},t)=\hat{U}(t,0)\Psi_i(\boldsymbol{r},0)$ であるから,この行列要素は,$[\hat{U}(t,0)\Psi_i(\boldsymbol{r},0)]^*=\Psi_i^*(\boldsymbol{r},0)\hat{U}^\dagger(t,0)$ を用いて,

$$\int \Psi_2^*(\boldsymbol{r},0)\hat{U}^\dagger(t,0)\hat{A}\hat{U}(t,0)\Psi_1(\boldsymbol{r},0)d^3\boldsymbol{r} \tag{3.75}$$

と表すこともできる.これを,$\int \Psi_2^*(\boldsymbol{r},0)\left[\hat{U}^\dagger(t,0)\hat{A}\hat{U}(t,0)\right]\Psi_1(\boldsymbol{r},0)d^3\boldsymbol{r}$ と読み直し,波動関数 Ψ が時間発展するのではなく,物理量を表す演算子 $\hat{A}$ が,$\hat{U}^\dagger(t,0)\hat{A}\hat{U}(t,0)$ のように時間発展すると考えても差し支えない.このように,状態を表す波動関数は時間的変化せずに,物理量に対応する演算子が時間発展することで系の時間的推移を記述する流儀がハイゼンベルク表示である.個数一定の粒子系のように有限自由度の系では,両者の記述は全く同等である.$\hat{U}^\dagger(t,0)\hat{A}\hat{U}(t,0)$ をハイゼンベルク表示の演算子と呼び,$\hat{A}_\mathrm{H}(t)$ と表すことにする[*40].

ハミルトニアンが時間 t に依存しない場合に,ハイゼンベルク表示の演算子[*41]

$$\hat{A}_\mathrm{H}(t) \equiv \hat{U}^\dagger(t,0)\hat{A}_\mathrm{S}\hat{U}(t,0) \tag{3.76}$$

[*40] ハイゼンベルク表示の場合の正準交換関係は,$[\hat{x}_\mathrm{H}(t),(\hat{p}_x)_\mathrm{H}(t)]=i\hbar$ のように同時刻の交換関係となる.

[*41] この逆は,$\hat{A}_\mathrm{S}=\hat{U}(t,0)\hat{A}_\mathrm{H}(t)\hat{U}^\dagger(t,0)$ である.

表 3.1　シュレーディンガー表示とハイゼンベルク表示との比較.$\hat{U}(t,0)$ を $\hat{U}$ と略記した.

	状態	演算子
シュレーディンガー表示	$\Psi(\boldsymbol{r},0) \to \hat{U}\Psi(\boldsymbol{r},0) = \Psi(\boldsymbol{r},t)$ と時間発展	$\hat{A}$ は時間的に不変
ハイゼンベルク表示	$\Psi(\boldsymbol{r},0)$ は時間的に不変	$\hat{A} \to \hat{U}^\dagger\hat{A}\hat{U} = \hat{A}(t)$ と時間発展

のしたがう運動方程式を求めよう*42. この式の両辺を時間で微分すると,

$$
\begin{aligned}
\frac{d}{dt}\hat{A}_{\mathrm{H}}(t) &= \hat{U}^{\dagger}(t,0)\hat{A}_{\mathrm{S}}\frac{\partial \hat{U}(t,0)}{\partial t} + \frac{\partial \hat{U}^{\dagger}(t,0)}{\partial t}\hat{A}_{\mathrm{S}}\hat{U}(t,0) \\
&\stackrel{(3.67)}{=} \frac{1}{i\hbar}\left[\hat{U}^{\dagger}(t,0)\hat{A}_{\mathrm{S}}\hat{H}\hat{U}(t,0) - \hat{U}^{\dagger}(t,0)\hat{H}\hat{A}_{\mathrm{S}}\hat{U}(t,0)\right] \\
&= \frac{1}{i\hbar}\Big[\hat{U}^{\dagger}(t,0)\hat{A}_{\mathrm{S}}\hat{U}(t,0)\hat{U}^{\dagger}(t,0)\hat{H}\hat{U}(t,0) \\
&\qquad -\hat{U}^{\dagger}(t,0)\hat{H}\hat{U}(t,0)\hat{U}^{\dagger}(t,0)\hat{A}_{\mathrm{S}}\hat{U}(t,0)\Big] \\
&= \frac{1}{i\hbar}\left[\hat{A}_{\mathrm{H}}(t), \hat{U}^{\dagger}(t,0)\hat{H}\hat{U}(t,0)\right]. \qquad (3.77)
\end{aligned}
$$

2行目への変形では, (3.67) とその共役形を用いた. $\hat{H}$ が時間に依存しない場合は $\hat{H}$ と $\hat{U}$ とは可換なので, $\hat{U}^{\dagger}(t,0)\hat{H}\hat{U}(t,0) = \hat{H}$ であることを用いると, 時刻 t での物理量演算子 $\hat{A}_{\mathrm{H}}(t)$ の時間変化を表す**ハイゼンベルクの運動方程式** (Heisenberg's equation of motion)

$$\frac{d}{dt}\hat{A}_{\mathrm{H}}(t) = -\frac{i}{\hbar}[\hat{A}_{\mathrm{H}}(t), \hat{H}] \qquad (3.78)$$

が得られる*43. 初期条件は, $t=0$ において $\hat{A}_{\mathrm{H}}(0) = \hat{A}_{\mathrm{S}}$ である. このハイゼンベルクの運動方程式は, シュレーディンガー表示での波動関数の時

---

*42 強調するために, ハイゼンベルク表示の演算子に添え字 H を, シュレーディンガー表示の演算子に添え字 S を付けた.

*43 これは, 物理量 $\hat{A}$ が, シュレーディンガー表示において時間に依存しないような場合に正しい. そうでない場合 ($\hat{A}_{\mathrm{S}} = \hat{A}_{\mathrm{S}}(t)$) は, 解説 3.29 を参照.

解説 3.29　ハミルトニアンが時間に依存する場合のハイゼンベルクの運動方程式

ハミルトニアンが時間 t に依存する場合 ($\hat{H} = \hat{H}(t)$) は, シュレーディンガー表示の物理量 $\hat{A}$ も時間に依存する ($\hat{A}_{\mathrm{S}} = \hat{A}_{\mathrm{S}}(t)$). このときのハイゼンベルクの運動方程式を導いておこう.

$\hat{A}_{\mathrm{S}}$ を $\hat{A}_{\mathrm{S}}(t)$ として (3.76) の両辺を時間で微分すると,

$$
\begin{aligned}
\frac{d}{dt}\hat{A}_{\mathrm{H}}(t) &= \hat{U}^{\dagger}(t,0)\hat{A}_{\mathrm{S}}\frac{\partial \hat{U}(t,0)}{\partial t} + \frac{\partial \hat{U}^{\dagger}(t,0)}{\partial t}\hat{A}_{\mathrm{S}}\hat{U}(t,0) + \hat{U}^{\dagger}(t,0)\frac{d\hat{A}_{\mathrm{S}}(t)}{dt}\hat{U}(t,0) \\
&= \frac{1}{i\hbar}\left[\hat{U}^{\dagger}(t,0)\hat{A}_{\mathrm{S}}\hat{H}(t)\hat{U}(t,0) - \hat{U}^{\dagger}(t,0)\hat{H}(t)\hat{A}_{\mathrm{S}}\hat{U}(t,0)\right] + \hat{U}^{\dagger}(t,0)\frac{d\hat{A}_{\mathrm{S}}(t)}{dt}\hat{U}(t,0)
\end{aligned}
$$

となるので, ハイゼンベルクの運動方程式は,

$$\frac{d}{dt}\hat{A}_{\mathrm{H}}(t) = -\frac{i}{\hbar}[\hat{A}_{\mathrm{H}}(t), \hat{H}_{\mathrm{H}}(t)] + \left(\frac{d\hat{A}_{\mathrm{S}}(t)}{dt}\right)_{\mathrm{H}} \qquad (3.79)$$

となる. (3.78) の右辺のハミルトニアンがハイゼンベルク表示 $\hat{H}_{\mathrm{H}}(t)$ になり, さらに付加項 $(d\hat{A}_{\mathrm{S}}(t)/dt)_{\mathrm{H}}$ が現れる.

間発展方程式 (2.25) と等価である．(3.78) の右辺の $(-i/\hbar)[\ ,\ ]$ を古典力学での**ポアソンの括弧式** $[\ ,\ ]_\mathrm{P}$ と読み直せば*44，古典力学の正準方程式 $dA(t)/dt = [A(t), H]_\mathrm{P}$ と同形である．古典力学では，$r(t)$ のように物理量が時間的に変化するので，演算子に時間依存性を持たせるハイゼンベルク表示の方がシュレーディンガー表示よりも古典力学との対応をつけやすい*45．

時刻 t での物理量 $\hat{A}$ の期待値は，シュレーディンガー表示とハイゼンベルク表示とでそれぞれ

$$\langle \hat{A}_\mathrm{S} \rangle = \int \Psi^*(\boldsymbol{r},t)\hat{A}_\mathrm{S}\Psi(\boldsymbol{r},t)d^3\boldsymbol{r}, \tag{3.80}$$

$$\langle \hat{A}_\mathrm{H}(t) \rangle = \int \Psi^*(\boldsymbol{r},0)\hat{A}_\mathrm{H}(t)\Psi(\boldsymbol{r},0)d^3\boldsymbol{r} \tag{3.81}$$

と表されるが，(3.66) と (3.76) から，両者ともに $\int \Psi^*(\boldsymbol{r},0)\hat{U}^\dagger(t,0)\hat{A}(0) \times \hat{U}(t,0)\Psi(\boldsymbol{r},0)d^3\boldsymbol{r}$ となり，互いに等しい．

ハイゼンベルク表示は，保存則を表すのに便利である．$\hat{H}$ が時間 t に依存しない場合は $\hat{H}$ と $\hat{U}$ とは可換なので，$[\hat{H}, \hat{U}(t,0)] = [\hat{H}, \hat{U}^\dagger(t,0)] = 0$ に注意すると，(3.78) は，

---

*44 A と B を一般化座標 $q_1, q_2, \cdots, q_f$ と一般化運動量 $p_1, p_2, \cdots, p_f$ の任意の関数としたとき，ポアソンの括弧式は $[A,B]_\mathrm{P} \equiv \sum_i [(\partial A/\partial q_i)(\partial B/\partial p_i) - (\partial A/\partial p_i)(\partial B/\partial q_i)]$ である．

*45 ただし，ハイゼンベルクの運動方程式は，古典力学に対応するものがない物理量に対しても成り立つ．

解説 3.30　保存則と対称性

保存量は，系のハミルトニアンと可換な物理量によって特徴づけられる．すなわち，保存則は，系の種々の対称性，つまり系の不変性の特徴に由来する．対称操作の一例である**並進操作** $\boldsymbol{r} \to \boldsymbol{r}' = \boldsymbol{r} + \boldsymbol{a}$ を考えよう．ここで，$\boldsymbol{a}$ は任意のベクトルである．これは，ベクトル $\boldsymbol{r}$ で指定された点 P を，$\boldsymbol{r}'$ で指定される点 P' に平行移動させることである．系のハミルトニアンが，並進操作に対して不変ならば，

$$\hat{H}(\boldsymbol{r}) = \hat{H}(\boldsymbol{r} + \boldsymbol{a})$$

が任意の定ベクトル $\boldsymbol{a}$ に対して成り立たなければならない．よって，任意の無限小変位 $\boldsymbol{a}$ に対して，

$$0 = \hat{H}(\boldsymbol{r} + \boldsymbol{a}) - \hat{H}(\boldsymbol{r}) = \boldsymbol{a} \cdot \boldsymbol{\nabla} \hat{H}(\boldsymbol{r})$$

とならねばならない．任意の演算子 $\hat{A}(\boldsymbol{r})$ および任意の波動関数 $\psi(\boldsymbol{r})$ に対して，$[\hat{\boldsymbol{p}}, \hat{A}(\boldsymbol{r})]\psi(\boldsymbol{r}) = [-i\hbar\boldsymbol{\nabla}, \hat{A}(\boldsymbol{r})]\psi(\boldsymbol{r}) = -i\hbar[\boldsymbol{\nabla}\hat{A}(\boldsymbol{r})]\psi(\boldsymbol{r})$ が成り立つから，任意の演算子に対する恒等式 $[\hat{\boldsymbol{p}}, \hat{A}(\boldsymbol{r})] = -i\hbar\boldsymbol{\nabla}\hat{A}(\boldsymbol{r})$ が成り立つ．ここで $\hat{A} = \hat{H}$ として上式を用いると，$\boldsymbol{a} \cdot [\hat{\boldsymbol{p}}, \hat{H}(\boldsymbol{r})] = 0$，すなわち，$[\hat{\boldsymbol{p}}, \hat{H}(\boldsymbol{r})] = 0$. したがって，もし系のハミルトニアンが並進不変であるならば，運動量 $\hat{\boldsymbol{p}}$ はハミルトニアンと可換となり，運動の定数となる．たとえば，4.1 節で述べる自由粒子の場合がこれに相当する．

$$\frac{d}{dt}\hat{A}_{\rm H}(t) = -\frac{i}{\hbar}\hat{U}^\dagger(t,0)[\hat{A},\hat{H}]\hat{U}(t,0) \tag{3.82}$$

と表すことができる．もしも，物理量 $\hat{A}$ とハミルトニアン $\hat{H}$ とが可換ならば，(3.82) から $d\hat{A}_{\rm H}(t)/dt = 0$ となるので，任意の時刻 t で $\hat{A}_{\rm H}(t) = \hat{A}_{\rm H}(0) = \hat{A}$ となる．(3.81) より，物理量 A の期待値も時間によらずに一定になる，すなわち保存する．これから一般に，$\hat{H}$ と $\hat{A}$ とが可換ならば，**物理量 $\hat{A}$ は保存される**．たとえば，エネルギーを表す演算子はハミルトニアン $\hat{H}$ そのものであるから $[\hat{H},\hat{H}] = 0$ が成り立つので，エネルギーは保存量であることが分かる．また，4.1 節で述べる自由粒子（外力を受けていない粒子）のハミルトニアンは $\hat{H} = \hat{\boldsymbol{p}}^2/2m$ なので $[\hat{\boldsymbol{p}},\hat{H}] = 0$ となり，自由粒子の運動量は保存される．

■ エーレンフェストの定理 ■

シュレーディンガー表示とハイゼンベルク表示のどちらにおいても，位置と運動量の期待値 $\langle\boldsymbol{r}\rangle$ と $\langle\boldsymbol{p}\rangle$ に関して，**エーレンフェスト (Ehrenfest) の定理**

$$\langle\boldsymbol{p}\rangle = m\frac{d}{dt}\langle\boldsymbol{r}\rangle, \tag{3.83}$$

$$\frac{d}{dt}\langle\boldsymbol{p}\rangle = -\langle\boldsymbol{\nabla}V(\boldsymbol{r})\rangle \tag{3.84}$$

が成り立つ．ここで，$\langle\ \rangle$ は，時刻 t での平均を意味する．ここにはプランク定数 $\hbar$ がまったく現れていない．すなわち，期待値のユニタリー時間発展は，古典力学でのニュートンの第 2 法則にしたがう．つまり，量子力学での期待値は古典的粒子のように時間発展している．これは，任意の状態に対して成立する．

🔵 第 1 式 (3.83) の別証明 🔵

時刻 t での位置の期待値 $\langle\boldsymbol{r}\rangle = \int \Psi^*(\boldsymbol{r},t)\boldsymbol{r}\Psi(\boldsymbol{r},t)d^3\boldsymbol{r}$ を t で微分すると，

$$\frac{d}{dt}\langle\boldsymbol{r}\rangle = \int \frac{\partial\Psi^*}{\partial t}\boldsymbol{r}\Psi d^3\boldsymbol{r} + \int \Psi^*\boldsymbol{r}\frac{\partial\Psi}{\partial t}d^3\boldsymbol{r}$$

となる．これに（時間に依存する）シュレーディンガー方程式 (2.25) を代入すると，ポテンシャル $V(\boldsymbol{r})$ は実数なので，V を含む項は消えて，

$$\frac{d}{dt}\langle\boldsymbol{r}\rangle = -\frac{i\hbar}{2m}\left[\int (\nabla^2\Psi^*)\boldsymbol{r}\Psi d^3\boldsymbol{r} - \int \Psi^*\boldsymbol{r}(\nabla^2\Psi)d^3\boldsymbol{r}\right]$$

となる．右辺の大括弧内の第 1 項に対して部分積分を 2 回行い，波動関数は遠方で 0 になることから表面積分は消えるので，この項は $\int \Psi^*\nabla^2(\boldsymbol{r}\Psi)d^3\boldsymbol{r}$ となる．ここで，$\nabla^2(\boldsymbol{r}\Psi) = 2\boldsymbol{\nabla}\Psi + \boldsymbol{r}(\nabla^2\Psi)$ だから，

$$\begin{aligned}\frac{d}{dt}\langle\boldsymbol{r}\rangle &= -\frac{i\hbar}{2m}\left[\int \Psi^*\nabla^2(\boldsymbol{r}\Psi)d^3\boldsymbol{r} - \int \Psi^*\boldsymbol{r}(\nabla^2\Psi)d^3\boldsymbol{r}\right]\\ &= -\frac{i\hbar}{m}\int \Psi^*\boldsymbol{\nabla}\Psi d^3\boldsymbol{r}\\ &= \frac{1}{m}\int \Psi^*(-i\hbar\boldsymbol{\nabla})\Psi d^3\boldsymbol{r}\\ &= \frac{\langle\boldsymbol{p}\rangle}{m}.\end{aligned}$$

ハミルトニアン中のポテンシャル V が位置演算子 $\hat{\boldsymbol{r}}$ のみの関数の場合は，以下のことが分かる．ハイゼンベルク表示での位置演算子 $\hat{\boldsymbol{r}}_\mathrm{H}(t)$ と運動量演算子 $\hat{\boldsymbol{p}}_\mathrm{H}(t)$ を考える．これらはハイゼンベルクの運動方程式

$$\frac{d}{dt}\hat{\boldsymbol{r}}_\mathrm{H}(t) = -\frac{i}{\hbar}[\hat{\boldsymbol{r}}_\mathrm{H}(t), \hat{H}], \tag{3.85}$$

$$\frac{d}{dt}\hat{\boldsymbol{p}}_\mathrm{H}(t) = -\frac{i}{\hbar}[\hat{\boldsymbol{p}}_\mathrm{H}(t), \hat{H}] \tag{3.86}$$

にしたがって時間発展する．(3.36) と $[V(\boldsymbol{r}), \hat{\boldsymbol{r}}_\mathrm{H}(t)] = 0$ を用いて (3.85) の右辺の交換子を計算すると，

$$\begin{aligned}\frac{d}{dt}\hat{\boldsymbol{r}}_\mathrm{H}(t) &= \left(\left(\frac{\partial}{\partial \hat{p}_x}\frac{\hat{p}^2}{2m}\right)_\mathrm{H}, \left(\frac{\partial}{\partial \hat{p}_y}\frac{\hat{p}^2}{2m}\right)_\mathrm{H}, \left(\frac{\partial}{\partial \hat{p}_z}\frac{\hat{p}^2}{2m}\right)_\mathrm{H}\right) \\ &= \frac{1}{m}\hat{\boldsymbol{p}}_\mathrm{H}(t)\end{aligned} \tag{3.87}$$

が得られる．また，$V(\boldsymbol{r})$ を演算子 $\hat{\boldsymbol{r}}$ の関数と考え，(3.37) と $[\hat{p}^2/2m, \hat{\boldsymbol{p}}_\mathrm{H}(t)] = 0$ を用いて (3.86) の右辺の交換子を計算すると，

$$\begin{aligned}\frac{d}{dt}\hat{\boldsymbol{p}}_\mathrm{H}(t) &= -\frac{i}{\hbar}[\hat{\boldsymbol{p}}_\mathrm{H}(t), V(\hat{\boldsymbol{r}})] = -(\boldsymbol{\nabla}V(\hat{\boldsymbol{r}}))_\mathrm{H} \\ &= -\left(\left(\frac{\partial V(\hat{\boldsymbol{r}})}{\partial \hat{x}}\right)_\mathrm{H}, \left(\frac{\partial V(\hat{\boldsymbol{r}})}{\partial \hat{y}}\right)_\mathrm{H}, \left(\frac{\partial V(\hat{\boldsymbol{r}})}{\partial \hat{z}}\right)_\mathrm{H}\right)\end{aligned} \tag{3.88}$$

となる．これから直ちに，エーレンフェストの定理 (3.83), (3.84) を導くことができる．

🔵 第 2 式 (3.84) の別証明 🔵

時刻 t での運動量の期待値 $\langle \boldsymbol{p} \rangle = \int \Psi^*(\boldsymbol{r},t)(-i\hbar\boldsymbol{\nabla})\Psi(\boldsymbol{r},t)d^3\boldsymbol{r}$ を t で微分すると，

$$\frac{d}{dt}\langle \boldsymbol{p} \rangle = -i\hbar\left[\int \frac{\partial \Psi^*}{\partial t}\boldsymbol{\nabla}\Psi d^3\boldsymbol{r} + \int \Psi^*\boldsymbol{\nabla}\frac{\partial \Psi}{\partial t}d^3\boldsymbol{r}\right]$$

となる．これに (2.25) を代入すると，

$$\begin{aligned}\frac{d}{dt}\langle \boldsymbol{p} \rangle &= \int \left(-\frac{\hbar^2}{2m}\nabla^2\Psi^* + V\Psi^*\right)\boldsymbol{\nabla}\Psi d^3\boldsymbol{r} - \int \Psi^*\boldsymbol{\nabla}\left(-\frac{\hbar^2}{2m}\nabla^2\Psi + V\Psi\right)d^3\boldsymbol{r} \\ &= \int \Psi^*\left[V\boldsymbol{\nabla}\Psi - \boldsymbol{\nabla}(V\Psi)\right]d^3\boldsymbol{r} + \frac{\hbar^2}{2m}\int \left[\Psi^*\nabla^2(\boldsymbol{\nabla}\Psi) - (\boldsymbol{\nabla}\Psi)(\nabla^2\Psi^*)\right]d^3\boldsymbol{r}\end{aligned}$$

となる．第 2 項の積分に対してグリーン (Green) の定理を使うと表面積分

$$\frac{\hbar^2}{2m}\int_S \left[\Psi^*\frac{\partial(\boldsymbol{\nabla}\Psi)}{\partial n} - (\boldsymbol{\nabla}\Psi)\frac{\partial \Psi^*}{\partial n}\right]dS$$

となる．$\partial/\partial n$ は，面 S の法線方向への微分である．波動関数は遠方で 0 となるので，この表面積分は消える．よって，第 1 項の積分において，$\boldsymbol{\nabla}(V\Psi) = (\boldsymbol{\nabla}V)\Psi + V\boldsymbol{\nabla}\Psi$ であるから，

$$\frac{d}{dt}\langle \boldsymbol{p} \rangle = -\int \Psi^*(\boldsymbol{\nabla}V)\Psi d^3\boldsymbol{r} = -\langle \boldsymbol{\nabla}V \rangle.$$

波束の範囲内でのポテンシャル $V(\boldsymbol{r})$ の変化が小さい場合には，$\langle \boldsymbol{\nabla}V \rangle \simeq \partial \langle V \rangle / \partial \langle \boldsymbol{r} \rangle$ という近似もできる．

3.7.2 測定による時間発展：非ユニタリー時間発展

ある測定の直前に $\Psi(\boldsymbol{r},t-)$ という波動関数で記述されている状態にあった系に対して，時刻 t に物理量 $\hat{A}$ の測定[*46]を行うとしよう．測定値が $\hat{A}$ の離散固有値の中のどれか 1 つ a_n であったなら，測定直後の波動関数は，

$$\Psi(\boldsymbol{r},t+) = \chi_n(\boldsymbol{r}) \tag{3.89}$$

となる．ここで，$\chi_n(\boldsymbol{r})$ は，$\hat{A}$ の固有値 a_n に属する固有関数で，規格化されているとする[*47]．このような時間発展 (3.89) を**射影仮説**という．ユニタリー時間発展の表示をシュレーディンガー表示とするかハイゼンベルク表示とするかにかかわらず，測定による時間発展では，波動関数が変化（射影）する．このような測定の直後に再度 $\hat{A}$ の測定を行うと，最初の測定値 a_n と必ず同じ測定値が得られる．

このように，理想測定によって，状態は測定された値 a_n に属する固有状態 $\chi_n(\boldsymbol{r})$ に**瞬時**に変化する．これを**波束の収縮**ともいう．このような時間発展は，測定された結果の値に依存するので決定論的でないし，連続的なユニタリー時間発展でもない．そこでこれを**非ユニタリー時間発展**と呼ぶ．これは時間的に不可逆である．つまり，量子力学においては，測定によって，系

[*46] 測定にも様々なものがあるので注意が必要であるが，ここでは**理想測定**のみを考える．これは誤差のない測定で，測定直後の状態が (3.89) となるような測定を指す．つまり，(3.89) が理想測定の定義と考えればよい．

[*47] これによって，このような測定による時間発展でも，確率は保存される．

解説 3.31　測定反作用

古典力学では，系を測定しても，その測定の影響が系に及ばないような測定が原理的には可能であるが，量子力学では，測定することによって系の状態は変わってしまい，物理量の出現確率分布が，測定前と測定後の状態で異なる．これを**測定反作用** (measurement backaction) という．つまり，量子力学では測定反作用は避けられない．ただし，測定前の系が測定する物理量 $\hat{A}$ のある固有値に属する固有状態である場合は，測定反作用は生じない．

の状態に関する情報の一部が欠落してしまうからである．

以上のように，量子力学での時間発展は，(3.66) や (3.76) による決定論的で連続的なユニタリー時間発展と，射影仮説 (3.89) による非決定論的で不連続的な非ユニタリー時間発展の 2 種類の組合わせになっている．

3.8 不確定性関係

3.8.1 位置と運動量の不確定性関係

座標表示の波動関数 $\Psi(\boldsymbol{r},t)$ を考える．時刻 t に粒子の位置を $\boldsymbol{r} \sim \boldsymbol{r}+d^3\boldsymbol{r}$ に見出す確率は $|\Psi(\boldsymbol{r},t)|^2 d^3\boldsymbol{r}$ であった．また，(3.61) で示したように，$\Psi(\boldsymbol{r},t)$ のフーリエ変換 $\tilde{\Psi}(\boldsymbol{k},t)$ は波数表示の波動関数であり，時刻 t に粒子の波数を $\boldsymbol{k} \sim \boldsymbol{k}+d^3\boldsymbol{k}$ に見出す確率は $|\tilde{\Psi}(\boldsymbol{k},t)|^2 d^3\boldsymbol{k}$ であった．パーセヴァル-プランシュレルの等式 (3.15) より，一方が規格化されていれば，他方も規格化されている．座標表示の波動関数 $\Psi(\boldsymbol{r},t)$ と波数表示の波動関数 $\tilde{\Psi}(\boldsymbol{k},t)$ とは，互いにフーリエ変換で結びついているのだから，一方が得られたら他方も必ず計算できる．よって，位置と波数の確率密度分布 $|\Psi(\boldsymbol{r},t)|^2$ と $|\tilde{\Psi}(\boldsymbol{k},t)|^2$ は互いに独立ではない．

古典力学では，粒子の位置と運動量は独立な量であり，それぞれを（原理的には）いくらでも正確に定めることが可能であった．ところが，量子力学では，粒子の位置と運動量（波数）を，確率的な分布でしか定めることができないだけでなく，その分布自体もフーリエ変換を通じて相互に関連している．

解説 3.32 粒子の位置を測定する思考実験

粒子の位置を測定する実験を考えてみる．粒子の位置 $\boldsymbol{r}$ の x 座標を測定するには，x 方向から波長 λ の光を照射してその散乱光をとらえる実験をすればよい（粒子の位置を「目で見る」ことを想定せよ）．光を波と考えると，波長よりも小さな長さの物体に当たっても，ほとんど散乱されずに通過してしまうので，波長 λ の光では，粒子の位置はたかだか波長程度までしか正確に測れない．よって，位置測定の誤差 δx は少なくとも λ 以上である．他方，光を光子と考えると，光子との散乱によって粒子の x 方向の運動量は，測定反作用により変化してしまう．光子の運動量は h/λ であるから，粒子の運動量変化 δp_x はおよそ h/λ 程度である．したがって，この思考実験によると，粒子の位置の誤差 δx と運動量の変化（誤差）δp_x との間には，

$$\delta x \delta p_x \geq \lambda \cdot \frac{h}{\lambda} = h$$

という関係が成り立つ．つまり，位置と運動量どちらの誤差も小さくすることはできない．すなわち，位置と運動量とを同時に正確に確定することはできない．これは，実験技術の未熟さとか実験に伴う測定誤差ではなく，**原理的に**避けることができない制約である．ハイゼンベルクは，上記と同等の「ガンマ線顕微鏡」の思考実験によって，不確定性関係の存在に気づいた．ただし，この思考実験は，測定に伴う誤差 (δx) と測定反作用 (δp_x) の間の関係を議論したに過ぎない．量子力学ではさらに，3.5 節で述べたような「状態のもつ不確定さ」が存在する．3.8 節では，その考察を行う．

3.8 不確定性関係

もう少し定量的に考えよう．そのために空間を 1 次元に限定する（一般性は失われない）．位置の確率密度分布 $|\Psi(x,t)|^2$ と波数（運動量）の分布 $|\tilde{\Psi}(k_x,t)|^2$ の広がり具合（ぼやけ具合）を表すために，それらの**標準偏差** δx, δk_x を導入する．すなわち，$\delta x \equiv [\langle(\hat{x}-\langle\hat{x}\rangle)^2\rangle]^{1/2} = (\langle x^2\rangle - \langle x\rangle^2)^{1/2}$, $\delta k_x \equiv [\langle(\hat{k}_x-\langle\hat{k}_x\rangle)^2\rangle]^{1/2} = (\langle k_x^2\rangle - \langle k_x\rangle^2)^{1/2}$ である[*48]．まったく同じ状態 $\Psi(x,t)$ を用意して，位置 x の測定を独立に何回も行う．その際，測定値は毎回の実験で異なる値をとってばらつくが，この多くの測定値が，その期待値の周りにどの程度散らばっているかを表す統計量が標準偏差 δx である[*49]．量子力学では**不確定さ**または**揺らぎ**とも呼ばれる．証明は下段に回して結果を先に示すと，δx と δk_x の間には，

$$\delta x \delta k_x \geq \frac{1}{2} \tag{3.90}$$

なる不等式が成り立つ．つまり，位置の不確定さ（$|\Psi(\boldsymbol{r},t)|^2$ の広がり具合）と波数の不確定さ（$|\tilde{\Psi}(\boldsymbol{k},t)|^2$ の広がり具合）との積は $1/2$ よりも大きい．波数にプランク定数を掛けたものが運動量だから，(3.90) は，

[*48] δx に含まれる平均操作は，状態 $\Psi(x,t)$ で平均をとる．他方，δk_x に含まれる平均操作は，状態 $\tilde{\Psi}(k_x,t)$ での平均をとる．ここでは，ユニタリー時間発展をシュレーディンガー表示で記述しているが，不確定性関係は期待値についての関係なので，ハイゼンベルク表示でもまったく同じ結果になる．

[*49] まったく同じ状態 $\tilde{\Psi}(k_x,t)$ を用意して，波数 k_x の測定を独立に何回も行う．その際の測定値が期待値の周りにどの程度散らばっているかを表す統計量が δk_x である．

🔵 **位置と波数の不確定性関係 (3.90) の証明** 🔵

任意の波動関数 $\Psi(x,t)$ に対して，実数 λ をパラメータとする積分

$$I(\lambda) \equiv \int_{-\infty}^{\infty} \left| x\Psi + \lambda \frac{\partial}{\partial x}\Psi \right|^2 dx \tag{3.91}$$

を考える．これは任意の実数 λ に対して $I(\lambda) \geq 0$ である．被積分関数を展開して部分積分すると，

$$\begin{aligned}
I(\lambda) &= \int_{-\infty}^{\infty} |x\Psi|^2 dx + \lambda \int_{-\infty}^{\infty} \left[\frac{\partial \Psi^*}{\partial x} x\Psi + x\Psi^* \frac{\partial \Psi}{\partial x}\right] dx + \lambda^2 \int_{-\infty}^{\infty} \left|\frac{\partial \Psi}{\partial x}\right|^2 dx \\
&= \int_{-\infty}^{\infty} |x\Psi|^2 dx + \lambda \int_{-\infty}^{\infty} x \frac{\partial |\Psi|^2}{\partial x} dx + \lambda^2 \int_{-\infty}^{\infty} \left|\frac{\partial \Psi}{\partial x}\right|^2 dx \\
&= \int_{-\infty}^{\infty} \Psi^* x^2 \Psi dx - \lambda \int_{-\infty}^{\infty} |\Psi|^2 dx + \lambda^2 \int_{-\infty}^{\infty} \Psi^* \left(-\frac{\partial^2}{\partial x^2}\right) \Psi dx \\
&= \langle x^2 \rangle - \lambda + \lambda^2 \langle k_x^2 \rangle
\end{aligned}$$

となる．これを λ の 2 次式とみると，左辺は常に正であるから，判別式が $1 - 4\langle k_x^2\rangle\langle x^2\rangle \leq 0$ でなければならない．つまり $\langle x^2\rangle\langle k_x^2\rangle \geq 1/4$ となる．(3.91) で，x を $x - \langle x\rangle$ に，$\partial/\partial x$ を $\partial/\partial x - i\langle k_x\rangle$ と置き換えて同じ計算を行うと，2 次式は $(\delta x)^2 - \lambda + \lambda^2 (\delta k_x)^2 \geq 0$ となるから，$(\delta x)^2 (\delta k_x)^2 \geq 1/4$ が得られる．

$$\delta x \delta p_x \geq \frac{\hbar}{2} \tag{3.92}$$

とも変形でき，粒子の位置と運動量とが両方とも確定した状態[*50]は存在しないことを意味している．これを，位置と運動量の**不確定性関係** (uncertainty relation) という．この点は古典力学（の暗黙の仮定）と決定的に異なる．位置が δx だけ不確定な状態で運動量を測定すると，運動量の不確定さ δp_x はどんなに小さくても $\hbar/(2\delta x)$ 以上はある．粒子の位置が確定して $\delta x = 0$ となる状態があったとし，その状態で運動量を測定すると，運動量は完全に不確定で $\delta p_x \to \infty$ になっている．なお，3 次元の場合でも，位置 x_μ と運動量 p_ν あるいは波数 k_ν との間に

$$\delta x_\mu \delta p_\nu \geq \frac{\hbar}{2} \delta_{\mu\nu} \quad (\mu, \nu = x, y, z), \tag{3.93}$$

$$\delta x_\mu \delta k_\nu \geq \frac{1}{2} \delta_{\mu\nu} \quad (\mu, \nu = x, y, z) \tag{3.94}$$

が成立する．

このような不確定性関係は物質の波動性に由来する．平面波 $\exp[i(kx - \omega t)]$ を重ね合わせて波束を作ったとする．波束の実空間の広がりを小さくすればするほど，その系の位置座標をより正確に測定できる反面，より広い範囲の波数 $k = 2\pi/\lambda$ の平面波を適当な重みで重ね合わさなければならない．すな

[*50] ある物理量 A が「確定している」状態とは，A の不確定さが 0 の状態，つまり $\delta A \equiv [\langle (\hat{A} - \langle \hat{A} \rangle)^2 \rangle]^{1/2} = (\langle A^2 \rangle - \langle A \rangle^2)^{1/2} = 0$ となるような状態のことである．

解説 3.33　位置と波数の最小不確定状態

位置と波数の不確定性関係 $\delta x \delta k_x \geq 1/2$ において等号が成り立つような状態を**最小不確定状態**と呼ぶ．これは，(3.91) の被積分関数が任意の x で 0 となる場合

$$(x - \langle x \rangle)\Psi(x, t) + \lambda \left(\frac{\partial}{\partial x} - i\langle k_x \rangle \right) \Psi(x, t) = 0$$

に成り立つ．今の場合，時刻 t を固定して偏微分 $\partial/\partial x$ を常微分 d/dx とし，関数 $\psi(x) \equiv \Psi(x, t)$ についての 1 階常微分方程式と見て解くと，

$$\psi(x) = N \exp\left[-\frac{(x - \langle x \rangle)^2}{2\lambda} + i\langle k_x \rangle x \right] \tag{3.95}$$

となる．規格化条件から $N = (\pi\lambda)^{-1/4}$ である．よって，位置と波数（運動量）の最小不確定状態の座標表示の波動関数は**ガウス関数**で表されることが分かった．なお，$\langle k_x \rangle = 0$ の場合に (3.95) を x で 2 階微分すると $d^2\psi(x)/dx^2 = [(x - \langle x \rangle)^2/\lambda^2 - 1/\lambda]\psi(x)$ となるので，(3.95) がしたがうシュレーディンガー方程式は，

$$-\frac{\hbar^2}{2m} \frac{d^2\psi(x)}{dx^2} + \frac{\hbar^2}{2m} \frac{(x - \langle x \rangle)^2}{\lambda^2} \psi(x) = \frac{\hbar^2}{2m\lambda} \psi(x)$$

となり，中心が $x = \langle x \rangle$ の放物形ポテンシャル $V(x) = (\hbar^2/2m)\lambda^{-2}(x - \langle x \rangle)^2$ 中の調和振動子を表している．

わち，運動量 $\hbar k$ の不確定さが増大する．この数学的性質を，アインシュタイン-ド・ブロイの関係式を通じて翻訳すれば，不確定性関係 (3.92) が得られる．

3.8.2 一般の不確定性関係

位置 $\hat{r}$ と運動量 $\hat{p}$ のように，量子力学では，ある物理量を測定してその値が確定すると，不確定さが最大になる別の物理量が存在し，それらの両方の物理量を同時に正確に決定することは原理的に不可能となる場合がある．その条件を調べよう．ある状態 $\Psi(r,t)$ での物理量 $\hat{A}$ の測定値の不確定さを標準偏差 $\delta A \equiv [\langle (\hat{A} - \langle \hat{A} \rangle)^2 \rangle]^{1/2} = [\langle \hat{A}^2 \rangle - \langle \hat{A} \rangle^2]^{1/2}$ で定義する[*51]．ここで $\langle \ \rangle$ は，ある状態 $\Psi(r,t)$ での期待値[*52]である．別の物理量 $\hat{B}$ の，同じ状態 $\Psi(r,t)$ における標準偏差を δB とすると，その状態 Ψ に対して，物理量 A と B の間に成り立つ不確定性関係は，

$$\delta A \delta B \geq \frac{1}{2} |\langle [\hat{A}, \hat{B}] \rangle| \tag{3.96}$$

である．右辺の値を**最小不確定積**と呼ぶ．したがって，2 つの物理量 $\hat{A}$ と $\hat{B}$ の非可換性と，δA と δB の最小不確定積との間には関係がある．物理量 A が δA だけ不確定な状態では，他方の物理量 B の標準偏差 δB は最低でも

[*51]期待値からのずれの 2 乗の期待値 $\langle (\hat{A} - \langle \hat{A} \rangle)^2 \rangle$ を，物理量 A の**分散** (variance) という．標準偏差は分散の平方根である．

[*52]ここではシュレーディンガー表示で議論を進めるが，ハイゼンベルク表示でもまったく同じ結果になる．

● 不確定性関係 (3.96) の証明 ●

まず，任意の関数 $f(r,t)$ について，不等式

$$\int |f(r,t)|^2 d^3r \geq 0 \tag{3.97}$$

が成立する．次に，$\hat{\alpha} \equiv \hat{A} - \langle A \rangle$, $\hat{\beta} \equiv \hat{B} - \langle B \rangle$ とし，実数 λ をパラメータとする．系の任意の状態を $\Psi(r,t)$ とし，関数 $f(r,t)$ を $f(r,t) = (\hat{\alpha} + i\lambda\hat{\beta})\Psi(r,t)$ とすると，(3.97) は，

$$\int |f(r,t)|^2 d^3r = \int \left[(\hat{\alpha} + i\lambda\hat{\beta})\Psi(r,t)\right]^* \left[(\hat{\alpha} + i\lambda\hat{\beta})\Psi(r,t)\right] d^3r$$
$$= \int \Psi^*(r,t)(\hat{\alpha} - i\lambda\hat{\beta})(\hat{\alpha} + i\lambda\hat{\beta})\Psi(r,t) d^3r$$
$$= \lambda^2 \langle \hat{\beta}^2 \rangle - \lambda \langle \hat{\gamma} \rangle + \langle \hat{\alpha}^2 \rangle$$

となる．ここで，$\hat{\gamma} \equiv -i[\hat{\alpha}, \hat{\beta}] = -i[\hat{A}, \hat{B}]$ で，これはエルミート演算子なので $\langle \hat{\gamma} \rangle$ は実数である．もちろん，$\langle \hat{\alpha}^2 \rangle$ も $\langle \hat{\beta}^2 \rangle$ も実数である．左辺は 0 または正であるから，$\lambda^2 \langle \hat{\beta}^2 \rangle - \lambda \langle \hat{\gamma} \rangle + \langle \hat{\alpha}^2 \rangle \geq 0$ である．これを λ についての 2 次不等式と見ると，これが任意の実数 λ で成り立つためには，$4\langle \hat{\alpha}^2 \rangle \langle \hat{\beta}^2 \rangle \geq \langle \hat{\gamma} \rangle^2$ でなければならない．$\delta A = \sqrt{\langle \hat{\alpha}^2 \rangle}$, $\delta B = \sqrt{\langle \hat{\beta}^2 \rangle}$ だから，(3.96) が証明された．

$|\langle[\hat{A},\hat{B}]\rangle|/(2\delta A)$ はあることになる．もしも A が確定して $\delta A=0$ となるような状態で $|\langle[\hat{A},\hat{B}]\rangle|\neq 0$ ならば，B は完全に不確定になり $\delta B\to\infty$ になってしまう．不確定性関係 (3.96) は，1 粒子系だけではなく，一般に内部自由度を持った任意の粒子数の系に対しても成立する．

(3.96) の特別な一例でしばしば見かけるのは，2 つの物理量 $\hat{A}$ と $\hat{B}$ とが非可換ではあるが，交換子が純虚数 $i\alpha$ となる場合[*53]である．つまり $[\hat{A},\hat{B}]=i\alpha\neq 0$ の場合は，任意の状態 Ψ に対して $\delta A\delta B\geq|\alpha|/2>0$ となる．位置と運動量の場合は $\alpha=\hbar$ であるので，不確定性関係は (3.92) に帰着する．

ここで，不確定性関係式 (3.96) に関連して次の 3 つの注意を喚起しておこう．2 つの物理量 $\hat{A}$ と $\hat{B}$ があるとき，

- $\langle[\hat{A},\hat{B}]\rangle\neq 0$ となる状態 Ψ_1 は，A と B の両方が確定値を持つ状態ではない．つまり，$\delta A\delta B>0$ である．
- 任意の状態 Ψ_2 について $[\hat{A},\hat{B}]\Psi_2=0$ が成り立つ場合，すなわち $[\hat{A},\hat{B}]=0$ の場合は，(3.96) は任意の状態に対して $\delta A\delta B\geq 0$ となる．$\hat{A}$ と $\hat{B}$ が可換なので 3.5.4 項より，$\hat{A},\hat{B}$ のすべての固有状態を同時固有状態に選べる．そこで，それぞれの固有方程式を $\hat{A}\chi_n(\boldsymbol{r};a_n,b_n)=a_n\chi_n(\boldsymbol{r};a_n,b_n)$，$\hat{B}\chi_n(\boldsymbol{r};a_n,b_n)=b_n\chi_n(\boldsymbol{r};a_n,b_n)$ と書こう．任意の状態はこの同時固有

[*53] $\hat{A}$ と $\hat{B}$ がエルミート演算子のときは，$([\hat{A},\hat{B}])^\dagger=-[\hat{A},\hat{B}]$ なので，交換子 $[\hat{A},\hat{B}]$ はエルミート交代の演算子となっている．よって，$[\hat{A},\hat{B}]/i$ がエルミート演算子になるので，ここでの α は必ず実数になる．

解説 3.34 位置と波数の不確定性関係とフーリエ変換

粒子の位置が $x=a$ に確定した状態を座標表示の波動関数で表すと，位置の固有関数であるディラックのデルタ関数 $\delta(x-a)$ となる．他方，波数が k_x に確定した状態（運動量が $\hbar k_x$ に確定した状態）を座標表示の波動関数で表すと，波数の固有関数である平面波 $\exp(-ik_x x)$ となる．粒子の存在確率密度を考えると，前者では幅が無限に狭いシャープな確率分布関数 $|\delta(x-a)|^2$ であるが，後者では $|\exp(-ik_x x)|^2=1$ となり，(粒子の運動量は確定しているものの) 粒子の存在位置は完全に一様に分布してしまい，まったく決まらない．$\Psi(x,t)$ と $\tilde{\Psi}(k_x,t)$ は互いにフーリエ変換の関係にあるのだから，一方が幅の狭い分布ならば，他方は必ず幅の広い分布になる．両方を同時に狭くすることはできない．よって，位置と運動量（波数）の不確定性関係は，フーリエ変換の立場からみれば自然な帰結である．

状態の重ね合わせで書けるので，$\Psi_2(\boldsymbol{r}) = \sum_n C_n \chi_n(\boldsymbol{r}; a_n, b_n)$ と展開できる．この状態で A や B の測定をした際，測定値 a_n が得られる確率と測定値 b_n が得られる確率はともに等しく $|C_n|^2$ となっている．よって，うまく状態を選べば，A の測定値も B の測定値もばらつかずに同時に確定させること（$\delta A = \delta B = 0$ となること）が可能である．言い換えれば，A も B も同時に確定値を持つような状態が必ず存在する．たとえば，$\Psi_2(\boldsymbol{r}) = \chi_\nu(\boldsymbol{r}; a_\nu, b_\nu)$ の状態では，A も B も同時にそれぞれの確定値 a_ν, b_ν を持つ．任意の状態に対して $\delta A = \delta B = 0$ となるのではないことに注意．

- ある状態 Ψ_3 についてのみ $[\hat{A}, \hat{B}]\Psi_3 = 0$ が成り立つ場合は，(3.96) は，その状態についてのみ $\delta A \delta B \geq 0$ である．この Ψ_3 において $\delta A = \delta B = 0$ が常に成立するとは限らないが，$\delta A = \delta B = 0$ となるような状態 Ψ_3 は存在しうる[*54]．つまり，Ψ_3 が $\hat{A}$ と $\hat{B}$ の同時固有関数になることはあり得る．今の場合，$\hat{A}$ と $\hat{B}$ は可換ではないことに注意しよう[*55]．すなわち，$\hat{A}$ と $\hat{B}$ とが非可換ならば $\delta A = \delta B = 0$ となる状態は存在しない．

[*54] 6.1.2 項で示すように，軌道角運動量演算子について $\hat{L}_x|\Psi_3\rangle = \hat{L}_y|\Psi_3\rangle = \hat{L}_z|\Psi_3\rangle = 0$ を満たす球対称な状態 (6.72) がこの一例である．

[*55] 交換子が 0 でない純虚数 $i\alpha$ となる場合（$[\hat{A}, \hat{B}] = i\alpha$）は，任意の状態に対して $\delta A \delta B \geq |\alpha|/2 > 0$ なので，A と B とが同時に確定する状態は決して存在しない．交換子が演算子となる場合（$[\hat{A}, \hat{B}] = i\hat{C}$）にのみ，$A$ と B とが同時に確定する状態（同時固有関数）が存在することがある．

解説 3.35 エネルギーと時間の「不確定性関係」

A をエネルギー，B を時間として不確定性関係 (3.96) に適用してみよう．対応関係 (2.15) から，エネルギーを表す演算子として $i\hbar\partial/\partial t$ を使うと，時間 t との交換関係は $[i\hbar\partial/\partial t, t] = i\hbar$ であるから，任意の状態 $\Psi(\boldsymbol{r}, t)$ に対して，

$$\delta E \, \delta t \geq \frac{\hbar}{2} \tag{3.98}$$

となる．これをエネルギーと時間の不確定性関係と呼びたくなるが，これは不確定性関係とは似て非なるものである．なぜならば，時間 t は測定する物理量ではなく，各時刻で確定値をもつパラメータであるからである．つまり，時間は測るたびごとに揺らぐような物理量ではないからである．

ある時刻での状態にエネルギーの不確定さ δE がある場合，すなわち，その状態をエネルギー固有状態で展開した場合，それぞれのエネルギー固有値が δE 程度に分布している場合を考えよう．ユニタリー時間発展する際，この状態からの変化が顕著になるまでの時間 δt は，

$$\delta t \sim \frac{\hbar}{\delta E} \tag{3.99}$$

程度である．これは，(3.56) において，時間発展は $\exp(-iE_n t/\hbar)$ 項の重ね合わせで表されることから，角振動数 $\omega_n \equiv E_n/\hbar$ と時間 t との間のフーリエ変換を考えれば明らかであろう．δE と δt に上記のような意味を持たせるなら，(3.99) は便利な関係式である．

とはいえない．別の表現をすると，$\delta A = \delta B = 0$ となる状態が存在したとしても，$[\hat{A}, \hat{B}] = 0$ であるとはいえない．

3.9 ディラックの記法

3.9.1 ブラベクトルとケットベクトル

状態を表現する記法の 1 つの**ディラックの記法**[*56]を紹介する．状態 ψ を抽象的ベクトルとして $|\psi\rangle$ と書き，その複素共役な状態 ψ^* を $\langle\psi|$ と書く[*57]．ベクトル $|\psi\rangle$ を**ケット (ket) ベクトル**，$\langle\psi|$ を**ブラ (bra) ベクトル**と呼び，総称して**状態ベクトル**ということもある．ブラベクトル $\langle\psi|$ とケットベクトル $|\psi\rangle$ とは，互いに共役である[*58]．ケットベクトル $|\psi\rangle$ には，座標表示の波動関数 $\psi(\boldsymbol{r})$ のみが対応するのではない．波数表示や運動量表示の波動関数 $\tilde{\psi}(\boldsymbol{k}), \tilde{\psi}(\boldsymbol{p})$ であってもよい．波動関数をどのような表示で表現するかに関係なく，状態そのものを抽象的なブラベクトル・ケットベクトルで表すのである[*59]．

[*56]これは表示に依存しない形式なので，慣れると非常に便利である．

[*57]ブラベクトルでもケットベクトルでも，記号 $\langle\ |$ や $|\ \rangle$ の中に書き込む文字は，状態を区別できるラベルなら何でもよい．

[*58]**双対関係** (dual correspondence) にあるともいう．$c|\psi\rangle$ と双対関係にあるブラベクトルは $c^*\langle\psi|$ である．

[*59]時刻 t での状態のケットベクトルを $|\Psi(t)\rangle$ と書くと，ユニタリー時間発展は $|\Psi(t)\rangle = \hat{U}(t,0)|\Psi(0)\rangle$ と表される．この座標表示が (3.66) である．

> **解説 3.36** 座標表示との対応のまとめ
>
> エルミート演算子 $\hat{A}$ の固有方程式 $\hat{A}|n\rangle = a_n|n\rangle$ が離散固有値 a_n を持つ場合，下記が成り立つ．
>
> $$\text{任意の関数の展開式 (3.38)} \iff |\psi\rangle = \sum_n C_n |n\rangle, \tag{3.100}$$
>
> $$\text{正規直交性 (3.39)} \iff \langle n|m\rangle = \delta_{nm}, \tag{3.101}$$
>
> $$\text{展開係数 (3.41)} \iff C_n = \langle n|\psi\rangle, \tag{3.102}$$
>
> $$\text{閉包関係 (3.42)} \iff \sum_n |n\rangle\langle n| = \hat{1}. \tag{3.103}$$
>
> エルミート演算子 $\hat{A}$ の固有方程式 $\hat{A}|a\rangle = a|a\rangle$ が連続固有値 a を持つ場合，下記が成り立つ．
>
> $$\text{任意の関数の展開式 (3.44)} \iff |\psi\rangle = \int C(a)|a\rangle da, \tag{3.104}$$
>
> $$\text{正規直交性 (3.45)} \iff \langle a|a'\rangle = \delta(a - a'), \tag{3.105}$$
>
> $$\text{展開係数 (3.47)} \iff C(a) = \langle a|\psi\rangle, \tag{3.106}$$
>
> $$\text{閉包関係 (3.48)} \iff \int |a\rangle\langle a| da = \hat{1}. \tag{3.107}$$

3.9 ディラックの記法

座標表示の2つの波動関数 $\psi_1(r)$ と $\psi_2(r)$ の**内積** $\int \psi_1^*(r)\psi_2(r)d^3r$ は，ディラックの記法では，ブラベクトルとケットベクトルの積の形で $\langle\psi_1|\psi_2\rangle$ と表される[*60]．規格化条件は $\langle\psi|\psi\rangle = |||\psi\rangle||^2 = 1$ と簡潔に表現できる．ここで $|||\psi\rangle|| \equiv \sqrt{\langle\psi|\psi\rangle}$ は**ノルム**を表す[*61]．$\hat{A}$ を演算子とするとき，一般に $\hat{A}$ はケットベクトルに左から作用し，$\hat{A}|\psi\rangle$ と書く．これは $|\psi\rangle$ の定数倍とは限らない．また，$\int \psi_1^*(r)\hat{A}\psi_2(r)d^3r$ のような量は $\langle\psi_1|\hat{A}|\psi_2\rangle$ と書く[*62]．よって，状態 $|\psi\rangle$ での物理量 $\hat{A}$ の期待値は，$\langle A\rangle = \langle\psi|\hat{A}|\psi\rangle$ と表せる．なお，$\hat{A}|\psi\rangle$ の共役 $(\hat{A}|\psi\rangle)^\dagger$ は $\langle\psi|\hat{A}^\dagger$ に等しく，これを $\langle\hat{A}\psi|$ と書くこともある[*63]．よって，演算子はケットベクトルに左から作用するだけでなく，ブラベクトルに右から作用すると考えてもよい．よって，$\langle\psi_1|\hat{A}|\psi_2\rangle$ のような量は，演算子 $\hat{A}$ がケットベクトル $|\psi_2\rangle$ に作用してできたケットベクトル $\hat{A}|\psi_2\rangle$ とブラベクトル $\langle\psi_1|$ の内積と考えてもよいし，演算子 $\hat{A}$ がブラベクトル $\langle\psi_1|$ に作用してできたブラベクトル $\langle\psi_1|\hat{A}$ とケットベクトル $|\psi_2\rangle$ との内積と考えてもよい．

[*60] 内積 $\langle\psi_1|\psi_2\rangle$ は一般に複素数で，$\langle\psi_1|\psi_2\rangle = [\langle\psi_2|\psi_1\rangle]^*$ が成り立つ．$\langle\psi_1|\psi_2\rangle$ と $\langle\psi_2|\psi_1\rangle$ を区別すること．
[*61] 任意の状態に対して $\langle\psi|\psi\rangle \geq 0$ が成り立っているとする．
[*62] $\hat{A}$ が単位演算子 $\hat{1}$ のときの $\langle\psi_1|\hat{1}|\psi_2\rangle$ は，内積 $\langle\psi_1|\psi_2\rangle$ になる．
[*63] $\hat{A}^\dagger|\psi\rangle$ の共役 $(\hat{A}^\dagger|\psi\rangle)^\dagger$ は $\langle\psi|\hat{A}$ に等しい．これを $\langle\hat{A}^\dagger\psi|$ とも書く．

解説 3.37 共役演算子の定義について

演算子 $\hat{A}$ のエルミート共役演算子 $\hat{A}^\dagger$ は 3.3.1 項の p.42 の解説 3.11 で定義済みであるが，ディラックの記法を用いて再度確認しておこう．$\hat{A}^\dagger$ は，任意の状態 $|\Psi_1\rangle$, $|\Psi_2\rangle$ に対して，

$$\langle\Psi_1|\hat{A}|\Psi_2\rangle = [\langle\Psi_2|\hat{A}^\dagger|\Psi_1\rangle]^* \tag{3.108}$$

が成り立つものとして定義される．右辺は $[\langle\Psi_2|\hat{A}^\dagger|\Psi_1\rangle]^* = \langle\hat{A}^\dagger\Psi_1|\Psi_2\rangle$ と表すことができるので，

$$\langle\Psi_1|\hat{A}|\Psi_2\rangle = \langle\hat{A}^\dagger\Psi_1|\Psi_2\rangle \tag{3.109}$$

が $\hat{A}^\dagger$ の定義式だと思ってもよい．$|\Psi_1\rangle$ と $\hat{A}|\Psi_2\rangle$ の内積 $\langle\Psi_1|\hat{A}|\Psi_2\rangle$ は，$\hat{A}$ をその右の $|\Psi_2\rangle$ に作用させる代わりに，$\hat{A}^\dagger$ をその左の $\langle\Psi_1|$ に作用させてから内積をとってもよい．

例として，$\hat{A} = \partial/\partial x$ を考えよう．部分積分すると，(3.109) の左辺は，

$$\langle\Psi_1|\partial/\partial x|\Psi_2\rangle = \int_{-\infty}^{\infty} \Psi_1^*(x)\frac{\partial\Psi_2(x)}{\partial x}dx = \Psi_1^*(x)\Psi_2(x)\big|_{-\infty}^{\infty} - \int_{-\infty}^{\infty}\frac{\partial\Psi_1^*(x)}{\partial x}\Psi_2(x)dx$$
$$= \int_{-\infty}^{\infty}\left[-\frac{\partial\Psi_1(x)}{\partial x}\right]^*\Psi_2(x)dx = \left\langle-\frac{\partial\Psi_1}{\partial x}\bigg|\Psi_2\right\rangle$$

となるので，(3.109) の右辺と見比べると，$\hat{A}^\dagger = (\partial/\partial x)^\dagger = -\partial/\partial x$ である．ここで，$|x|\to\infty$ で波動関数は 0 となり，$\Psi_1^*(x)\Psi_2(x)\big|_{-\infty}^{\infty} = 0$ が成り立つと仮定した．

また，ある物理量（エルミート演算子）$\hat{A}$ の（固有値 a_n に属する）固有関数 $\chi_n(\boldsymbol{r})$ も固有ケットベクトル $|a_n\rangle$ で表すと便利で，固有関数系の正規直交性 (3.39) は，$\langle a_n|a_m\rangle = \delta_{nm}$ と表されることになる．座標表示の波動関数 $\psi(\boldsymbol{r})$ を，ある固有関数系 $\{\chi_n(\boldsymbol{r})\}$ で展開した表式 (3.38) に対応するものは，

$$|\psi\rangle = \sum_n C_n |a_n\rangle = \sum_n |a_n\rangle C_n \tag{3.110}$$

と表せる．この展開係数 (3.41) は $C_n = \langle a_n|\psi\rangle$ である．これを (3.110) に代入すると $|\psi\rangle = \sum_n |a_n\rangle\langle a_n|\psi\rangle$ となるが，これが任意の $|\psi\rangle$ で成り立つので，形式的に

$$\sum_n |a_n\rangle\langle a_n| = \hat{1} \tag{3.111}$$

でなければならない[*64]．これが閉包関係 (3.42) のブラおよびケットベクトルでの表現である．状態 $|\psi\rangle$ で物理量 A を測定した際の測定値が a_n となる確率は $|\langle a_n|\psi\rangle|^2$ となる．これがボルンの確率規則 (3.43) に相当する．

3.9.2 座標表示の波動関数 $\psi(\boldsymbol{r}) = \langle\boldsymbol{r}|\psi\rangle$

位置演算子 $\hat{\boldsymbol{r}}$ の（固有値 $\boldsymbol{a}$ に属する）固有ケットベクトルを $|\boldsymbol{a}\rangle$，その共役なブラベクトルを $\langle\boldsymbol{a}|$ とする．すなわち，固有方程式は $\hat{\boldsymbol{r}}|\boldsymbol{a}\rangle = \boldsymbol{a}|\boldsymbol{a}\rangle$ であ

[*64] ケットとブラをその順序で掛けたもの $|\psi_1\rangle\langle\psi_2|$ は**外積**と呼ばれる演算子である．単なる複素数である内積 $\langle\psi_2|\psi_1\rangle$ とはまったく違う．(3.111) の右辺の $\hat{1}$ は単位演算子の意味である．

解説 3.38 座標表示の波動関数 $\psi(\boldsymbol{r}) = \langle\boldsymbol{r}|\psi\rangle$ についての補足

位置演算子の固有関数 $\chi_{\boldsymbol{a}}(\boldsymbol{r})$ はディラックのデルタ関数 $\langle\boldsymbol{r}|\boldsymbol{a}\rangle = \delta(\boldsymbol{r}-\boldsymbol{a})$ であるから，(3.112) の展開係数は $C(\boldsymbol{a}) = \langle\boldsymbol{a}|\psi\rangle$ である．また，位置演算子の固有値は連続固有値であるから，固有値を $\boldsymbol{r}$ とすると閉包関係 (3.111) は

$$\int |\boldsymbol{r}\rangle\langle\boldsymbol{r}| d^3\boldsymbol{r} = \hat{1}$$

となるが，この両辺に右から $|\psi\rangle$ を掛けると，

$$|\psi\rangle = \int |\boldsymbol{r}\rangle\langle\boldsymbol{r}|\psi\rangle d^3\boldsymbol{r} = \int \langle\boldsymbol{r}|\psi\rangle |\boldsymbol{r}\rangle d^3\boldsymbol{r} = \int \psi(\boldsymbol{r})|\boldsymbol{r}\rangle d^3\boldsymbol{r}$$

となる．よって，座標表示の波動関数 $\psi(\boldsymbol{r}) = \langle\boldsymbol{r}|\psi\rangle$ は，状態ケットベクトル $|\psi\rangle$ を位置演算子の固有ケットベクトル $|\boldsymbol{r}\rangle$ で展開した展開係数ということもできる．なお，位置演算子の固有ブラベクトル $\langle\boldsymbol{r}|$ を (3.110) の左から掛けた式 $\langle\boldsymbol{r}|\psi\rangle = \sum_n C_n \langle\boldsymbol{r}|n\rangle$ と (3.38) とを見比べることにより，離散固有値の場合の固有関数の座標表示は，$\chi_n(\boldsymbol{r}) = \langle\boldsymbol{r}|n\rangle$ となる．

る．連続固有値の場合の (3.110)，すなわち

$$|\psi\rangle = \int C(\boldsymbol{a})|\boldsymbol{a}\rangle d^3\boldsymbol{a} = \int |\boldsymbol{a}\rangle C(\boldsymbol{a}) d^3\boldsymbol{a} \tag{3.112}$$

の両辺に左から $\langle \boldsymbol{r}|$ を掛けると，

$$\langle \boldsymbol{r}|\psi\rangle = \int \langle \boldsymbol{r}|C(\boldsymbol{a})|\boldsymbol{a}\rangle d^3\boldsymbol{a} = \int C(\boldsymbol{a})\langle \boldsymbol{r}|\boldsymbol{a}\rangle d^3\boldsymbol{a} \tag{3.113}$$

となる．これと (3.44) の $\{\chi_{\boldsymbol{a}}(\boldsymbol{r})\}$ での展開式 $\psi(\boldsymbol{r}) = \int C(\boldsymbol{a})\chi_{\boldsymbol{a}}(\boldsymbol{r}) d^3\boldsymbol{a}$ とを見比べることにより，

$$\psi(\boldsymbol{r}) = \langle \boldsymbol{r}|\psi\rangle, \tag{3.114}$$

$$\chi_{\boldsymbol{a}}(\boldsymbol{r}) = \langle \boldsymbol{r}|\boldsymbol{a}\rangle \tag{3.115}$$

が得られる．これから，座標表示の波動関数 $\psi(\boldsymbol{r})$ は，状態ケットベクトル $|\psi\rangle$ と表示を規定する位置演算子の固有ベクトル $|\boldsymbol{r}\rangle$ との内積であることが分かる．

3.10 章末問題

章末問題の略解は，サイエンス社のホームページ (http://www.saiensu.co.jp) から手に入れることができる．

(1) ディラックのデルタ関数が (3.4) を満たすことを示せ．
(2) 階段関数 $\theta(x-a)$ のフーリエ変換を求めよ．
(3) $\hat{O}$ を任意の演算子とすると，$\hat{O}^\dagger \hat{O}, \hat{O} + \hat{O}^\dagger, i(\hat{O} - \hat{O}^\dagger)$ がエルミー

解説 3.39 波数表示の波動関数 $\psi(\boldsymbol{k}) = \langle \boldsymbol{k}|\psi\rangle$

(3.114) と対応して，波数表示での波動関数 $\psi(\boldsymbol{k})$ は，状態ケットベクトル $|\psi\rangle$ と波数演算子（運動量演算子を $\hbar$ で割ったもの $\hat{\boldsymbol{k}} \equiv \hat{\boldsymbol{p}}/\hbar$）の固有値 $\boldsymbol{k}$ に属する固有ベクトル $|\boldsymbol{k}\rangle$ との内積

$$\psi(\boldsymbol{k}) = \langle \boldsymbol{k}|\psi\rangle \tag{3.116}$$

である．また，閉包関係 $\int |\boldsymbol{k}\rangle\langle \boldsymbol{k}| d^3\boldsymbol{k} = \hat{1}$ の両辺に右から $|\psi\rangle$ を掛けて，

$$|\psi\rangle = \int \langle \boldsymbol{k}|\psi\rangle |\boldsymbol{k}\rangle d^3\boldsymbol{k} = \int \psi(\boldsymbol{k})|\boldsymbol{k}\rangle d^3\boldsymbol{k}$$

となるので，波数表示の波動関数 $\psi(\boldsymbol{k})$ は，状態ケットベクトル $|\psi\rangle$ を $|\boldsymbol{k}\rangle$ で展開した展開係数でもある．

閉包関係 $\int |\boldsymbol{r}\rangle\langle \boldsymbol{r}| d^3\boldsymbol{r} = \hat{1}$ を (3.116) の右辺の $\langle \boldsymbol{k}|$ と $|\psi\rangle$ の間に挿入すると，

$$\psi(\boldsymbol{k}) = \int \langle \boldsymbol{k}|\boldsymbol{r}\rangle\langle \boldsymbol{r}|\psi\rangle d^3\boldsymbol{r}$$

となる．被積分関数の中の $\langle \boldsymbol{k}|\boldsymbol{r}\rangle$ は**変換関数**と呼ばれ，波数（運動量）の固有ケットを座標表示したもの $\langle \boldsymbol{r}|\boldsymbol{k}\rangle$ の複素共役 $(\langle \boldsymbol{r}|\boldsymbol{k}\rangle)^*$ だから，(3.59) や (3.63) で求めたようにデルタ関数規格化された平面波 $(2\pi)^{-3/2}\exp(-i\boldsymbol{k}\cdot\boldsymbol{r})$ である．また，$\langle \boldsymbol{r}|\psi\rangle$ は座標表示の波動関数 $\psi(\boldsymbol{r})$ なので，$\psi(\boldsymbol{k})$ が $\psi(\boldsymbol{r})$ のフーリエ変換になっている (3.61) と一致する．

ト演算子になることを示せ．また，任意の演算子 $\hat{O}$ は 2 つのエルミート演算子 $(\hat{O}+\hat{O}^\dagger)/2$ と $(\hat{O}-\hat{O}^\dagger)/2i$ の線形和に分解できることを示せ．

(4) 1 次元の波動関数 $\Psi(x,t) = N\exp(-i\omega t)\exp(-a|x|)$ について，以下の問いに答えよ．a は正の定数である．

    (a) 領域 $-\infty < x < \infty$ で規格化して，規格化定数 N を求めよ．

    (b) 規格化された波動関数の次元（単位）を求めよ．

(5) ハミルトニアン $-(\hbar^2/2m)\nabla^2 + V(\boldsymbol{r})$ がエルミート演算子であることを確かめよ．ポテンシャル $V(\boldsymbol{r})$ は実数である．

(6) (3.40) を証明せよ．

(7) (3.41) を証明せよ．

(8) 1 次元波数演算子 $\hat{k} = -id/dx$ の固有値 k に属する固有関数（座標表示したもの）は，デルタ関数規格化すると，$\chi_k(x) = (2\pi)^{-1/2}\exp(ikx)$ となる．1 次元空間が有限 $|x| \le L/2$ だとして，$\chi_{k'}(x)$ と $\chi_k(x)$ の内積を計算せよ．$L \to \infty$ の極限ではどうなるか？

(9) 期待値の表式 (3.50) から (3.51) を導け．

(10) 連続の方程式 (3.69) を導出せよ．

(11) 全確率が保存することを利用して，時間推進演算子はユニタリー演算子でなければならないことを示せ．

1次元空間での1粒子の問題

4

　前章では，量子力学の基本事項をなるべく一般的に説明したので抽象的な議論が多かった．そこでこの章では，簡単な1次元量子系のいくつかを題材にとり，シュレーディンガー方程式を具体的に解くことによって，量子力学的粒子特有の振る舞いを実際に調べてみよう．古典力学的粒子の振る舞いと比較しながら考察することによって，量子力学特有の性質や現象が浮き彫りになるだろう．この章では，計算がもっとも簡単な場合，すなわち1粒子問題（1体問題）つまり1つの量子力学的粒子（たとえば電子）しか存在しない系の問題に限定する．シュレーディンガー方程式を解析的に解くことのできる単純なポテンシャル形を仮定し，粒子に単純な外力が加わっている系を考察する．数学的手法も丁寧に説明したが，初めのうちは数学に拘泥せずに，物理的現象の理解に中心をおいて読むとよい．

本章の内容

- 4.1 1次元自由粒子の運動
- 4.2 矩形ポテンシャル問題の解き方
- 4.3 階段状ポテンシャル
- 4.4 ポテンシャル障壁
- 4.5 井戸型ポテンシャル
- 4.6 1次元調和振動子

4.1　1次元自由粒子の運動

最も単純で基本的な系は，ポテンシャルが存在しない場合（$V(x) \equiv 0$）の粒子[*1]，すなわち，外力がまったく働いていない粒子である．これを**自由粒子**という．1次元空間での自由粒子のハミルトニアンは，

$$\hat{H}_{\text{free}} = -\frac{\hbar^2}{2m}\frac{\partial^2}{\partial x^2} \tag{4.1}$$

である．

4.1.1　自由粒子のエネルギー固有状態

まず，定常状態（エネルギー固有状態）を調べておこう．時間に依存しないシュレーディンガー方程式は

$$-\frac{\hbar^2}{2m}\frac{d^2\psi(x)}{dx^2} = E\psi(x) \tag{4.2}$$

である．これは $E \geq 0$ のときに物理的に意味のある解を持つ．波数 k を $E = \hbar^2 k^2/(2m)$ で定義すると，解は

$$\psi_{\pm k}(x) = N\exp(\pm ikx) \tag{4.3}$$

となり，$-\infty < x < \infty$ に広がった平面波の形になる[*2]．N は積分定数（規格

[*1] V_0 を 0 でない定数として $V(x) \equiv V_0$ の場合は，エネルギー固有値 E の原点をシフトさせて $E - V_0$ をあらたに E と考えれば，$V(x) \equiv 0$ の問題に帰着できる．

[*2] エネルギーが $E = \hbar^2 k^2/(2m)$ のエネルギー固有状態を考察しているので，任意の時刻 t での波動関数は，(4.3) に因子 $\exp(-iEt/\hbar)$ を掛けたもの $\Psi_{\pm k}(x,t) = N\exp(\pm ikx - i\omega t)$ となる（$\omega = E/\hbar$ とした）．これは 1 次元波数ベクトルが $\pm k$ の平面波 (2.5) である．

解説 4.1　進行波と定在波について

エネルギー固有値が $E_k = \hbar^2 k^2/2m$ の自由粒子のエネルギー固有関数は (4.3) であったが，(4.2) の解を実関数 $\cos(kx)$ や $\sin(kx)$ で表すこともできる．(4.3) の形の解と $\cos(kx)$ や $\sin(kx)$ 形の解は，いずれも同じエネルギー固有値 E_k に属する (4.1) の固有関数であるが，では何が違うのだろうか．

(4.3) の形の解は波数演算子 $\hat{k}$ の固有関数でもあるが，$\cos(kx)$ や $\sin(kx)$ 形の解は，$\hat{k}\cos(kx) = -i(d/dx)\cos(kx) = ik\sin(kx)$ となるので，$\hat{k}$ の固有関数ではない．実際，

$$\cos(kx) = \frac{\exp(ikx) + \exp(-ikx)}{2},$$

$$\sin(kx) = \frac{\exp(ikx) - \exp(-ikx)}{2i}$$

であるので，$\cos(kx)$ や $\sin(kx)$ の状態は，波数演算子の固有状態 $\exp(\pm ikx)$ の重ね合わせ状態になっている．状態 $\exp(\pm ikx)$ は，粒子が波数 $\pm k$（運動量 $\pm \hbar k$）の等速で運動している状態を表すので「進行波」である．他方，$\cos(kx)$ や $\sin(kx)$ の状態は，右向き進行波 $\exp(ikx)$ と左向き進行波 $\exp(-ikx)$ とが同じ重みで重なっている状態で，「定在波」に相当する．$\cos(kx)$ や $\sin(kx)$ の状態で波数の測定をすると，測定値は k と $-k$ のいずれかが確率 $1/2$ で出現する．

化定数）で，3.6.2項で述べたデルタ関数規格化から決めると $N = (2\pi)^{-1/2}$ である．これらの解は $x = \pm\infty$ で発散もしなければ 0 にもならない．この (4.3) が，自由粒子の定常状態を表す（座標表示の）波動関数であり，(4.1) のエネルギー固有値 $E_k = \hbar^2 k^2/(2m)$ に属するエネルギー固有関数である．k は，k^2 が非負の実数でありさえすればなんでもよいので[*3]，実数 k を $-\infty < k < \infty$ の範囲で決めると，エネルギー固有値は $0 \le E_k < \infty$ の範囲での連続固有値として $E_k = \hbar^2 k^2/(2m)$ となる．なお，$k \ne 0$ の k に対しては $E_k = E_{-k}$ であるが，$\psi_k(x) \ne \psi_{-k}(x)$ であるので，$k = 0$ の状態以外は 2 重縮退している．

4.1.2 一般の自由粒子の時間発展

初期時刻 $t = 0$ において初速度 v_0 を与えた場合，古典力学での自由粒子は（その速度で）等速直線運動する．では，量子力学でこの系を取り扱うとどのような違いが現れるのかを，シュレーディンガー方程式を具体的に解くことによって明らかにしていこう．すなわち，初期時刻 $t = 0$ での初期状態を表す波動関数が $\Psi(x, t=0) = \psi_0(x)$ で与えられた場合の，1 次元自由粒子の波動関数の時間発展を考察する．自由粒子の時間に依存するシュレーディンガー方程式は，

$$i\hbar \frac{\partial \Psi(x,t)}{\partial t} = -\frac{\hbar^2}{2m} \frac{\partial^2 \Psi(x,t)}{\partial x^2} \tag{4.4}$$

[*3] k が虚数の場合の波動関数は $\exp(\pm|k|x)$ の形になり，$|x| \to \infty$ で発散してしまう．

解説 4.2　自由粒子のエネルギー固有状態における不確定性

自由粒子のハミルトニアン (4.1) と波数演算子 $\hat{k}$ は可換であるので，自由粒子のエネルギー固有関数 (4.3) は，波数演算子 $\hat{k} \equiv \hat{p}/\hbar = -i d/dx$ の，固有値 k と $-k$ に属する固有関数 (3.59) でもある．絶対値の 2 乗 $|\psi_{\pm k}(x)|^2 = (2\pi)^{-1}$ は x に無関係な一定値になるので，自由粒子の定常状態は，粒子がどこに存在するのかまったくわからない状態になっている．逆に，(4.3) をフーリエ変換して得られる波数表示のエネルギー固有関数はディラックのデルタ関数になるので（波数 k_0 の自由粒子の波数表示のエネルギー固有関数は，$\tilde{\psi}_{k_0}(k) \propto \delta(k - k_0)$ である），自由粒子のエネルギー固有状態の波数は完全に確定している．

解説 4.3　自由粒子のエネルギー固有状態の時刻 t での波動関数

波数が k_0 の自由粒子の，時刻 t での定常状態の（座標表示の）波動関数は，(3.54) を用いて，

$$\Psi_{k_0}(x,t) = \psi_{k_0}(x) \exp\left(-i\frac{E_{k_0} t}{\hbar}\right) = \frac{\exp(ik_0 x)}{(2\pi)^{1/2}} \exp\left(-i\frac{\hbar k_0^2 t}{2m}\right)$$

となる．4.1.2 項や 4.1.3 項での一般の自由粒子（波束）の波動関数の時間発展と比較せよ．なお，定常状態の時刻 t での波数表示の波動関数は，$\tilde{\Psi}_{k_0}(k,t) = \delta(k - k_0) \exp[-i\hbar k^2 t/(2m)]$ である．

である．これを，位置座標 x に関するフーリエ変換を用いて解いてみよう．(4.4) の両辺の $\Psi(x,t)$ に，このフーリエ積分表示

$$\Psi(x,t) = \frac{1}{\sqrt{2\pi}} \int_{-\infty}^{\infty} \tilde{\Psi}(k,t) \exp(ikx) dk \tag{4.5}$$

を代入すると，座標表示の波動関数 $\Psi(x,t)$ の x に関するフーリエ変換，すなわち波数表示の波動関数 $\tilde{\Psi}(k,t)$ は，

$$i\hbar \frac{\partial \tilde{\Psi}(k,t)}{\partial t} = \frac{\hbar^2 k^2}{2m} \tilde{\Psi}(k,t) \tag{4.6}$$

を満たす（p.59 解説 3.25 参照）．これは時間微分のみを含む常微分方程式なので，すぐに積分できて，

$$\tilde{\Psi}(k,t) = \tilde{\Psi}(k,t=0) \exp\left(-i\frac{\hbar k^2 t}{2m}\right) \tag{4.7}$$

となる．これを (4.5) の右辺に代入すると，任意の時刻 t での（座標表示の）波動関数

$$\Psi(x,t) = \frac{1}{\sqrt{2\pi}} \int_{-\infty}^{\infty} \tilde{\Psi}(k,t=0) \exp\left[i\left(kx - \frac{\hbar k^2 t}{2m}\right)\right] dk \tag{4.8}$$

が得られる．これが (4.4) の一般解である．$\tilde{\Psi}(k,t=0)$ は，与えられたある初期状態 $\psi_0(x) = \Psi(x,t=0)$ のフーリエ変換である．

4.1.3 ガウス波束の時間発展

自由粒子のエネルギー固有状態では，運動量は確定していて $\delta k = 0$ である

解説 4.4 (4.8) の意味

自由粒子のハミルトニアン (4.1) は，運動量演算子 $\hat{p} = -i\hbar \partial/\partial x$ および波数演算子 $\hat{k} = -i\partial/\partial x$ と可換（$[\hat{H}_{\text{free}}, \hat{p}] = [\hat{H}_{\text{free}}, \hat{k}] = 0$）なので，$\hat{H}_{\text{free}}$ の固有状態 (4.3) は $\hat{k}$ の同時固有状態にもなっている．つまり，$\hat{H}_{\text{free}}$ の固有値 $E_k = \hbar^2 k^2/(2m)$ に属するエネルギー固有関数 $\psi_k(x)$ は，(3.63) より，$\hat{k}$ の固有値 k に属する（デルタ関数規格化した）固有関数 $(2\pi)^{-1/2} \exp(ikx)$ でもある．$\hat{H}_{\text{free}}$ によるユニタリー時間発展をしても，$(2\pi)^{-1/2} \exp(ikx)$ はエネルギー $\hat{H}_{\text{free}}$ と波数 $\hat{k}$ の同時固有状態のままである．これは，3.5.4 項の (3.54) で考察したように，エネルギー固有状態は時間発展しても $\exp(-iE_k t/\hbar)$ の位相因子が掛かるだけだからである．よって，(4.8) は，座標表示の波動関数 $\Psi(x,t)$ を自由粒子のエネルギー固有関数系 $\{\psi_k(x)\}$ で展開した (3.56) の形

$$\Psi(x,t) = \int \tilde{C}(k) \exp\left(-i\frac{E_k t}{\hbar}\right) \psi_k(x) dk$$
$$= \int \tilde{C}(k) \exp\left(-i\frac{\hbar k^2 t}{2m}\right) \frac{1}{\sqrt{2\pi}} \exp(ikx) dk$$

と見ることもできる．$t=0$ を考えると，$\tilde{C}(k) = \mathcal{F}[\Psi(x,t=0)] = \tilde{\Psi}(k,t=0)$ である．

反面，位置はまったく不確定で $\delta x = \infty$ であった．そこで，エネルギー固有状態を重ね合わせて，運動量も位置もある程度は確定している状態を考えよう．これを**波束** (wave packet) という．本節では，波動関数がガウス関数で与えられる**ガウス波束** (Gaussian wave packet) を取り扱う．これは，(3.95) で示したように，位置と波数（運動量）の最小不確定状態であり，初期時刻 $t=0$ では $\delta x \delta k = 1/2$ を満たしている．このガウス波束の時間発展を考える．

$t=0$ での波動関数 $\psi_0(x) \equiv \Psi(x, t=0)$ が，x についてのガウス関数

$$\psi_0(x) = \left(\frac{\alpha^2}{\pi}\right)^{1/4} \exp\left(ik_0 x - \frac{\alpha^2}{2}x^2\right) \tag{4.9}$$

であるとする．因子 $(\alpha^2/\pi)^{1/4}$ は規格化定数，k_0 は初期波数である．このフーリエ変換 $\tilde{\Psi}(k, t=0)$ もガウス関数

$$\tilde{\Psi}(k, t=0) = \left(\frac{1}{\pi\alpha^2}\right)^{1/4} \exp\left[-\frac{(k-k_0)^2}{2\alpha^2}\right] \tag{4.10}$$

である[*4]．これを式 (4.8) に代入すると，時刻 t でのガウス波束の（座標表示の）波動関数

$$\begin{aligned}\Psi(x,t) &= \left(\frac{1}{4\pi^3\alpha^2}\right)^{1/4} \int_{-\infty}^{\infty} \exp\left[-\frac{(k-k_0)^2}{2\alpha^2} + i\left(kx - \frac{\hbar k^2 t}{2m}\right)\right]dk \\ &= \left(\frac{\alpha^2}{\pi}\right)^{1/4} \frac{1}{\sqrt{1+i\xi t}} \exp\left[\frac{-\alpha^2 x^2 + 2i(k_0 x - \omega_0 t)}{2(1+i\xi t)}\right]\end{aligned} \tag{4.11}$$

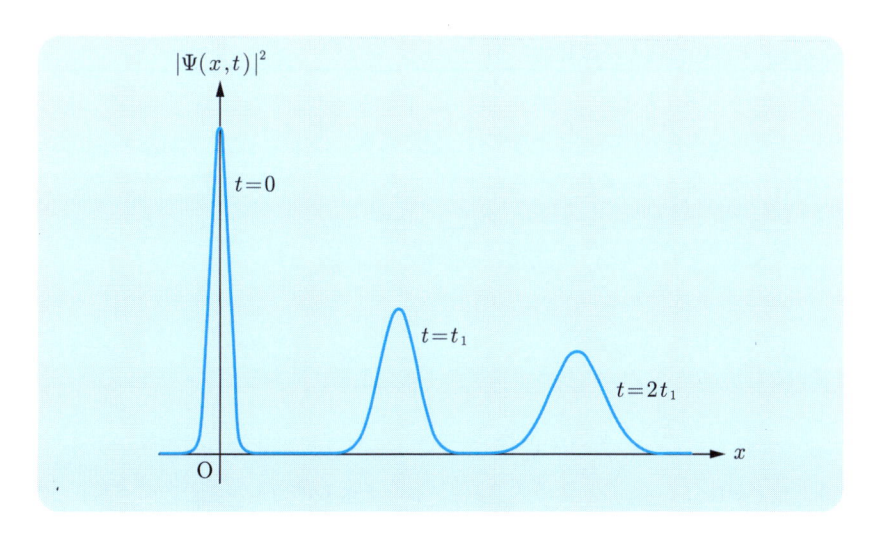

[*4] x と y を実数としたときの積分 $\int_{-\infty}^{\infty} \exp[-(x+iy)^2]dx = \sqrt{\pi}$ を用いる．

図 4.1 ガウス波束の位置の確率密度の運動．時間とともに幅が（ほぼ時間に比例して）増大しながら，中心が等速度 $\hbar k_0/m$ で動いている．

が得られる．ここで，$\xi \equiv \hbar\alpha^2/m, \omega_0 \equiv \hbar k_0^2/(2m)$ である．

これから，時刻 t におけるガウス波束の位置の確率密度は，

$$|\Psi(x,t)|^2 = \frac{\alpha}{\sqrt{\pi(1+\xi^2 t^2)}} \exp\left[-\frac{\alpha^2}{1+\xi^2 t^2}\left(x - \frac{\hbar k_0}{m}t\right)^2\right] \quad (4.12)$$

となる．これは，中心が $\hbar k_0 t/m$ にあり，速さ*5 が $\hbar k_0/m$ で等速度運動するガウス関数である．すなわち，$\langle x \rangle(t) = \hbar k_0 t/m$ であり，位置の期待値は初期状態で与えた速さ $\hbar k_0/m$ で，等速度運動する．エーレンフェストの定理からも分かるように，位置の期待値に関しては古典力学とまったく同じ運動になっている．

しかし，位置の不確定さ（揺らぎ）に量子性が現れる．このガウス関数の状態を用いて位置の分散を計算すると，時刻 t において

$$\langle (x - \langle x \rangle)^2 \rangle = \int_{-\infty}^{\infty} \Psi^*(x,t)\left(x - \frac{\hbar k_0 t}{m}\right)^2 \Psi(x,t) dx = \frac{1+\xi^2 t^2}{2\alpha^2} \quad (4.13)$$

となるから，位置の不確定性（標準偏差）$\delta x(t)$ は，

$$\delta x(t) = \frac{\sqrt{1+\xi^2 t^2}}{\sqrt{2}\,\alpha} \quad (4.14)$$

のように，時間とともに増大する*6．古典粒子の場合は，任意の時刻で位置

---

*5 古典的波動の**群速度**に相当する．

*6 自由粒子では $E_k = \hbar\omega_k = \hbar^2 k^2/(2m)$ であるから，古典的波動としての分散関係は $\omega_k = [\hbar/(2m)]k^2$ となり，非線形分散であることに起因する．

解説 4.5　ガウス波束の波数の不確定性

波数 k の不確定性を考えてみよう．一般に，自由粒子の場合は，(4.7) から $|\tilde{\Psi}(k,t)| = |\tilde{\Psi}(k, t=0)|$ が成り立つので，波数の確率密度は時間によらず一定である．これは，古典的自由粒子においての運動量保存則と対応している．よって，波数の不確定さ $\delta k(t)$ は，初期状態での値のまま一定に保たれる．ガウス波束の場合，初期状態での波数の確率密度 $|\tilde{\Psi}(k, t=0)|^2$ はガウス分布 (4.10) から計算できるが，任意の時刻でこの関数形状は変わらない．この場合の波数の不確定さは

$$\delta k = \frac{\alpha}{\sqrt{2}}$$

となり，時刻 t によらない．これから位置と波数の不確定積を計算すると，

$$\delta x \delta k = \frac{\sqrt{1+\xi^2 t^2}}{2}$$

となる．初期時刻 $t=0$ で $\delta x \delta k = 1/2$ であるから，位置と波数の最小不確定状態であったのが，時間の経過とともに不確定積は増大していく．

を正確に決めることができた(つまり任意の t において $\delta x(t) = 0$)ことと対照的である.よって,ガウス波束は,図 4.1 のように,時間とともに幅が増大しながら,中心が等速度 $\hbar k_0/m$ で動く.すなわち,自由粒子は,時間とともに位置の不確定性を増大させながら,期待値は等速度 $\hbar k_0/m$ で運動する.

4.2 矩形ポテンシャル問題の解き方

1次元矩形ポテンシャル $V(x)$ 中の1粒子の定常状態を考えよう[*7].**矩形ポテンシャル**とは,「区分的に」ポテンシャルエネルギーが一定値をとるようなポテンシャルである.定常状態の波動関数やエネルギーをどのように計算するかの一般論をまず解説し,具体的な例は 4.3 節以降で取り扱う.

この問題では,ポテンシャルが一定値をとる区間ごとに,時間に依存しないシュレーディンガー方程式を解けばよい.たとえば,ポテンシャルが一定値 V_1 をとる領域 $x_1 \leq x \leq x_2$ においては,シュレーディンガー方程式は,

$$-\frac{\hbar^2}{2m}\frac{d^2\psi}{dx^2} + V_1\psi = E\psi, \quad (x_1 \leq x \leq x_2) \tag{4.15}$$

である.ここで V_1 は x に依存しない定数である.(4.15) は,ある特定の区間 $x_1 \leq x \leq x_2$ のみしか成り立たないので,右辺のエネルギー固有値 E は,系全体(全空間 $-\infty < x < \infty$)の正しいエネルギー固有値では必ずしもないことに注意しよう.解く手順は2段階に分かれる.第1段階では,各区間において,E をある定数だと思って解く.

[*7] 3次元矩形ポテンシャル問題の一例は,6.4 節で考察する.

解説 4.6 矩形ポテンシャルの現実性

矩形ポテンシャルでは,ポテンシャル $V(x)$ に不連続な段差がある.つまり,粒子はその不連続点において無限大の力 $F(x) = -dV(x)/dx$ を受けることになる.このような「無限大の力」は自然界には実際には存在しないので,矩形ポテンシャルの問題は非現実的に思える.しかし,ポテンシャル曲線が滑らかに変化していると考えた「短距離ポテンシャル」の極限だとみなせばよい.最近では,半導体量子構造といわれる,任意の矩形(に近い)ポテンシャルを持つ物質を実際に作成することも可能である.

4.2.1 手順1：区間ごとに解く

各区間において，エネルギー E をある定数とする．その値がポテンシャルエネルギー V_1 より大きいか小さいかで，波動関数の振る舞いが大きく異なる．そこで，2つの場合に分けて考える．

▷ $E > V_1$ の場合　正の波数 $k_1 > 0$ を，$E - V_1 = \hbar^2 k_1^2/(2m)$ を満たすものとして定義すると（つまり $k_1 = \sqrt{2m(E-V_1)}/\hbar$），シュレーディンガー方程式 (4.15) は，区間内で直ちに解けて，

$$\psi_1(x) = A\exp(ik_1 x) + A'\exp(-ik_1 x), \quad (x_1 \leq x \leq x_2) \tag{4.16}$$

が解となる．ここで，A と A' とは積分定数で，後で定める．右辺第1項は右向き（$x < 0$ から $x > 0$ に向かう方向）の平面波，右辺第2項は左向き（$x > 0$ から $x < 0$ に向かう方向）の平面波を表している．

▷ $E < V_1$ の場合　古典力学では，このような場合の運動は決して存在しないが，量子力学では，$E < V_1$ の場合でもシュレーディンガー方程式が解けて，波動関数が存在することに注意しよう．正の数 $\kappa_1 > 0$ を，$V_1 - E = \hbar^2 \kappa_1^2/(2m)$ を満たすものとして定義すると（つまり $\kappa_1 = \sqrt{2m(V_1-E)}/\hbar$），シュレーディンガー方程式 (4.15) の解は，

$$\psi_1(x) = B\exp(\kappa_1 x) + B'\exp(-\kappa_1 x), \quad (x_1 \leq x \leq x_2) \tag{4.17}$$

となる．ここで，B と B' は積分定数である．

解説 4.7　波動関数の1階導関数の接続条件

ポテンシャルが $x = x_1$ で不連続になっているとする．たとえば，V_0 と V_1 を有限の値として

$$V(x) = \begin{cases} V_0 & (x < x_1) \\ V_1 & (x_1 \leq x) \end{cases}$$

とする．（時間に依存しない）シュレーディンガー方程式

$$\frac{d^2\psi(x)}{dx^2} = \frac{2m}{\hbar^2}[V(x) - E]\psi(x)$$

の両辺を，$x = x_1$ を含む狭い領域 $x_1 - \epsilon < x < x_1 + \epsilon$ で積分すると，

$$\left.\frac{d\psi(x)}{dx}\right|_{x=x_1+\epsilon} - \left.\frac{d\psi(x)}{dx}\right|_{x=x_1-\epsilon} = \frac{2m}{\hbar^2}\int_{x_1-\epsilon}^{x_1+\epsilon}[V(x)-E]\psi(x)dx$$

$$= \frac{2m}{\hbar^2}\left[V_0\int_{x_1-\epsilon}^{x_1}\psi(x)dx + V_1\int_{x_1}^{x_1+\epsilon}\psi(x)dx\right] - \frac{2mE}{\hbar^2}\int_{x_1-\epsilon}^{x_1+\epsilon}\psi(x)dx$$

となる．ここで $\epsilon \to 0$ とすると，右辺は0となるので，

$$\left.\frac{d\psi(x)}{dx}\right|_{x=x_1+} = \left.\frac{d\psi(x)}{dx}\right|_{x=x_1-} \tag{4.18}$$

が成り立ち，波動関数の1階導関数 $d\psi/dx$ は，ポテンシャルの不連続点でも連続でなければならない．

4.2.2 手順2：各区間の波動関数を接続する

手順1によって，すべての区間で (4.15) を解き，それぞれの区間で (4.16) あるいは (4.17) の形をしている波動関数 $\psi(x)$ が得られた．ただし，区間の個数を N 個とすると，$2N$ 個の積分定数が含まれているので，この値を決めなければならない．その方法が手順2である．

波動関数 $\psi(x)$ はどこでも有限なので，ポテンシャル $V(x)$ に有限の「飛び」を持つ不連続点 $x = x_1$ があったとしても，その点での波動関数の2階導関数 $d^2\psi(x)/dx^2|_{x=x_1}$ は，不連続ではあるが有限でなければならない．よって，シュレーディンガー方程式をこの不連続点の近くで積分すると，波動関数の1階導関数 $d\psi(x)/dx$ は連続になる[*8]（解説4.7参照）．1階導関数の連続性より，波動関数 $\psi(x)$ そのものも連続であることになる（下記注意参照）．つまり，$x = x_1$ における $\psi(x)$ と $d\psi(x)/dx$ の**連続性条件**が，区間の境界，すなわちポテンシャルの不連続点の前後で波動関数をつなぐ**接続条件**[*9]になる．ポテンシャルの不連続点の個数は $N-1$ で，それぞれの点で2つずつの連続性条件があるので，全体として接続条件式は $2(N-1)$ 個存在する．この接続条件を用いて，$2N$ 個の積分定数やエネルギー E の値を決めていく．こ

[*8] ただし $|V_1| < \infty$ の場合のみに成り立つ．$|V_1| = \infty$ の特殊な場合は，$\psi(x)$ は連続だが，$d\psi(x)/dx$ は必ずしも連続になるとは限らない（次頁の解説4.9参照）．

[*9] $\psi(x)$ と $d\psi(x)/dx$ の連続性条件の代わりに，$\psi(x)$ とその**対数微分** $d\ln\psi(x)/dx = [d\psi(x)/dx]/\psi(x)$ の連続性条件も等価なので，しばしば用いられる．

解説 4.8　3次元の場合の接続条件

3次元の場合，ポテンシャル $V(\boldsymbol{r})$ が面 S のところに有限の「飛び」をもっているとき，波動関数 $\psi(\boldsymbol{r})$ とその面の法線 n に沿った微分 $\partial\psi(\boldsymbol{r})/\partial n$ は，面 S 上のすべての点 P で連続である．点 P における S の接平面方向への微分は連続なので，3次元の場合の接続条件は，面 S 上の任意の点において，「$\psi(\boldsymbol{r})$ が連続 および $\nabla\psi(\boldsymbol{r})$ が連続」となる．

注意：数学的に厳密に言えば，波動関数の1階導関数が連続だからといって，波動関数が必ず連続になるとは言えない．しかし，量子力学では，連続な波動関数のみを考える．

の決め方は，エネルギー固有値 E が連続的か離散的かによって便宜的に 2 通りに分類される[*10]．

▶ **エネルギーが連続固有値の場合** 固有値スペクトル内の連続スペクトル部分を考える場合は，その範囲の任意の実数値 E が固有値になりうるので，エネルギー E は，全系のシュレーディンガー方程式を解いた結果の固有値として得られるのではなく，前もって与えられた定数（パラメータ）と考えてよい．この状況は，ある定まったエネルギー E の量子力学的粒子が，無限遠方から飛んでくるような場合に相当し，散乱現象と呼ばれている（7.7 節を参照）．この際は，上記の手順 2 で得られた $2(N-1)$ 個の接続条件式とデルタ関数規格化条件式と境界条件の合わせて $2N$ 個の条件式によって，$2N$ 個の積分定数が E の関数として決まる．積分定数の比（A'/A や B'/A など）だけを知りたい場合は，規格化条件式を用いなくてよい．この例は，4.3 節と 4.4 節で扱う．

▶ **エネルギーが離散固有値の場合** エネルギー固有値 E のとる値が任意で

[*10]形式的には，固有値スペクトルのどの部分が連続的か離散的かは，シュレーディンガー方程式を解いた結果として分かることである．しかし，矩形ポテンシャル問題では実際に解かなくても，E が連続スペクトル領域にあるかどうかは，その E の値と $V(x=\pm\infty)$ の値の大小の比較によって分かる．連続的，離散的いずれの場合でも，$2(N-1)$ 個の接続条件式と $x \to \pm\infty$ での 2 つの境界条件と 1 つの規格化条件の，合わせて $2N+1$ 個の条件式で，$2N$ 個の積分定数とエネルギー E の値が決まるのであるが，計算の便宜のために，以下では 2 通りに分類して説明する．

解説 4.9 デルタ関数型ポテンシャルの場合の接続条件

ポテンシャルがディラックのデルタ関数

$$V(x) = V_0 \delta(x-x_1)$$

の場合を考えよう．ここで，V_0 は定数である．シュレーディンガー方程式を，$x=x_1$ を含む狭い領域 $x_1-\epsilon < x < x_1+\epsilon$ で積分すると，

$$\left.\frac{d\psi(x)}{dx}\right|_{x=x_1+\epsilon} - \left.\frac{d\psi(x)}{dx}\right|_{x=x_1-\epsilon} = \frac{2m}{\hbar^2}\int_{x_1-\epsilon}^{x_1+\epsilon}[V_0\delta(x-x_1) - E]\psi(x)dx$$

$$= \frac{2mV_0}{\hbar^2}\psi(x_1) - \frac{2mE}{\hbar^2}\int_{x_1-\epsilon}^{x_1+\epsilon}\psi(x)dx$$

となる．ここで $\epsilon \to 0$ とすると，

$$\left.\frac{d\psi(x)}{dx}\right|_{x=x_1+} - \left.\frac{d\psi(x)}{dx}\right|_{x=x_1-} = \frac{2mV_0}{\hbar^2}\psi(x_1) \tag{4.19}$$

が成り立つ．これが，デルタ関数型ポテンシャルの場合の波動関数の 1 階導関数 $d\psi/dx$ の接続条件となる．ディラックのデルタ関数のような特異的なポテンシャルの場合は，波動関数の 1 階導関数 $d\psi/dx$ は特異点 $x=x_1$ で不連続となる．$\psi(x)$ は $x=x_1$ でも連続である．

はなく，シュレーディンガー方程式を解いた結果として離散的に決まる場合は，合わせて $2N+1$ 個の条件式を用いて，$2N$ 個の積分定数（A, A', B, B' など）と E の値を決める．この例は，4.5 節で考察する．

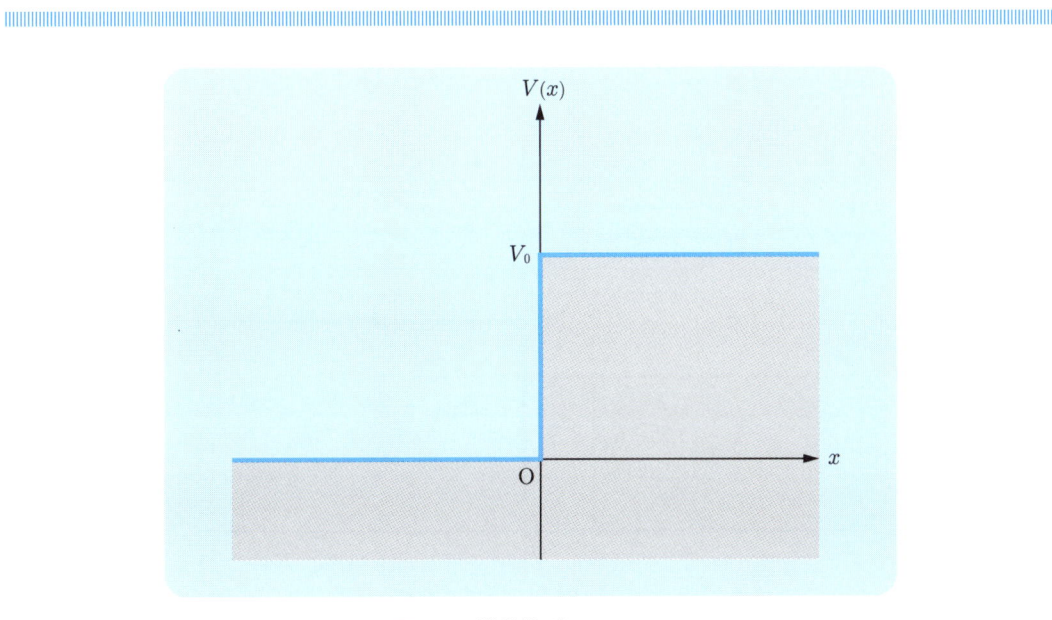

4.3 階段状ポテンシャル

矩形ポテンシャルの一種である**階段状ポテンシャル**を考える（図 4.2）．すなわち，

$$V(x) = \begin{cases} 0 & x < 0 \text{（領域 1）} \\ V_0 & x \geq 0 \text{（領域 2）} \end{cases} \tag{4.20}$$

とする．ここで V_0 は正の定数である．この場合，ポテンシャルの不連続境界点は $x=0$ の 1 点のみである．このようなポテンシャル場に，左遠方（$x=-\infty$）から（既知のある値の）エネルギー E（$E \geq 0$）の量子力学的粒子が入射してくる状況を考える．これは古典力学では，左遠方からエネルギー E の粒子が，運動量 $\sqrt{2mE}$ で入射してきた場合に相当する．E は，$E \geq 0$ の連続固有値である．

ある時刻 $t=0$ の波動関数 $\Psi(x, t=0)$ が，ガウス波束 (4.9) の中心が $x = x_0$ にあるもの

$$\Psi(x, t=0) = \left(\frac{\alpha^2}{\pi}\right)^{1/4} \exp\left[ik_0 x - \frac{\alpha^2}{2}(x-x_0)^2\right] \tag{4.21}$$

であるとする．初期波数は $k_0 = \sqrt{2mE}/\hbar > 0$ である．ガウス波束の空間的

図 4.2 階段状ポテンシャル

な広がりは $1/(\sqrt{2}\alpha)$ 程度なので，$x_0 < 0$ で $|x_0| \gg 1/(\sqrt{2}\alpha)$ を満たす x_0 を選べば，階段状ポテンシャルの左遠方（$x = -\infty$）に波束があることになる．領域 1($x < 0$) での運動は自由粒子と同じであり，波数 k_0 は正だから，この波束は x 軸の正方向（右方向）に進む．これが $x = 0$ 付近でどのように反射されるかが関心の対象である．通常は $\alpha \to 0$ の極限をとり，無限に広がった波動関数[*11]$\exp(ik_0 x)$ を考える．すると，領域 1 には右向きの入射波 $\exp(ik_0 x)$ と階段で反射された波 $\exp(-ik_0 x)$ とが共存するだろうし，波が透過するならば領域 2 には右向きの透過波のみが存在するだろう[*12]．このような場合，定常状態のみを考えればよいので，計算が簡単になる．この状況を，エネルギーの値 E について 2 通りに場合分けして考える．

4.3.1 $0 \leq E < V_0$ の場合：完全反射

階段の高さ V_0 よりも低いエネルギー E の粒子が入射してきた場合である（図 4.3）．古典力学では，古典的粒子が階段状ポテンシャルの「段差」部分に衝突して完全反射する[*13]．量子力学ではどうなるだろうか．まず区分ごと

[*11] もはや波束とはいえない．

[*12] 領域 2 には左向きの波は存在しない．これが $x \to +\infty$ での境界条件である．

[*13] 古典力学的粒子の力学的エネルギー E は運動エネルギー $p_x^2/(2m)$ とポテンシャル（位置）エネルギー $V(x)$ の和である．よって，運動エネルギーが負になってしまう $E < V_0$ の領域の運動は禁止されている．すなわち，古典力学的粒子はそのような領域に存在することができない．

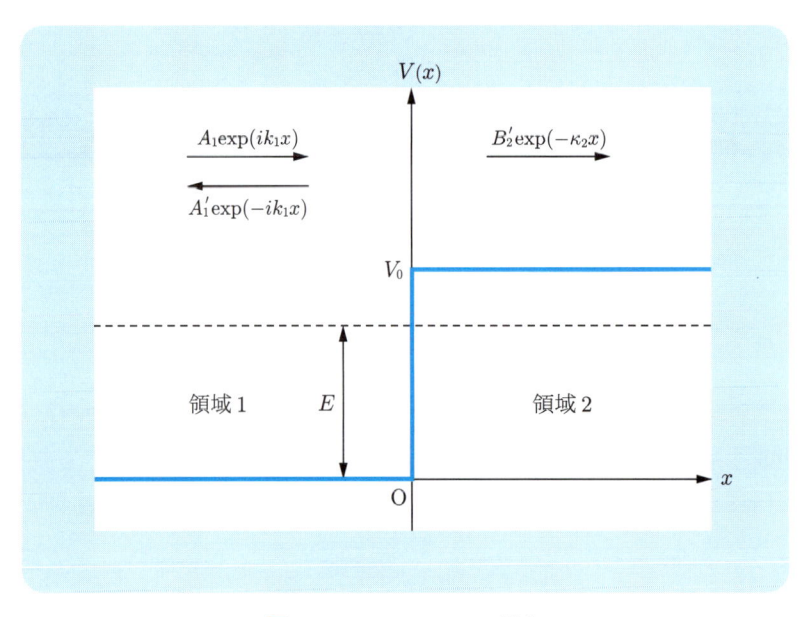

図 4.3 $0 \leq E < V_0$ の場合

に解くと，領域 1 での波動関数 ψ_1 と領域 2 での波動関数 ψ_2 は，

$$\psi_1(x) = A_1 \exp(ik_1 x) + A_1' \exp(-ik_1 x), \qquad (4.22)$$

$$\psi_2(x) = B_2 \exp(\kappa_2 x) + B_2' \exp(-\kappa_2 x) = B_2' \exp(-\kappa_2 x) \qquad (4.23)$$

となる[*14]．ここで，A_1, A_1', B_2, B_2' は（未定の）積分定数である．また，$k_1 = \sqrt{2mE}/\hbar$ で，$\kappa_2 = \sqrt{2m(V_0 - E)}/\hbar$ である．(4.23) において，領域 2 における右遠方 ($x \to \infty$) で波動関数 (4.23) は発散してはならないという境界条件から，$B_2 = 0$ となる．A_1 は領域 1 において左から右へ進む入射波の振幅，A_1' は領域 1 において右から左へ進む反射波の振幅である．E は与えられているので，A_1, A_1', B_2' が未知数である．

次に，不連続境界点 $x=0$ で $\psi(x)$ と $d\psi(x)/dx$ が連続であることから，2 つの条件式 $\psi_1(0) = \psi_2(0)$ および $d\psi_1(x)/dx|_{x=0} = d\psi_2(x)/dx|_{x=0}$ が成り立たなければならない．これらから，3 つの未知数 A_1, A_1', B_2' の比 A_1'/A_1 と B_2'/A_1 が，

$$\frac{A_1'}{A_1} = \frac{k_1 - i\kappa_2}{k_1 + i\kappa_2} = \frac{1 - i\sqrt{V_0/E - 1}}{1 + i\sqrt{V_0/E - 1}} = \left(\sqrt{\frac{E}{V_0}} - i\sqrt{1 - \frac{E}{V_0}}\right)^2, \qquad (4.24)$$

$$\frac{B_2'}{A_1} = \frac{2k_1}{k_1 + i\kappa_2} = \frac{2}{1 + i\sqrt{V_0/E - 1}} = 2\left(\frac{E}{V_0} - i\sqrt{\frac{E}{V_0}}\sqrt{1 - \frac{E}{V_0}}\right) \qquad (4.25)$$

と計算できる．今は反射率と透過率だけに興味があるので，波動関数を規格

[*14] (4.21) での初期波数 k_0 を，領域 1 での波数として k_1 と書き換えた．

解説 4.10 無限に高い段差のポテンシャル

$V_0 \to \infty$ の極限を考えてみよう．この場合は，領域 2 に無限に高いポテンシャルがあるので，$x = 0$ に無限に高い「完全剛体の壁」があることになる．このとき $\kappa_2 \to \infty$ となる．よって，$A_1'/A_1 \to -1$, $B_2'/A_1 \to 0$ となるから，それぞれの領域での波動関数は，

$$\psi_1(x) = A_1 \exp(ik_1 x) - A_1 \exp(-ik_1 x) = 2iA_1 \sin(k_1 x),$$

$$\psi_2(x) = 0$$

となる．つまりこの場合は，波動関数は領域 2 にはまったくしみ出さなくなる．また，$\psi_1(0) = \psi_2(0) = 0$ であるので波動関数 ψ は $x = 0$ で連続であるが，$d\psi_1(x)/dx|_{x=0-} = 2ik_1 A_1 \neq d\psi_2(x)/dx|_{x=0+} = 0$ なので，波動関数の 1 階導関数 $d\psi/dx$ は $x = 0$ で不連続になる．このように，ポテンシャルが無限大を含む場合は，(4.18) は必ずしも成り立たない．

化する必要はなく，係数の比だけ分かれば十分である．

確率密度流の定義 (3.68) を用いて計算すると，領域 1 における入射波のみの確率密度流 $j_1^{(i)}$ は $j_1^{(i)} = (\hbar k_1/m)|A_1|^2$，反射波のみの確率密度流 $j_1^{(r)}$ は $j_1^{(r)} = -(\hbar k_1/m)|A_1'|^2$ となる．領域 2 での確率密度流 j_2 は $j_2 = 0$ となる．左から入射してきた粒子が，階段状ポテンシャルによって反射される確率（**反射率**）R は $R \equiv |j_1^{(r)}|/|j_1^{(i)}|$ で定義され，透過する確率（**透過率**）T は $T \equiv |j_2|/|j_1^{(i)}|$ で定義される．今の場合は (4.24) より

$$R = \frac{|A_1'|^2}{|A_1|^2} = 1 \tag{4.26}$$

となる．すなわち，量子力学的粒子は，古典粒子と同じく，階段状ポテンシャルの「段差」部分で**完全反射**する．他方，ポテンシャルの内部での確率密度流は $j_2 = 0$ なので，透過率は $T = 0$ である．なお，確率の保存則から $|j_1^{(i)}| = |j_1^{(r)}| + |j_2|$ が成り立ち，$R + T = 1$ が必ず成立している．

完全反射することは，古典力学と同じである．しかし $B_2' \neq 0$ であるので，領域 2 での波動関数は $\psi_2(x) = (2k_1 A_1)/(k_1 + i\kappa_2) \exp(-\kappa_2 x) \neq 0$ である．つまり，粒子は完全反射されるにもかかわらず，波動関数は階段状ポテンシャルの内部にも「しみ込んで」いる（解説 4.11 も参照）．すなわち，ポテンシャルの内部に粒子が存在する確率が 0 ではない[15]．これは量子力学特有の現象である．しみ込んでいる深さは $1/\kappa_2 = \hbar/\sqrt{2m(V_0 - E)}$ 程度である．

---

[15] ただし確率密度流は $j_2 = 0$ である．

解説 4.11　反射のダイナミクス

本書では，平面波を用いた定常状態の計算しか行わないので，波束の反射のダイナミクスの計算は読者に任せるが，古典力学と異なる特徴を述べておこう．

古典力学的粒子の場合，$x = 0$ での反射は瞬時に生じる．しかし，量子力学で波束の運動を追跡する数値計算を行うと，波束の中心の反射には時間遅れが生じることが分かる．これは，波動関数が階段状ポテンシャルの内部にもしみ込むことに起因している．解析計算によれば，波数表示の波動関数 $\Psi(k, t)$ が，その絶対値のピークが $k = k_0$ にあり，$k > K_0 \equiv \sqrt{2mV_0}/\hbar$ で 0 になるような関数である場合は，波束の中心が $x = 0$ の「段差」で反射される際に，$[2m/(\hbar k_0)](K_0^2 - k_0^2)^{-1/2}$ の時間だけ遅れる．

4.3.2 $E \geq V_0$ の場合:量子反射

ポテンシャル階段の高さ V_0 よりも高いエネルギー E の粒子が入射してきた場合である(図 4.4).古典力学で考えると,粒子は階段状ポテンシャルの「上空」を,ポテンシャルからは何の影響も受けずに,そのままの運動量(速度)で通過するはずである.量子力学ではどうだろうか.領域 1 での波動関数 ψ_1 は (4.22) と同じである.領域 2 での波動関数 ψ_2 は,

$$\psi_2(x) = A_2 \exp(ik_2 x) + A_2' \exp(-ik_2 x) = A_2 \exp(ik_2 x) \tag{4.27}$$

となる.ここで,A_2, A_2' は(未定の)積分定数である.領域 2 での波数 k_2 は $k_2 = \sqrt{2m(E-V_0)}/\hbar$ である.(4.27) の $A_2' \exp(-ik_2 x)$ の項は右から左へ進む平面波を表すが,物理的に考えると,領域 2 においてはこのような向きの波は存在しないはずである[*16].そこで,$A_2' = 0$ としてよい.次に,不連続境界点 $x = 0$ で $\psi(x)$ と $d\psi(x)/dx$ が連続であることから,この 2 つの接続条件式を用いて,未定係数 A_1, A_1', A_2 の比が

$$\frac{A_1'}{A_1} = \frac{k_1 - k_2}{k_1 + k_2} = \frac{1 - \sqrt{1 - V_0/E}}{1 + \sqrt{1 - V_0/E}} = \left(\sqrt{\frac{E}{V_0}} - \sqrt{\frac{E}{V_0} - 1}\right)^2, \tag{4.28}$$

$$\frac{A_2}{A_1} = \frac{2k_1}{k_1 + k_2} = \frac{2}{1 + \sqrt{1 - V_0/E}} = 2\left(\frac{E}{V_0} - \sqrt{\frac{E}{V_0}}\sqrt{\frac{E}{V_0} - 1}\right) \tag{4.29}$$

と計算できる.

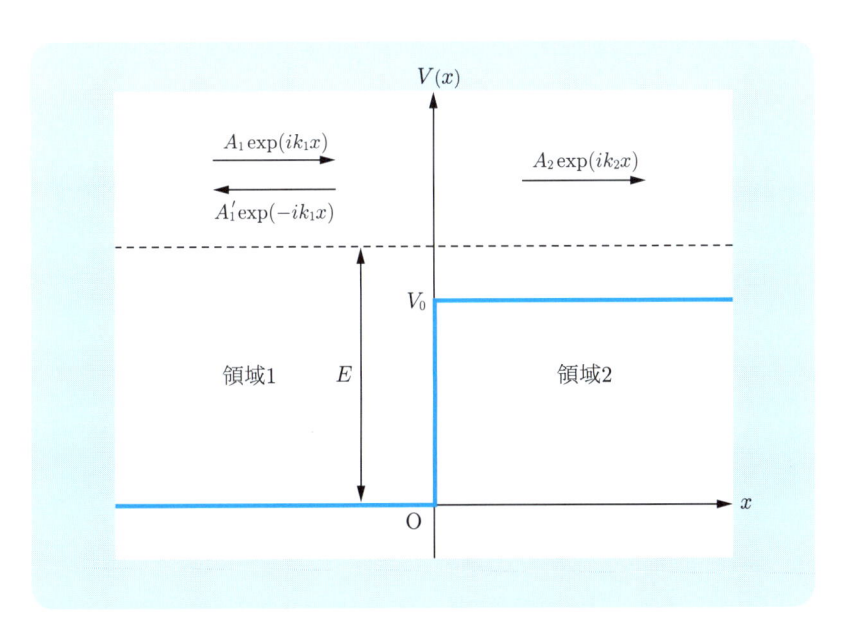

[*16] $x \to \infty$ での境界条件を課したことに相当する.

図 4.4 $E \geq V_0$ の場合

左から入射してきた粒子が，階段状ポテンシャル（の「上空」）で反射される確率（反射率）$R \equiv |j_1^{(r)}|/|j_1^{(i)}|$ は，(4.28) より

$$R = \frac{|A_1'|^2}{|A_1|^2} = \left(\frac{k_1 - k_2}{k_1 + k_2}\right)^2$$
$$= \left(\frac{1 - \sqrt{1 - V_0/E}}{1 + \sqrt{1 - V_0/E}}\right)^2 = \left(\sqrt{\frac{E}{V_0}} - \sqrt{\frac{E}{V_0} - 1}\right)^4 \quad (4.30)$$

となる．これは一般には 0 ではない[*17]．すなわち，粒子はポテンシャルの階段の「段差」よりも高いエネルギーを持っているにもかかわらず，**部分的に反射**される．これを**量子反射**という．他方，領域 2 における波の確率密度流 j_2 は $j_2 = (\hbar k_2/m)|A_2|^2$ であることを用いると，透過する確率（透過率）$T \equiv |j_2|/|j_1^{(i)}| = 1 - R$ は[*18]，

$$T = \frac{k_2}{k_1}\frac{|A_2|^2}{|A_1|^2} = \frac{4k_1 k_2}{(k_1 + k_2)^2}$$
$$= \frac{4\sqrt{1 - V_0/E}}{(1 + \sqrt{1 - V_0/E})^2} = 4\sqrt{\frac{E}{V_0}}\sqrt{\frac{E}{V_0} - 1}\left(\sqrt{\frac{E}{V_0}} - \sqrt{\frac{E}{V_0} - 1}\right)^2 \quad (4.31)$$

となる[*19]．古典力学では常に $R = 0$ で $T = 1$ であるが，量子力学ではそうならない（図 4.5 参照）．入射粒子のエネルギー E が，「段差」の高さ V_0 よ

[*17] $E \to V_0$ の極限では $R \to 1$ である．

[*18] $T = |A_2|^2/|A_1|^2$ ではないことに注意．

[*19] $E \to V_0$ の極限では $T \to 0$ である．

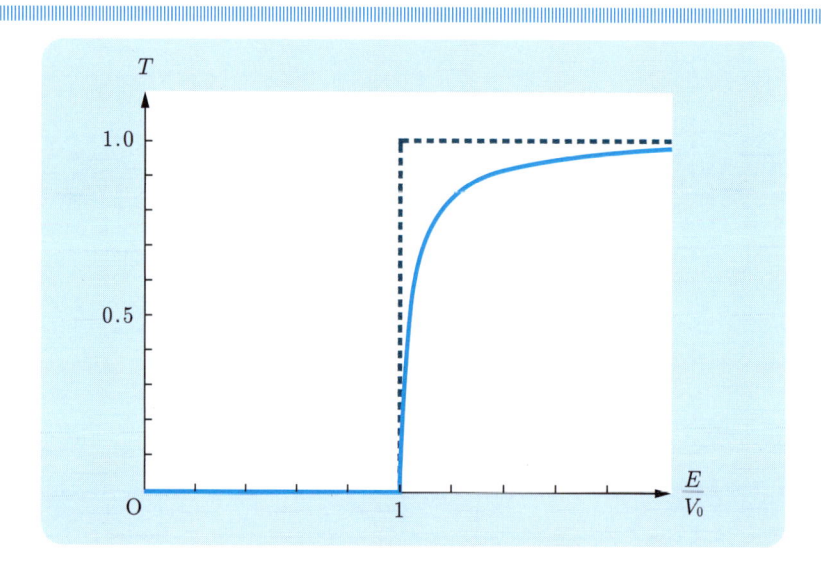

図 4.5 階段状ポテンシャル系での透過率 T を，E/V_0 の関数として描いた．実線が量子力学，破線が古典力学での結果．$0 \leq E/V_0 < 1$ では，量子力学でも古典力学でも $T = 0$ である．古典力学の $E/V_0 \geq 1$ では $T = 1$ であるが，量子力学では，$E/V_0 \geq 1$ でも $T < 1$ である．

りも十分大きい場合（$E \gg V_0$）は透過率 T は 1 に近づき，古典力学の結果と一致するようになる．しかし逆に，入射粒子のエネルギー E を徐々に V_0 に近づけると透過率 T は 0 に漸近する．このように，古典力学では決して反射が起こらないような状況でも，量子力学では「部分的に反射し部分的に透過する」といった奇妙なことが生じる．

4.4 ポテンシャル障壁

階段状ポテンシャルの問題を解くと，(4.23) のように，古典力学では禁止されている「ポテンシャルの中」（$E < V_0$ である領域）にも波動関数はしみ込んでいることが分かった．その「しみ込み」は $1/\kappa_2$ 程度の長さで急激に（指数関数的に）減衰する．では，ポテンシャルの「障壁」が薄くて $1/\kappa_2$ 程度の幅しかない場合は，しみ込んだ波動関数はポテンシャルを透過してしまうだろう．これを調べるために，**ポテンシャル障壁**

$$V(x) = \begin{cases} 0 & x < 0 \text{（領域 1）} \\ V_0 & 0 \leq x \leq L \text{（領域 2）} \\ 0 & x > L \text{（領域 3）} \end{cases} \tag{4.32}$$

の問題を考察しよう（図 4.6）．ここで V_0 と L は正の定数である．この場合のポテンシャルの不連続境界点は $x = 0$ と $x = L$ の 2 点である．4.3 節と同じく，このようなポテンシャル場に，左遠方（$x = -\infty$）から（既知のある値の）エネルギー E の量子力学的粒子が入射してくる状況を考える．E は，$E > 0$ の連続固有値である．

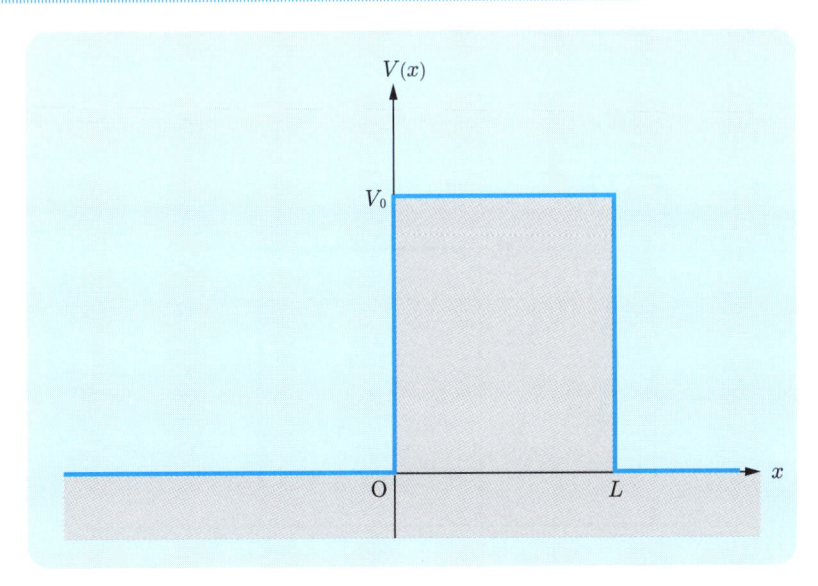

図 4.6　ポテンシャル障壁

4.4.1　$0 \leq E < V_0$ の場合：トンネル効果

　ポテンシャル障壁の高さ V_0 よりも低いエネルギー E の粒子が入射してきた場合である（図 4.7）．階段状ポテンシャルの 4.3.1 項の場合と同じく，古典力学では，粒子はポテンシャル障壁に衝突し完全反射するはずである．量子力学ではどうだろうか．領域 1 での波数 k_1 と領域 3 での波数 k_3 は等しく，$k_1 = k_3 = \sqrt{2mE}/\hbar$ である．領域 2 においては，$\kappa_2 \equiv \sqrt{2m(V_0 - E)}/\hbar$ とする．各領域での波動関数は，

$$\psi_1(x) = A_1 \exp(ik_1 x) + A_1' \exp(-ik_1 x), \tag{4.33}$$

$$\psi_2(x) = B_2 \exp(\kappa_2 x) + B_2' \exp(-\kappa_2 x), \tag{4.34}$$

$$\psi_3(x) = A_3 \exp(ik_1 x) + A_3' \exp(-ik_1 x) = A_3 \exp(ik_1 x) \tag{4.35}$$

となる．(4.35) の $A_3' \exp(-ik_1 x)$ の項は，右から左へ進む平面波を表すが，物理的に考えると，領域 3 においてはこのような向きの波は存在しないはずである．そこで，$A_3' = 0$ としてよい[20]．5 つの未知係数に対して，不連続境界点 $x = 0$ と $x = L$ での ψ と $d\psi/dx$ の連続性条件（4つ）を用いると，係数の比を

$$\frac{A_1'}{A_1} = \frac{(k_1^2 + \kappa_2^2)\sinh(\kappa_2 L)}{(k_1^2 - \kappa_2^2)\sinh(\kappa_2 L) + 2ik_1\kappa_2 \cosh(\kappa_2 L)}, \tag{4.36}$$

$$\frac{B_2}{A_1} = \frac{ik_1(\kappa_2 + ik_1)\exp(-\kappa_2 L)}{(k_1^2 - \kappa_2^2)\sinh(\kappa_2 L) + 2ik_1\kappa_2 \cosh(\kappa_2 L)}, \tag{4.37}$$

---

[20] $x \to \infty$ での境界条件を課したことに相当する．

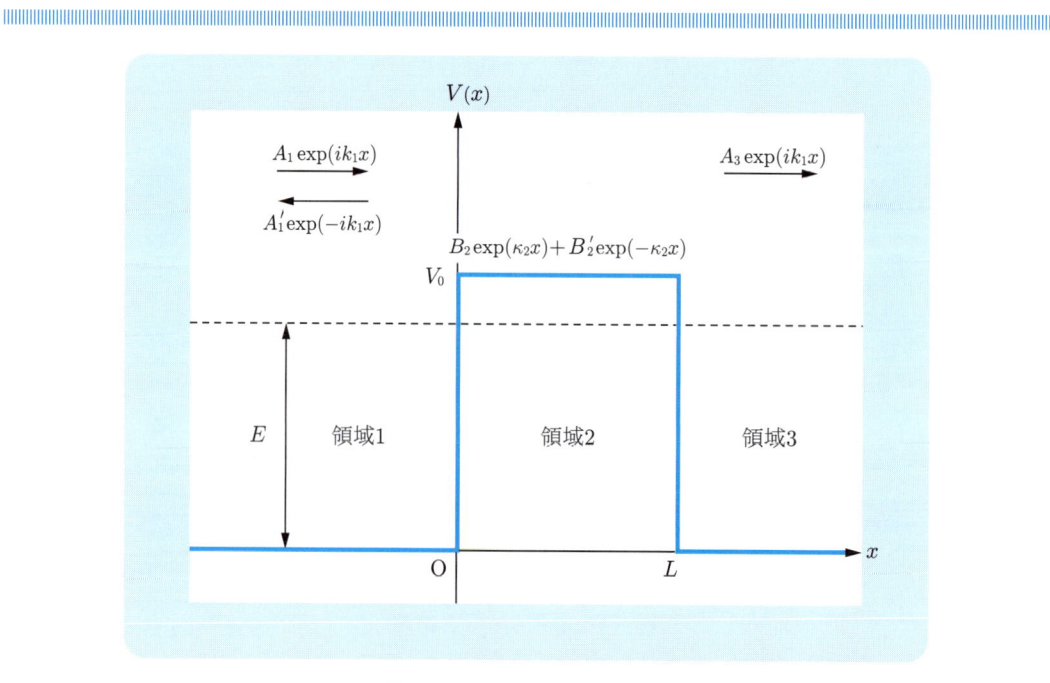

図 4.7　$0 \leq E < V_0$ の場合

$$\frac{B_2'}{A_1} = \frac{ik_1(\kappa_2 - ik_1)\exp(\kappa_2 L)}{(k_1^2 - \kappa_2^2)\sinh(\kappa_2 L) + 2ik_1\kappa_2\cosh(\kappa_2 L)}, \quad (4.38)$$

$$\frac{A_3}{A_1} = \frac{2ik_1\kappa_2 \exp(-ik_1 L)}{(k_1^2 - \kappa_2^2)\sinh(\kappa_2 L) + 2ik_1\kappa_2\cosh(\kappa_2 L)} \quad (4.39)$$

と求めることができる．左 ($x = -\infty$) から入射してきた粒子が，ポテンシャル障壁によって反射される確率 $R = |j_1^{(r)}|/|j_1^{(i)}|$ は，

$$R = \frac{|A_1'|^2}{|A_1|^2} = \frac{(k_1^2 + \kappa_2^2)^2 \sinh^2(\kappa_2 L)}{(2k_1\kappa_2)^2 + (k_1^2 + \kappa_2^2)^2 \sinh^2(\kappa_2 L)} \quad (4.40)$$

$$= \frac{\sinh^2\left[\sqrt{2m(V_0 - E)}L/\hbar\right]}{4(E/V_0)(1 - E/V_0) + \sinh^2\left[\sqrt{2m(V_0 - E)}L/\hbar\right]} \quad (4.41)$$

となる．$L \to \infty$ の極限では $R \to 1$ となって，4.3.1 項の結果に一致する．また，ポテンシャル障壁を透過する確率（透過率）$T = |j_3|/|j_1^{(i)}|$ は，

$$T = \frac{|A_3|^2}{|A_1|^2} = \frac{(2k_1\kappa_2)^2}{(2k_1\kappa_2)^2 + (k_1^2 + \kappa_2^2)^2 \sinh^2(\kappa_2 L)}$$

$$= \frac{4(E/V_0)(1 - E/V_0)}{4(E/V_0)(1 - E/V_0) + \sinh^2\left[\sqrt{2m(V_0 - E)}L/\hbar\right]} \quad (4.42)$$

となる．これは一般に 0 より大きい（図 4.8）．すなわち，粒子がポテンシャル障壁を通り抜ける確率が存在する．障壁（領域 2）内部に波動関数がしみこむ距離の目安が $1/\kappa_2$ であるから（次頁解説 4.12 も参照），障壁の厚さ

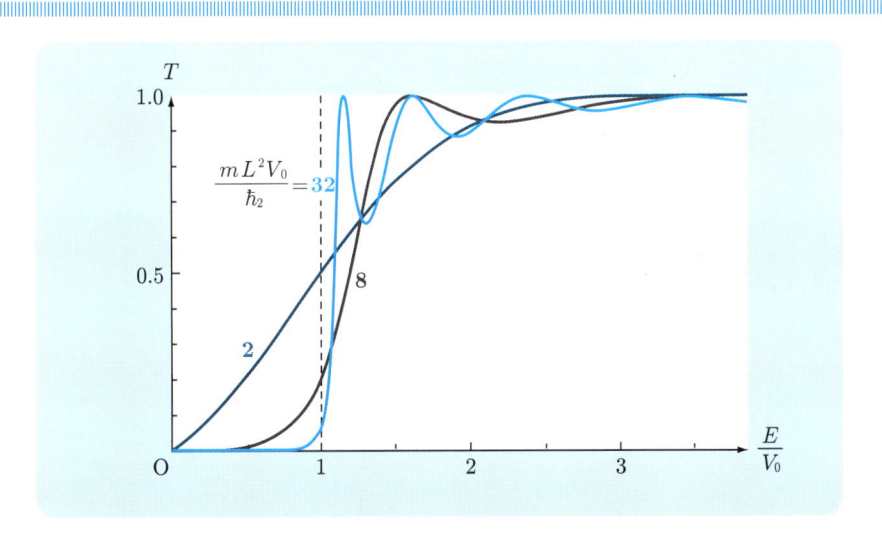

図 4.8 ポテンシャル障壁系での透過率 T を，$mL^2V_0/\hbar^2 = 2, 8, 32$ の場合に，E/V_0 の関数として描いた．$0 \le E/V_0 < 1$ の領域でトンネル効果が生じる．トンネル効果は $mL^2V_0/\hbar^2$ が小さいほど顕著である．古典力学では，階段関数 $T = \theta(E/V_0 - 1)$ となる．

L が $1/\kappa_2$ よりも十分小さければ波動関数は，領域 3 まで通り抜ける．これをトンネル効果あるいはトンネル現象という．実際，(4.42) の透過率 T は，$L < 1/\kappa_2$ では有限の大きさの値を持つが，L が $1/\kappa_2$ 以上になると急激に 0 に近づく[*21]．このトンネル効果は古典力学では決して生じない，量子力学特有の効果である．電子の場合に，$1/\kappa_2$ の大きさを具体的に見積もってみると，

$$\frac{1}{\kappa_2} = \left(\frac{\hbar^2}{2m}\right)^{1/2} \frac{1}{\sqrt{V_0 - E}} \sim \frac{0.195}{\sqrt{(V_0 - E)/\mathrm{eV}}} \,\mathrm{nm}$$

となる．実験可能な状況で，$1/\kappa_2$ は数ナノメートル (nm) となり，この程度の厚み L のポテンシャル障壁を実際に作成することができる[*22]．

透過率を粒子のエネルギー E の関数として見直すと[*23]，$E \ll V_0$ では $T \sim 4(E/V_0)/\sinh^2\left(\sqrt{2mV_0}\,L/\hbar\right)$ となり，E/V_0 に比例して T は大きくな

[*21] 簡単なポテンシャル障壁 (4.32) の場合は透過率 (4.42) を解析的に計算できたが，一般のポテンシャル形状で透過率を厳密に計算するのは難しい．しかし，5.4 節で述べる **WKB 近似**を用いると，p.155 の解説 5.20 の近似式を得ることができる．今の場合，$\kappa_2 L \gg 1$ のとき WKB 近似が有効で，$T \simeq 16E(V_0 - E)V_0^{-2} \times \exp\left[-2\sqrt{2m(V_0 - E)}L/\hbar\right]$ となる．

[*22] トランジスタやエサキ (江崎) ダイオードなどには，トンネル現象が実際に応用されている．他にも，超伝導電子対のトンネル現象であるジョセフソン効果，アンモニア分子の反転現象，重い原子核からの α 粒子の自然放出などの例がある．

[*23] 古典力学での透過率 $T(E)$ は，階段関数 $T(E) = \theta(E - V_0)$ になる．

解説 4.12　領域 2 での存在確率密度と確率密度流

領域 2 での粒子の存在確率密度の x 依存性は，

$$|\psi_2(x)|^2 = 4k_1^2 \frac{\kappa_2^2 + (k_1^2 + \kappa_2^2)\sinh^2[\kappa_2(x - L)]}{(2k_1\kappa_2)^2 + (k_1^2 + \kappa_2^2)^2 \sinh^2(\kappa_2 L)} |A_1|^2$$

で与えられる（規格化していないので $|A_1|^2$ が残ったままになっている）．確かに $|\psi_2(x)|^2$ は 0 でない．領域 2 での確率密度流は

$$\begin{aligned}
j_2 &= \frac{2\hbar\kappa_2}{m}\mathrm{Im}\left[B_2(B_2')^*\right] \\
&= \frac{\hbar k_1}{m}|A_1|^2 \frac{(2k_1\kappa_2)^2}{(2k_1\kappa_2)^2 + (k_1^2 + \kappa_2^2)^2 \sinh^2(\kappa_2 L)} \\
&= j_1^{(\mathrm{i})} \frac{(2k_1\kappa_2)^2}{(2k_1\kappa_2)^2 + (k_1^2 + \kappa_2^2)^2 \sinh^2(\kappa_2 L)} \\
&= j_1^{(\mathrm{i})} T
\end{aligned}$$

となり 0 でない値となる．なお，j_2 は領域 3 での確率密度流 $j_3 = (\hbar k_1/m)|A_3|^2$ と一致している．

るが，$\sqrt{2mV_0}\,L/\hbar$ が大きいとき（V_0 や L が大きいとき）はトンネル効果はほとんど生じない．また，$E \to V_0-$ の極限では $T \to [1+mL^2V_0/(2\hbar^2)]^{-1} > 0$ となる[*24]．$E = V_0-$ の入射波の波長を $\lambda_0 \equiv 2\pi\hbar/\sqrt{2mV_0}$ とすると，$T \to [1+(\pi L/\lambda_0)^2]^{-1}$ だから，$E \sim V_0$ であっても $L \gg \lambda_0$ ならば $T \ll 1$ である．

4.4.2 $E \geq V_0$ の場合：量子反射

障壁の高さ V_0 よりも高いエネルギー E の粒子が入射してきた場合である．階段状ポテンシャルの場合と同じく，古典力学での粒子はポテンシャル障壁の「上空」を，ポテンシャルからは何の影響も受けずに，そのままの運動量（速度）で通過するはずである．領域 2 での波数 k_2 は $k_2 = \sqrt{2m(E-V_0)}/\hbar$ であるから，領域 2 での波動関数は，$\psi_2 = A_2\exp(ik_2 x) + A_2'\exp(-ik_2 x)$ となる．不連続境界点 $x = 0$ と $x = L$ での ψ と $d\psi/dx$ の連続性条件を用いて，係数の比が計算できる．特に A_1' と A_1 の比は

$$\frac{A_1'}{A_1} = \frac{(k_1^2 - k_2^2)[1 - \exp(2ik_2 L)]}{(k_1+k_2)^2 - (k_1-k_2)^2 \exp(2ik_2 L)} \tag{4.43}$$

となる．領域 1 と領域 3 での波動関数は，それぞれ (4.33)，(4.35) と同じである．左から入射してきた粒子が，ポテンシャル障壁（の上空）で反射される確率（反射率）$R = |j_1^{(\mathrm{r})}|/|j_1^{(\mathrm{i})}|$ は，

[*24] このとき $R \to [mL^2V_0/(2\hbar^2)][1+mL^2V_0/(2\hbar^2)]^{-1} < 1$ である．

解説 4.13 デルタ関数形ポテンシャル障壁

ポテンシャルがディラックのデルタ関数 $V(x) = V_0\delta(x-a)$ の場合を考えよう．ここで，V_0 は正の定数である．粒子のエネルギー E を $E \geq 0$ とする．$k = \sqrt{2mE}/\hbar$ とすると，領域 $x < a$ での波動関数は，$\psi_1(x) = A_1\exp(ikx) + A_1'\exp(-ikx)$，領域 $x > a$ での波動関数は，$\psi_3(x) = A_3\exp(ikx)$ とおくことができる．不連続境界点 $x = a$ での ψ の連続性と $d\psi/dx$ についての接続条件 (4.19) を適用して計算すると，

$$\frac{A_1'}{A_1} = \frac{\exp(2ika)}{i\hbar^2 k/mV_0 - 1}$$

となり，反射率 R と透過率 T は，

$$R = \frac{1}{1+(\hbar^2 k/mV_0)^2} = \frac{1}{1+2\hbar^2 E/(mV_0^2)},$$
$$T = \frac{(\hbar^2 k/mV_0)^2}{1+(\hbar^2 k/mV_0)^2} = \frac{2\hbar^2 E/(mV_0^2)}{1+2\hbar^2 E/(mV_0^2)}$$

となる．一般には $T > 0$ なので，この場合にもトンネル現象が生じている．

$$R = \frac{|A_1'|^2}{|A_1|^2} = \frac{(k_1^2 - k_2^2)^2 \sin^2(k_2 L)}{(2k_1 k_2)^2 + (k_1^2 - k_2^2)^2 \sin^2(k_2 L)} \tag{4.44}$$

$$= \frac{(V_0/E)^2 \sin^2\left[\sqrt{2m(E-V_0)} L/\hbar\right]}{4(1 - V_0/E) + (V_0/E)^2 \sin^2\left[\sqrt{2m(E-V_0)} L/\hbar\right]}$$

となる．これは一般には 0 ではない．すなわち，粒子はポテンシャル障壁よりも高いエネルギーを持っているにもかかわらず，**部分的に反射**（量子反射）される．ポテンシャル障壁（の上空）を透過する確率 $T = |j_3|/|j_1^{(i)}|$ は，

$$T = \frac{(2k_1 k_2)^2}{(2k_1 k_2)^2 + (k_1^2 - k_2^2)^2 \sin^2(k_2 L)} \tag{4.45}$$

$$= \frac{4(1 - V_0/E)}{4(1 - V_0/E) + (V_0/E)^2 \sin^2\left[\sqrt{2m(E-V_0)} L/\hbar\right]}$$

となり，一般の L では $T \leq 1$ となる（図 4.8）．古典力学では常に $R = 0$ で $T = 1$ であるが，量子力学ではそうならない[*25]．

さらに興味深いことに，障壁の厚さ L がある特定の値の場合には古典的粒子のように $T = 1$ になる．障壁の厚さ L を変化させた場合，$T = 1$ となり**完全透過**（すなわち $R = 0$ となり無反射）するような障壁の厚さ L は，

[*25] $L \to \infty$ の極限での反射率 (4.44) や透過率 (4.45) は，階段状ポテンシャルの場合の結果 (4.30) および (4.31) には一致しない．ポテンシャル障壁の場合の透過率は $T = |j_3|/|j_1^{(i)}|$ であるが，階段状ポテンシャルの場合は $T = |j_2|/|j_1^{(i)}|$ なので，異なる境界条件で異なる量を計算している．

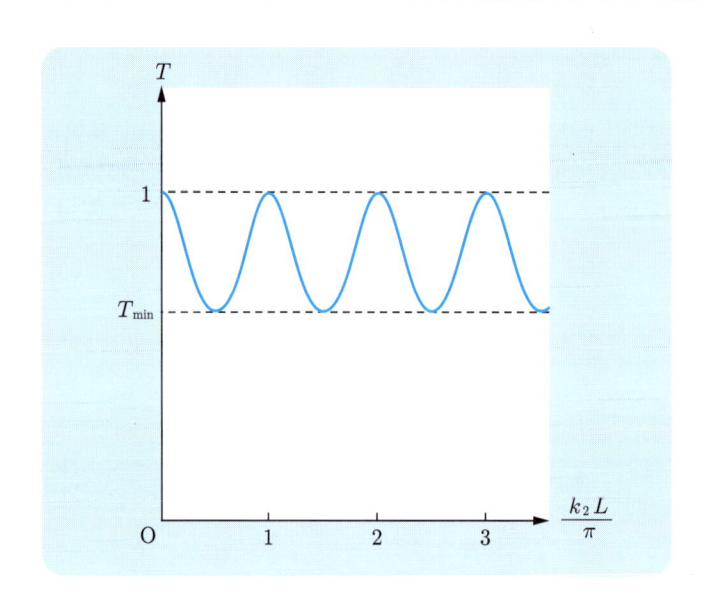

図 4.9 $E \geq V_0$ の場合のポテンシャル障壁系での透過率 T を，$k_1 = 4, k_2 = 2$ の場合に，$k_2 L/\pi$ の関数として描いた．$E/V_0 = k_1^2/(k_1^2 - k_2^2) = 1.33$ に相当する．

$n = 1, 2, \cdots$ とすると，$L = n(\pi/k_2) = n(\lambda_2/2)$ のような離散的な値となっている（図 4.9）．領域 2 での半波長 $\lambda_2/2 = \pi/k_2$ の整数倍であることから，障壁の幅にちょうど定在波が生じている場合に相当する．これは，粒子が波動でもあることを表す具体的な現象の例である．解説 4.14 も参照のこと．

透過率 T を粒子のエネルギー E の関数として見直すと，$E \to V_0+$ の極限では $T \to [1 + mL^2V_0/(2\hbar^2)]^{-1} > 0$ となる．$E \gg V_0$ では $T \sim 1 - [V_0/(2E)]^2 \sin^2\left(\sqrt{2mE}\,L/\hbar\right)$ なので，$E \gg V_0$ で $T \simeq 1$ となり古典力学的直観と合う．ただし，E/V_0 の増大にしたがって T は振動しながら 1 に漸近する（図 4.8 を見よ）．

4.5　井戸型ポテンシャル

今まで考察してきた自由粒子問題，階段状ポテンシャル問題，ポテンシャル障壁問題いずれの場合も，無限遠（$|x| \to \infty$）でのポテンシャルの値，すなわち $V(x = \infty)$ と $V(x = -\infty)$ の値のどちらかよりも粒子のエネルギー E が大きい場合を考えた[*26]ので，無限遠での波動関数は $\exp(\pm ikx)$ の形をしていた．では，無限遠で $E < V(x = \infty)$ かつ $E < V(x = -\infty)$ の場合を考えてみよう[*27]．この場合は，無限遠での波動関数が $\exp(\pm \kappa x)$ の形になり，シュレーディンガー方程式に，無限遠で 0 に漸近するような解が存在するよ

[*26] この場合，E は連続固有値になる．

[*27] 任意の x において $E < V(x)$ の場合を考察するのは，物理的に意味がない．

解説 4.14　透過率 T が最小となる L について

透過率 T が最小（反射率 R が最大）となるのも，L が離散的な値
$$L = \left(n - \frac{1}{2}\right)\frac{\pi}{k_2} = \left(n - \frac{1}{2}\right)\frac{\lambda_2}{2}$$
のときである．このときの透過率と反射率は，
$$T_{\min} = \frac{4(E/V_0)(E/V_0 - 1)}{4(E/V_0)(E/V_0 - 1) + 1},$$
$$R_{\max} = \frac{1}{4(E/V_0)(E/V_0 - 1) + 1}$$
となる．ただし，$1 < E/V_0$ である．

うになる．このような $\lim_{|x|\to\infty} \psi(x) = 0$ となるエネルギー固有状態を**束縛状態** (bound state) という．これはもちろん定常状態である．束縛状態のエネルギー固有値は，ある特定の離散値 E_n に限られる．言い換えると，エネルギー固有値が離散的で特別な値 E_n のときのみ，束縛状態が存在する．本節では，$V(x=\infty)=V(x=-\infty)$ である場合の井戸型ポテンシャル中の1粒子問題を解くことによって，束縛状態とその離散的なエネルギー固有値について調べる．

1次元**井戸型ポテンシャル**とは，

$$V(x) = \begin{cases} 0 & x < -L/2 \,(\text{領域 1}) \\ -V_0 & -L/2 \leq x \leq L/2 \,(\text{領域 2}) \\ 0 & x > L/2 \,(\text{領域 3}) \end{cases} \quad (4.46)$$

の場合である（図 4.10）．ここで V_0 と L は正の定数である．この場合のポテンシャルの不連続境界点は $x = \pm L/2$ の2点である．このような井戸型ポテンシャルでは，$-L/2 \leq x \leq L/2$（領域2）のポテンシャルエネルギーが小さいので，粒子がその領域に存在すると全エネルギーが下がる．よって，粒子は井戸に閉じ込められやすいだろう[*28]．古典力学で考えると，$-V_0 \leq E < V(x=\infty) = V(x=-\infty) = 0$ なる任意の E の粒子は井戸の内部（領域2）のみに存在し，$x = \pm L/2$ の2つの壁の間を往復運動してい

[*28] 粒子は，領域2付近に引き込まれるような「引力」をポテンシャル場から受けている，と考えてもよい．

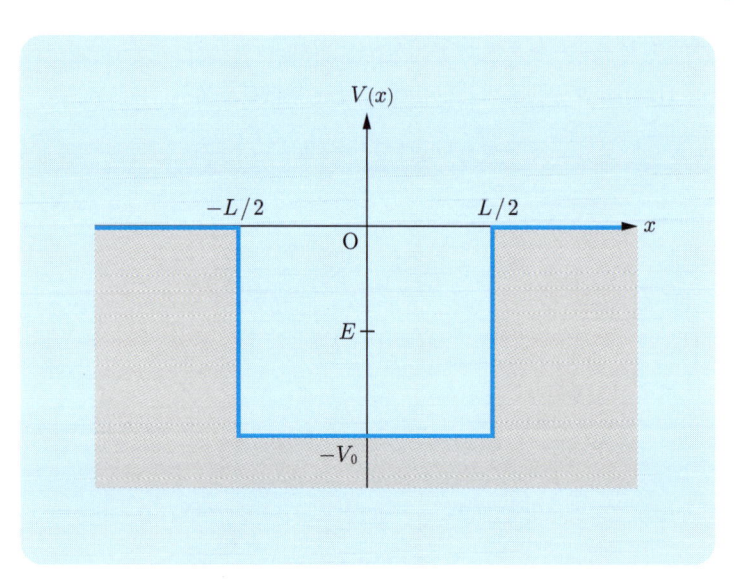

図 4.10 1次元井戸型ポテンシャル

る．量子力学でも，$-V_0 \leq E < V(x=\infty) = V(x=-\infty) = 0$ の場合は，無限遠での波動関数が $\exp(\pm\kappa x)$ の形になり，井戸の中（領域 2）付近に粒子が存在しやすい状態になる．これが束縛状態であるが，古典力学と異なり $-V_0 \leq E < 0$ の任意の E ではなく，特定の離散的な値 E_n しかとることができなくなる．これを以下で具体的に示す．

4.5.1 $-V_0 \leq E < 0$ の場合：束縛状態

領域 1 と領域 3 において $\kappa \equiv \kappa_1 = \kappa_3 = \sqrt{2m|E|}/\hbar > 0$，領域 2 において波数 $k = \sqrt{2m(E+V_0)}/\hbar \geq 0$ を定義すると，それぞれの領域での波動関数は，

$$\psi_1(x) = B_1 \exp(\kappa x) + B_1' \exp(-\kappa x) = B_1 \exp(\kappa x), \quad (4.47)$$

$$\psi_2(x) = A_2 \exp(ikx) + A_2' \exp(-ikx), \quad (4.48)$$

$$\psi_3(x) = B_3 \exp(\kappa x) + B_3' \exp(-\kappa x) = B_3' \exp(-\kappa x) \quad (4.49)$$

で与えられる．領域 1 と領域 3 の無限遠（$|x| \to \infty$）において波動関数が発散しないために，$B_1' = B_3 = 0$ としてよい．これが $x \to \pm\infty$ での境界条件である．未知なのは，B_1, A_2, A_2', B_3' と E の値（あるいは k か κ の値）である．

次に，不連続境界点 $|x| = L/2$ での ψ と $d\psi/dx$ の連続性条件を用いると，A_2 と A_2' とについて，

$$(\kappa - ik)A_2 = -(\kappa + ik)A_2' \exp(ikL), \quad (4.50)$$

$$(\kappa + ik)A_2 = -(\kappa - ik)A_2' \exp(-ikL) \quad (4.51)$$

解説 4.15　1 次元ポテンシャル問題での空間反転と偶奇性（パリティ）

考えている 1 次元の井戸型ポテンシャル (4.46) には**空間反転** $x \to -x$ に対する対称性 $V(x) = V(-x)$ があるので，ハミルトニアンにも同じ対称性 $\hat{H}(x) = \hat{H}(-x)$ がある．このとき，束縛状態のエネルギー固有関数 $\psi(x)$ も同様の対称性を持つことを示そう．

シュレーディンガー方程式 $\hat{H}(x)\psi(x) = E\psi(x)$ の空間反転をしたものは，$\hat{H}(-x)\psi(-x) = \hat{H}(x)\psi(-x) = E\psi(-x)$ となる．1 次元ポテンシャル問題では束縛状態のエネルギー固有値に縮退はないので（章末問題 (2) を参照），エネルギー固有値 E に属する固有関数 $\psi(x)$ と $\psi(-x)$ は定数倍の違いがあるだけである．つまり，

$$\psi(-x) = c\psi(x)$$

である．この式の空間反転は

$$\psi(x) = c\psi(-x)$$

なので，$c^2 = 1$ すなわち $c = \pm 1$ でなければならない．よって，束縛状態のエネルギー固有関数は偶関数（$c = 1$）あるいは奇関数（$c = -1$）であることが分かる．

一般に高次元の場合，エネルギー固有値 E に属する固有関数には縮退がある．この場合でも，固有関数 $\psi(\boldsymbol{r})$ の対称部分と反対称部分は，ハミルトニアンの同じ固有値 E に属する固有関数になっている．

とが同時に成り立つので，k と κ は

$$\frac{\kappa - ik}{\kappa + ik} = \pm \exp(ikL) \tag{4.52}$$

を満たさなければならないことになる．これが，エネルギー固有値 E を決める式である．これは $2k\kappa/(k^2+\kappa^2) = \mp \sin(kL)$ とも書き直せるが，この左辺 $2k\kappa/(k^2+\kappa^2)$ は 0 または正の量であるので，右辺の中の kL は，右辺全体 $\mp \sin(kL)$ が 0 または正となるような範囲のみをとり得る．このように kL は任意の非負の実数をとることはできないことに注意して，(4.52) の右辺の符号によって場合分けして考えてみよう．

■ $(\kappa - ik)/(\kappa + ik) = +\exp(ikL)$ の場合：奇パリティ ■

$(\kappa - ik)/(\kappa + ik) = +\exp(ikL)$ を変形すると，$\kappa/k = -\cot(kL/2)$ となる．左辺は $\kappa/k > 0$ であるから，kL は

$$(\pi, 2\pi], \ (3\pi, 4\pi], \ (5\pi, 6\pi], \ \cdots \tag{4.53}$$

の範囲内の値でなければならない[*29]．さらに，k と κ とは（定義より）独立ではなく，$\sqrt{k^2 + \kappa^2} = \sqrt{2mV_0}/\hbar \equiv K_0 > 0$ という関係式で結びついているから，これを用いて κ を消去すると，

$$\left| \sin \frac{kL}{2} \right| = \frac{k}{K_0} \tag{4.54}$$

[*29] 範囲を表す記法 $(\pi, 2\pi]$ は $\pi < kL \leq 2\pi$ を意味する．

解説 4.16 (4.52) 式を導出する正攻法

不連続境界点 $|x| = L/2$ での ψ と $d\psi/dx$ の連続性より，B_1, A_2, A_2', B_3' について，

$$\begin{bmatrix} e^{-\kappa L/2} & -e^{-ikL/2} & -e^{ikL/2} & 0 \\ 0 & e^{ikL/2} & e^{-ikL/2} & -e^{-\kappa L/2} \\ \kappa e^{-\kappa L/2} & -ike^{-ikL/2} & ike^{ikL/2} & 0 \\ 0 & ike^{ikL/2} & -ike^{-ikL/2} & \kappa e^{-\kappa L/2} \end{bmatrix} \begin{bmatrix} B_1 \\ A_2 \\ A_2' \\ B_3' \end{bmatrix} = 0$$

が成り立つ．これを満たす「非自明な B_1, A_2, A_2', B_3'」が存在するためには，左辺の 4×4 行列の行列式が 0 でなければならない．これから (4.52) を導くのが正攻法である．

4.5 井戸型ポテンシャル

となる．よって，これを満たす k のうち，領域 (4.53) にあるものが許される k の値である（図 4.11 参照）．この k の値から，束縛状態のエネルギー固有値 $E = \hbar^2 k^2/(2m) - V_0$ が定まる．

グラフから分かるように，$K_0 L > \pi$ のときに，最低 1 つは解 $k = k_1^{(+)}$ が存在する．この解を小さい順に，$k_1^{(+)}, k_2^{(+)}, \cdots, k_{N_+}^{(+)}$ とすると[30]，ポテンシャル井戸内部（領域 2）の波動関数は，$\psi_2(x) = \psi_n^{(+)}(x) \equiv A_2 \exp(ik_n^{(+)}x) + A_2' \exp(-ik_n^{(+)}x)$ となる[31]．波動関数 $\psi_2(x) = \psi_n^{(+)}(x)$ が属するエネルギー固有値は，

$$E_n^{(+)} = \frac{\hbar^2}{2m}[k_n^{(+)}]^2 - V_0 \tag{4.55}$$

で表される離散値になる．今の場合，係数 A_2 と A_2' の間には $A_2 = -A_2'$ が成り立つので，波動関数は**奇関数**[32]となる．よって，$\psi_2(x) = \psi_n^{(+)}(x) = 2iA_2 \sin(k_n^{(+)}x)$ となる．よって，全領域の波動関数は

---

[30] 解の個数 N_+ は，ポテンシャルの深さ V_0 と幅 L に依存して決まる．$0 < K_0 L \leq \pi$ のときは $N_+ = 0$ であり，$(2n-1)\pi < K_0 L \leq (2n+1)\pi$ のときは $N_+ = n$ $(n = 1, 2, 3, \cdots)$ である．

[31] 不連続境界点 $|x| = L/2$ での接続条件と規格化条件より係数 A_2, A_2', B_1, B_3' すべてを決める作業は，各自が試みて欲しい．

[32] 今考察している井戸型ポテンシャルでは，井戸の中心に座標の原点 $x = 0$ をとっているので，波動関数が奇関数と偶関数に分けられる．井戸が一般の位置にある場合は，井戸の中心軸に対しての偶奇性だと考えればよい．

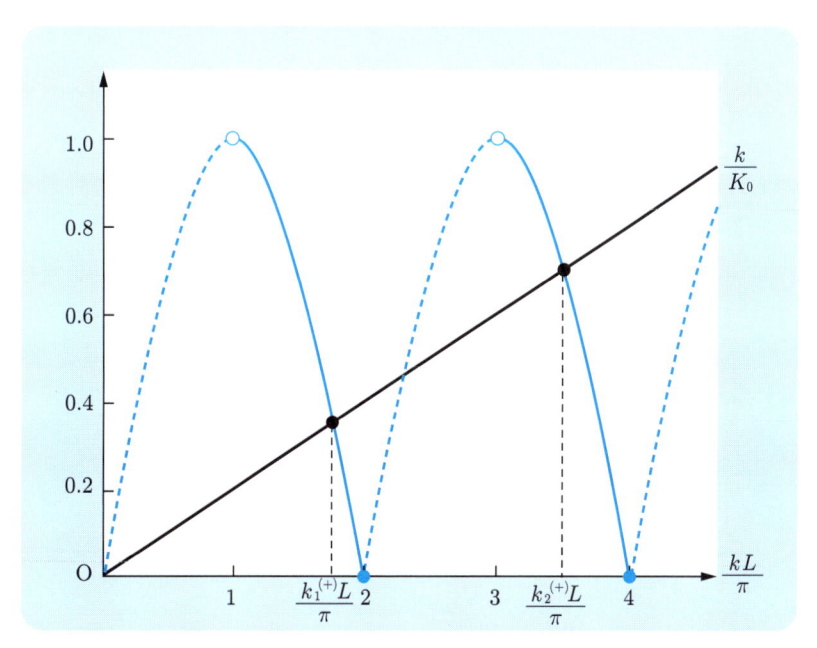

図 4.11 (4.54) のグラフによる解法．$|\sin(kL/2)|$ と k/K_0 を，kL/π の関数として描いた．交点が $k_1^{(+)}, k_2^{(+)}, \cdots, k_{N_+}^{(+)}$ を与える．

$$\psi_n^{\text{odd}}(x) = \begin{cases} N_n^{(+)} \sin(k_n^{(+)} x), & (|x| \leq L/2) \\ N_n^{(+)} \dfrac{x}{|x|} \sin\left(\dfrac{k_n^{(+)} L}{2}\right) \exp\left[-\kappa_n^{(+)}\left(|x|-\dfrac{L}{2}\right)\right], & (|x| \geq L/2) \end{cases} \quad (4.56)$$

で，規格化定数は $N_n^{(+)} = [L/2 - \sin(k_n^{(+)} L)/2k_n^{(+)} + \sin^2(k_n^{(+)} L/2)/\kappa_n^{(+)}]^{-1/2}$, $\kappa_n^{(+)} = [K_0^2 - (k_n^{(+)})^2]^{1/2} = [2m|E_n^{(+)}|]^{1/2}/\hbar$ である．$n=1$ の解では $\pi < k_1^{(+)} L \leq 2\pi$ なので，波動関数 $\psi_1^{(+)}(x)$ の節（零点）は1個，$n=2$ の解では $3\pi < k_2^{(+)} L \leq 4\pi$ なので，$\psi_2^{(+)}(x)$ の節（零点）が3個，一般に $n=\nu$ の解では $(2\nu-1)\pi < k_\nu^{(+)} L \leq 2\nu\pi$ なので，$\psi_\nu^{(+)}(x)$ の節（零点）の個数は $(2\nu-1)$ 個である．

■ $(\kappa - ik)/(\kappa + ik) = -\exp(ikL)$ の場合：偶パリティ ■

$(\kappa - ik)/(\kappa + ik) = -\exp(ikL)$ を変形すると，$\kappa/k = \tan(kL/2)$ となる．左辺は $\kappa/k > 0$ であるから，kL は

$$(0, \pi], \ (2\pi, 3\pi], \ (4\pi, 5\pi], \ \cdots \quad (4.57)$$

の範囲内の値でなければならない．$K_0 \equiv \sqrt{k^2 + \kappa^2} = \sqrt{2mV_0}/\hbar$ を用いて κ を消去すると，

$$\left|\cos\frac{kL}{2}\right| = \frac{k}{K_0} \quad (4.58)$$

となる．よって，これを満たす k のうち，領域 (4.57) にあるものが許される

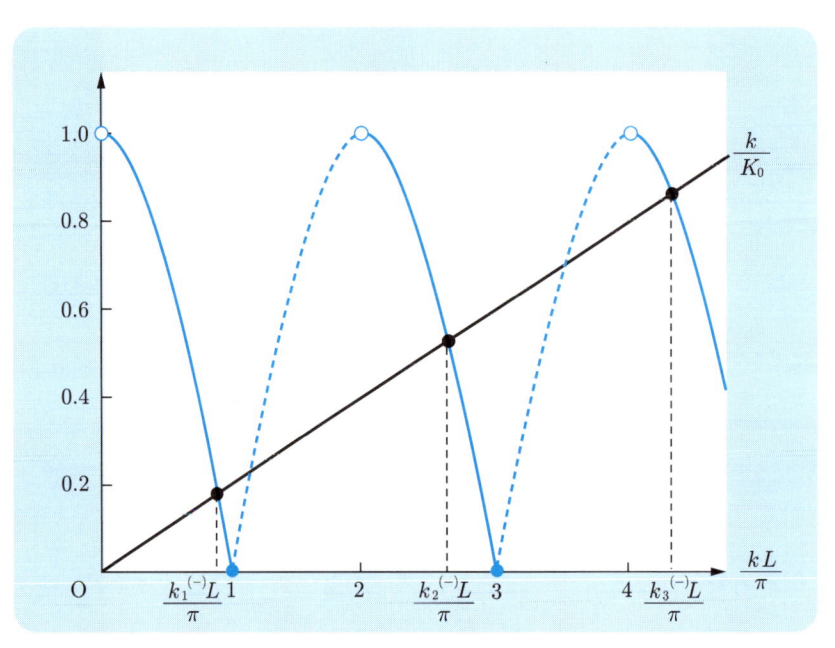

図 4.12 (4.58) のグラフによる解法．$|\cos(kL/2)|$ と k/K_0 を，kL/π の関数として描いた．交点が $k_1^{(-)}, k_2^{(-)}, \cdots, k_{N_-}^{(-)}$ を与える．

k の値である（図 4.12 参照）．

グラフから分かるように，$K_0 > 0$ なので最低 1 つは解 $k_1^{(-)}$ が存在する．この解を小さい順に，$k_1^{(-)}, k_2^{(-)}, \cdots, k_{N_-}^{(-)}$ とすると[*33]，ポテンシャル井戸内部（領域 2）の波動関数は，$\psi_2(x) = \psi_n^{(-)}(x) \equiv A_2 \exp(ik_n^{(-)}x) + A_2' \exp(-ik_n^{(-)}x)$ と書ける．波動関数 $\psi_2(x) = \psi_n^{(-)}(x)$ が属するエネルギー固有値は，

$$E_n^{(-)} = \frac{\hbar^2}{2m}[k_n^{(-)}]^2 - V_0 \tag{4.59}$$

で表される離散値になる．今の場合，係数 A_2 と A_2' の間には $A_2 = A_2'$ が成り立つので，波動関数は**偶関数**となる．よって，$\psi_2(x) = \psi_n^{(-)}(x) = 2A_2 \cos(k_n^{(-)}x)$ となる．よって，全領域の波動関数は

$$\psi_n^{\text{even}}(x) = \begin{cases} N_n^{(-)} \cos(k_n^{(-)}x), & (|x| \leq L/2) \\ N_n^{(-)} \cos\left(\dfrac{k_n^{(-)}L}{2}\right) \exp\left[-\kappa_n^{(-)}\left(|x| - \dfrac{L}{2}\right)\right], & (|x| \geq L/2) \end{cases} \tag{4.60}$$

で，規格化定数は $N_n^{(-)} = [L/2 + \sin(k_n^{(-)}L)/2k_n^{(-)} + \cos^2(k_n^{(-)}L/2)/\kappa_n^{(-)}]^{-1/2}$，$\kappa_n^{(-)} = [K_0^2 - (k_n^{(-)})^2]^{1/2} = [2m|E_n^{(-)}|]^{1/2}/\hbar$ である．$n = 1$ の解では $0 < k_1^{(-)}L \leq \pi$ なので，波動関数 $\psi_1^{(-)}(x)$ に節（零点）はなく，$n = 2$ の解

[*33] 解の個数 N_- は，ポテンシャルの深さ V_0 と幅 L に依存して決まる．$K_0 L = 0$ のときは $N_- = 0$ で，$2(n-1)\pi < K_0 L \leq 2n\pi$ のときは $N_- = n$ $(n = 1, 2, 3, \cdots)$ である．$K_0 L > 0$ ならば最低 1 つは存在するので，$N_- \geq 1$ である．

解説 4.17　デルタ関数形ポテンシャル井戸

ポテンシャルがディラックのデルタ関数 $V(x) = -V_0 \delta(x-a)$ の場合を考えよう．ここで，V_0 は正の定数である．粒子の束縛状態のエネルギーを $E \leq 0$ とする．$\kappa = \sqrt{2m|E|}/\hbar$ とすると，領域 $x < a$ での波動関数は，$\psi_1(x) = B_1 \exp(\kappa x)$，領域 $x > a$ での波動関数は，$\psi_3(x) = B_3' \exp(-\kappa x)$ とおくことができる．不連続境界点 $x = a$ での ψ の連続性と $d\psi/dx$ についての接続条件 (4.19) を適用すると，κ は任意の値ではなく，特定の値 $\kappa = mV_0/\hbar^2$ でなければならないことが分かる．すなわち，束縛状態はただ 1 つ存在し，そのエネルギーは

$$E = -\frac{mV_0^2}{2\hbar^2}$$

となる．なお，束縛状態の波動関数は，

$$\psi(x) = \begin{cases} \sqrt{\kappa} \exp[\kappa(x-a)] & (x < a) \\ \sqrt{\kappa} \exp[-\kappa(x-a)] & (x > a) \end{cases}$$

と表せる．$a = 0$ の場合は，$\psi(x) = \sqrt{\kappa} \exp(-\kappa|x|)$ である．

では $2\pi < k_2^{(+)}L \leq 3\pi$ なので，$\psi_2^{(-)}(x)$ の節（零点）が2個，一般に $n = \nu$ の解では $2(\nu-1)\pi < k_\nu^{(+)}L \leq (2\nu-1)\pi$ なので，$\psi_\nu^{(-)}(x)$ の節（零点）の個数は $2(\nu-1)$ 個である．

■ **束縛状態の諸性質** ■

奇パリティと偶パリティの結果を総合し，井戸型ポテンシャル場における束縛状態の性質についてまとめておこう．

(1) 束縛状態の領域2の波数は，小さい順に $k_1^{(-)}, k_1^{(+)}, k_2^{(-)}, k_2^{(+)}, k_3^{(-)}, k_3^{(+)}, \cdots$ となり，最大の波数は $k_{N_-}^{(-)}$ または $k_{N_+}^{(+)}$ となる．これから，束縛状態のエネルギー固有値は，小さい順に

$$E_1^{(-)}, E_1^{(+)}, E_2^{(-)}, E_2^{(+)}, E_3^{(-)}, E_3^{(+)}, \cdots, E_{N_-}^{(-)} \text{ または } E_{N_+}^{(+)} \quad (4.61)$$

と求まる．ここで，$E_n^{(\pm)} = [\hbar^2/(2m)][k_n^{(\pm)}]^2 - V_0$ である．束縛状態のエネルギー固有値は任意の値ではなく，ある特定の離散値となる．それぞれの状態を**エネルギー準位** (energy level) という．束縛状態に縮退はない[*34]．古典力学では，井戸の中であっても粒子のエネルギー E は任意の値をとることができた．しかし，量子力学では束縛状態のエネル

[*34] これは1次元系での1粒子問題では，ほとんどの $V(x)$ の系で成り立つ．章末問題 (2) を参照．ちなみに，非束縛状態（連続状態）については，4.1.1項で述べたように2重縮退している．

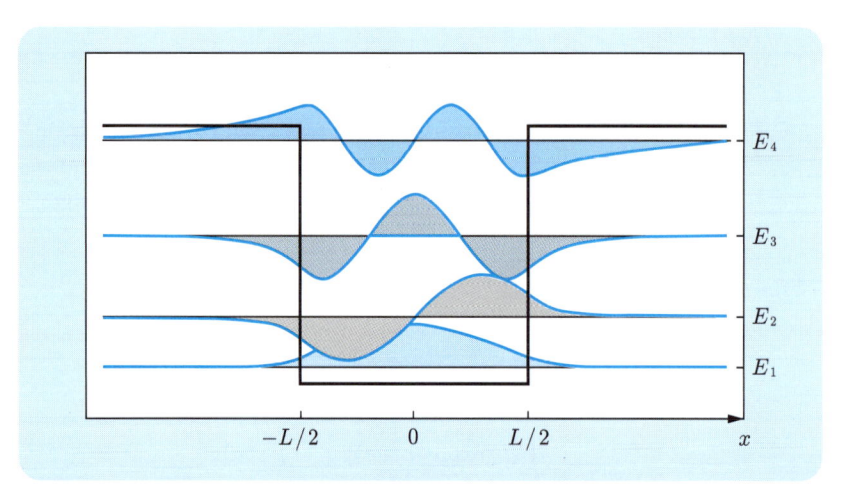

図 4.13 1次元井戸型ポテンシャル系の定常状態の波動関数 $\psi_n(x)$ を，エネルギーの小さな方から4つプロットした．波動関数のプロットに際しては，横軸は位置座標 x で縦軸は ψ である．ポテンシャルのプロットに際しての縦軸はエネルギー軸である．また，波動関数のプロットでの縦軸の原点は，ポテンシャルのプロットの縦軸におけるエネルギー固有値の位置にとっている．$E_1 = E_1^{(-)}, E_2 = E_1^{(+)}, E_3 = E_2^{(-)}, E_4 = E_2^{(+)}$ である．

ギー固有値は離散的になる[*35].

(2) 1次元井戸型ポテンシャル中の束縛状態は，最低1つは存在する[*36]．井戸の深さが有限（$V_0 < \infty$）で井戸の幅も有限（$L < \infty$）の場合は，束縛状態の個数は有限である．$V_0 \to \infty$ の場合は，束縛状態は無限個存在する．

(3) エネルギー固有値 $E_n^{(\pm)}$ に属する束縛状態の，領域2での波動関数 $\psi_2(x) = \psi_n^{(2)}(x)$ は，

$$\psi_n^{(2)}(x) = \begin{cases} \psi_n^{(+)}(x) = N_n^{(+)} \sin(k_n^{(+)} x) \\ \psi_n^{(-)}(x) = N_n^{(-)} \cos(k_n^{(-)} x) \end{cases} \tag{4.62}$$

となる．

(4) 束縛状態を表す，領域1と領域3における波動関数 $\psi_1(x), \psi_3(x)$ は $\exp(\kappa_n^{(\pm)} x), \exp(-\kappa_n^{(\pm)} x)$ の形の指数関数であるので，$|x| \to \infty$ で0に漸近し，$\lim_{x \to -\infty} \psi_1(x) = 0$, $\lim_{x \to +\infty} \psi_3(x) = 0$ が成り立つ．領域2に束縛されている波動関数が領域1や領域3へ「しみ出し」ている長さは，

[*35] プランクの量子仮説においてはエネルギーの離散性が仮定されたが，量子力学ではこの節の計算のように，自然に（必然的に）エネルギーの離散性が導き出される．

[*36] 3次元井戸型ポテンシャル中では，束縛状態が1つも存在しない場合がある．6.4節を参照せよ．

解説 4.18 無限に深い井戸（$V_0 \to \infty$）での束縛状態：エネルギー固有値

井戸の幅 L を固定して，井戸の深さを無限に深くした場合を考えよう．エネルギーの原点はどこでもよいので，井戸の底をエネルギーの原点にとると，「無限に深い井戸」は「壁の高さが無限に高い井戸」

$$V(x) = \begin{cases} V_0 \to \infty & |x| > L/2 \text{（領域1，領域3）} \\ 0 & |x| \leq L/2 \text{（領域2）} \end{cases} \tag{4.63}$$

と同じである．$V_0 \to \infty$ のときは $K_0 = \sqrt{2mV_0}/\hbar \to \infty$ となるので，$n = 1, 2, 3, \cdots$ とすると，(4.54) から $k_n^{(+)} = 2n\pi/L$, (4.58) から $k_n^{(-)} = (2n-1)\pi/L$ となる．まとめて書けば $k_n = n\pi/L$ である．今の問題では，離散的固有値を持つ束縛状態しか存在しない．束縛状態のエネルギー固有値は，

$$E_n = \frac{\hbar^2}{2m} \left(\frac{n\pi}{L}\right)^2, \quad (n = 1, 2, 3, \cdots) \tag{4.64}$$

と1つの式にまとめられる．$V_0 < \infty$ の場合と異なり，固有値は無限個存在する．基底状態のエネルギーは，$E_{\text{GS}} = E_1 = [\hbar^2/(2m)](\pi/L)^2 > 0$ である．この値が零点エネルギーでもある．状態を区別する自然数を一般に**量子数**（quantum number）と呼ぶ．今の場合は n が量子数であり，その n がエネルギー固有値の大きさの順序にもなっている．なお，周期的境界条件 $\psi(x+L) = \psi(x)$ の下での自由粒子のエネルギー固有値 $E_n = [\hbar^2/(2m)](2n\pi/L)^2, n = 0, \pm 1, \pm 2, \cdots$ との違いに注意せよ．

$1/\kappa_n^{(\pm)}$ 程度である．$V_0 \to \infty$ では，$\psi_1(x) = \psi_3(x) \equiv 0$ である*37．

(5) エネルギー固有値が最小の束縛状態は必ず存在し，これが**基底状態**である．基底状態の波動関数だけは，節（零点）が存在しない．エネルギー固有値の小さい順に波動関数を並べると，節（零点）の個数が 1 つずつ増加し*38，n 番目の束縛状態の波動関数の節（零点）の数は $n-1$ 個である*39．また，束縛状態の波動関数の偶奇性は交互に並んでいる．

(6) 基底状態のエネルギー E_{GS} は，$E_{\mathrm{GS}} = E_1^{(-)} = [\hbar^2/(2m)][k_1^{(-)}]^2 - V_0$ で与えられる．これは常に $E_{\mathrm{GS}} > -V_0$ なので，基底状態のエネルギーはポテンシャル井戸の「底」のエネルギー $-V_0$ よりも必ず大きい．その差を**零点エネルギー**という．これは量子力学特有の量で，不確定性関

---

*37 ハミルトニアン $\hat{H}$ も発散しているので，シュレーディンガー方程式 $\hat{H}\psi(x) = E\psi(x)$ が発散しないためには，$\psi(x) = 0$ しか解がない．

*38 節が増加するためには，$\psi(x) > 0$ となる x では $d^2\psi(x)/dx^2 < 0$，$\psi(x) < 0$ となる x では $d^2\psi(x)/dx^2 > 0$ である．これは，シュレーディンガー方程式を $-[\hbar^2/(2m)][d^2\psi(x)/dx^2]/\psi(x) + V(x) = E$ と書き換えると，$E \geq V(x)$ となる領域では $\psi(x)$ と $d^2\psi(x)/dx^2$ の符号が逆でなければならないので，満たされている．節の個数が増加すると波長が短くなり，波動関数の空間的変化が激しくなるから，$|d^2\psi(x)/dx^2|$ が大きくなる．これは，運動エネルギーの増加を反映している．

*39 これも 1 次元系での 1 粒子問題では，ほとんどの $V(x)$ の形で成り立つ．ただし $V_0 \to \infty$ の場合は，$|x| \geq L/2$ で $\psi(x) \equiv 0$ となるが，これは「零点」として勘定に入れてない．

解説 4.19 無限に深い井戸（$V_0 \to \infty$）での束縛状態：波動関数

領域 1 と領域 3 では $V(x)$ が発散しているので，$\psi_1(x) = \psi_3(x) \equiv 0$ である．つまり，波動関数は領域 1 と領域 3 にしみ出さず，領域 2（井戸の中）でのみ有限の値 $\psi_n^{(2)}(x)$ を持ち，

$$\psi_n(x) = \begin{cases} 0 & |x| > L/2\ (\text{領域 1, 領域 3}) \\ \psi_n^{(2)}(x) & |x| \leq L/2\ (\text{領域 2}) \end{cases}$$

となる．粒子は井戸に完全に閉じ込められており，離散固有値を持つ束縛状態しか存在しない．ここで $\psi_n(x)$ は，エネルギー固有値 (4.64) に属するエネルギー固有関数（の座標表示）である．波動関数は $x = \pm L/2$ で連続であることから，$\psi_n^{(2)}(x = \pm L/2) = 0$ でなければならない．この固定端条件の下で領域 2 での「自由粒子」の問題を解けばよいから，規格化した $\psi_n^{(2)}(x)$ は，

$$\psi_n^{(2)}(x) = \begin{cases} (2/L)^{1/2} \cos(n\pi x/L) & (n = 1, 3, 5, \cdots) \\ (2/L)^{1/2} \sin(n\pi x/L) & (n = 2, 4, 6, \cdots) \end{cases} \tag{4.65}$$

となる．この場合の波動関数は質量 m に依存しない．エネルギー固有値が異なると $\psi_n^{(2)}(x)$ すなわち $\psi_n(x)$ が異なるので，縮退はない．$x = \pm L/2$ はポテンシャル $V(x)$ が無限大の飛びを示す特異点なので，波動関数の 1 階導関数は $x = \pm L/2$ において不連続である．なお，位置 x と波数 k の不確定積は，$(\delta x)^2 = L^2(n^2\pi^2 - 6)/(12n^2\pi^2)$ で $(\delta k)^2 = (n\pi/L)^2$ なので，$\delta x \delta k = \sqrt{n^2\pi^2/12 - 1/2} > 1/2$ である．

係と関係する．解説 4.20 を参照せよ．

(7) $0 < K_0 L \leq \pi$ の場合，束縛状態は基底状態ただ 1 つになる．また，$V_0 \to 0$ では $K_0 \to 0$ となるので，$k_1^{(-)} \to 0$ となり，基底状態のエネルギーも $E_{\mathrm{GS}} = E_1^{(-)} \to 0$ となる．

4.5.2 $E \geq 0$ の場合：非束縛状態

井戸の「上空」にエネルギー E の粒子がある場合である．この場合は，4.4.2 項でのポテンシャル障壁の問題で $V_0 \to -V_0$ と置き換えればよいから（さらに座標軸を $L/2$ だけ平行移動する），各領域での波数を，$k \equiv k_1 = k_3 = \sqrt{2mE}/\hbar$，$k_2 = \sqrt{2m(E+V_0)}/\hbar$ とすれば，4.4.2 項とまったく同じ式が使える．

この場合は，任意の $E \geq 0$ に対して，無限遠（$|x| \to \infty$）で $\exp(\pm ikx)$ に比例する解しか存在しない．すなわち，遠方でも粒子の存在確率が有限に存在するので，ポテンシャルの井戸に束縛された状態ではない．このような状態を**非束縛状態** (unbound state) という．この場合，エネルギー固有値 E は $E \geq 0$ で連続スペクトルを構成するので，非束縛状態を**連続状態**や**散乱状態**とも呼ぶ．

左から入射してきた粒子の反射率 R と透過率 T は，(4.44) および (4.45) で $k_2 = \sqrt{2m(E+V_0)}/\hbar$ とした式となる．よって，やはり古典力学での結果（$R = 0$ かつ $T = 1$）と異なる結果になる．4.4.2 項と同じくこの場合も，井戸の幅 L がある特定の値 $L = n(\pi/k_2)$ の場合に完全透過 $T = 1$ になり，$L = (n - 1/2)(\pi/k_2)$ の場合に反射率 R が最大（透過率 T が最小）となる．

解説 4.20 井戸型ポテンシャル中の粒子の零点エネルギーと不確定性関係

井戸の深さがあまり浅くない限りは，基底状態の波動関数 $\psi_{\mathrm{GS}}(x)$ は，領域 1 と領域 3 とに少しはしみ出すものの，ほとんどが領域 2 に閉じ込められていて，$\psi_1^{(-)}(x) = N_1^{(-)} \cos(k_1^{(-)} x)$ のような節のない余弦形関数になっている．よって，位置の不確定さ（標準偏差）δx は，およそ $\delta x \sim L/4$ くらいである．不確定性関係によれば，このときの運動量の不確定さ δp は，

$$\delta p \geq \frac{\hbar}{2\delta x} \sim \frac{2\hbar}{L} \tag{4.66}$$

となっている．ハミルトニアン $\hat{H} = \hat{K} + V(x) = \hat{p}^2/(2m) + V(x)$ の期待値 $\langle \hat{H} \rangle$ を考えて基底状態のエネルギーを見積もろう．$\langle p^2 \rangle = \langle p \rangle^2 + (\delta p)^2 \simeq (\delta p)^2$ であるから，$\langle \hat{H} \rangle = \langle \hat{K} \rangle + \langle V \rangle = (\delta p)^2/(2m) + \langle V(x) \rangle$ となる．(4.66) を用いると，第 1 項の運動エネルギーの期待値は $\langle \hat{K} \rangle \geq 2\hbar^2/(mL^2)$ であり，第 2 項のポテンシャルエネルギーの期待値は，波動関数のほとんどが領域 2 に収まっているので，$\langle V(x) \rangle \sim -V_0$ であろう．よって，エネルギーの期待値の最小値は，$\langle \hat{H} \rangle \sim [\hbar^2/(2m)](2/L)^2 - V_0$ 程度と見積もることができる．よって，零点エネルギーは，$[\hbar^2/(2m)](2/L)^2$ 程度となる．無限に深い井戸（$V_0 \to \infty$）の場合の厳密解 (4.64) によると，零点エネルギーは $[\hbar^2/(2m)](\pi/L)^2$ であるから，上記の評価式は L^{-2} 依存性を正しく表しているし，数因子も $(2/\pi)^2$ 倍しか違わない．すなわち，零点エネルギーは不確定性関係から生じていることが分かる．

4.6　1次元調和振動子

調和振動子は，古典力学でもおなじみの単振り子の微小振動であり，量子物理学でも様々な局面で現れる非常に重要な系である．ここでは，1次元調和振動子を量子力学的に取り扱う．図 4.14 のような，下に凸の放物形ポテンシャル[*40] $V(x) \propto x^2$ を持つハミルトニアンの固有値問題を解くことに他ならない．シュレーディンガー方程式を厳密に解くことのできる数少ない例の1つである．

1次元調和振動子の古典力学でのハミルトニアンは，振動子の質量を m, ω を正の定数（角振動数）とすると，$H = p_x^2/(2m) + m\omega^2 x^2/2$ であった[*41]．対応原理から，量子力学での調和振動子のハミルトニアンは，

$$\hat{H} = \frac{\hat{p}_x^2}{2m} + \frac{1}{2}m\omega^2 \hat{x}^2 = -\frac{\hbar^2}{2m}\frac{d^2}{dx^2} + \frac{1}{2}m\omega^2 \hat{x}^2 \tag{4.67}$$

というエルミート演算子になる．(時間に依存しない) シュレーディンガー方程式 $\hat{H}\psi(x) = E\psi(x)$ を解いて，エネルギー固有値とエネルギー固有関数を調べよう．調和振動子のポテンシャル $V(x) = m\omega^2 x^2/2$ は無限遠で $+\infty$ に発散している $\left(\lim_{|x|\to\infty} V(x) = \infty\right)$ ので，どのようなエネルギー固有値 $E \geq 0$ の固有関数も，無限遠で指数関数的に減少する $\exp(\pm\kappa x)$ の形の波動関数に

[*40] **調和ポテンシャル**ともいう．

[*41] ばね定数 k は $k = m\omega^2$ である．

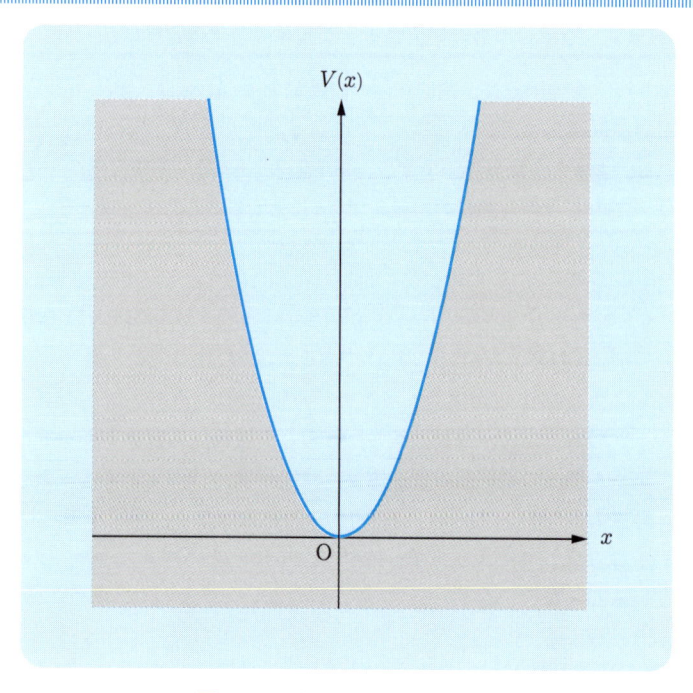

図 4.14　放物形ポテンシャル

なる．すなわち，調和振動子のエネルギー固有状態はすべて束縛状態で，E は離散固有値となる．以下では，シュレーディンガー方程式を境界条件

$$\lim_{|x|\to\infty}\psi(x)=0,\quad \int_{-\infty}^{\infty}|\psi(x)|^2 dx < \infty \tag{4.68}$$

の下で解く．

4.6.1 解析的方法：級数展開法とエルミート多項式

まず，表記を簡単にするために，変数の無次元化をしておこう．長さは $1/\rho \equiv [\hbar/(m\omega)]^{1/2}$ で，エネルギーは $\hbar\omega/2$ を単位として測り，無次元長さ $\xi \equiv \rho x$ と無次元エネルギー $\lambda \equiv 2E/(\hbar\omega)$ を用いると，シュレーディンガー方程式は，

$$\frac{d^2\psi}{d\xi^2} + (\lambda - \xi^2)\psi = 0 \tag{4.69}$$

となる[*42]．この解は，$|\xi| \to \infty$ で $\psi(\xi) \sim \xi^n \exp(-\xi^2/2)$ のように振る舞う（解説 4.21 参照）．この n を定めよう．n のべき関数の部分を未知の関数 $H(\xi)$ とおいて，$\psi(\xi) = H(\xi)\exp(-\xi^2/2)$ を (4.69) に代入すると，ξ の関数 $H(\xi)$ は，2 階常微分方程式

$$\frac{d^2 H}{d\xi^2} - 2\xi\frac{dH}{d\xi} + (\lambda - 1)H = 0 \tag{4.70}$$

を満たさなければならない．これにべき級数解 $H(\xi) = \sum_{n=0}^{\infty} a_n \xi^n$ を代入して ξ^n の係数を比較すると，漸化式

[*42] ウェーバー (**Weber**) の微分方程式として知られている．

解説 4.21 (4.69) の解の漸近的性質

微分方程式 (4.69) の解の漸近的性質（$|\xi|$ が大きいときの解の性質）を調べておく．定数の λ に比べて ξ^2 が十分に大きいので，(4.69) は，$d^2\psi/d\xi^2 = \xi^2 \psi$ と近似できる．これに，$\psi_\infty(\xi) = \xi^n \exp(\pm\xi^2/2)$ という形の解（n は未定）を仮定して代入すると，

$$\frac{d^2\psi_\infty}{d\xi^2} = [n(n-1)\xi^{n-2} \pm (2n+1)\xi^n + \xi^{n+2}]\exp\left(\pm\frac{\xi^2}{2}\right)$$

となる．今は $|\xi|$ が大きい場合を考えているので，右辺の 3 つの項のうちで ξ^{n+2} の項がもっとも重要となり，$\psi_\infty(\xi) = \xi^n \exp(\pm\xi^2/2)$ が漸近解であることがわかる．$|\xi| \to \infty$ で発散する解は物理的に不適当なので，符号がマイナスの解のみ採用する．結局，$|\xi| \to \infty$ での (4.69) の解は，

$$\psi(\xi) \sim \xi^n \exp\left(-\frac{\xi^2}{2}\right)$$

のように振る舞う．

$$(n+1)(n+2)a_{n+2} = (2n+1-\lambda)a_n, \quad (n=0,1,2,\cdots) \tag{4.71}$$

が得られる．これから，a_0 を与えると偶パリティの解 $H^{\text{even}}(\xi) = a_0 + a_2\xi^2 + a_4\xi^4 + \cdots$ が，a_1 を与えると奇パリティの解 $H^{\text{odd}}(\xi) = a_1\xi + a_3\xi^3 + a_5\xi^5 + \cdots$ が決まる．これらが (4.70) の2つの独立解[43]である．さらに，これらから作られる $\psi(\xi)$ は，境界条件 (4.68) を満たさなければならない．そのためには，$n < \infty$ すなわち $H(\xi)$ が ξ の有限項で終わる多項式[44]である必要がある．数列 $\{a_n\}$ が有限で切れる[45]ためには，漸化式 (4.71) の右辺が 0，すなわち $2n+1-\lambda = 0$ となればよい[46]．よって，λ は任意の値をとることができず，$n = 0, 1, 2, \cdots$ として $\lambda = 2n+1$ でなければならないことになる．$\lambda = 2n+1$ を元の表示に戻すと，エネルギー固有値 E は，

---

[43] 1次元調和振動子のハミルトニアン (4.67) には空間反転対称性 $\hat{H}(x) = \hat{H}(-x)$ があるので，束縛状態のエネルギー固有関数 $\psi(x)$ も同様の対称性を持つ．よって，(4.70) の解 $H(\xi)$ は偶関数 $H^{\text{even}}(\xi)$ か奇関数 $H^{\text{odd}}(\xi)$ のどちらかになる．

[44] $H(\xi)$ が無限級数であるとすると，n の大きいところで $a_{n+2} \simeq (2/n)a_n$ となり，$|\xi| \to \infty$ で $H(\xi) \sim \exp(+\xi^2)$ のように振る舞うので，$\psi(\xi) = H(\xi)\exp(-\xi^2/2) \sim \exp(+\xi^2/2) \to \infty$ となり，$\psi(\xi)$ は2乗可積分ではなくなる．そのような解は非物理的なので採用できない．

[45] ある n' の $a_{n'}$ から先（$n \geq n'$）の a_n はすべて 0 になる，という意味．

[46] $H(\xi)$ は偶関数か奇関数のどちらかなので，n が偶数であっても奇数であっても，a_{n+2} 以降の展開係数はすべて 0 になり，$H(\xi)$ は有限次の多項式になる．

解説 4.22　3次元等方的調和振動子

3次元空間での等方的調和振動子のハミルトニアンは，

$$\hat{H} = -\frac{\hbar^2}{2m}\nabla^2 + \frac{1}{2}m\omega^2 r^2 = \frac{\hat{p}_x^2 + \hat{p}_y^2 + \hat{p}_z^2}{2m} + \frac{1}{2}m\omega^2(x^2+y^2+z^2) \tag{4.72}$$

である．これは $\hat{H} = \hat{H}_x + \hat{H}_y + \hat{H}_z$ と分離できるので，固有値は各成分の和

$$\begin{aligned}E_{n_x,n_y,n_z} &= \left(n_x + \frac{1}{2}\right)\hbar\omega + \left(n_y + \frac{1}{2}\right)\hbar\omega + \left(n_z + \frac{1}{2}\right)\hbar\omega \\ &= \left(n_x + n_y + n_z + \frac{3}{2}\right)\hbar\omega\end{aligned} \tag{4.73}$$

となる．ここで，$n_x, n_y, n_z = 0, 1, 2, \cdots$ である．固有値 E_{n_x,n_y,n_z} に属する固有関数は各成分の積

$$\begin{aligned}\psi_{n_x,n_y,n_z}(\boldsymbol{r}) &= \psi_{n_x}(x)\psi_{n_y}(y)\psi_{n_z}(z) \\ &= A_{n_x}A_{n_y}A_{n_z}\exp\left(-\frac{\rho^2}{2}|\boldsymbol{r}|^2\right)H_{n_x}(\rho x)H_{n_y}(\rho y)H_{n_z}(\rho z)\end{aligned} \tag{4.74}$$

となる．ψ_{n_ν} はいずれも (4.78) で与えられる．n 番目の励起状態のエネルギーは $E_n = (n+3/2)\hbar\omega$ であり，$(n+1)(n+2)/2$ 重に縮退している．なお，球面極座標での解法は，6.3節を参照せよ．

$$E = E_n = \left(n + \frac{1}{2}\right)\hbar\omega, \quad (n = 0, 1, 2, \cdots) \tag{4.75}$$

となる．これが調和振動子のエネルギー固有値である．すなわち，調和振動子のシュレーディンガー方程式の解が境界条件を満たすためには，エネルギー固有値は任意の値ではなく，$E_0, E_1, E_2, \cdots$ という離散値しかとれない．なお，調和振動子のエネルギー固有値は無限個存在する．

調和振動子のエネルギー固有値 E_n は，エネルギー間隔が $\hbar\omega$ で**等間隔**になっている．これは，プランクの量子仮説やアインシュタインの光量子仮説を思い起こさせる．真空中の電磁場（光）は無限個の 1 次元調和振動子の集合体と等価なので（ジーンズの定理），アインシュタインの光量子仮説 (1.5) が，量子力学の枠組みの中では自然に導かれたことになる．しかし (1.5) と少し違いがあり，エネルギーが最小となる基底状態 ($n = 0$) のエネルギーが 0 ではなく $E_0 = \hbar\omega/2 > 0$ である[*47]．これが調和振動子の**零点エネルギー**である．

エネルギー固有関数 $\psi_n(x)$ を求めよう．エネルギー固有値が $\lambda = 2n + 1$ すなわち $E_n = (n + 1/2)\hbar\omega$ の場合の (4.70) の多項式解は，ξ の n 次多項式となる．これは**エルミート (Hermite) 多項式**[*48] $H_n(\xi)$ と呼ばれ，

[*47]古典力学では，エネルギーが最小となる状態は $p_x = x = 0$ の状態で，その場合の力学的エネルギーは 0 であった．

[*48]$\lambda = 2n + 1$ を (4.70) に代入した微分方程式 $d^2 H/d\xi^2 - 2\xi dH/d\xi + 2nH = 0$ は**エルミートの微分方程式**といわれ，数学的によく調べられている．この解がエルミート多項式 $H_n(\xi)$ である．

解説 4.23 エルミート多項式の諸性質

エルミート多項式は，重み関数を $\exp(-\xi^2/2)$ とした直交関数系を形成している．

$$\int_{-\infty}^{\infty} \exp(-\xi^2) H_n(\xi) H_m(\xi) d\xi = \sqrt{\pi}\, 2^n n!\, \delta_{nm}. \tag{4.76}$$

n 次のエルミート多項式 $H_n(\xi)$ は n 個の節（零点）をもち，$H_n(-\xi) = (-1)^n H_n(\xi)$ が成り立つ．つまり，偶奇性は n に対して交互に並んでいる．n の小さな値に対するエルミート多項式を具体的に書くと，

$$H_0(\xi) = 1, \quad H_1(\xi) = 2\xi, \quad H_2(\xi) = 4\xi^2 - 2, \quad H_3(\xi) = 8\xi^3 - 12\xi, \quad H_4(\xi) = 16\xi^4 - 48\xi^2 + 12$$

である．また，次の漸化式を満たす．

$$H_{n+1}(\xi) - 2\xi H_n(\xi) + 2n H_{n-1}(\xi) = 0,$$
$$\frac{d^2 H_n(\xi)}{d\xi^2} = 2n \frac{dH_{n-1}(\xi)}{d\xi} = 4n(n-1) H_{n-2}(\xi).$$

次の母関数 $S(\xi, s)$ の展開係数としても定義できる．

$$S(\xi, s) = \exp[\xi^2 - (s - \xi)^2] = \exp(-s^2 + 2s\xi) = \sum_{n=0}^{\infty} \frac{H_n(\xi)}{n!} s^n.$$

$$H_n(\xi) = (-1)^n \exp(\xi^2) \frac{d^n}{d\xi^n} \exp(-\xi^2) \qquad (4.77)$$

と表すことができる．よって，1次元調和振動子の座標表示の波動関数 $\psi(\xi)$ は，$n = 0, 1, 2, \cdots$ として

$$\psi_n(x) = A_n \exp\left(-\frac{\rho^2}{2} x^2\right) H_n(\rho x) \qquad (4.78)$$

となる．規格化定数は $A_n = \sqrt{\rho}\left[\sqrt{\pi}\, 2^n n!\right]^{-1/2}$ である[*49]．この関数 $\psi_n(x)$ がエネルギー固有値 E_n に属する固有関数であり，1次元調和振動子のエネルギー準位はすべてが非縮退である．この関数系 $\{\psi_n(x)\}$ は完全正規直交関数系である[*50]．この波動関数は境界条件 (4.68) を満たしているので，放物形のポテンシャル $V(x) = m\omega^2 x^2/2$ に束縛された束縛状態を表す．

n 次のエルミート多項式 $H_n(\xi)$ は，n が偶数 ($n = 0, 2, 4, \cdots$) なら偶パリティ $H_n^{\text{even}}(\xi)$，n が奇数 ($n = 1, 3, 5, \cdots$) なら奇パリティ $H_n^{\text{odd}}(\xi)$ の多項式である．n が大きいほど，すなわちエネルギー固有値 E_n が大きいほど，波動関数は空間的に広がっている（図 4.15）．これは，古典力学での調和振動

[*49] (4.76) を用いて計算できる．

[*50] 公式 $\sum_{n=0}^{\infty} (z^n/2^n n!) H_n(x) H_n(y) = (1-z^2)^{-1/2} \exp[\{2xyz - (x^2+y^2)z^2\}/(1-z^2)]$ を用いると，閉包関係 $\sum_{n=0}^{\infty} \psi_n(x)\psi_n(y) = \delta(x-y)$ を証明できる．

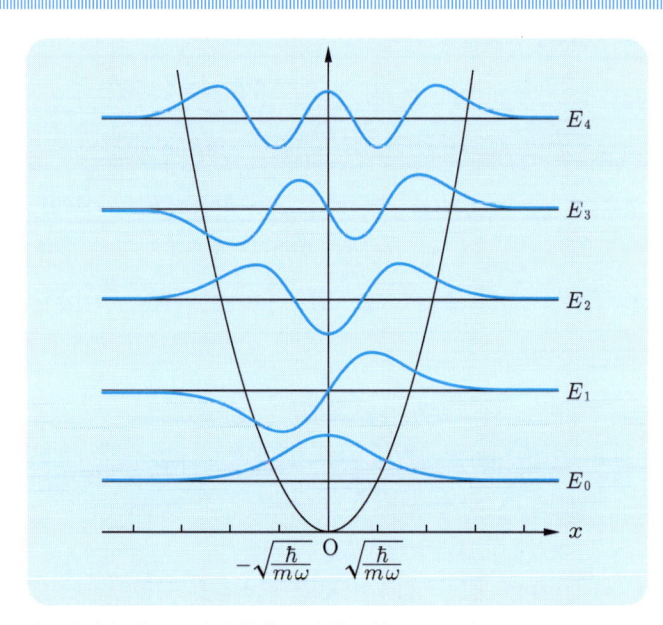

図 4.15　1次元調和振動子の定常状態の波動関数 $\psi_n(x)$ を，$n = 0, 1, 2, 3, 4$ の場合に青線でプロットした．放物線はポテンシャルを表し，横線はエネルギー準位を表す．これらの交点が古典的転回点で，調和振動の古典的振幅 $x^{(\text{cl})}$ に相当する．

子（単振動）の振幅が，全エネルギーが大きいほど大きいことに対応している[*51].

1次元調和振動子の座標表示でのエネルギー固有関数 (4.78) を用いて，位置と波数の不確定さ（標準偏差）を計算してみよう．n 番目の状態 $\psi_n(x)$ での期待値を計算する．波動関数の対称性から（計算しなくてもすぐ分かるように），$\langle \hat{x} \rangle = 0$ で $\langle \hat{k}_x \rangle = 0$ である．次に 2 乗平均を計算すると $\langle \hat{x}^2 \rangle = [\hbar/(m\omega)](n+1/2)$，$\langle \hat{k}_x^2 \rangle = (m\omega/\hbar)(n+1/2)$ となるので[*52]，不確定さは

$$\delta x = \sqrt{\frac{\hbar}{m\omega}}\sqrt{n+\frac{1}{2}}, \quad \delta k_x = \sqrt{\frac{m\omega}{\hbar}}\sqrt{n+\frac{1}{2}} \tag{4.79}$$

となる．これから，位置と運動量の不確定積 $\delta x \delta k_x$ は，

$$\delta x \delta k_x = n + \frac{1}{2} \tag{4.80}$$

となる．不確定性関係から $\delta x \delta k_x \geq 1/2$ でなければならないが，$n=0$ では

[*51] 古典的振幅 $x^{(\mathrm{cl})}$ は $E = V(x) \equiv m\omega^2 x^2/2$ を満たす x なので，固有値 E_n の固有状態での古典的振幅は $x_n^{(\mathrm{cl})} = \sqrt{2E_n/(m\omega^2)} = \sqrt{(2n+1)\hbar/(m\omega)} = \sqrt{2n+1}/\rho$ である．これより，長さの次元を持つ量 $1/\rho$ は，エネルギー固有値 $E_0 = \hbar\omega/2$ の基底状態 ($n=0$) に対応する古典的振幅 $x_0^{(\mathrm{cl})}$ に相当することがわかる．

[*52] $\langle \hat{x}^2 \rangle = [\hbar/(m\omega)](n+1/2) = E_n/(m\omega^2)$ なので，ポテンシャルエネルギーの期待値は $\langle V(x) \rangle = m\omega^2 \langle x^2 \rangle / 2 = E_n/2$ である．運動エネルギーの期待値は $\langle \hat{p}^2/(2m) \rangle = E_n - \langle V(x) \rangle = E_n/2$ となり，両者は等しい．

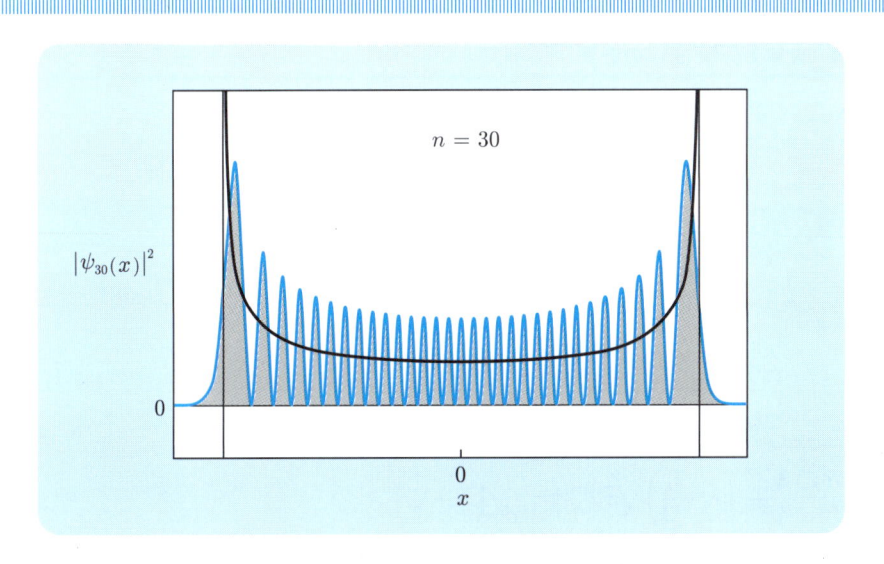

図 4.16　1 次元調和振動子のエネルギー固有状態の粒子の存在確率密度 $|\psi_n(x)|^2$ を，$n=30$ の場合に青線で描いた．両側の縦線は，調和振動の古典的振幅 $x^{(\mathrm{cl})}$（古典的転回点）を表す．古典的な調和振動子での粒子の存在確率密度 $P^{\mathrm{cl}}(x) \propto [(x^{(\mathrm{cl})})^2 - x^2]^{-1/2}$ も太い黒線で重ねて描いた．

等号が成り立っているので，調和振動子の基底状態は**最小不確定状態**になっている[53]．エネルギー固有値の大きな（n の大きな）状態になるほど，不確定積は大きくなる．

4.6.2 代数的方法：演算子法

1 次元調和振動子の固有値問題を，演算子法で解いてみよう．これは，**第 2 量子化法**と呼ばれる計算手法の導入準備にもなる．まず，調和振動子のハミルトニアン (4.67) を「因数分解」すると，

$$\hat{H} = \frac{\hbar\omega}{2}\left(\sqrt{\frac{m\omega}{2\hbar}}\hat{x} - \frac{i\hat{p}_x}{\sqrt{2m\hbar\omega}}\right)\left(\sqrt{\frac{m\omega}{2\hbar}}\hat{x} + \frac{i\hat{p}_x}{\sqrt{2m\hbar\omega}}\right)$$
$$+ \frac{\hbar\omega}{2}\left(\sqrt{\frac{m\omega}{2\hbar}}\hat{x} + \frac{i\hat{p}_x}{\sqrt{2m\hbar\omega}}\right)\left(\sqrt{\frac{m\omega}{2\hbar}}\hat{x} - \frac{i\hat{p}_x}{\sqrt{2m\hbar\omega}}\right) \quad (4.81)$$

となるから，これから 2 つの演算子

$$\hat{a}^\dagger \equiv \sqrt{\frac{m\omega}{2\hbar}}\left(\hat{x} - \frac{i\hat{p}_x}{m\omega}\right), \quad \hat{a} \equiv \sqrt{\frac{m\omega}{2\hbar}}\left(\hat{x} + \frac{i\hat{p}_x}{m\omega}\right) \quad (4.82)$$

を定義すると，ハミルトニアンは $\hat{H} = (\hbar\omega/2)(\hat{a}^\dagger\hat{a} + \hat{a}\hat{a}^\dagger)$ と表せる．$\hat{a}$ を**消滅演算子**，$\hat{a}^\dagger$ を**生成演算子**と呼ぶ[54]．この命名の意味は後で分かるだろう．$\hat{a}^\dagger \neq \hat{a}$ なので，これらはエルミート演算子ではない．これらの演算子は非可換で，交換関係は $[\hat{a},\hat{a}] = 0$, $[\hat{a}^\dagger,\hat{a}^\dagger] = 0$，および

---

[53] p.72 の解説 3.33 での議論も参照せよ．

[54] 両者をあわせて**昇降演算子**ともいう．

解説 4.24 位置の分散 $\langle \hat{x}^2 \rangle$ の計算

まず，$H_n(\xi)$ の漸化式を 2 回用いると

$$\xi^2 H_n(\xi) = \frac{1}{4}H_{n+2}(\xi) + \left(n + \frac{1}{2}\right)H_n(\xi) + n(n-1)H_{n-2}(\xi) \quad (4.83)$$

となる．これを用いて

$$\langle \hat{x}^2 \rangle \equiv \int_{-\infty}^{\infty} \psi_n^*(x) x^2 \psi_n(x) dx \stackrel{(4.78)}{=} |A_n|^2 \int_{-\infty}^{\infty} \exp\left(-\rho^2 x^2\right) H_n(\rho x) x^2 H_n(\rho x) dx$$

$$= \frac{|A_n|^2}{\rho^3} \int_{-\infty}^{\infty} \exp(-\xi^2) H_n(\xi)[\xi^2 H_n(\xi)] d\xi$$

$$\stackrel{(4.83)}{=} \frac{|A_n|^2}{\rho^3} \int_{-\infty}^{\infty} \exp(-\xi^2) H_n(\xi) \left[\frac{1}{4}H_{n+2}(\xi) + \left(n + \frac{1}{2}\right)H_n(\xi) + n(n-1)H_{n-2}(\xi)\right] d\xi$$

$$\stackrel{(4.76)}{=} \frac{|A_n|^2}{\rho^3}\left(n + \frac{1}{2}\right)\sqrt{\pi}\, 2^n n! = \frac{1}{\rho^2}\left(n + \frac{1}{2}\right)$$

$$= \frac{\hbar}{m\omega}\left(n + \frac{1}{2}\right)$$

と計算できる．波数の分散 $\langle \hat{k}_x^2 \rangle$ の計算は各自で行うこと．

$$[\hat{a}, \hat{a}^\dagger] = \frac{i}{2\hbar}\left(-[\hat{x}, \hat{p}_x] + [\hat{p}_x, \hat{x}]\right) = 1 \tag{4.84}$$

となっている. (4.82) を $\hat{p}_x$ と $\hat{x}$ について逆に解いた $\hat{p}_x = i(m\hbar\omega/2)^{1/2}(\hat{a}^\dagger - \hat{a})$ と $\hat{x} = [\hbar/(2m\omega)]^{1/2}(\hat{a}^\dagger + \hat{a})$ を代入すれば, 運動量演算子 $\hat{p}_x$ と位置演算子 $\hat{x}$ とで表されるすべての物理量は, $\hat{a}^\dagger$ と $\hat{a}$ とで必ず表すことができる.

(4.84) を用いると, 調和振動子のハミルトニアン $\hat{H} = (\hbar\omega/2)(\hat{a}^\dagger\hat{a} + \hat{a}\hat{a}^\dagger)$ は,

$$\hat{H} = \hbar\omega\left(\hat{a}^\dagger\hat{a} + \frac{1}{2}\right) = \hbar\omega\left(\hat{n} + \frac{1}{2}\right) \tag{4.85}$$

と書ける. ここで, **個数演算子** (number operator) と呼ばれるエルミート演算子 $\hat{n} \equiv \hat{a}^\dagger\hat{a}$ を定義した. $\hbar\omega/2$ という項が現れるのは, $\hat{a}$ と $\hat{a}^\dagger$ の非可換性 (つまりは $\hat{x}$ と $\hat{p}_x$ の非可換性) に起因している.

調和振動子のハミルトニアンは個数演算子 $\hat{n}$ で表されるので, エネルギー固有値問題すなわち (時間に依存しない) シュレーディンガー方程式を解く際, 座標表示や波数表示などの表示を気にせず, 個数演算子 $\hat{n}$ の固有値問題 $\hat{n}|n\rangle = n|n\rangle$ を考えればよい. ここで, $\hat{n}$ の固有値[*55]を n, これに属する固有ケットベクトルを $|n\rangle$ と書いた[*56]. $\{|n\rangle\}$ は完全正規直交系をなしている[*57]. 調和振動子のハミルトニアン (4.85) を $|n\rangle$ に作用させると,

---

[*55] 個数演算子はエルミート演算子なので, 固有値 n は実数である.

[*56] $|n\rangle$ で表される状態を**個数状態** (number state) や**個数確定状態**あるいは**フォック** (**Fock**) **状態**という. この完全正規直交系 $\{|n\rangle\}$ を用いた状態の表現を**個数表示**という.

[*57] 正規直交性 $\langle n|m\rangle = \delta_{nm}$ や閉包関係 $\sum_{n=0}^\infty |n\rangle\langle n| = \hat{1}$ が成り立っている.

解説 4.25　1 次元調和振動子の零点エネルギーと不確定性関係

零点エネルギーが不確定性関係に起因していることを示す. 古典力学での 1 次元調和振動子の力学的エネルギーは $E = p_x^2/2m + m\omega^2 x^2/2$ であり, ポテンシャル $m\omega^2 x^2/2$ の最下点 ($x = 0$) に粒子が静止した状態では $p_x = x = 0$ であるから, 古典的調和振動子の力学的エネルギーの最小値は 0 である. しかし量子力学では, 不確定性関係によって $p_x = x = 0$ とはできないので, エネルギーの最小値は 0 よりも大きくならざるを得ない. その値が零点エネルギーである. その大きさを不確定性関係を用いて評価してみよう.

エネルギーの期待値は, ハミルトニアン (4.67) より, $\langle\hat{H}\rangle = \langle\hat{p}_x^2\rangle/(2m) + m\omega^2\langle x^2\rangle/2$ であるが, $\langle x\rangle = \langle\hat{p}_x\rangle = 0$ であるから, $(\delta x)^2 = \langle x^2\rangle$, $(\delta p_x)^2 = \langle\hat{p}_x^2\rangle$ となり, エネルギーの期待値の最小値は,

$$\begin{aligned}\min\langle\hat{H}\rangle &= \frac{(\delta p_x)^2}{2m} + \frac{m\omega^2(\delta x)^2}{2} \\ &= \frac{1}{2m}(\delta p_x - m\omega\delta x)^2 + \omega\delta x\delta p_x \\ &\geq \frac{\hbar\omega}{2}\end{aligned}$$

となる. 最後の不等式で, 位置と運動量の不確定性関係 $\delta x \delta p_x \geq \hbar/2$ を用いた. (4.79) より, $\delta p_x = \hbar\delta k_x = m\omega\delta x$ が成り立っている. よって, 調和振動子の基底状態のエネルギーは, ちょうど等号が成り立つ場合になっており, その値 $\min\langle\hat{H}\rangle = \hbar\omega/2$ が零点エネルギーになっている.

$\hat{H}|n\rangle = (\hat{n}+1/2)\hbar\omega|n\rangle = (n+1/2)\hbar\omega|n\rangle$ となるので，$|n\rangle$ は調和振動子のエネルギー固有状態でもあり[*58]，エネルギー固有値は $\hbar\omega(n+1/2)$ となる．

さて，固有値 n はどのような値をとるのかを調べよう．固有ケット $|n\rangle$ に，演算子 $\hat{n}\hat{a}$ や $\hat{n}\hat{a}^\dagger$ を作用させると，

$$\begin{aligned}
\hat{n}\hat{a}|n\rangle &= (\hat{a}^\dagger\hat{a})\hat{a}|n\rangle \\
&\stackrel{(4.84)}{=} (\hat{a}\hat{a}^\dagger - 1)\hat{a}|n\rangle \\
&= \hat{a}\hat{n}|n\rangle - \hat{a}|n\rangle = (n-1)\hat{a}|n\rangle, \\
\hat{n}\hat{a}^\dagger|n\rangle &= \hat{a}^\dagger(\hat{a}\hat{a}^\dagger)|n\rangle \\
&\stackrel{(4.84)}{=} \hat{a}^\dagger(\hat{a}^\dagger\hat{a} + 1)|n\rangle \\
&= \hat{a}^\dagger\hat{n}|n\rangle + \hat{a}^\dagger|n\rangle = (n+1)\hat{a}^\dagger|n\rangle
\end{aligned}$$

となるので，これらと $\hat{n}|n\pm 1\rangle = (n\pm 1)|n\pm 1\rangle$ とを比べると，$\hat{a}|n\rangle$ は，固有値 $n-1$ に属する $\hat{n}$ の固有ケットベクトル $|n-1\rangle$（の定数倍），$\hat{a}^\dagger|n\rangle$ は，固有値 $n+1$ に属する $\hat{n}$ の固有ケットベクトル $|n+1\rangle$（の定数倍）になっていることが分かる．すなわち，$\hat{a}$ と $\hat{a}^\dagger$ は固有値 n を 1 ずつ下げたり上げたりするので，消滅演算子や生成演算子と呼ばれている．

また，状態 $|n\rangle$ における n の期待値 $\langle n|\hat{n}|n\rangle$ は，$|n\rangle$ の定義と規格化条件より $\langle n|\hat{n}|n\rangle = n\langle n|n\rangle = n$ であるが，他方，$\langle n|\hat{n}|n\rangle = \langle n|\hat{a}^\dagger\hat{a}|n\rangle = \|\hat{a}|n\rangle\|^2 \geq 0$

[*58] つまり，$|n\rangle$ は $\hat{n}$ と $\hat{H}$ の同時固有ケットベクトルである．

解説 4.26 $\hat{a}|n\rangle$ と $\hat{a}^\dagger|n\rangle$ の規格化

$\hat{a}|n\rangle$ は $\hat{n}$ の固有ケットベクトル $|n-1\rangle$ の定数倍である．そこで，$n = 1, 2, \cdots$ のときに $\hat{a}|n\rangle = N_n|n-1\rangle$ とおいて両辺のノルムを計算すると，左辺は $\|\hat{a}|n\rangle\|^2 = \langle n|\hat{a}^\dagger\hat{a}|n\rangle = n$，右辺は $\|N_n|n-1\rangle\|^2 = \langle n-1|N_n^*N_n|n-1\rangle = |N_n|^2\langle n-1|n-1\rangle = |N_n|^2$ となるので，$|N_n|^2 = n$ である．N_n の位相は任意だから実数にとって，$N_n = \sqrt{n}$ とする．よって，

$$\hat{a}|n\rangle = \sqrt{n}|n-1\rangle \tag{4.86}$$

である．$n = 0$ のときは，$\hat{a}|0\rangle = 0$ である．

次に，$\hat{a}^\dagger|n\rangle$ は $\hat{n}$ の固有ケットベクトル $|n+1\rangle$ の定数倍である．$\hat{a}^\dagger|n\rangle = N_n'|n+1\rangle$ とおいて，両辺に左から $\langle n+1|$ を掛けると（内積を計算すると），$\langle n+1|\hat{a}^\dagger|n\rangle = \langle n+1|N_n'|n+1\rangle = N_n'$ となる．(4.86) で n を $n+1$ に置き換えた式のエルミート共役は $\langle n+1|\hat{a}^\dagger = \sqrt{n+1}\langle n|$ であるから，これを用いると，$N_n' = \sqrt{n+1}$ であることが分かり，

$$\hat{a}^\dagger|n\rangle = \sqrt{n+1}|n+1\rangle \tag{4.87}$$

となる．

でもあるので，$\hat{n}$ の固有値は非負であり最小値が存在することになる．その最小値を $n_{\min}$ とすると，$\hat{a}|n_{\min}\rangle \propto |n_{\min}-1\rangle = 0$ である[*59]が，$|n_{\min}\rangle$ に $\hat{n}$ を作用させると，$\hat{n}|n_{\min}\rangle = n_{\min}|n_{\min}\rangle = \hat{a}^\dagger(\hat{a}|n_{\min}\rangle) = 0$ となり，$n_{\min} = 0$ であることになる[*60]．n の値は 1 ずつ変化することと併せて，$\hat{n}$ の固有値 n は非負の整数 $n = 0, 1, 2, \cdots$ になる．よって結局，1 次元調和振動子のエネルギー固有値は，$n = 0, 1, 2, \cdots$ として $\hbar\omega(n + 1/2)$ となり，(4.75) と一致する．

エネルギー固有ケット $|n\rangle$ は，(4.87) を用いると，$\hat{a}^\dagger$ を基底ケットベクトル $|0\rangle$ に n 回作用させることにより，$|n\rangle = C_n(\hat{a}^\dagger)^n|0\rangle$ と表すことができる．この係数 C_n を求めてみよう．$n = \langle n|\hat{n}|n\rangle = \langle n|\hat{a}\hat{a}^\dagger - 1|n\rangle = \langle n|\hat{a}\hat{a}^\dagger|n\rangle - 1$ なので，$n + 1 = \langle n|\hat{a}\hat{a}^\dagger|n\rangle$ が成り立つ．この右辺はさらに $\langle n|\hat{a}\hat{a}^\dagger|n\rangle = |C_n|^2\langle 0|\hat{a}^n(\hat{a}\hat{a}^\dagger)(\hat{a}^\dagger)^n|0\rangle = (|C_n|^2/|C_{n+1}|^2)\langle n+1|n+1\rangle = |C_n|^2/|C_{n+1}|^2$ と変形できるので，結局 $|C_n| = (n!)^{-1/2}$ であることがわかる．よって，C_n を実数にとって

$$|n\rangle = \frac{1}{\sqrt{n!}}(\hat{a}^\dagger)^n|0\rangle \tag{4.88}$$

となる．

[*59] $|n_{\min} - 1\rangle$ は存在しないので 0 にならざるを得ない．
[*60] よって，$|0\rangle$ が最低エネルギー状態である．$|0\rangle$ は **真空状態** ともいわれる．

解説 4.27　$|n\rangle$ の座標表示 $\langle x|n\rangle$

基底状態 $|0\rangle$ は $\hat{a}|0\rangle = 0$ を満たす．この両辺に左から位置演算子の固有ブラベクトル $\langle x|$ を掛ける（内積をとる）と，$\langle x|\hat{a}|0\rangle = \hat{a}\langle x|0\rangle = 0$ が成り立つ．$\langle x|0\rangle$ は基底状態を表す座標表示の波動関数 $\psi_0(x)$ だから，$\hat{a}$ の定義 (4.82) と $\hat{p}_x = -i\hbar d/dx$ を用いて $\hat{a}\langle x|0\rangle = 0$ を書き直すと，

$$\sqrt{\frac{m\omega}{2\hbar}}\left(x + \frac{\hbar}{m\omega}\frac{d}{dx}\right)\psi_0(x) = 0$$

という $\psi_0(x)$ についての常微分方程式が得られる．積分定数を N とすると，$\psi_0(x) = N\exp[-m\omega x^2/(2\hbar)]$ が解である．これは $k_0 = 0$ かつ $\rho = (m\omega/\hbar)^{1/2}$ の場合のガウス波束 (4.9) で，$N = [m\omega/(\pi\hbar)]^{1/4}$ である．これは，級数展開法で得た波動関数 (4.78) の $n = 0$ の場合と一致している．

(4.88) の両辺に左から位置演算子の固有ブラベクトル $\langle x|$ を掛けると，$\langle x|n\rangle = (n!)^{-1/2}(\hat{a}^\dagger)^n\langle x|0\rangle$ となるが，$\langle x|n\rangle$ は固有値 n に属する座標表示の固有関数 $\psi_n(x)$ なので，これと $\hat{a}$ の定義 (4.82) から

$$\psi_n(x) = \frac{1}{\sqrt{n!}}\left(\frac{m\omega}{2\hbar}\right)^{n/2}\left(x - \frac{\hbar}{m\omega}\frac{d}{dx}\right)^n\psi_0(x)$$

が得られる．$\psi_0(x)$ はすでに求まっているから，すべての $n = 0, 1, 2, \cdots$ に対しての $\psi_n(x)$ が求まる．これらはすべて，(4.78) と一致する．

4.6.3 ハイゼンベルク表示

1次元調和振動子の位置演算子 $\hat{x}$ と運動量演算子 $\hat{p}_x$ のハイゼンベルク表示はハイゼンベルクの運動方程式 (3.78) にしたがうから，時間推進演算子 (3.70) を $\hat{U}(t,0) = \exp(-i\hat{H}t/\hbar)$ とすると（$\hat{U}$ は $\hat{H}$ と可換であることに注意して），

$$\frac{d}{dt}\hat{x}_\mathrm{H}(t) \stackrel{(3.78)}{=} -\frac{i}{\hbar}[\hat{x}_\mathrm{H}(t), \hat{H}] \stackrel{(3.82)}{=} -\frac{i}{\hbar}\hat{U}^\dagger(t,0)[\hat{x}, \hat{H}]\hat{U}(t,0)$$

$$\stackrel{(4.67)}{=} -\frac{i}{\hbar}\hat{U}^\dagger(t,0)\left[\hat{x}, \frac{\hat{p}_x^2}{2m}\right]\hat{U}(t,0)$$

$$\stackrel{(3.29)}{=} \frac{1}{m}\hat{U}^\dagger(t,0)\hat{p}_x\hat{U}(t,0) = \frac{1}{m}(\hat{p}_x)_\mathrm{H}(t), \qquad (4.89)$$

$$\frac{d}{dt}(\hat{p}_x)_\mathrm{H}(t) \stackrel{(3.78)}{=} -\frac{i}{\hbar}[(\hat{p}_x)_\mathrm{H}(t), \hat{H}] \stackrel{(3.82)}{=} -\frac{i}{\hbar}\hat{U}^\dagger(t,0)[\hat{p}_x, \hat{H}]\hat{U}(t,0)$$

$$\stackrel{(4.67)}{=} -\frac{i}{\hbar}\hat{U}^\dagger(t,0)\left[\hat{p}_x, \frac{1}{2}m\omega^2\hat{x}^2\right]\hat{U}(t,0)$$

$$\stackrel{(3.29)}{=} -m\omega^2 \hat{U}^\dagger(t,0)\hat{x}\hat{U}(t,0) = -m\omega^2 \hat{x}_\mathrm{H}(t) \qquad (4.90)$$

で記述される[*61]．これを連立させて解くと，

$$\hat{x}_\mathrm{H}(t) = \hat{x}_\mathrm{S} \cos\omega t + \frac{(\hat{p}_x)_\mathrm{S}}{m\omega} \sin\omega t, \qquad (4.91)$$

$$(\hat{p}_x)_\mathrm{H}(t) = -m\omega \hat{x}_\mathrm{S} \sin\omega t + (\hat{p}_x)_\mathrm{S} \cos\omega t \qquad (4.92)$$

[*61] ポテンシャル V が位置演算子のみの関数の場合の一般論 (3.87) と (3.88) の一例である．

解説 4.28 個数表示を用いた期待値の計算

1次元調和振動子のエネルギー固有状態での期待値の計算は，生成消滅演算子と個数表示を用いると一般に簡単になる．座標表示では，エルミート多項式の性質 (4.83) を用いて位置の分散 $\langle \hat{x}^2 \rangle$ を計算しなければならず，煩雑であった．

$\hat{x} = [\hbar/(2m\omega)]^{1/2}(\hat{a}^\dagger + \hat{a})$ を用いると，$|n\rangle$ での期待値は，(4.84) と (4.86) と (4.87) を利用して

$$\langle \hat{x} \rangle = [\hbar/(2m\omega)]^{1/2}\langle n|\hat{a}^\dagger + \hat{a}|n\rangle = [\hbar/(2m\omega)]^{1/2}\Big[\langle n|\sqrt{n+1}|n+1\rangle + \langle n|\sqrt{n}|n-1\rangle\Big]$$

$$= [\hbar/(2m\omega)]^{1/2}\Big[\sqrt{n+1}\langle n|n+1\rangle + \sqrt{n}\langle n|n-1\rangle\Big] = 0,$$

$$\langle \hat{x}^2 \rangle = [\hbar/(2m\omega)]\langle n|(\hat{a}^\dagger + \hat{a})^2|n\rangle = [\hbar/(2m\omega)]\Big[\langle n|(\hat{a}^\dagger)^2 + \hat{a}^2 + \hat{a}^\dagger\hat{a} + \hat{a}\hat{a}^\dagger|n\rangle\Big]$$

$$= [\hbar/(2m\omega)]\Big[\langle n|(\hat{a}^\dagger)^2 + \hat{a}^2 + 2\hat{a}^\dagger\hat{a} + 1|n\rangle\Big] = [\hbar/(m\omega)](n+1/2).$$

$\hat{p}_x = \hbar\hat{k}_x = i(m\hbar\omega/2)^{1/2}(\hat{a}^\dagger - \hat{a})$ を用いると，$|n\rangle$ での期待値は，

$$\langle \hat{k}_x \rangle = i[m\omega/(2\hbar)]^{1/2}\langle n|\hat{a}^\dagger - \hat{a}|n\rangle = i[m\omega/(2\hbar)]^{1/2}\Big[\sqrt{n+1}\langle n|n+1\rangle - \sqrt{n}\langle n|n-1\rangle\Big] = 0,$$

$$\langle \hat{k}_x^2 \rangle = -[m\omega/(2\hbar)]\langle n|(\hat{a}^\dagger - \hat{a})^2|n\rangle = -[m\omega/(2\hbar)]\Big[\langle n|(\hat{a}^\dagger)^2 + \hat{a}^2 - \hat{a}^\dagger\hat{a} - \hat{a}\hat{a}^\dagger|n\rangle\Big]$$

$$= -[m\omega/(2\hbar)]\Big[\langle n|(\hat{a}^\dagger)^2 + \hat{a}^2 - 2\hat{a}^\dagger\hat{a} - 1|n\rangle\Big] = (m\omega/\hbar)(n+1/2).$$

となり，古典力学での結果と同じ形になる．ここで，$\hat{x}_S \equiv \hat{x}_H(t=0)$ と $(\hat{p}_x)_S \equiv (\hat{p}_x)_H(t=0)$ は，シュレーディンガー表示の演算子である．

別の導出法もある．例として位置座標の時間発展（ハイゼンベルク表示）$\hat{x}_H(t)$ を考えよう．(3.70) のユニタリー時間推進演算子 $\hat{U}(t,0) = \exp(-i\hat{H}t/\hbar) = \exp[-i(\hat{p}_x^2/m + m\omega^2\hat{x}^2)t/(2\hbar)]$ を用いると，定義 (3.76) から $\hat{x}_H(t) = \exp(i\hat{H}t/\hbar)\hat{x}_S\exp(-i\hat{H}t/\hbar)$ である．解説 4.30 のベイカー-ハウスドルフ (Baker-Hausdorff) の補助定理 (4.95) を用いて，右辺を直接計算すると

$$\exp\left(\frac{i\hat{H}t}{\hbar}\right)\hat{x}_S\exp\left(-\frac{i\hat{H}t}{\hbar}\right)$$
$$= \hat{x}_S + \frac{it}{\hbar}[\hat{H},\hat{x}_S] + \frac{1}{2!}\left(\frac{it}{\hbar}\right)^2[\hat{H},[\hat{H},\hat{x}_S]] + \cdots$$

となる．ここで，$[\hat{H},\hat{x}_S] = -i\hbar(\hat{p}_x)_S/m$ と $[\hat{H},(\hat{p}_x)_S] = i\hbar m\omega^2\hat{x}_S$ を用いると，

$$\begin{aligned}\hat{x}_H(t) &= \hat{x}_S + \frac{t}{m}(\hat{p}_x)_S - \frac{\omega^2 t^2}{2!}\hat{x}_S - \frac{\omega^2 t^3}{3!m}(\hat{p}_x)_S + \cdots \\ &= \hat{x}_S\sum_{n=0}^{\infty}\frac{(-1)^n(\omega t)^{2n}}{(2n)!} + \frac{(\hat{p}_x)_S}{m\omega}\sum_{n=0}^{\infty}\frac{(-1)^n(\omega t)^{2n+1}}{(2n+1)!}\end{aligned} \quad (4.93)$$

となるから，(4.91) が得られる．(4.92) についても同様である．

4.6.4 コヒーレント状態

(4.91) と (4.92) が古典力学での運動方程式と同形になるからといって，$t=0$

解説 4.29 生成・消滅演算子のハイゼンベルク表示

調和振動子の時間発展方程式 (4.91), (4.92) は，生成・消滅演算子の時間発展からも導くことができる．$\hat{a}$ と $\hat{a}^\dagger$ についてのハイゼンベルクの運動方程式は，

$$\begin{aligned}\frac{d}{dt}\hat{a}_H(t) &\stackrel{(3.78)}{=} -\frac{i}{\hbar}[\hat{a}_H(t),\hat{H}] \stackrel{(3.82)}{=} -\frac{i}{\hbar}\hat{U}^\dagger(t,0)[\hat{a},\hat{H}]\hat{U}(t,0) \\ &\stackrel{(4.85)}{=} -\frac{i}{\hbar}\hat{U}^\dagger(t,0)[\hat{a},\hbar\omega\hat{a}^\dagger\hat{a}]\hat{U}(t,0) \stackrel{(4.84)}{=} -i\omega\hat{U}^\dagger(t,0)\hat{a}\hat{U}(t,0) \\ &= -i\omega\hat{a}_H(t),\end{aligned}$$

$$\frac{d}{dt}\hat{a}_H^\dagger(t) = +i\omega\hat{a}_H^\dagger(t)$$

であるから，すぐに積分できて，

$$\begin{aligned}\hat{a}_H(t) &= \hat{a}_H(0)\exp(-i\omega t) = \hat{a}_S\exp(-i\omega t), \\ \hat{a}_H^\dagger(t) &= \hat{a}_H^\dagger(0)\exp(i\omega t) = \hat{a}_S^\dagger\exp(i\omega t)\end{aligned}$$

となる．時刻 t での交換関係は，$[\hat{a}_H(t),\hat{a}_H^\dagger(t)] = \hat{U}^\dagger(t,0)[\hat{a},\hat{a}^\dagger]\hat{U}(t,0) = \hat{U}^\dagger(t,0)(1)\hat{U}(t,0) = 1$ となり，任意の t で (4.84) が成り立っている．$\hat{x} = [\hbar/(2m\omega)]^{1/2}(\hat{a}^\dagger + \hat{a})$ と $\hat{p}_x = i(m\hbar\omega/2)^{1/2}(\hat{a}^\dagger - \hat{a})$ のハイゼンベルク表示に代入すると，(4.91) と (4.92) が得られる．

での初期状態がエネルギー固有状態 $|n\rangle$ の場合の期待値 $\langle \hat{x}_\mathrm{H}(t) \rangle$ と $\langle (\hat{p}_x)_\mathrm{H}(t) \rangle$ が古典力学での調和振動子のように角振動数 ω で振動していると帰結してはならない．実際，エネルギー固有状態 $|n\rangle$ では，任意の時刻 $t \geq 0$ において $\langle n|\hat{x}_\mathrm{H}(t)|n\rangle = \langle n|(\hat{p}_x)_\mathrm{H}(t)|n\rangle = 0$ となり[*62]時間変化しない[*63]．古典的振動子のように，時間とともに期待値 $\langle \hat{x}_\mathrm{H}(t) \rangle$ が単振動するような状態は，エネルギー固有状態 $\{|n\rangle\}$ を重ね合わせて作られるはずである．古典的振動子ともっともよく似た状態は，エネルギー固有状態 $|n\rangle$ をどのように重ね合わせたらできるだろうか．そのような状態が**コヒーレント状態** (coherent state) と呼ばれる[*64]．

コヒーレント状態 $|\alpha\rangle$ は，非エルミート演算子 $\hat{a}$ の固有状態 $|\alpha\rangle$，すなわち $\hat{a}|\alpha\rangle = \alpha|\alpha\rangle$ を満たす状態 $|\alpha\rangle$ として定義される．複素数 α は $\hat{a}$ の固

[*62] (3.84) の右辺の $-\langle \boldsymbol{\nabla} V(\boldsymbol{r}) \rangle$ 項は，今の場合は $-\langle dV(x)/dx \rangle = -m\omega^2 \langle x \rangle$ となるが，状態が $|n\rangle$ のときは任意の時刻で $\langle x \rangle = 0$ なので，$-\langle dV(x)/dx \rangle = 0$ となる．よって，古典的振動子のように振動しないからといって p.67 のエーレンフェストの定理に反しているわけではない．

[*63] $|n\rangle$ は定常状態なので，3.5.4 項でも示したとおり，期待値は時間変化しない．

[*64] 4.1 節の自由粒子の場合は，$t = 0$ に最小不確定状態（ガウス波束）を用意しても，時間の経過とともに位置の不確定度が増大したが，放物形のポテンシャルでうまく閉じこめると，調和振動子のエネルギー固有状態をうまく重ね合わせて作ったコヒーレント状態を作ることができ，この状態では時間によらずに常に最小不確定状態のガウス波束のままで運動させることができる．

解説 4.30　演算子代数の便利な公式

(i) 2 つの演算子 $\hat{A}$ と $\hat{B}$ があり，それらの交換子 $[\hat{A}, \hat{B}]$ が $\hat{A}, \hat{B}$ のそれぞれと可換ならば，つまり $[[\hat{A}, \hat{B}], \hat{A}] = [[\hat{A}, \hat{B}], \hat{B}] = 0$ のとき，

$$\begin{aligned} \exp(\hat{A} + \hat{B}) &= \exp(\hat{A})\exp(\hat{B})\exp\left(-\frac{[\hat{A}, \hat{B}]}{2}\right) \\ &= \exp(\hat{B})\exp(\hat{A})\exp\left(\frac{[\hat{A}, \hat{B}]}{2}\right). \end{aligned} \tag{4.94}$$

(ii) 2 つの演算子 $\hat{A}$ と $\hat{B}$ があり，c をある c 数とするとき

$$\begin{aligned} \exp(c\hat{B})\hat{A}\exp(-c\hat{B}) = &\hat{A} + c[\hat{B}, \hat{A}] + \frac{c^2}{2!}[\hat{B}, [\hat{B}, \hat{A}]] + \frac{c^3}{3!}[\hat{B}, [\hat{B}, [\hat{B}, \hat{A}]]] + \cdots \\ &+ \frac{c^n}{n!}[\hat{B}, [\hat{B}, \cdots [\hat{B}, \hat{A}]\cdots]] + \cdots \end{aligned} \tag{4.95}$$

これを，**ベイカー–ハウスドルフの補助定理**という．

有値である．(4.87) のエルミート共役 $\sqrt{n+1}\langle n+1| = \langle n|\hat{a}$ の右から $|\alpha\rangle$ を掛けると，$\sqrt{n+1}\langle n+1|\alpha\rangle = \langle n|\hat{a}|\alpha\rangle = \alpha\langle n|\alpha\rangle$ なので，$\langle n+1|\alpha\rangle = \left(\alpha/\sqrt{n+1}\right)\langle n|\alpha\rangle = \cdots = \left(\alpha^{n+1}/\sqrt{(n+1)!}\right)\langle 0|\alpha\rangle$ が得られる．よって，$|\alpha\rangle = \sum_{n=0}^{\infty}|n\rangle\langle n|\alpha\rangle = \langle 0|\alpha\rangle\sum_{n=0}^{\infty}(\alpha^n/\sqrt{n!})|n\rangle$ となる．$\langle 0|\alpha\rangle$ の値は，規格化条件より $\langle 0|\alpha\rangle = \exp(-|\alpha|^2/2)$ なので[*65]，コヒーレント状態 $|\alpha\rangle$ は，個数表示のエネルギー固有状態 $|n\rangle$ を

$$|\alpha\rangle = \exp\left(-\frac{1}{2}|\alpha|^2\right)\sum_{n=0}^{\infty}\frac{\alpha^n}{\sqrt{n!}}|n\rangle \tag{4.96}$$

のように重ね合わせたものになっている．また，この式は (4.88) を使うと，基底状態 $|0\rangle$ を用いて

$$\begin{aligned}|\alpha\rangle &= \exp\left(-\frac{1}{2}|\alpha|^2\right)\sum_{n=0}^{\infty}\frac{(\alpha\hat{a}^\dagger)^n}{n!}|0\rangle = \exp\left(-\frac{1}{2}|\alpha|^2\right)\exp(\alpha\hat{a}^\dagger)|0\rangle \\ &= \exp\left(-\frac{1}{2}|\alpha|^2\right)\exp(\alpha\hat{a}^\dagger)\exp(-\alpha^*\hat{a})|0\rangle \\ &\stackrel{(4.94)}{=} \exp\left(\alpha\hat{a}^\dagger - \alpha^*\hat{a}\right)|0\rangle \end{aligned} \tag{4.97}$$

と表すこともできる．コヒーレント状態 $|\alpha\rangle$ の個数表示は，(4.96) を用いると

$$\langle n|\alpha\rangle = \exp\left(-\frac{1}{2}|\alpha|^2\right)\frac{\alpha^n}{\sqrt{n!}} \tag{4.98}$$

[*65] $\langle\alpha|\alpha\rangle = |\langle 0|\alpha\rangle|^2\sum_{n=0}^{\infty}|\alpha|^{2n}/n! = |\langle 0|\alpha\rangle|^2\exp(|\alpha|^2) = 1$ である．

解説 4.31 コヒーレント状態の閉包関係

コヒーレント状態 $|\alpha\rangle$ を個数状態 $|n\rangle$ で展開した (4.96) を用いて，複素数 α の $d^2\alpha = d(\text{Re}\,\alpha)d(\text{Im}\,\alpha)$ での積分を，α の大きさ $r \equiv |\alpha|$ と位相 $\theta \equiv \arg\alpha$ の $d^2\alpha = rdrd\theta$ についての積分にして計算すると，

$$\begin{aligned}\frac{1}{\pi}\int|\alpha\rangle\langle\alpha|d^2\alpha &= \frac{1}{\pi}\int\exp(-|\alpha|^2)\sum_{n=0}^{\infty}\sum_{m=0}^{\infty}\frac{\alpha^n(\alpha^*)^m}{\sqrt{n!m!}}|n\rangle\langle m|d^2\alpha \\ &= \frac{1}{\pi}\int_{-\pi}^{\pi}d\theta\int_0^{\infty}rdr\exp(-r^2)\sum_{n=0}^{\infty}\sum_{m=0}^{\infty}\frac{r^{n+m}}{\sqrt{n!m!}}\exp[i(n-m)\theta]|n\rangle\langle m| \\ &= 2\int_0^{\infty}rdr\exp(-r^2)\sum_{n=0}^{\infty}\frac{r^{2n}}{n!}|n\rangle\langle n| \\ &= 2\sum_{n=0}^{\infty}\frac{|n\rangle\langle n|}{n!}\int_0^{\infty}r^{2n+1}\exp(-r^2)dr \\ &= \sum_{n=0}^{\infty}|n\rangle\langle n| = 1\end{aligned}$$

となり，閉包関係が示された．ここで，n と m が整数の場合の $\int_{-\pi}^{\pi}\exp[i(n-m)\theta]d\theta = 2\pi\delta_{nm}$ や $\int_0^{\infty}r^{2n+1}\exp(-r^2)dr = n!/2$ を用いた．

であるので，状態 $|\alpha\rangle$ にある調和振動子を観測して，$n\hbar\omega$ というエネルギーを持つ振動子をみいだす確率は $|\langle n|\alpha\rangle|^2 = \exp(-|\alpha|^2)|\alpha|^{2n}/n!$ となり，**ポアソン分布**となる．このときの個数演算子 $\hat{n}$ の期待値は $\langle n \rangle = |\alpha|^2$ である．また，コヒーレント状態 $|\alpha\rangle$ の座標表示 $\langle x|\alpha\rangle$ は，結果だけ記すと，

$$\langle x|\alpha\rangle = \left(\frac{m\omega}{\pi\hbar}\right)^{1/4} \exp\left[-\frac{1}{2}(|\alpha|^2 - \alpha^2)\right] \exp\left[-\frac{m\omega}{2\hbar}\left(x - \alpha\sqrt{\frac{2\hbar}{m\omega}}\right)^2\right] \tag{4.99}$$

となり，ガウス波束になっている．

コヒーレント状態 $|\alpha\rangle$ での位置と波数の不確定さ（標準偏差）を計算してみよう．次頁の解説 4.33 の計算結果 (4.103)～(4.106) を用いると，不確定さは

$$\delta x = \sqrt{\frac{\hbar}{2m\omega}}, \quad \delta k_x = \sqrt{\frac{m\omega}{2\hbar}} \tag{4.100}$$

となり α に依存しない．よって，位置と運動量の不確定積は，固有値 α に依存せずに $\delta x \delta k_x = 1/2$ であり最小になっている．よって，任意の固有値 α に対して[*66]**コヒーレント状態は最小不確定状態になっている**[*67]．

初期時刻 $t = 0$ でコヒーレント状態 $|\alpha\rangle$ にあったとすると，ハミルトニアン

[*66] 個数状態 $|n\rangle$ では，$n = 0$ の基底状態 $|0\rangle$ のみが最小不確定状態であった．
[*67] $\delta x \delta k_x = 1/2$ を満たす最小不確定状態のうちで，δx と δk_x の値が (4.100) から（アンバランスに）ずれている状態を**スクイズド状態** (squeezed state) という．

解説 4.32　コヒーレント状態の非直交性と過完備性

2つのコヒーレント状態 $|\alpha\rangle$ と $|\beta\rangle$ の内積は

$$\langle \alpha|\beta \rangle \overset{(4.96)}{=} \exp\left(-\frac{1}{2}|\alpha|^2\right) \exp\left(-\frac{1}{2}|\beta|^2\right) \sum_{n=0}^{\infty} \frac{(\alpha^*\beta)^n}{n!}$$

$$= \exp\left(\alpha^*\beta - \frac{1}{2}|\alpha|^2 - \frac{1}{2}|\beta|^2\right) \neq 0$$

なので，$\{|\alpha\rangle\}$ は**直交系ではない**．また，解説 4.31 で示したように，閉包関係

$$\frac{1}{\pi} \int |\alpha\rangle\langle\alpha| d^2\alpha = 1$$

が成り立つので，$\{|\alpha\rangle\}$ は完全系ではあるが，

$$|\alpha\rangle = \frac{1}{\pi} \int \exp\left(\alpha\beta^* - \frac{1}{2}|\alpha|^2 - \frac{1}{2}|\beta|^2\right) |\beta\rangle d^2\beta$$

のように，$|\alpha\rangle$ と $|\beta\rangle$ とは一次従属なので，個数状態の完全系 $\{|n\rangle\}$ とは 1 対 1 に対応していない．このような系を**過完備系** (overcomplete set) という．

(4.67) でユニタリー時間発展した後の時刻 t では，状態 $\exp(-i\hat{H}t/\hbar)|\alpha\rangle$ になっている．この状態は (4.97) を用いると $\exp(-i\omega t/2)|\alpha\exp(-i\omega t)\rangle$ と変形できるので[68]，やはりコヒーレント状態である．よって，時刻 t でのコヒーレント状態 $\exp(-i\hat{H}t/\hbar)|\alpha\rangle$ での位置と波数の期待値は，(4.103) と (4.105) において $\alpha \to \alpha\exp(-i\omega t)$ と置き換えればよいので，

$$\langle \hat{x} \rangle = [\hbar/(2m\omega)]^{1/2}\Big[(\mathrm{Re}\,\alpha)\cos\omega t + (\mathrm{Im}\,\alpha)\sin\omega t\Big], \qquad (4.101)$$

$$\langle \hat{k}_x \rangle = [m\omega/(2\hbar)]^{1/2}\Big[-(\mathrm{Re}\,\alpha)\sin\omega t + (\mathrm{Im}\,\alpha)\cos\omega t\Big] \qquad (4.102)$$

となり，古典的振動子のように位置や運動量の期待値が時間とともに振動する状態になっていることが分かる[69]．しかも位置と波数の不確定積は，時間によらずに最小値 1/2 を保つ．よって，コヒーレント状態は**常に最小不確定**状態である．以上のようにコヒーレント状態では，位置と運動量が古典振動子と同じように角振動数 ω で振動しており，しかも位置と運動量の最小不確定状態であるので，コヒーレント状態は古典的調和振動子と最も似ている量子状態[70]といわれる．

---

[68] $\exp(-i\hat{H}t/\hbar)\exp(\alpha\hat{a}^\dagger)\exp(i\hat{H}t/\hbar) = \exp[\alpha\exp(-i\omega t)\hat{a}^\dagger]$ と，$\exp(-i\hat{H}t/\hbar)|0\rangle = \exp(-i\omega t/2)|0\rangle$ を用いる．

[69] 時刻 t での座標表示の波動関数は，(4.99) で $\alpha \to \alpha\exp(-i\omega t)$ と置き換えれば得られる．$|\langle x|\alpha\exp(-i\omega t)\rangle|^2$ は，形を崩さずに振動するガウス波束になっている．

[70] 古典的な振動電流から発生する電磁波はコヒーレント状態になることが証明されている．これは**グラウバー (Glauber) の定理**といわれる．

解説 4.33 コヒーレント状態 $|\alpha\rangle$ での位置と波数の期待値

$$\langle \hat{x} \rangle = \left(\frac{\hbar}{2m\omega}\right)^{1/2}[\langle\alpha|\hat{a}^\dagger + \hat{a}|\alpha\rangle]$$

$$= \left(\frac{\hbar}{2m\omega}\right)^{1/2}(\alpha^* + \alpha), \qquad (4.103)$$

$$\langle \hat{x}^2 \rangle = \left(\frac{\hbar}{2m\omega}\right)\left[(\alpha^*)^2 + \alpha^2 + 2|\alpha|^2 + 1\right], \qquad (4.104)$$

$$\langle \hat{k}_x \rangle = i\left(\frac{m\omega}{2\hbar}\right)^{1/2}\langle\alpha|\hat{a}^\dagger - \hat{a}|\alpha\rangle$$

$$= i\left(\frac{m\omega}{2\hbar}\right)^{1/2}(\alpha^* - \alpha), \qquad (4.105)$$

$$\langle \hat{k}_x^2 \rangle = -\left(\frac{m\omega}{2\hbar}\right)\left[(\alpha^*)^2 + \alpha^2 - 2|\alpha|^2 - 1\right]. \qquad (4.106)$$

4.7 章末問題

章末問題の略解は，サイエンス社のホームページ (http://www.saiensu.co.jp) から手に入れることができる．

(1) 周期的境界条件 $\psi(x+L) = \psi(x)$ の下での1次元自由粒子のエネルギー固有値を求めよ．

(2) 1次元ポテンシャル問題では，束縛状態のエネルギー固有値に縮退がないことを示せ．

(3) 自由粒子を表す波動関数が $\Psi(x,t) = N \exp[i(kx-\omega t)]$ で与えられるとき，確率密度流 $j(x,t)$ と粒子の速度 $v \equiv p/m = \hbar k/m$ との関係を求めよ．自由粒子を表す波動関数として実関数 $\Psi(x,t) = N'\cos(kx-\omega t)$ を用いると，確率密度流はどうなるか．前者の状態との違いの物理的意味を考察せよ．

(4) ある1次元系の時刻 t での状態が，座標表示の波動関数 $\Psi(x,t) = \langle x|\Psi(t)\rangle = N\exp\left(-\alpha^2 x^2/2\right)\exp(-i\omega t)$ で表されているとする．ここで，α と ω は正の実数である．

  (a) 規格化定数 N の絶対値を求めよ．
  (b) 波数表示の波動関数 $\Psi(k,t) = \langle k|\Psi(t)\rangle$ を求めよ．
  (c) 時刻 t での位置の標準偏差 $\sqrt{\langle (x-\langle x\rangle)^2\rangle}$ を計算せよ．
  (d) 時刻 t での波数の標準偏差 $\sqrt{\langle (k-\langle k\rangle)^2\rangle}$ を計算せよ．

(5) ポテンシャル障壁での透過率 (4.42) を示せ．$L = 0.1$ nm, $V_0 = 1$ eV で，入射電子のエネルギーが $E = 0.5$ eV の場合の透過率を計算せよ．

(6) 無限に深い井戸型ポテンシャル (4.63) 中の質量 m の粒子の1次元問題で，エネルギー固有状態の波数表示の波動関数 $\psi_n(k)$ を求めよ．規格化もすること．

(7) 片側が無限に高い「壁」になっている井戸型ポテンシャル

$$V(x) = \begin{cases} \infty & (x < 0) \\ -V_0 & (0 \leq x \leq L/2) \\ 0 & (x > L/2) \end{cases}$$

の束縛状態のエネルギー固有値を求めよ．ここで V_0 と L は正の定数である．4.5節で考察した井戸型ポテンシャル (4.46) での結果との関連も調べよ．

(8) 基底状態の1次元調和振動子の座標表示の波動関数は，(4.78) で $n=0$ とした $\psi_0(x)$ である．これを x についてフーリエ変換することによって，波数表示での波動関数 $\psi_0(k_x)$ を求めよ．これを用いて，運動エネルギー $\hbar^2 k_x^2/(2m)$ の，基底状態での期待値を計算せよ．

5 近似法

　シュレーディンガー方程式やハイゼンベルクの運動方程式を正確に解析的に解くことができるのは，自由粒子，調和振動子，矩形ポテンシャル，水素原子，周期的ポテンシャルなどの特殊な場合に限られる．そのうちのいくつかは前章で考察した．厳密には解けない問題の方が圧倒的に多いし，実際に興味のある問題は解析的には解けない場合がほとんどである．そこでこのような問題を実際に解くために，必要な精度で有用な結果を得るための様々な近似法が開発されている．本章では，代表的な近似法である摂動法を中心とし，変分法やWKB法を紹介する．また，多自由度系での断熱近似にも触れる．摂動法には，定常状態に対して用いられる定常的手法と，時間的に変化する問題に対して適用される非定常的手法の2つがあり，いずれも熟知しておくべきであろう．

本章の内容
5.1 定常的摂動法
5.2 非定常的摂動法
5.3 変分法
5.4 WKB法
5.5 断熱近似

5.1 定常的摂動法

対象とする系のハミルトニアンが時間に依存せず，2つの項の和から成っている場合を考える．ϵ を正の値のパラメータ $(0 \leq \epsilon \leq 1)$ とするとき，ハミルトニアン

$$\hat{H} = \hat{H}_0 + \epsilon \hat{V} \tag{5.1}$$

に対するエネルギー固有値やエネルギー固有関数を ϵ のべき級数[*1]に展開して計算する方法を**摂動法** (perturbation method) という．通常の摂動法では，第1項 $\hat{H}_0$ の固有方程式は解くことができ，$\hat{H}_0$ に関する固有状態や固有値は既知とする．そして，第2項 $\epsilon\hat{V}$ の効果を ϵ の低い次数について考慮する．この際，$\hat{H}_0$ を**無摂動ハミルトニアン**[*2]または**無摂動項**，$\epsilon\hat{V}$ を**摂動ハミルトニアン**あるいは単に**摂動（項）**[*3]という．すなわち，解くべきシュレーディンガー方程式は

$$\hat{H}|\psi_n\rangle = (\hat{H}_0 + \epsilon\hat{V})|\psi_n\rangle = E_n|\psi_n\rangle \tag{5.2}$$

であり，無摂動ハミルトニアン $\hat{H}_0$ の固有値問題

[*1] ここでは $\hat{V}$ についての展開の次数を見やすくするために ϵ を導入した．実際には c 数である ϵ をあらわに書かなくてもよく，摂動計算の最後に $\epsilon \to 1$ とすればよい．

[*2]「非摂動ハミルトニアン」ともいう．

[*3] 同じ記号 V を使うが，摂動 $\hat{V}$ とポテンシャル $V(\boldsymbol{r})$ とは無関係である．

解説 5.1 (5.1) の形について

ハミルトニアン $\hat{H}$ を，$\hat{H}_0$ と $\epsilon\hat{V}$ に分解する分け方は任意である．しかし，$\hat{H}_0$ の固有値問題が正確に（できれば解析的に）解け，しかも「おつり」の項である $\epsilon\hat{V}$ からの効果が "小さい" ように分解しないと，摂動法は役に立たない．項 $\epsilon\hat{V}$ からの効果が "小さい" とはどういう意味かは，p.134 の解説 5.3 で後述する．

5.1 定常的摂動法

$$\hat{H}_0|n\rangle = E_n^{(0)}|n\rangle \tag{5.3}$$

は完全に解けて既知とする．つまり，すべての（無摂動系の）固有値 $E_n^{(0)}$ と（無摂動系の）固有状態 $|n\rangle$ は得られているとする．また，無摂動系の固有状態は直交化され，$\langle n|m\rangle = \delta_{nm}$ であるとする．

5.1.1 縮退の無い場合

無摂動系の固有状態に縮退がない場合を考えよう．まず，全系の固有状態 $|\psi_n\rangle$ と固有値 E_n とを，ϵ についての形式的なべき級数で展開し，

$$|\psi_n\rangle = |n\rangle + \epsilon|\psi_n^{(1)}\rangle + \epsilon^2|\psi_n^{(2)}\rangle + \cdots, \tag{5.4}$$

$$E_n = E_n^{(0)} + \epsilon E_n^{(1)} + \epsilon^2 E_n^{(2)} + \cdots \tag{5.5}$$

とする[*4]．このとき，$E_n^{(0)}$ に属する固有状態 $|n\rangle$ は，すべて非縮退とする．べき展開した固有状態 (5.4) と固有値 (5.5) とをシュレーディンガー方程式 (5.2) に代入し，ϵ の同じ次数の項を左右両辺で比較すると，

$$(E_n^{(0)} - \hat{H}_0)|n\rangle = 0, \tag{5.6}$$

$$(E_n^{(0)} - \hat{H}_0)|\psi_n^{(1)}\rangle + E_n^{(1)}|n\rangle = \hat{V}|n\rangle, \tag{5.7}$$

$$(E_n^{(0)} - \hat{H}_0)|\psi_n^{(2)}\rangle + E_n^{(1)}|\psi_n^{(1)}\rangle + E_n^{(2)}|n\rangle = \hat{V}|\psi_n^{(1)}\rangle \tag{5.8}$$

[*4] エネルギー固有状態とエネルギー固有値が，$\epsilon = 0$ の周りで解析的であることを仮定している．通常の摂動計算では ϵ^2 までしか扱わない．

解説 5.2 固有状態の規格化条件について

求める固有状態 $|\psi_n\rangle$ に対する規格化条件として，

$$\langle n|\psi_n\rangle = 1$$

すなわち，

$$\langle n|\psi_n^{(1)}\rangle = \langle n|\psi_n^{(2)}\rangle = \cdots = 0 \tag{5.9}$$

とすると便利である．この条件では，通常の規格化条件 $\langle \psi_n|\psi_n\rangle = 1$ を厳密には満たさないが（近似的には満たすことは，p.136 の解説 5.5 で後述する），計算を大幅に簡略化できる．

となる[*5]. (5.6) は, 無摂動系の固有方程式に他ならない. ここでは ϵ の 2 次の項までの比較をしたが, すべての次数での連立方程式が解けたら, 解きたいシュレーディンガー方程式 (5.2) が厳密に完全に解けたことになる.

■ **1 次 摂 動 項** ■

まず, ϵ の 1 次の項 (5.7) から見ていこう. (5.7) に左から $\langle m|$ を掛けると,

$$(E_n^{(0)} - E_m^{(0)})\langle m|\psi_n^{(1)}\rangle + E_n^{(1)}\delta_{nm} = \langle m|\hat{V}|n\rangle \tag{5.10}$$

となる. ここで $n = m$ とすると,

$$E_n^{(1)} = \langle n|\hat{V}|n\rangle \tag{5.11}$$

となり, エネルギー固有値の 1 次の補正項が求まる. 次に, $n \neq m$ とすると, 無摂動系の固有値は非縮退なので $E_n^{(0)} \neq E_m^{(0)}$ だから,

$$\langle m|\psi_n^{(1)}\rangle = \frac{\langle m|\hat{V}|n\rangle}{E_n^{(0)} - E_m^{(0)}} \tag{5.12}$$

となる. 閉包関係を用いて $|\psi_n^{(1)}\rangle = \sum_{m=\text{all}} |m\rangle\langle m|\psi_n^{(1)}\rangle$ と書き, 規格化条件 (5.9) を用いると, $|\psi_n^{(1)}\rangle = \sum_{m(\neq n)} |m\rangle\langle m|\psi_n^{(1)}\rangle$ と書けるから, これに式 (5.12) を代入して, 固有状態の 1 次の補正項 $|\psi_n^{(1)}\rangle$ は,

---

[*5] これらの連立方程式は, ϵ^n の次数までの解が得られたら ϵ^{n+1} の次数の近似解を決めることができるような**逐次近似**の形になっている.

解説 5.3 摂動展開 (5.4), (5.5) が意味を持つための条件

摂動法が有効であるためには, 摂動項によって生じる補正項が小さくなければならない. そのような場合に限って, 低次の摂動計算でことが足りる. 無摂動系の固有状態 $|n\rangle$ に対する 1 次補正が小さいためには, (5.14) より

$$\epsilon \left| \frac{\langle m|\hat{V}|n\rangle}{E_n^{(0)} - E_m^{(0)}} \right| \ll 1 \tag{5.13}$$

がすべての $m(\neq n)$ で成り立たねばならない. この条件は, 準位 $E_n^{(0)}$ が縮退している場合は決して成り立たない. 成り立つのは, 以下の 2 つの条件が同時に満たされる場合である.

(1) (5.13) の左辺の分子が小さい. すなわち, $\epsilon|\langle m|\hat{V}|n\rangle|$ が十分に小さい.
(2) (5.13) の左辺の分母が大きい. すなわち, 考えている対象の状態 $|\psi_n\rangle \simeq |n\rangle$ のエネルギーのすぐ近くに, 他の状態が存在しない.

すなわち, 最初に仮定した「$\epsilon\hat{V}$ の効果が "小さい"」とは, $\epsilon|\langle m|\hat{V}|n\rangle| \ll \min |E_n^{(0)} - E_m^{(0)}|$ の意味であった. また, $|E_n^{(0)} - E_m^{(0)}| \sim 0$ の場合を**共鳴発散**といい, 摂動法が適用できない.

$$|\psi_n^{(1)}\rangle = \sum_{m(\neq n)} |m\rangle \frac{\langle m|\hat{V}|n\rangle}{E_n^{(0)} - E_m^{(0)}} \quad (5.14)$$

となる．摂動計算では，無摂動系の 2 つの状態のエネルギーの差で割る形がしばしば現れ，**エネルギー分母** (energy denominator) と呼ばれる．

■**2 次 摂 動 項**■

次に，ϵ の 2 次の項を調べよう．式 (5.8) に左から $\langle m|$ を掛けると，

$$(E_n^{(0)} - E_m^{(0)})\langle m|\psi_n^{(2)}\rangle + E_n^{(1)}\langle m|\psi_n^{(1)}\rangle + E_n^{(2)}\delta_{nm} = \langle m|\hat{V}|\psi_n^{(1)}\rangle \quad (5.15)$$

となるが，ここで $n = m$ とすると，$E_n^{(1)}\langle n|\psi_n^{(1)}\rangle + E_n^{(2)} = \langle n|\hat{V}|\psi_n^{(1)}\rangle$ となる．この左辺第 1 項は，規格化条件 (5.9) より消えるので，エネルギー固有値の 2 次の補正項は，

$$E_n^{(2)} = \langle n|\hat{V}|\psi_n^{(1)}\rangle \stackrel{(5.14)}{=} \sum_{m(\neq n)} \frac{\langle n|\hat{V}|m\rangle\langle m|\hat{V}|n\rangle}{E_n^{(0)} - E_m^{(0)}} \quad (5.16)$$

となる[*6]．n 番目のエネルギー固有値の補正に，n 番目以外のすべての他の状態 $|m\rangle$ が関与していることが分かる．このように，摂動計算の途中に現れる $|m\rangle$ のような状態を**中間状態** (intermediate state) という．

[*6] エネルギー固有値の 1 次の補正 $E_n^{(1)}$ が，何らかの対称性のために，たまたま 0 になることも多い．そのような場合には，最低でも 2 次の補正まで進まないと摂動計算の意味がない．

解説 5.4 基底状態のエネルギーの 2 次摂動による近似値

基底状態のエネルギー固有値の近似値を 2 次までの摂動によって求めると，

$$E_0 \simeq E_0^{(0)} + \epsilon\langle 0|\hat{V}|0\rangle + \epsilon^2 \sum_{m(\neq 0)} \frac{|\langle m|\hat{V}|0\rangle|^2}{E_0^{(0)} - E_m^{(0)}} \quad (5.17)$$

となる．$E_0^{(0)} < E_m^{(0)}$ なので，最後の項は $\epsilon\hat{V}$ の符号によらずに常に負である．第 2 項目に関しては，対称性等から $\langle 0|\hat{V}|0\rangle = 0$ となることも多いが，その際は $E_0 < E_0^{(0)}$ となり，摂動 $\epsilon\hat{V}$ は，その符号によらずに**常に基底状態のエネルギーを下げる働きをする**．

次に, $n \neq m$ とすると,

$$(E_n^{(0)} - E_m^{(0)})\langle m|\psi_n^{(2)}\rangle + E_n^{(1)}\langle m|\psi_n^{(1)}\rangle = \langle m|\hat{V}|\psi_n^{(1)}\rangle \tag{5.18}$$

となるが, これに (5.11), (5.12), (5.14) を代入すると

$$\langle m|\psi_n^{(2)}\rangle = \sum_{k(\neq n)} \frac{1}{E_n^{(0)} - E_m^{(0)}} \frac{\langle m|\hat{V}|k\rangle\langle k|\hat{V}|n\rangle}{E_n^{(0)} - E_k^{(0)}} - \frac{\langle n|\hat{V}|n\rangle\langle m|\hat{V}|n\rangle}{(E_n^{(0)} - E_m^{(0)})^2} \tag{5.19}$$

となるので, 固有ベクトルの 2 次の補正 $|\psi_n^{(2)}\rangle = \sum_{m=\text{all}} |m\rangle\langle m|\psi_n^{(2)}\rangle = \sum_{m(\neq n)} |m\rangle\langle m|\psi_n^{(2)}\rangle$ は,

$$|\psi_n^{(2)}\rangle = \sum_{m(\neq n)} |m\rangle \left[\sum_{k(\neq n)} \frac{\langle m|\hat{V}|k\rangle\langle k|\hat{V}|n\rangle}{(E_n^{(0)} - E_m^{(0)})(E_n^{(0)} - E_k^{(0)})} - \frac{\langle n|\hat{V}|n\rangle\langle m|\hat{V}|n\rangle}{(E_n^{(0)} - E_m^{(0)})^2} \right] \tag{5.20}$$

で与えられる.

以上のような摂動展開を, **レイリー-シュレーディンガー**の摂動展開と呼ぶ[*7]. n 番目の状態 $|\psi_n\rangle$ は n 番目の無摂動状態 $|n\rangle$ にもはや比例しておらず, 他の準位の無摂動状態 $|m\rangle$ の成分も持つ. よって, 摂動 $\hat{V}$ は無摂動状態を混合して重ね合わせる働きがあるといえる.

[*7] この他にも, エネルギー分母に真のエネルギー固有値 E_n を含むようなブリユアン-ウィグナー (Brillouin-Wigner) の摂動展開もある. 本書では触れない.

解説 5.5 2 次摂動までの近似における規格化条件について

$\langle n|\psi_n\rangle = 1$ と $\langle n|n\rangle = 1$ に注意して, ϵ の 2 次までの摂動の範囲で $\langle \psi_n|\psi_n\rangle$ を計算してみると,

$$\begin{aligned}\langle \psi_n|\psi_n\rangle &= \langle n|n\rangle + \epsilon \sum_{m(\neq n)} \frac{\langle n|\hat{V}|m\rangle\langle m|n\rangle + \langle n|m\rangle\langle m|\hat{V}|n\rangle}{E_n^{(0)} - E_m^{(0)}} + \epsilon^2 \sum_{m(\neq n)} \frac{|\langle m|\hat{V}|n\rangle|^2}{(E_n^{(0)} - E_m^{(0)})^2} + O(\epsilon^3) \\ &= 1 + \epsilon^2 \sum_{m(\neq n)} \frac{|\langle m|\hat{V}|n\rangle|^2}{(E_n^{(0)} - E_m^{(0)})^2} + O(\epsilon^3) \end{aligned} \tag{5.21}$$

となっている. これから, ϵ の 1 次までの近似では, 波動関数は正しく規格化されている ($\langle \psi_n|\psi_n\rangle = 1$ が成り立っている) ことが分かるが, 2 次までの近似では正しく規格化されていない. 正しく規格化された 2 次近似での波動関数は, (5.21) を用いて $(\langle \psi_n|\psi_n\rangle)^{-1/2}$ を掛けることで得られる.

5.1.2 縮退のある場合

無摂動ハミルトニアン $\hat{H}_0$ の n 番目のエネルギー固有値 $E_n^{(0)}$ に属する無摂動系の固有状態が N 重に縮退している場合を考えよう．この固有状態を $\alpha = 1, 2, \cdots, N$ を用いて区別し，$|n, \alpha\rangle$ と表す．これらを直交化して $\langle n, \alpha | n, \beta \rangle = \delta_{\alpha\beta}$ が成り立っているとする．$E_n^{(0)}$ 以外のエネルギー固有値 $E_m^{(0)}$ の固有状態 $|m\rangle$ は非縮退とし，$\langle m | m' \rangle = \delta_{mm'}$ である．また，$\langle n, \alpha | m \rangle = 0$ が $\alpha = 1, 2, \cdots, N$ に対して成り立っている．

■ エネルギー固有値の 1 次摂動項 ■

まず，$|\psi_n\rangle$ の ϵ に関する展開を

$$|\psi_n\rangle = |n\rangle\!\rangle + \epsilon |\psi_n^{(1)}\rangle + \epsilon^2 |\psi_n^{(2)}\rangle + \cdots \tag{5.22}$$

と書く．右辺第 1 項は，縮退した N 個の状態 $|n, \beta\rangle$ の重ね合わせとして，

$$|n\rangle\!\rangle \equiv \sum_{\beta=1}^{N} |n, \beta\rangle C_\beta \tag{5.23}$$

とする．重ね合わせの係数 C_β は後で決める．また，$|\psi_n\rangle$ の規格化条件として，

$$\langle\!\langle n | \psi_n \rangle = \langle\!\langle n | n \rangle\!\rangle = \sum_{\beta=1}^{N} |C_\beta|^2 = 1 \tag{5.24}$$

を課す．求めたいエネルギー固有値 E_n も ϵ に関して展開し，$E_n = E_n^{(0)} + \epsilon E_n^{(1)} + \epsilon^2 E_n^{(2)} + \cdots$ として，シュレーディンガー方程式 (5.2) に代入し，ϵ

解説 5.6 基底状態の水素原子の dc シュタルク効果：基底状態のエネルギー

dc シュタルク効果 (dc Stark effect) とは，静電場中でエネルギー準位（エネルギー固有値）がシフトする効果で，そのシフトをシュタルクシフトという．水素原子は 6.5 節で詳述する．z 軸方向に一様な静電場 $\mathcal{E}$ が印加されている場合，水素原子中の原子核と電子の相対運動を表すハミルトニアン $\hat{H} = \hat{H}_0 + \hat{V}$ は，

$$\hat{H}_0 = -\frac{\hbar^2}{2\mu}\nabla^2 - \frac{e^2}{4\pi\epsilon_0 r}, \quad \hat{V} = -e\hat{z}\mathcal{E}$$

であり，静電場 $\mathcal{E}$ と双極子モーメント $-e\hat{z}$ との相互作用を摂動 $\hat{V}$ と考える．ここで μ は換算質量，r は電子と原子核との間の距離である．

基底状態は非縮退なので，そのエネルギーは，2 次摂動の結果 (5.17) を用いると，

$$E_0 = E_0^{(0)} - e\langle 0|\hat{z}|0\rangle\mathcal{E} + e^2\mathcal{E}^2 \sum_{m\neq 0} \frac{|\langle m|\hat{z}|0\rangle|^2}{E_0^{(0)} - E_m^{(0)}} = E_0^{(0)} + e^2\mathcal{E}^2 \sum_{m\neq 0} \frac{|\langle m|\hat{z}|0\rangle|^2}{E_0^{(0)} - E_m^{(0)}} \tag{5.25}$$

と表されるが，基底状態では $\langle 0|\hat{z}|0\rangle = 0$ なので第 2 項目は消える．ここで，$E_0^{(0)} = -e^2/(2a_B)$ は，静電場がかかってない無摂動系の基底状態のエネルギーである．6.5 節で示すように，$|0\rangle$ および $|m\rangle$（の座標表示）はすべて解析的に得られている．たとえば，基底状態の波動関数は，$\langle \bm{r}|0\rangle = \psi_{100}(r, \theta, \varphi) = 2(4\pi a_B^3)^{-1/2}\exp(-r/a_B)$ である．ここで a_B はボーア半径である．（解説 5.7 に続く）

の同じ次数の項を左右両辺で比較すると，

$$(E_n^{(0)} - \hat{H}_0)|n\rangle\!\rangle = 0, \tag{5.26}$$

$$(E_n^{(0)} - \hat{H}_0)|\psi_n^{(1)}\rangle + E_n^{(1)}|n\rangle\!\rangle = \hat{V}|n\rangle\!\rangle, \tag{5.27}$$

$$(E_n^{(0)} - \hat{H}_0)|\psi_n^{(2)}\rangle + E_n^{(1)}|\psi_n^{(1)}\rangle + E_n^{(2)}|n\rangle\!\rangle = \hat{V}|\psi_n^{(1)}\rangle, \tag{5.28}$$

が得られる．(5.26) は，無摂動系の固有方程式である．

(5.27) に左から $\langle n,\alpha|$ を掛けると，

$$(E_n^{(0)} - E_n^{(0)})\langle n,\alpha|\psi_n^{(1)}\rangle + E_n^{(1)}\langle n,\alpha|n\rangle\!\rangle = \langle n,\alpha|\hat{V}|n\rangle\!\rangle \tag{5.29}$$

となり，左辺第 1 項が消えるから，$\alpha = 1, 2, \cdots, N$ に対して

$$\sum_{\beta=1}^{N}\left[E_n^{(1)}\delta_{\alpha\beta} - \langle n,\alpha|\hat{V}|n,\beta\rangle\right]C_\beta = 0 \tag{5.30}$$

が成り立つ．行列要素を $(\mathbf{A})_{\alpha\beta} = E_n^{(1)}\delta_{\alpha\beta} - \langle n,\alpha|\hat{V}|n,\beta\rangle$ とする行列 $\mathbf{A}$ を定義すると，(5.30) は，縦ベクトル $\boldsymbol{C} = {}^t(C_1, C_2, \cdots, C_N)$ に関する斉次 1 次連立方程式 $\mathbf{A}\boldsymbol{C} = \mathbf{0}$ である．これが $\boldsymbol{C} = \mathbf{0}$ 以外の非自明解を持つためには，係数行列 $\mathbf{A}$ の行列式が 0 でなければならない．すなわち，$\det \mathbf{A} = 0$ あるいは

$$\left|E_n^{(1)}\delta_{\alpha\beta} - \langle n,\alpha|\hat{V}|n,\beta\rangle\right| = 0 \tag{5.31}$$

が成り立つ必要がある．これを**永年方程式**という．これから，$\alpha = 1, 2, \cdots, N$

解説 5.7 基底状態の水素原子の dc シュタルク効果：基底状態の固有ベクトル

基底状態の固有ベクトルは，(5.14) を用いて摂動の 1 次まで計算すると，

$$|\psi_0\rangle \simeq |0\rangle - e\mathcal{E}\sum_{m(\neq 0)}|m\rangle\frac{\langle m|\hat{z}|0\rangle}{E_0^{(0)} - E_m^{(0)}}$$

で与えられる．

双極子モーメント $\boldsymbol{\mu} = e\boldsymbol{r}$ の z 成分の，基底状態での期待値は，

$$\langle \mu_z \rangle \equiv e\langle \psi_0|\hat{z}|\psi_0\rangle = e\langle 0|\hat{z}|0\rangle - 2e^2\mathcal{E}\sum_{m(\neq 0)}\frac{|\langle m|\hat{z}|0\rangle|^2}{E_0^{(0)} - E_m^{(0)}} \tag{5.32}$$

となる．右辺第 1 項は，**永久双極子モーメント** (permanent dipole moment) といわれる項であるが，今の場合この値は 0 である．右辺第 2 項は，外部電場 $\mathcal{E}$ によって誘起された**誘起双極子モーメント** (induced dipole moment) と呼ばれる項である．（解説 5.8 に続く）

に対して N 個の解 $E_{n,\alpha}^{(1)}$ が求まる．これらに重根がなければ，1 次の摂動によって $E_n^{(0)}$ の縮退が解けることになる[*8]．

N 個の解 $E_{n,\alpha}^{(1)}$ のいずれかを (5.30) に代入し，規格化条件 $\sum_{\beta=1}^{N}|C_\beta|^2=1$ の下で (5.30) を C_β について解くと，$E_{n,\alpha}^{(1)}$ に対応する係数 C_β が決まる．これを $C_{\beta,\alpha}$ と書くことにする．これを (5.23) に代入したものを，

$$|n,\alpha\rangle\!\rangle \equiv \sum_{\beta=1}^{N}|n,\beta\rangle C_{\beta,\alpha} \tag{5.33}$$

と書くことにする．(5.29) は $E_{n,\alpha}^{(1)}\langle n,\gamma|n,\alpha\rangle\!\rangle = \langle n,\gamma|\hat{V}|n,\alpha\rangle\!\rangle$ と表せるから，$C_{\gamma,\beta}^*$ を掛けて γ について和をとると，$E_{n,\alpha}^{(1)}\langle\!\langle n,\beta|n,\alpha\rangle\!\rangle = \langle\!\langle n,\beta|\hat{V}|n,\alpha\rangle\!\rangle$ となる．これに $\langle\!\langle n,\beta|n,\alpha\rangle\!\rangle = \delta_{\alpha\beta}$ を用いると，

$$E_{n,\alpha}^{(1)} = \langle\!\langle n,\alpha|\hat{V}|n,\alpha\rangle\!\rangle \tag{5.34}$$

となる．つまり，エネルギーの 1 次補正項は，無摂動系の固有ベクトル $|n,\alpha\rangle\!\rangle$ を用いると，縮退がない場合 (5.11) と同じ形式に書くことができる．

■ 状態ベクトルの 1 次摂動項 ■

永年方程式 (5.31) に重根がない場合，状態ベクトルの 1 次補正項 $|\psi_{n,\alpha}^{(1)}\rangle$ を求めよう．(5.28) に，$\beta\neq\alpha$ の $\langle\!\langle n,\beta|$ を左から掛けると，$E_{n,\alpha}^{(1)}\langle\!\langle n,\beta|\psi_{n,\alpha}^{(1)}\rangle = \langle\!\langle n,\beta|\hat{V}|\psi_{n,\alpha}^{(1)}\rangle$ となるが，この右辺に閉包関係を挿入して

[*8] 重根が有れば，縮退は部分的にしか解けない．

解説 5.8　基底状態の水素原子の dc シュタルク効果：分極率

外部電場によってどのくらい双極子モーメントが誘起されやすいかは，$\alpha\equiv\langle\mu_z\rangle/\mathcal{E}$ で定義される**分極率** (polarizability) で表される．水素原子の基底状態の dc シュタルク効果では，(5.32) より分極率は

$$\alpha = -2e^2\sum_{m(\neq 0)}\frac{|\langle m|\hat{z}|0\rangle|^2}{E_0^{(0)}-E_m^{(0)}}$$

という表式になる．これは常に正である．すべての中間状態についての和 $\sum_{m(\neq 0)}$ を計算するのは，一般にはむずかしい．しかし，分極率 α の表式に含まれる和 $\sum_{m(\neq 0)}$ は，今の場合は厳密に計算できて，$\alpha=18\pi\epsilon_0 a_\mathrm{B}^3$ となる（計算過程は省略）．半径 a_B の導体球に誘起される電気双極子モーメントの大きさ $4\pi\epsilon_0 a_\mathrm{B}^3$ の $9/2$ 倍になっている．

この分極率 α を用いると，基底状態のエネルギー (5.25) は

$$E_0 = E_0^{(0)} - \frac{\alpha}{2}\mathcal{E}^2 = E_0^{(0)} - 9\pi\epsilon_0 a_\mathrm{B}^3\mathcal{E}^2$$

となり，dc シュタルクシフトは $\alpha\mathcal{E}^2/2 = 9\pi\epsilon_0 a_\mathrm{B}^3\mathcal{E}^2$ となる．水素原子の基底状態の dc シュタルク効果では，外部静電場の大きさの 2 乗 $\mathcal{E}^2$ に比例して，基底状態のエネルギーが下がる．

$$\langle\!\langle n,\beta|\hat{V}|\psi_{n,\alpha}^{(1)}\rangle$$
$$=\sum_{\gamma=1}^{N}\langle\!\langle n,\beta|\hat{V}|n,\gamma\rangle\!\rangle\langle\!\langle n,\gamma|\psi_{n,\alpha}^{(1)}\rangle + \sum_{m(\neq n)}\langle\!\langle n,\beta|\hat{V}|m\rangle\langle m|\psi_{n,\alpha}^{(1)}\rangle$$
$$=\sum_{\gamma=1}^{N}E_{n,\gamma}^{(1)}\delta_{\beta\gamma}\langle\!\langle n,\gamma|\psi_{n,\alpha}^{(1)}\rangle + \sum_{m(\neq n)}\langle\!\langle n,\beta|\hat{V}|m\rangle\langle m|\psi_{n,\alpha}^{(1)}\rangle$$

となるから,

$$(E_{n,\alpha}^{(1)} - E_{n,\beta}^{(1)})\langle\!\langle n,\beta|\psi_{n,\alpha}^{(1)}\rangle = \sum_{m(\neq n)}\langle\!\langle n,\beta|\hat{V}|m\rangle\langle m|\psi_{n,\alpha}^{(1)}\rangle \tag{5.35}$$

が得られる.縮退は解けていて $E_{n,\alpha}^{(1)} - E_{n,\beta}^{(1)} \neq 0$ なので,次のようになる.

$$\begin{aligned}\langle\!\langle n,\beta|\psi_{n,\alpha}^{(1)}\rangle &= \frac{1}{E_{n,\alpha}^{(1)} - E_{n,\beta}^{(1)}}\sum_{m(\neq n)}\langle\!\langle n,\beta|\hat{V}|m\rangle\langle m|\psi_{n,\alpha}^{(1)}\rangle \\ &\stackrel{(5.39)}{=} \sum_{m(\neq n)}\frac{\langle\!\langle n,\beta|\hat{V}|m\rangle\langle m|\hat{V}|n,\alpha\rangle\!\rangle}{(E_{n,\alpha}^{(1)} - E_{n,\beta}^{(1)})(E_n^{(0)} - E_m^{(0)})}.\end{aligned} \tag{5.36}$$

これを用いて,状態ベクトルの1次補正項 $|\psi_{n,\alpha}^{(1)}\rangle = \sum_{\beta=1}^{N}|n,\beta\rangle\!\rangle\langle\!\langle n,\beta|\psi_{n,\alpha}^{(1)}\rangle + \sum_{m(\neq n)}|m\rangle\langle m|\psi_{n,\alpha}^{(1)}\rangle = \sum_{\beta(\neq\alpha)}|n,\beta\rangle\!\rangle\langle\!\langle n,\beta|\psi_{n,\alpha}^{(1)}\rangle + \sum_{m(\neq n)}|m\rangle\langle m|\psi_{n,\alpha}^{(1)}\rangle$ は,

$$|\psi_{n,\alpha}^{(1)}\rangle = \sum_{m(\neq n)}\sum_{\beta(\neq\alpha)}|n,\beta\rangle\!\rangle\frac{\langle\!\langle n,\beta|\hat{V}|m\rangle\langle m|\hat{V}|n,\alpha\rangle\!\rangle}{(E_{n,\alpha}^{(1)} - E_{n,\beta}^{(1)})(E_n^{(0)} - E_m^{(0)})} + \sum_{m(\neq n)}|m\rangle\frac{\langle m|\hat{V}|n,\alpha\rangle\!\rangle}{E_n^{(0)} - E_m^{(0)}} \tag{5.37}$$

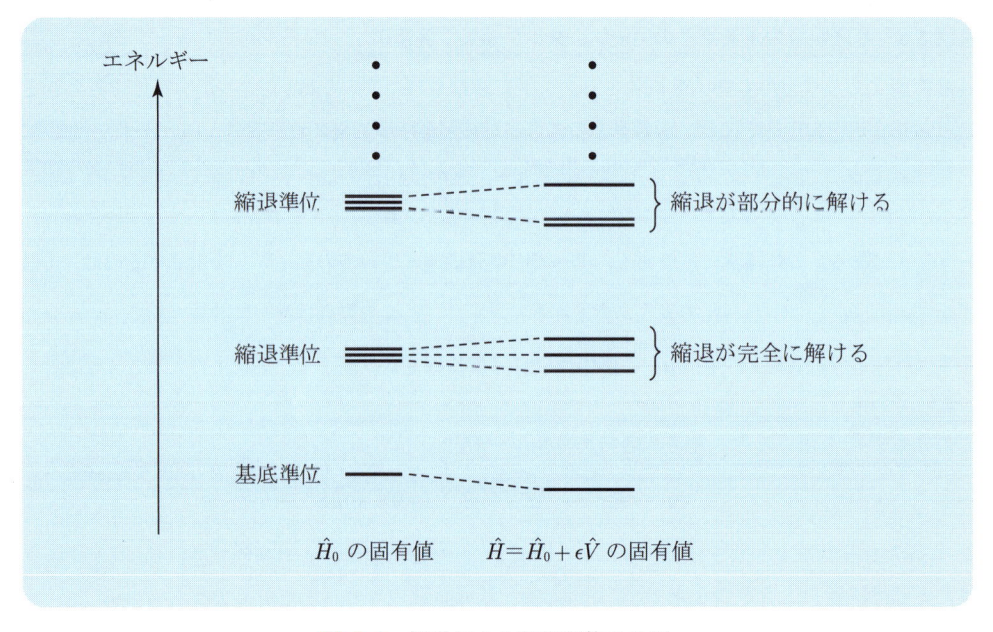

図 5.1 摂動による縮退準位の分裂

となる．

■ **エネルギー固有値の 2 次摂動項** ■

永年方程式 (5.31) に重根がない場合，エネルギー固有値の 2 次補正項 $E_n^{(2)}$ を求めよう．(5.27) に，$m \neq n$ の $\langle m|$ を左から掛けると，

$$(E_n^{(0)} - E_m^{(0)})\langle m|\psi_{n,\alpha}^{(1)}\rangle + E_{n,\alpha}^{(1)}\langle m|n,\alpha\rangle\!\rangle = \langle m|\hat{V}|n,\alpha\rangle\!\rangle \tag{5.38}$$

となり，左辺第 2 項は 0 となるので

$$\langle m|\psi_{n,\alpha}^{(1)}\rangle = \frac{\langle m|\hat{V}|n,\alpha\rangle\!\rangle}{E_n^{(0)} - E_m^{(0)}} \tag{5.39}$$

である．次に，(5.28) に，$\langle\!\langle n,\alpha|$ を左から掛けると，

$$(E_n^{(0)} - E_n^{(0)})\langle\!\langle n,\alpha|\psi_{n,\alpha}^{(2)}\rangle + E_{n,\alpha}^{(1)}\langle\!\langle n,\alpha|\psi_{n,\alpha}^{(1)}\rangle + E_{n,\alpha}^{(2)}\langle\!\langle n,\alpha|n,\alpha\rangle\!\rangle$$
$$= \langle\!\langle n,\alpha|\hat{V}|\psi_{n,\alpha}^{(1)}\rangle \tag{5.40}$$

となる．ここで $|\psi_{n,\alpha}^{(1)}\rangle$ と $|\psi_{n,\alpha}^{(2)}\rangle$ は，摂動展開 (5.22) の第 1 項として $|n,\alpha\rangle\!\rangle$ をとったときの補正項である．これから，

$$E_{n,\alpha}^{(2)} = \langle\!\langle n,\alpha|\hat{V}|\psi_{n,\alpha}^{(1)}\rangle \tag{5.41}$$

$$= \sum_{m(\neq n)} \frac{\langle\!\langle n,\alpha|\hat{V}|m\rangle\langle m|\hat{V}|n,\alpha\rangle\!\rangle}{E_n^{(0)} - E_m^{(0)}} \tag{5.42}$$

となり，非縮退の場合 (5.16) と同じ形式になる．2 つめの等号は，下段導出を参照せよ．なお，状態ベクトルの 2 次補正項 $|\psi_{n,\alpha}^{(2)}\rangle$ や，1 次摂動までの範囲で永年方程式に重根がある場合は，本書では触れない．

● (5.41) から (5.42) の導出 ●

(5.41) の右辺に閉包関係

$$\sum_{\beta=1}^{N} |n,\beta\rangle\!\rangle\langle\!\langle n,\beta| + \sum_{m(\neq n)} |m\rangle\langle m| = 1$$

を挿入すると，

$$\begin{aligned}
E_{n,\alpha}^{(2)} &= \sum_{\beta=1}^{N} \langle\!\langle n,\alpha|\hat{V}|n,\beta\rangle\!\rangle\langle\!\langle n,\beta|\psi_{n,\alpha}^{(1)}\rangle + \sum_{m(\neq n)} \langle\!\langle n,\alpha|\hat{V}|m\rangle\langle m|\psi_{n,\alpha}^{(1)}\rangle \\
&\stackrel{(5.29)}{=} \sum_{\beta=1}^{N} E_{n\beta}^{(1)}\delta_{\alpha\beta}\langle\!\langle n,\beta|\psi_{n,\alpha}^{(1)}\rangle + \sum_{m(\neq n)} \langle\!\langle n,\alpha|\hat{V}|m\rangle\langle m|\psi_{n,\alpha}^{(1)}\rangle \\
&= \sum_{m(\neq n)} \langle\!\langle n,\alpha|\hat{V}|m\rangle\langle m|\psi_{n,\alpha}^{(1)}\rangle \\
&\stackrel{(5.39)}{=} \sum_{m(\neq n)} \frac{\langle\!\langle n,\alpha|\hat{V}|m\rangle\langle m|\hat{V}|n,\alpha\rangle\!\rangle}{E_n^{(0)} - E_m^{(0)}}.
\end{aligned}$$

5.2 非定常的摂動法

前節では，摂動を伴ったハミルトニアン (5.1) のエネルギー固有値やエネルギー固有状態を求める方法を紹介したが，本節では，ハミルトニアンが時間に依存する場合を考え，時間に依存するシュレーディンガー方程式

$$i\hbar\frac{\partial}{\partial t}|\Psi(t)\rangle = [\hat{H}_0 + \epsilon\hat{V}(t)]|\Psi(t)\rangle \tag{5.43}$$

に摂動論を適用する．ここで，無摂動ハミルトニアン $\hat{H}_0$ は時間に依存せず，この固有値 $E_m^{(0)}$ と固有状態 $|m\rangle$ は既知とする．$\epsilon\hat{V}(t)$ は外部から系に加えられる（時間に依存する）摂動ポテンシャルで，t の既知関数とする．このような系では，初期時刻 t_0 で系がある状態にあったとしても，摂動の存在によって時刻 $t \geq t_0$ では他の状態に遷移する確率が存在する．量子力学では，この遷移がいつ生じるかは予言できないが遷移確率を計算することはできる．そこで，準位の占有確率や準位間の遷移確率を摂動法で計算してみよう．

5.2.1 占有確率と遷移確率

無摂動系 $\hat{H}_0$ の固有状態 $|m\rangle$ と固有エネルギー $E_m^{(0)}$ とを用いて，$|\Psi(t)\rangle$ を

$$|\Psi(t)\rangle = \sum_m C_m(t)\exp\left(-\frac{iE_m^{(0)}t}{\hbar}\right)|m\rangle \tag{5.44}$$

解説 5.9 (5.44) とは別の展開

展開式 (5.44) の代わりに，展開係数 $B_m(t)$ を用いて

$$|\Psi(t)\rangle = \sum_m B_m(t)|m\rangle$$

と展開すると，$B_n(t)$ についての連立微分方程式は，

$$i\hbar\frac{d}{dt}B_n(t) = E_n^{(0)}B_n(t) + \sum_m \langle n|\epsilon\hat{V}(t)|m\rangle B_m(t)$$

となる．この展開は，シュレーディンガー表示の状態ベクトルの展開に相当する．この $B_n(t)$ の時間依存性は，$\hat{V}(t)$ の時間依存性と無摂動ハミルトニアン $\hat{H}_0$ によるユニタリー時間発展の両方で決まる．一般に，$B_n(t)$ は，(5.44) の $C_n(t)$ に比べて速く振動する成分 $\exp(-iE_n^{(0)}t/\hbar)$ を含む．

と展開する[*9]．exp 項は $\hat{H}_0$ による時間発展を表し，展開係数 $C_m(t)$ の時間依存性は $\hat{V}(t)$ の時間依存性から生じる[*10]．規格化条件より $\sum_m |C_m(t)|^2 = 1$ である．この展開式をシュレーディンガー方程式 (5.43) に代入し，両辺に左からブラベクトル $\langle n|$ を掛けて $C_n(t)$ についての連立微分方程式に書き直すと，

$$i\hbar \frac{d}{dt} C_n(t) = \sum_m \langle n|\epsilon \hat{V}(t)|m\rangle \exp\left[i\frac{(E_n^{(0)} - E_m^{(0)})t}{\hbar}\right] C_m(t) \quad (5.45)$$

となる[*11]．この連立微分方程式 (5.45) から分かるように，$\hat{V}$ が対角形のとき，すなわち $\langle n|\hat{V}|m\rangle = v\delta_{nm}$ のときは，初期状態から他の状態への遷移は生じない．$\hat{V}$ が非対角形のときのみ状態間の遷移が生じる．

n が無限個ある無摂動系では，連立微分方程式 (5.45) は無限元連立微分方程式となり，解くのは困難となる．そこで，摂動法を用いる．展開係数 $C_n(t)$ を ϵ のべき級数に展開した表式

[*9] 相互作用表示の $|\Psi(t)\rangle_{\mathrm{I}}$ を $\hat{H}_0$ の固有ベクトル $|m\rangle$ で $|\Psi(t)\rangle_{\mathrm{I}} = \sum_m C_m(t)|m\rangle$ と展開し，これをシュレーディンガー表示に戻したものである．相互作用表示については，解説 5.10 を参照．

[*10] もしも無摂動（$\epsilon\hat{V}(t) = 0$）ならば，$|m\rangle$ は定常状態なので，任意の状態の時間発展は因子 $\exp(-iE_m^{(0)}t/\hbar)$ のみで決まり，展開係数 C_m は定数となる．

[*11] 相互作用表示の $|\Psi(t)\rangle_{\mathrm{I}}$ を $\hat{H}_0$ の固有ベクトル $|m\rangle$ で $|\Psi(t)\rangle_{\mathrm{I}} = \sum_m C_m(t)|m\rangle$ と展開し，これを (5.46) に代入して，両辺と $\langle n|$ との内積をとったものである．

解説 5.10　相互作用表示について

相互作用表示での状態ベクトルは $|\Psi(t)\rangle_{\mathrm{I}} \equiv \exp(+i\hat{H}_0 t/\hbar)|\Psi(t)\rangle$ と定義され，物理量 A の相互作用表示での演算子 $\hat{A}_{\mathrm{I}}$ は $\hat{A}_{\mathrm{I}}(t) \equiv \exp(+i\hat{H}_0 t/\hbar)\hat{A}\exp(-i\hat{H}_0 t/\hbar)$ と定義される．$|\Psi(t)\rangle$ と $\hat{A}$ は，シュレーディンガー表示での状態ベクトルと演算子である．相互作用表示の状態ベクトル $|\Psi(t)\rangle_{\mathrm{I}}$ の時間発展は，

$$i\hbar \frac{\partial}{\partial t}|\Psi(t)\rangle_{\mathrm{I}} = \epsilon\hat{V}_{\mathrm{I}}(t)|\Psi(t)\rangle_{\mathrm{I}} \quad (5.46)$$

にしたがう．ここで，$\epsilon\hat{V}_{\mathrm{I}}(t)$ は相互作用表示での摂動である．(3.73) と同様な計算で，形式解

$$|\Psi(t)\rangle_{\mathrm{I}} = T\exp\left[-\frac{i}{\hbar}\int_0^t \epsilon\hat{V}_{\mathrm{I}}(t')dt'\right]|\Psi(0)\rangle_{\mathrm{I}}$$

が得られる．シュレーディンガー表示の物理量 $\hat{A}$ が時間に依存しない場合は，相互作用表示の物理量 $\hat{A}_{\mathrm{I}}(t)$ は，

$$\frac{d}{dt}\hat{A}_{\mathrm{I}}(t) = -\frac{i}{\hbar}[\hat{A}_{\mathrm{I}}(t), \hat{H}_0]$$

にしたがって時間発展する．ハイゼンベルクの運動方程式 (3.78) と似ているが，右辺の交換子の中には全ハミルトニアンではなく，無摂動ハミルトニアン $\hat{H}_0$ が入っていることに注意．このように，相互作用表示では，全ハミルトニアン $\hat{H}_0 + \epsilon\hat{V}(t)$ のうち，無摂動項 $\hat{H}_0$ による時間発展を演算子に担わせ，摂動項 $\epsilon\hat{V}(t)$ による時間発展を状態ベクトルに担わせている．

$$C_n(t) = C_n^{(0)} + \epsilon C_n^{(1)}(t) + \epsilon^2 C_n^{(2)}(t) + \cdots \tag{5.47}$$

を (5.45) の両辺に代入し, ϵ の同じ次数の項を左右両辺で比較すると, 摂動の次数を $s = 1, 2, \cdots$ として,

$$\frac{d}{dt}C_n^{(0)}(t) = 0, \tag{5.48}$$

$$\frac{d}{dt}C_n^{(s)}(t) = \frac{1}{i\hbar}\sum_m \langle n|\hat{V}(t)|m\rangle \exp\left[i\frac{(E_n^{(0)} - E_m^{(0)})t}{\hbar}\right] C_m^{(s-1)}(t) \tag{5.49}$$

となる. (5.48) より $C_n^{(0)}$ は時間的に一定となり, $\hat{V} = 0$ の場合の解に相当する. (5.49) を逐次的に積分すれば, 任意の次数の摂動解が得られることになる.

摂動が加えられる時刻 $t = 0$ で, 系は無摂動系のある準位 $|n_0\rangle$ にあったとする. この場合は $C_n^{(0)} = \delta_{n,n_0}$ であるから, これらを $s = 1$ の (5.49) に代入すると, $C_n(t)$ を $C_{n,n_0}(t)$ と書き換えて,

$$\begin{aligned}\frac{d}{dt}C_{n,n_0}^{(1)}(t) &= \frac{1}{i\hbar}\sum_m \langle n|\hat{V}(t)|m\rangle \exp\left[i\frac{(E_n^{(0)} - E_m^{(0)})t}{\hbar}\right]\delta_{m,n_0} \\ &= \frac{1}{i\hbar}\langle n|\hat{V}(t)|n_0\rangle \exp\left[i\frac{(E_n^{(0)} - E_{n_0}^{(0)})t}{\hbar}\right]\end{aligned} \tag{5.50}$$

となるので, 積分すると 1 次近似項は

$$C_{n,n_0}^{(1)}(t) = \frac{1}{i\hbar}\int_0^t dt_1 \langle n|\hat{V}(t_1)|n_0\rangle \exp\left[i\frac{(E_n^{(0)} - E_{n_0}^{(0)})t_1}{\hbar}\right] \tag{5.51}$$

解説 5.11 二準位系での遷移確率:1 次摂動の結果

無摂動系 $\hat{H}_0$ の固有状態が 2 つのみの場合, 状態間の遷移確率を 1 次摂動で求めてみよう. $\hat{H}_0$ の 2 つの固有状態を $|1\rangle, |2\rangle$, それぞれのエネルギー固有値を $E_1^{(0)}, E_2^{(0)}$ とし, $\hbar\omega_{21} \equiv E_2^{(0)} - E_1^{(0)} > 0$ とする. この無摂動二準位系に, $\langle 1|\hat{V}|1\rangle = \langle 2|\hat{V}|2\rangle = 0$ と $\langle 1|\hat{V}|2\rangle = (\langle 2|\hat{V}|1\rangle)^* = v$ を満たすような非対角摂動 $\hat{V}$ が $t = 0$ に加わったとする (v は時間によらない定数). 時刻 t での状態 $|\Psi(t)\rangle$ を, $|1\rangle$ と $|2\rangle$ とで展開した展開係数の 1 次項 $C_1^{(1)}(t)$ と $C_2^{(1)}(t)$ とがしたがう連立微分方程式は,

$$i\hbar\frac{d}{dt}C_1^{(1)}(t) = v\exp(-i\omega_{21}t)C_2^{(0)}, \quad i\hbar\frac{d}{dt}C_2^{(1)}(t) = v^*\exp(i\omega_{21}t)C_1^{(0)} \tag{5.52}$$

となる. $C_1^{(0)}$ と $C_2^{(0)}$ は時間に依存しない定数である.

時刻 $t = 0$ で系は状態 $|1\rangle$ にあり, $C_1^{(0)} = 1$, $C_2^{(0)} = 0$ とすると, (5.52) の第 2 式を積分して $C_{2,1}^{(1)}(t) = -[2iv^*/(\hbar\omega_{21})]\exp(i\omega_{21}t/2)\sin(\omega_{21}t/2)$ となるので, 時刻 t で状態 $|2\rangle$ にある確率は,

$$|C_{2,1}^{(1)}(t)|^2 = \frac{4|v|^2}{(\hbar\omega_{21})^2}\sin^2\left(\frac{1}{2}\omega_{21}t\right) \tag{5.53}$$

となる. 二準位系でのこのような振動を, ラビ (**Rabi**) 振動という. フェルミの黄金律 (5.2.2 項参照) を導いたときのように, $t \gg \omega_{21}^{-1}$ の近似をすると, ラビ振動は記述できない.

となる．さらに逐次近似を行うと，2次近似項は

$$C_{n,n_0}^{(2)}(t) = \frac{1}{(i\hbar)^2} \sum_{m_1} \int_0^t dt_1 \int_0^{t_1} dt_2 \langle n|\hat{V}(t_1)|m_1\rangle\langle m_1|\hat{V}(t_2)|n_0\rangle$$
$$\times \exp\left[i\frac{(E_n^{(0)}-E_{m_1}^{(0)})t_1}{\hbar}\right]\exp\left[i\frac{(E_{m_1}^{(0)}-E_{n_0}^{(0)})t_2}{\hbar}\right] \quad (5.54)$$

となる．

よって，ϵ^2 までの摂動近似では，時刻 t での状態 $|\Psi(t)\rangle$ は，

$$|\Psi(t)\rangle = \exp\left(-i\frac{E_{n_0}^{(0)}t}{\hbar}\right)|n_0\rangle + \epsilon\sum_n C_{n,n_0}^{(1)}(t)\exp\left(-i\frac{E_n^{(0)}t}{\hbar}\right)|n\rangle$$
$$+ \epsilon^2 \sum_n C_{n,n_0}^{(2)}(t)\exp\left(-i\frac{E_n^{(0)}t}{\hbar}\right)|n\rangle$$
$$= \left[1 + \epsilon C_{n_0,n_0}^{(1)}(t) + \epsilon^2 C_{n_0,n_0}^{(2)}(t)\right]\exp\left(-i\frac{E_{n_0}^{(0)}t}{\hbar}\right)|n_0\rangle$$
$$+ \sum_{n(\neq n_0)}\left[\epsilon C_{n,n_0}^{(1)}(t) + \epsilon^2 C_{n,n_0}^{(2)}(t)\right]\exp\left(-i\frac{E_n^{(0)}t}{\hbar}\right)|n\rangle \quad (5.55)$$

となる．これより，2次摂動の範囲では，時刻 t の系の状態が初期状態 $|n_0\rangle$ のままである確率は $|\langle n_0|\Psi(t)\rangle|^2 = |1 + \epsilon C_{n_0,n_0}^{(1)}(t) + \epsilon^2 C_{n_0,n_0}^{(2)}(t)|^2$，時刻 t において初期状態 $|n_0\rangle$ から状態 $|n\rangle$ ($n \neq n_0$) へ遷移している確率は $|\langle n|\Psi(t)\rangle|^2 = |\epsilon C_{n,n_0}^{(1)}(t) + \epsilon^2 C_{n,n_0}^{(2)}(t)|^2$ で与えられることになる．

解説 5.12　二準位系での遷移確率：厳密な結果

二準位系の場合は，摂動法を用いなくても厳密に解くことができる．時刻 t での状態 $|\Psi(t)\rangle$ を，$|1\rangle$ と $|2\rangle$ とで展開した展開係数 $C_1(t)$ と $C_2(t)$ とがしたがう連立微分方程式は，厳密に

$$i\hbar\frac{d}{dt}C_1(t) = v\exp(-i\omega_{21}t)C_2(t), \quad i\hbar\frac{d}{dt}C_2(t) = v^*\exp(i\omega_{21}t)C_1(t) \quad (5.56)$$

となる．初期条件として $C_1(0) = 1$, $C_2(0) = 0$ とすると，(5.56) より $dC_1^{(0)}(t)/dt|_{t=0} = 0$, $dC_2^{(0)}(t)/dt|_{t=0} = v^*/(i\hbar)$ となる．連立微分方程式 (5.56) から $C_{1,1}(t)$ を消去して $C_{2,1}(t)$ についての 2 階常微分方程式を導き，それを解くと，$C_{2,1}(t) = -[2iv^*/(\hbar\tilde{\omega})]\exp(i\omega_{21}t/2)\sin(\tilde{\omega}t/2)$ が得られる．ここで，

$$\tilde{\omega} \equiv \left(\omega_{21}^2 + \frac{4|v|^2}{\hbar^2}\right)^{1/2} \quad (5.57)$$

である．よって，時刻 t で状態 $|2\rangle$ にある確率は，

$$|C_{2,1}(t)|^2 = \frac{4|v|^2}{(\hbar\tilde{\omega})^2}\sin^2\left(\frac{1}{2}\tilde{\omega}t\right) \quad (5.58)$$

となる．1 次摂動での結果 (5.53) と比べると，ラビ振動の振動数 (5.57) が ω_{21} からシフトしている．根号の中に摂動 $v = \langle 1|\hat{V}|2\rangle$ が入っているので，$\hat{V}$ の無限次まで含んでいることに相当する．この表式 (5.57) は，有限次数の摂動計算では得ることのできない非摂動効果の 1 つである．

5.2.2 フェルミの黄金律

■ $t \geq 0$ で時間的に一定の摂動の場合 ■

摂動が $\epsilon \hat{V}(t) = \hat{V}\theta(t)$ で表される場合（$\theta(t)$ は階段関数），すなわち時刻 $t=0$ までは無摂動で，$t \geq 0$ で時間的に変化しない摂動 $\hat{V}$ が課される場合を考えてみる．ϵ^1 までの摂動計算を行うと，(5.51) より

$$\begin{aligned} C_{n,n_0}^{(1)}(t) &= -\frac{i}{\hbar}\int_0^t dt \langle n|\hat{V}|n_0\rangle \exp(i\omega_{nn_0}t) \\ &= -\frac{i}{\hbar}\langle n|\hat{V}|n_0\rangle \frac{\exp(i\omega_{nn_0}t)-1}{i\omega_{nn_0}} \end{aligned} \quad (5.59)$$

となる．ここで $\hbar\omega_{nn_0} \equiv E_n^{(0)} - E_{n_0}^{(0)}$ である．これより，時刻 t で系が状態 $|n\rangle$ にある確率は，

$$|C_{n,n_0}^{(1)}(t)|^2 = \frac{4}{\hbar^2}\left|\langle n|\hat{V}|n_0\rangle\right|^2 \frac{\sin^2(\omega_{nn_0}t/2)}{\omega_{nn_0}^2} \quad (5.60)$$

となる．通常の測定では $t \gg \omega_{nn_0}^{-1}$ なので[*12]，ディラックのデルタ関数の公式

$$\lim_{t\to\infty}\frac{\sin^2(\omega_{nn_0}t/2)}{\pi t(\omega_{nn_0}/2)^2} = \delta\left(\frac{1}{2}\omega_{nn_0}\right) = 2\delta(\omega_{nn_0}) \quad (5.61)$$

を用いると，

[*12] たとえば，$\hbar\omega_{nn_0} \sim 1\,\mathrm{eV}$ とすると，$\omega_{nn_0}^{-1} \sim 10^{-16}\,\mathrm{sec}$ である．

解説 5.13　エネルギー保存則と仮想遷移

フェルミの黄金律 (5.63) に現れるディラックのデルタ関数 $\delta(E_n^{(0)} - E_{n_0}^{(0)})$ は，エネルギーが保存されるような $E_n^{(0)} = E_{n_0}^{(0)}$ の状態 n への遷移のみが許されることを表しているが，(5.61) を用いたので，これは十分な時間 ($t \to \infty$) が経った後でのみ成立していることである．

$t \to \infty$ ではない短時間の状況での (5.60) を評価すると，

$$E_{n_0}^{(0)} - \frac{\hbar}{t} < E_n^{(0)} < E_{n_0}^{(0)} + \frac{\hbar}{t}$$

のエネルギーの範囲にある状態に遷移してもよいことが分かる．つまり，有限の時間内ではエネルギーが保存していない準位への遷移も可能になる．このような遷移を**仮想遷移** (virtual transition) と呼び，エネルギー保存則が成り立つ遷移の**実遷移** (real transition) と区別する．遷移する先の準位のエネルギーが $\delta E \sim \hbar/t$ 程度の幅だけ広がっていても構わないことは，時間とエネルギーの間の関係 (3.98) とも整合している．なお，無摂動系のエネルギー固有値が離散的で，準位 n のエネルギー $E_n^{(0)}$ 近くの $\delta E \sim \hbar/t$ 程度のエネルギー幅の中に隣の準位が含まれない場合は，有限時間内であっても実遷移しか生じない．他方，準位間隔が密あるいは連続の場合は，どのような時間においても仮想遷移が生じることになる．

$$|C_{n,n_0}^{(1)}(t)|^2 \simeq \frac{2\pi}{\hbar}\left|\langle n|\hat{V}|n_0\rangle\right|^2 \delta\left(E_n^{(0)} - E_{n_0}^{(0)}\right) t \qquad (5.62)$$

となり，通常の観測時間では，状態 $|n\rangle$ に遷移している確率は時間 t に比例する．よって，意味のある量は**単位時間当たりの遷移確率**であり，結局，終状態 $|n\rangle$ への単位時間あたりの遷移確率 $W_{n \leftarrow n_0}$ は，摂動の第 1 近似で

$$W_{n \leftarrow n_0} \equiv \frac{d}{dt}|C_{n,n_0}^{(1)}(t)|^2 = \frac{2\pi}{\hbar}\left|\langle n|\hat{V}|n_0\rangle\right|^2 \delta\left(E_n^{(0)} - E_{n_0}^{(0)}\right) \qquad (5.63)$$

となって，時刻に依存しない定数となる．この表式 (5.63) を，**フェルミ (Fermi) の黄金律** (Fermi's golden rule) という．ディラックのデルタ関数 $\delta(E_n^{(0)} - E_{n_0}^{(0)})$ は，**無摂動系**でのエネルギーが保存されるような状態間の遷移のみが許されることを表している．

終状態が自由粒子の状態のような連続スペクトルを持つ場合に触れておこう．終状態が自由粒子のエネルギー固有状態，すなわち波数固有状態であるとする．その固有値を波数 $\boldsymbol{k}$ とすると，デルタ関数規格化をした固有状態の座標表示は $(2\pi)^{-3/2}\exp(i\boldsymbol{k}\cdot\boldsymbol{r})$ であった．この場合，エネルギーが $E_{\boldsymbol{k}}^{(0)}$ と $E_{\boldsymbol{k}}^{(0)} + dE_{\boldsymbol{k}}^{(0)}$ の間にあり，波数ベクトル $\boldsymbol{k}$ の方向が立体角 Ω から $\Omega + d\Omega$ の間にある状態数を**状態密度** (density of states) と呼び，終状態の状態密度 $D(E_{\boldsymbol{k}}^{(0)})$ は，波数ベクトルの球面極座標での角度座標を θ と φ として $d\Omega = \sin\theta d\theta d\varphi$ であるから

$$D(E_{\boldsymbol{k}}^{(0)})dE_{\boldsymbol{k}}^{(0)}d\Omega = \frac{m|\boldsymbol{k}|}{\hbar^2}dE_{\boldsymbol{k}}^{(0)}\sin\theta d\theta d\varphi \qquad (5.64)$$

解説 5.14　摂動の 2 次までのフェルミの黄金律

摂動が $\epsilon\hat{V}(t) = \hat{V}\theta(t)$ のとき，摂動の 2 次まで（ϵ^2 まで）計算すると，フェルミの黄金律は，

$$W_{n \leftarrow n_0} = \frac{2\pi}{\hbar}\left|\langle n|\hat{V}|n_0\rangle + \sum_m \frac{\langle n|\hat{V}|m\rangle\langle m|\hat{V}|n_0\rangle}{E_{n_0}^{(0)} - E_m^{(0)}}\right|^2 \delta\left(E_n^{(0)} - E_{n_0}^{(0)}\right)$$

となる．絶対値の中の第 1 項は実遷移を表しているが，第 2 項は $|n_0\rangle \to |m\rangle \to |n\rangle$ のように，中間状態 $|m\rangle$ を経由した遷移を表している．中間状態への遷移と中間状態からの遷移はエネルギーが保存されていないので仮想遷移である．このように，2 次の摂動では，$t \to \infty$ で $E_n^{(0)} = E_{n_0}^{(0)}$ の状態 n への遷移のみが許されることは 1 次摂動でのフェルミの黄金律 (5.63) と変わりないが，状態 n への遷移の途中に仮想遷移が含まれている．なお，$E_{n_0}^{(0)} \simeq E_m^{(0)}$ でかつ $\langle n|\hat{V}|m\rangle\langle m|\hat{V}|n_0\rangle \neq 0$ の項は，発散を避けるために計算に注意が必要である．

である[*13]. これより, フェルミの黄金律は,

$$dW_{\bm{k}\leftarrow n_0} = \frac{2\pi}{\hbar}\left|\langle\bm{k}|\hat{V}|n_0\rangle\right|^2 \delta\left(E_{\bm{k}}^{(0)} - E_{n_0}^{(0)}\right) D(E_{\bm{k}}^{(0)}) dE_{\bm{k}}^{(0)} \sin\theta d\theta d\varphi \tag{5.65}$$

で与えられる.

■ **周期的な摂動の場合** ■

調和摂動 $\hat{V}(t) \equiv \hat{V}\exp(-i\omega t) + \hat{V}^\dagger \exp(i\omega t)$ が時刻 $t=0$ で加わった場合を考えよう. $t=0$ での系は無摂動系の準位 $|n_0\rangle$ にあったとする. (5.51) の1次近似項を積分すると,

$$\begin{aligned}C_{n,n_0}^{(1)}(t) = &-\frac{2i\langle n|\hat{V}|n_0\rangle}{\hbar(\omega_{nn_0}-\omega)} \exp\left[i\frac{(\omega_{nn_0}-\omega)t}{2}\right] \sin\left[\frac{(\omega_{nn_0}-\omega)t}{2}\right] \\ &-\frac{2i\langle n|\hat{V}^\dagger|n_0\rangle}{\hbar(\omega_{nn_0}+\omega)} \exp\left[i\frac{(\omega_{nn_0}+\omega)t}{2}\right] \sin\left[\frac{(\omega_{nn_0}+\omega)t}{2}\right]\end{aligned} \tag{5.66}$$

となる. $t\to\infty$ のとき $|C_{n,n_0}^{(1)}(t)|^2$ が大きな値を持つのは, 終状態 $|n\rangle$ のエネルギーが離散的で, エネルギー分母 $\omega_{nn_0} \pm \omega$ が小さくなるような n の場合である. このような状況を **共鳴** (resonance) という.

分母がちょうど0となる場合はもっと正確な取り扱いが必要であるが[*14],

[*13] 有限体積での箱形規格化と無限体積でのデルタ関数規格化とを対応づける置き換えは, $L^{-3}\sum_{\bm{k}} \to (2\pi)^{-3}d^3\bm{k}$ および $(L/2\pi)^3 \delta_{\bm{k}\bm{k}'} \to \delta(\bm{k}-\bm{k}')$. 箱形規格化での状態密度は, $D(E_{\bm{k}}^{(0)})dE_{\bm{k}}^{(0)}d\Omega = m|\bm{k}|L^3/(8\pi^3\hbar^2)dE_{\bm{k}}^{(0)}\sin\theta d\theta d\varphi$ である.

[*14] 共鳴する2つの状態の占有確率は, それらの間でラビ振動する (解説5.11 と 5.12 参照).

解説 5.15 周期的な摂動の下での時刻 t の状態

$\omega_{nn_0} \mp \omega \simeq 0$ (ただし $\omega_{nn_0} \mp \omega \neq 0$) となるような n の組をそれぞれ $n_\pm$ とすると, 時刻 t での状態は

$$\begin{aligned}|\Psi(t)\rangle \simeq &\exp\left(-i\frac{E_{n_0}^{(0)}t}{\hbar}\right)|n_0\rangle + C_{n_+,n_0}^{(1)}(t)\exp\left(-i\frac{E_{n_+}^{(0)}t}{\hbar}\right)|n_+\rangle \\ &+ C_{n_-,n_0}^{(1)}(t)\exp\left(-i\frac{E_{n_-}^{(0)}t}{\hbar}\right)|n_-\rangle\end{aligned}$$

となる. ここで,

$$C_{n_+,n_0}^{(1)}(t) = -\frac{2i\langle n_+|\hat{V}|n_0\rangle}{\hbar(\omega_{n_+,n_0}-\omega)}\exp\left[i\frac{(\omega_{n_+,n_0}-\omega)t}{2}\right]\sin\left[\frac{(\omega_{n_+,n_0}-\omega)t}{2}\right],$$

$$C_{n_-,n_0}^{(1)}(t) = -\frac{2i\langle n_-|\hat{V}^\dagger|n_0\rangle}{\hbar(\omega_{n_-,n_0}+\omega)}\exp\left[i\frac{(\omega_{n_-,n_0}+\omega)t}{2}\right]\sin\left[\frac{(\omega_{n_-,n_0}+\omega)t}{2}\right]$$

である. $C_{n_+,n_0}^{(1)}$ は, 摂動場からエネルギー $\hbar\omega$ をもらって $|n_0\rangle$ から $|n_+\rangle$ に **励起される過程**に, $C_{n_-,n_0}^{(1)}$ の項は, エネルギー $\hbar\omega$ を放出して $|n_0\rangle$ から $|n_-\rangle$ に **脱励起される過程**に対応する.

0 からずれている場合は (5.66) を用いて遷移確率を計算できる．摂動場からエネルギー $\hbar\omega$ をもらって $|n_0\rangle$ から $|n_+\rangle$ に励起される過程と，エネルギー $\hbar\omega$ を放出して $|n_0\rangle$ から $|n_-\rangle$ に脱励起される過程が存在し，それぞれの単位時間あたりの遷移確率は，解説 5.15 の結果を用いて，

$$W_{n_+ \leftarrow n_0} = \frac{2\pi}{\hbar} \left| \langle n_+ | \hat{V} | n_0 \rangle \right|^2 \delta\left(E^{(0)}_{n_+} - E^{(0)}_{n_0} - \hbar\omega \right), \quad (5.67)$$

$$W_{n_- \leftarrow n_0} = \frac{2\pi}{\hbar} \left| \langle n_- | \hat{V}^\dagger | n_0 \rangle \right|^2 \delta\left(E^{(0)}_{n_-} - E^{(0)}_{n_0} + \hbar\omega \right) \quad (5.68)$$

となる．

5.2.3 瞬間近似

摂動 $\epsilon\hat{V}(t)$ が，時刻 $0 \leq t \leq t_0$ の間だけ $\hat{V}$ で，他の時刻では 0 の場合を考えよう．摂動が加わっている時間 t_0 は十分に短いとしたときの近似法を紹介する．摂動が加わっている時間 $0 \leq t \leq t_0$ のハミルトニアン $\hat{H}_1 \equiv \hat{H}_0 + \hat{V}$ のエネルギー固有値を E_ν，それに属するエネルギー固有状態（完全系とする）を $|\psi_\nu\rangle$ と表すことにする．

$t < 0$ での始状態 $|\Psi^{(\text{i})}(t)\rangle$ を，$\hat{H}_0$ の固有ケット $|n\rangle$ で展開すると，$|\Psi^{(\text{i})}(t)\rangle = \sum_n C^{(\text{i})}_n \exp(-iE^{(0)}_n t/\hbar)|n\rangle$ で，展開係数は $C^{(\text{i})}_n = \langle n | \Psi^{(\text{i})}(t=0-)\rangle$ である．また，$0 \leq t \leq t_0$ での状態 $|\Psi_1(t)\rangle$ を，$\hat{H}_1$ の固有ケット $|\psi_\nu\rangle$ で展開すると，$|\Psi_1(t)\rangle = \sum_\nu D_\nu \exp(-iE_\nu t/\hbar)|\psi_\nu\rangle$ で，展開係数は $D_\nu = \langle \psi_\nu | \Psi_1(t=0+)\rangle$ である．時刻 $t = 0$ での状態の連続性より $|\Psi^{(\text{i})}(t=0-)\rangle = |\Psi_1(t=0+)\rangle$ でなければならないので，展開係数 D_ν と $C^{(\text{i})}_n$ との間には

● (5.70) の導出 ●

時刻 $t = t_0$ での状態の連続性 $|\Psi_1(t=t_0-)\rangle = |\Psi^{(\text{f})}(t=t_0+)\rangle$ と (5.69) より，

$$\begin{aligned}
C^{(\text{f})}_n \exp(-iE^{(0)}_n t_0/\hbar) &= \langle n | \Psi^{(\text{f})}(t=t_0+)\rangle = \langle n | \Psi_1(t=t_0-)\rangle \\
&= \sum_\nu \langle n | \psi_\nu \rangle \exp\left(-i\frac{E_\nu t_0}{\hbar}\right) D_\nu \\
&= \sum_m C^{(\text{i})}_m \sum_\nu \langle n | \psi_\nu \rangle \exp\left(-i\frac{E_\nu t_0}{\hbar}\right) \langle \psi_\nu | m \rangle
\end{aligned}$$

となる．ここで t_0 が $\hbar/E_\nu$ や $\hbar/E^{(0)}_n$ よりも十分に小さいとして指数関数を展開すると，

$$\begin{aligned}
C^{(\text{f})}_n &\simeq \sum_m C^{(\text{i})}_m \sum_\nu \langle n | \psi_\nu \rangle \left[1 - i\frac{(E_\nu - E^{(0)}_n)t_0}{\hbar} \right] \langle \psi_\nu | m \rangle \\
&= \sum_m C^{(\text{i})}_m \sum_\nu \left\langle n \left| 1 - i\frac{(\hat{H}_1 - \hat{H}_0)t_0}{\hbar} \right| \psi_\nu \right\rangle \langle \psi_\nu | m \rangle \\
&= \sum_m C^{(\text{i})}_m \left\langle n \left| 1 - i\frac{(\hat{H}_1 - \hat{H}_0)t_0}{\hbar} \right| m \right\rangle
\end{aligned}$$

と近似できる．

$$D_\nu = \sum_n \langle \psi_\nu | n \rangle \bar{C}_n^{(\mathrm{I})} \tag{5.69}$$

という関係が成り立つ.

$t > t_0$ での終状態 $|\Psi^{(\mathrm{f})}(t)\rangle$ を $|n\rangle$ で展開すると，$|\Psi^{(\mathrm{f})}(t)\rangle = \sum_n C_n^{(\mathrm{f})} \exp(-iE_n^{(0)}t/\hbar)|n\rangle$ と表せる．この展開係数 $C_n^{(\mathrm{f})}$ を，

$$C_n^{(\mathrm{f})} \simeq \sum_m C_m^{(\mathrm{i})} \left\langle n \left| 1 - i\frac{(\hat{H}_1 - \hat{H}_0)t_0}{\hbar} \right| m \right\rangle \tag{5.70}$$

と近似するのが**瞬間近似**である（導出は前頁下段参照）．この近似では t_0 が小さいことを仮定しているだけで，$\hat{H}_1 - \hat{H}_0$ が小さい必要はない．始状態が $|\Psi^{(\mathrm{i})}(t=0-)\rangle = |n_0\rangle$ のときは $C_m^{(\mathrm{i})} = \delta_{mn_0}$ なので，

$$C_{n,n_0}^{(\mathrm{f})} \simeq \delta_{nn_0} - i\frac{t_0}{\hbar}\langle n|\hat{H}_1 - \hat{H}_0|n_0\rangle \tag{5.71}$$

となる．

5.3 変 分 法

摂動級数の収束がよくない場合や高次摂動の計算が困難な場合に用いられる近似法で，基底状態のエネルギーを求めるのに特に適している[*15]．波動関数 ψ の汎関数

[*15] 励起状態にも適用可能である．励起状態のエネルギーを求めるには，その状態より低いエネルギーの状態と直交する条件を付加して変分を行う．本書では触れない．

解説 5.16 ラグランジュの未定乗数法

N 個の関数 $\psi_1(\boldsymbol{r}), \cdots, \psi_N(\boldsymbol{r})$ の汎関数 $G[\psi_1, \cdots, \psi_N]$ の極値を，m 個の束縛条件 $f_j[\psi_1, \cdots, \psi_N] = 0$（ここで $j = 1, 2, \cdots, m$）のもとで求める方法である．未定乗数 $\lambda_1, \cdots, \lambda_m$ を導入し，新しい汎関数

$$F[\psi_1, \cdots, \psi_N; \lambda_1, \cdots, \lambda_m] \equiv G[\psi_1, \cdots, \psi_N] - \sum_{j=1}^m \lambda_j f_j[\psi_1, \cdots, \psi_N]$$

を定義すると，汎関数 F の変分を 0 とおいて得られる汎関数 F の極値は，束縛条件の下での G の極値と一致し，それを与える $\psi_1(\boldsymbol{r}), \cdots, \psi_N(\boldsymbol{r})$ も同じとなる．ここで，未定乗数 $\lambda_1, \cdots, \lambda_m$ を，**ラグランジュ(Lagrange)の未定乗数**という．

(5.72) は，$N = m = 1$ で，$G[\psi] = \int \psi^*(\boldsymbol{r})\hat{H}\psi(\boldsymbol{r})d^3\boldsymbol{r}$，束縛条件が $f_1[\psi] = \int |\psi(\boldsymbol{r})|^2 d^3\boldsymbol{r} - 1 = 0$ となっている場合である．

5.3 変分法

$$F[\psi] \equiv \int \psi^*(\boldsymbol{r})\hat{H}\psi(\boldsymbol{r})d^3\boldsymbol{r} - \lambda\left[\int |\psi(\boldsymbol{r})|^2 d^3\boldsymbol{r} - 1\right] \quad (5.72)$$

についてラグランジュ(**Lagrange**)の未定乗数法を用いて, ψ と λ に関する変分をとると, $\delta F = 0$ の条件より

$$(\hat{H} - \lambda)\psi(\boldsymbol{r}) = 0, \quad (5.73)$$

$$\int |\psi(\boldsymbol{r})|^2 d^3\boldsymbol{r} = 1 \quad (5.74)$$

が得られる. 後者は $\psi(\boldsymbol{r})$ の規格化条件である. したがって, (5.73) より, 規格化条件の下で λ は $\hat{H}$ の真のエネルギー固有値 E に等しいから, シュレーディンガー方程式 $\hat{H}\psi = E\psi$ を解く代わりに, $F[\psi]$ を最小にするような ψ を探せばよいことになる.

5.3.1 レイリー-リッツの変分原理

変分法の基礎となるレイリー-リッツの変分原理を示そう. これは, あるハミルトニアン $\hat{H}$ が与えられたとき, **任意の状態** $|\phi\rangle$ に対して,

$$E[\phi] \equiv \frac{\langle\phi|\hat{H}|\phi\rangle}{\langle\phi|\phi\rangle} \quad (5.75)$$

を定義すると, この $E[\phi]$ について, 常に

$$E[\phi] \geq E_0 \quad (5.76)$$

🔵 レイリー-リッツの変分原理の証明 🔵

ハミルトニアン $\hat{H}$ の, エネルギー固有値 E_n に属するエネルギー固有状態を $|\psi_n\rangle$ とする. すなわち, $\hat{H}|\psi_n\rangle = E_n|\psi_n\rangle$ が成り立っているとする. (5.75) に閉包関係 $\sum_n |\psi_n\rangle\langle\psi_n| = \hat{1}$ を挿入し, $\{|\psi_n\rangle\}$ が正規直交系を構成していることを用いると,

$$\begin{aligned}
E[\phi] &= \frac{\sum_{n,m}\langle\phi|\psi_n\rangle\langle\psi_n|\hat{H}|\psi_m\rangle\langle\psi_m|\phi\rangle}{\sum_{n,m}\langle\phi|\psi_n\rangle\langle\psi_n|\psi_m\rangle\langle\psi_m|\phi\rangle} \\
&= \frac{\sum_{n,m}\langle\phi|\psi_n\rangle E_m \delta_{nm}\langle\psi_m|\phi\rangle}{\sum_{n,m}\langle\phi|\psi_n\rangle \delta_{nm}\langle\psi_m|\phi\rangle} \\
&= \frac{\sum_n E_n |\langle\phi|\psi_n\rangle|^2}{\sum_n |\langle\phi|\psi_n\rangle|^2} \\
&\geq E_0 \frac{\sum_n |\langle\phi|\psi_n\rangle|^2}{\sum_n |\langle\phi|\psi_n\rangle|^2} \\
&= E_0
\end{aligned}$$

となり, 証明された. 等号は, $|\phi\rangle = |\psi_0\rangle$ のときのみ成り立つ.

が成り立つ，というものである．ここで，E_0 はハミルトニアン $\hat{H}$ で表される系の基底状態の真のエネルギーである．等号は，ϕ が基底状態の真の固有状態 ψ_0 である場合のみ成り立つ．このレイリー–リッツの変分原理から，(5.75) の量は，基底状態の真のエネルギー E_0 に対する上限を与えていることが分かる．

5.3.2 変分法の手順

E_0 はもちろん，$|\psi_0\rangle$ も前もって分かっていないので，E_0 の近似値を求める段取りは，次のようにする．

(i) できるだけ様々な関数形の $\phi(\boldsymbol{r}) = \langle \boldsymbol{r} | \phi \rangle$ を準備する．
(ii) それぞれの ϕ に対して，$E[\phi]$ を計算する．
(iii) それらの値の中で最小となるものが，E_0 の（最良の）近似値であり，そのとき用いた $\phi(\boldsymbol{r})$ が，基底状態の波動関数の近似関数である．

もし，(i) の段階において，「すべての」形の $\langle \boldsymbol{r} | \phi \rangle$ を準備して $E[\phi]$ を計算することができるなら，その最小値は真の値 E_0 に一致するが，「すべての」$\langle \boldsymbol{r} | \phi \rangle$ で計算することは実際には不可能である．そこで通常は，$\phi(\boldsymbol{r})$ として，いくつかのパラメータ[*16] $\{a_n\}$ を含む**試行関数** (trial function) $\phi_{\mathrm{trial}}(\boldsymbol{r}; \{a_n\})$ を準備し[*17]，$E[\phi_{\mathrm{trial}}(\{a_n\})]$ を計算すれば，これは基底状態の真の固有値 E_0

[*16] 変分パラメータという．
[*17] すなわち，$\phi(\boldsymbol{r})$ の関数形を制限していることに相当する．

解説 5.17 変分計算の例：無限に深い1次元井戸型ポテンシャルの基底状態のエネルギー

幅が L で，無限に深い1次元井戸型ポテンシャル中の基底状態のエネルギーを，最も簡単な試行関数 $\phi_{\mathrm{trial}}(x) = (L/2)^2 - x^2$ を用いて変分法で計算してみよう．この試行関数には変分パラメータが存在しないので，簡単すぎる設定である．しかし，井戸の端の点 $x = \pm L/2$ で波動関数が 0 となることや，基底状態の波動関数は節を持たないことは反映されている．この試行関数で，エネルギーの期待値を計算すると，

$$E[\phi_{\mathrm{trial}}] = -\frac{\hbar^2}{2m} \frac{\int_{-L/2}^{L/2} \left[\left(\frac{L}{2}\right)^2 - x^2\right] \frac{d^2}{dx^2} \left[\left(\frac{L}{2}\right)^2 - x^2\right] dx}{\int_{-L/2}^{L/2} \left[\left(\frac{L}{2}\right)^2 - x^2\right]^2 dx} = \frac{5\hbar^2}{mL^2}$$

となる．この問題では，4.5 節で示したように厳密解が計算でき，基底状態について

$$\psi_{\mathrm{GS}}^{\mathrm{exact}}(x) = \sqrt{\frac{2}{L}} \cos\left(\frac{\pi x}{L}\right),$$

$$E_{\mathrm{GS}}^{\mathrm{exact}} = \frac{\hbar^2 \pi^2}{2mL^2}$$

である．変分近似での基底エネルギーを真の値と比較すると，$E[\phi_{\mathrm{trial}}]/E_{\mathrm{GS}}^{\mathrm{exact}} = 10/\pi^2 \simeq 1.0132$ となり，粗い近似の割には，誤差は 1.3% と小さい．

に対する上限になっている．つまり，

$$E[\phi_{\text{trial}}(\{a_n\})] = \frac{\int \phi_{\text{trial}}^*(\boldsymbol{r}; \{a_n\}) H \phi_{\text{trial}}(\boldsymbol{r}; \{a_n\}) d^3\boldsymbol{r}}{\int |\phi_{\text{trial}}(\boldsymbol{r}; \{a_n\})|^2 d^3\boldsymbol{r}}$$

$$= \frac{\langle \phi_{\text{trial}}(\{a_n\})|\hat{H}|\phi_{\text{trial}}(\{a_n\})\rangle}{\langle \phi_{\text{trial}}(\{a_n\})|\phi_{\text{trial}}(\{a_n\})\rangle} \geq E_0 \quad (5.77)$$

となる．ここで，変分パラメータをさまざまに変化させて $\partial E[\phi_{\text{trial}}(\{a_n\})]/\partial a_n = 0$ となる $\{a_n^*\}$ を決定し[*18]，$E[\phi_{\text{trial}}(\{a_n\})]$ の最小値を求めれば，その値 $E[\phi_{\text{trial}}(\{a_n^*\})]$ が，試行関数 $\phi_{\text{trial}}(\boldsymbol{r}; \{a_n\})$ での変分法による基底状態エネルギーの最良近似値となる．このときの試行関数 $\phi_{\text{trial}}(\boldsymbol{r}; \{a_n^*\})$ が，基底状態の波動関数の近似式となる．

変分法では，粗い近似の試行関数を用いても基底エネルギーの比較的よい近似値が得られる（ことが多い）が，正しい基底状態になるべく近い（と思われる）性質を持った試行関数を選ぶのが肝要で，試行関数の対称性や滑らかさを適切に設定することが近似の精度を上げる鍵である．また，(5.75) が正確に計算できる関数が望ましい．

[*18] この際の $E[\phi_{\text{trial}}(\{a_n\})]$ は汎関数の意味ではなく，パラメータ $\{a_n\}$ を含んだある関数 $\phi_{\text{trial}}(\boldsymbol{r}; \{a_n\})$ で計算した (5.75) のことなので，$\{a_n\}$ についての関数と考えればよい．

解説 5.18 変分計算の例：水素原子の基底状態のエネルギー

6.5 節で考察するように，水素原子の基底状態は球対称の波動関数なので，動径座標 r のみの関数である $\phi_{\text{trial}}(r; a) = N\exp(-a^2 r^2)$ を試行関数として変分法で計算してみよう．a が変分パラメータである．水素原子の電子と原子核の相対運動のハミルトニアンは，(6.15) を援用して，

$$\hat{H} = -\frac{\hbar^2}{2\mu}\left[\frac{d^2}{dr^2} + \frac{2}{r}\frac{d}{dr} + \frac{\hbar^2 l(l+1)}{2\mu r^2}\right] - \frac{e^2}{4\pi\epsilon_0 r}$$

である．試行関数を用いて (5.75) を計算すると，

$$E[\phi_{\text{trial}}(a)] = \frac{3\hbar^2}{2\mu}\left(a - \frac{2\mu}{3\hbar^2}\frac{e^2}{4\pi\epsilon_0}\sqrt{\frac{2}{\pi}}\right)^2 - \frac{4\mu}{3\pi\hbar^2}\left(\frac{e^2}{4\pi\epsilon_0}\right)^2$$

となる．これを最小にするには，右辺第 1 項が 0 となるような a を選べばよい．つまり，$a = a^* \equiv [2\mu/(3\hbar^2)][e^2/(4\pi\epsilon_0)]\sqrt{2/\pi}$ とする．このとき基底状態のエネルギーの近似値は，右辺第 2 項の

$$E[\phi_{\text{trial}}(a = a^*)] = -\frac{4\mu}{3\pi\hbar^2}\left(\frac{e^2}{4\pi\epsilon_0}\right)^2$$

となる．真の値 $E_{\text{GS}}^{\text{exact}}$ は (6.113) で $Z = 1$ としたものなので，$|E[\phi_{\text{trial}}(a = a^*)]|/|E_{\text{GS}}^{\text{exact}}| = 8/(3\pi) \simeq 0.87$ となり，誤差は 13% 程度である．

5.4 WKB法

シュレーディンガー方程式が1つあるいはそれ以上の常微分方程式に変数分離でき，1次元の問題に帰着できる場合[19]に有効な近似法で，ウェンツェル (Wentzel)，クラマース (Kramers)，ブリユアン (Brillouin) らによって提案された．定常状態の波動関数を $\psi(x) = N\exp[iS(x)/\hbar]$ としたとき，$S(x)$ を $\hbar$ のべきに展開して低次項を計算する準古典的方法である．

5.4.1 量子力学の古典極限

1粒子の波動関数 $\Psi(\boldsymbol{r},t)$ を

$$\Psi(\boldsymbol{r},t) = \sqrt{\rho(\boldsymbol{r},t)}\exp\left[\frac{iS(\boldsymbol{r},t)}{\hbar}\right] \tag{5.78}$$

とおいてシュレーディンガー方程式 (2.25) に代入し，両辺の実部と虚部とをそれぞれ等しいとおくと，実部から方程式

$$\frac{\partial S(\boldsymbol{r},t)}{\partial t} + \frac{1}{2m}|\boldsymbol{\nabla}S(\boldsymbol{r},t)|^2 + V(\boldsymbol{r}) - \frac{\hbar^2}{2m\sqrt{\rho(\boldsymbol{r},t)}}\nabla^2\sqrt{\rho(\boldsymbol{r},t)} = 0 \tag{5.79}$$

が得られる[20]（虚部については解説 5.19 を参照）．これは，$\hbar \to 0$ の古典極限で，古典力学での**ハミルトン-ヤコビ (Hamilton-Jacobi)** の方程式

---

[19] 3次元の場合でもポテンシャルが球対称ならば，動径部分の波動関数には適用できる．

[20] (5.79) の左辺の最後の項は**量子ポテンシャル**と呼ばれる．

解説 5.19 虚部から得られる方程式

虚部からは方程式

$$\frac{\partial\sqrt{\rho(\boldsymbol{r},t)}}{\partial t} + \frac{\sqrt{\rho(\boldsymbol{r},t)}}{2m}\nabla^2 S(\boldsymbol{r},t) + \frac{1}{m}\left[\boldsymbol{\nabla}\sqrt{\rho(\boldsymbol{r},t)}\right]\cdot\left[\boldsymbol{\nabla}S(\boldsymbol{r},t)\right] = 0$$

が得られる．これは，

$$\frac{\partial\rho(\boldsymbol{r},t)}{\partial t} + \frac{1}{m}\boldsymbol{\nabla}\cdot[\rho(\boldsymbol{r},t)\boldsymbol{\nabla}S(\boldsymbol{r},t)] = 0 \tag{5.80}$$

と変形できるが，$\Psi^*(\boldsymbol{r},t)\boldsymbol{\nabla}\Psi(\boldsymbol{r},t) = \sqrt{\rho}\boldsymbol{\nabla}\sqrt{\rho} + (i/\hbar)\rho\boldsymbol{\nabla}S$ なので，確率密度流 (3.68) は $\boldsymbol{j}(\boldsymbol{r},t) = \rho(\boldsymbol{r},t)\boldsymbol{\nabla}S(\boldsymbol{r},t)/m$ と表すことができ，(5.80) は連続の方程式 (3.69) と一致する．

$$\frac{\partial S(\boldsymbol{r},t)}{\partial t} + \frac{1}{2m}|\boldsymbol{\nabla} S(\boldsymbol{r},t)|^2 + V(\boldsymbol{r}) = 0 \tag{5.81}$$

に帰着する[*21]．このとき，$S(\boldsymbol{r},t)$ はハミルトンの主関数である．よって，シュレーディンガー方程式には，$\hbar \to 0$ の極限で古典力学が含まれている．

5.4.2 WKB近似（準古典近似）

1次元の場合に限定し，シュレーディンガー方程式のエネルギー固有状態の近似解を求めよう．エネルギー固有状態の場合は，(3.55) のように，$\Psi(x,t) = \psi(x)\exp(-iEt/\hbar)$ なので，$S(x,t) = S(x) - Et$ と書ける．このとき，規格化定数を N とすると，$\psi(x) = N\exp[iS(x)/\hbar]$ と表すことができ，(5.79) は，

$$\frac{1}{2m}\left[\frac{dS(x)}{dx}\right]^2 - [E - V(x)] - \frac{i\hbar}{2m}\frac{d^2 S(x)}{dx^2} = 0 \tag{5.82}$$

となる．WKB近似は**準古典近似**ともいわれ，プランク定数 $\hbar$ を小さい数と見なして，$S(x)$ を

$$S(x) = S_0(x) + \hbar S_1(x) + \hbar^2 S_2(x) + \cdots \tag{5.83}$$

のように $\hbar$ のべき級数に展開し，$\hbar$ の1次項（S_1 項）まで計算する手法である．(5.83) を (5.82) に代入し，$\hbar$ の各べきの係数を等しいとおくと，連立微分方程式

[*21] $E = -\partial S/\partial t$ と $\boldsymbol{p} = \boldsymbol{\nabla} S$ とを用いると，古典力学のエネルギーの表式 (2.4) となる．

解説 5.20 トンネル現象での透過率のWKB近似解

4.4節で調べたように，古典力学ではポテンシャル障壁より低いエネルギーの粒子は，そのポテンシャル障壁を越えることは決してできないが，量子力学ではある確率で障壁を滲み通るトンネル現象が生じる．1次元のポテンシャル障壁 $V(x)$ の系でのトンネル効果は，しばしばWKB近似で評価される．エネルギー E の粒子が任意の形状のポテンシャル障壁 $V(x)$ に入射したときの透過率 T をWKB近似で求めると，エネルギー E の関数として，

$$T(E) \simeq \exp\left[-\frac{2}{\hbar}\int_{x_1}^{x_2}\sqrt{2m[V(x) - E]}dx\right]$$

となる．ここで領域 $x_1 < x < x_2$ はポテンシャル障壁の中，すなわち $V(x) > E$ にとなる領域に対応する．この式は透過率を近似的に求める際に役に立つ式で，**ガモフ (Gamov) の透過因子**と呼ばれることもある．この式は $\hbar$ のべき級数に展開できない．すなわち，トンネル効果は純粋に量子力学的効果であることを示している．

$$\left[\frac{dS_0(x)}{dx}\right]^2 = 2m[E - V(x)], \tag{5.84}$$

$$\frac{dS_1(x)}{dx} = \frac{id^2S_0(x)/dx^2}{2dS_0(x)/dx}, \tag{5.85}$$

$$\frac{dS_2(x)}{dx} = \frac{id^2S_1(x)/dx^2 - [dS_1(x)/dx]^2}{2dS_0(x)/dx} \tag{5.86}$$

が得られる（最初の3式のみ書いた）．

まず，$V(x) < E$ となる古典力学でも許される領域を調べる．局所的波数として $k(x) \equiv \sqrt{2m[E-V(x)]}/\hbar$ とおくと，(5.84) を積分して，$S_0(x) = \pm \hbar \int^x k(x')dx'$ が得られる．これと (5.85) より $S_1(x) = (i/2)\ln k(x) +$ const. となるので，$V(x) < E$ では，

$$\psi_{\mathrm{WKB}}(x) = \frac{N_1}{\sqrt{k(x)}}\exp\left[i\int^x k(x')dx'\right] + \frac{N_2}{\sqrt{k(x)}}\exp\left[-i\int^x k(x')dx'\right] \tag{5.87}$$

が WKB 近似解となる．N_1 と N_2 は積分定数である．この波動関数の振幅は $[k(x)]^{-1/2}$ に比例するので，粒子を位置 x 付近に見出す確率密度 $|\psi(x)|^2$ は $1/k(x)$ に比例する．

他方，$V(x) > E$ となる古典力学では許されない運動領域では，$\kappa(x) \equiv \sqrt{2m[V(x)-E]}/\hbar$ とおくと，

解説 5.21　WKB 近似の成立条件

$V(x) < E$ の領域において WKB 近似解 (5.87) が有効なのは，展開式 (5.83) の第 2 項が第 1 項に比べて十分小さい場合で，$|\hbar S_1(x)| \ll |S_0(x)|$ が成り立つときに WKB 近似はよい近似となる．この条件は，局所的なド・ブロイ波長 $\lambda(x) = 2\pi/k(x)$ に対して $\lambda(x) \ll 4\pi k(x)|dk(x)/dx|^{-1}$ が成立する場合である．これは，ド・ブロイ波長 λ 程度の範囲では運動量 $k(x)$ の変化が小さいことを意味している．つまり，ド・ブロイ波長の数倍程度にわたって，ポテンシャル $V(x)$ が実質的に一定でなければならない．すなわち，WKB 近似解が有効なのは，短波長の極限である．

$V(x) > E$ の場合は，$1/\kappa(x)$ がポテンシャル $V(x)$ の変化の長さスケールに対して十分小さければ，WKB 近似解 (5.88) が使える．

(5.87) も (5.88) も，$|E - V(x)| \simeq 0$ となる**古典的転回点**近傍では上記の条件を満たさないので，そのままでは使えない．その領域では，古典的転回点の両側の 2 つの解をつなぐ「**接続公式**」を用いる必要がある．詳しい計算によれば，古典的転回点を $x = x_0$ とすると，

$$|x - x_0| < \hbar^{2/3}\left[m\left|\left(\frac{dV(x)}{dx}\right)_{x=x_0}\right|\right]^{-1/3}$$

では，WKB 近似解は破綻する．

$$\psi_{\text{WKB}}(x) = \frac{N_3}{\sqrt{\kappa(x)}} \exp\left[\int^x \kappa(x')dx'\right] + \frac{N_4}{\sqrt{\kappa(x)}} \exp\left[-\int^x \kappa(x')dx'\right] \tag{5.88}$$

となる．

5.4.3 ボーア-ゾンマーフェルトの量子条件との関係

$x_1 < x < x_2$ のみで $V(x) < E$ となる凹形ポテンシャルの場合，解説 5.22 の手順にしたがうと，$x < x_1$ の波動関数と $x_1 < x$ の波動関数とを古典的転回点 $x = x_1$ でつなぐ接続公式と，$x_2 < x$ の波動関数と $x < x_2$ の波動関数とを古典的転回点 $x = x_2$ でつなぐ接続公式は，それぞれ

$$\frac{1}{\sqrt{\kappa(x)}} \exp\left[-\int_x^{x_1} \kappa(x')dx'\right] \to \frac{2}{\sqrt{k(x)}} \cos\left[\int_{x_1}^x k(x')dx' - \frac{\pi}{4}\right],$$

$$\frac{1}{\sqrt{\kappa(x)}} \exp\left[-\int_{x_2}^x \kappa(x')dx'\right] \to \frac{2}{\sqrt{k(x)}} \cos\left[\int_x^{x_2} k(x')dx' - \frac{\pi}{4}\right]$$

となる．領域 $x_1 < x < x_2$ での波動関数の一価性をこれらの接続公式に課すると，束縛状態のエネルギー固有値を決める式が

$$\int_{x_1}^{x_2} k(x)dx = \left(n + \frac{1}{2}\right)\pi, \quad (n = 0, 1, 2, \cdots) \tag{5.89}$$

と表される．n が大きい領域（すなわちエネルギーが高く古典系に近い領域）では，ボーア-ゾンマーフェルトの量子条件 (1.15) に一致する．

解説 5.22 古典的転回点で **2** つの解を接続する手順

(1) $V(x) = E$ を x についての方程式と見たときの解が古典的転回点で，一般には複数個存在する．$x = x_0$ が古典的転回点の 1 つであるとしよう．この x_0 のまわりでポテンシャル $V(x)$ を展開し，1 次関数 $V(x) \simeq (dV/dx)_{x=x_0}(x - x_0)$ で近似する．

(2) 1 次関数で近似したポテンシャルでのシュレーディンガー方程式

$$-\frac{\hbar^2}{2m}\frac{d^2\psi(x)}{dx^2} + \left(\frac{dV(x)}{dx}\right)_{x=x_0}(x - x_0)\psi(x) = 0$$

を解き，$x = x_0$ の近傍のみで有効な波動関数を得る．これは $\pm 1/3$ 次のベッセル関数を用いて厳密に解くことができる．

(3) 積分定数を適当に選んで，この解と他の 2 つの解 (5.87), (5.88) とを接続する．

具体的に実行するのは数学的に多少煩雑なので，本書ではこれ以上は触れない．

5.5 断熱近似

時間変化の速い力学変数 $r = (x, y, z)$ と，時間変化の遅い力学変数 $R = (X, Y, Z)$ とが共存するような，2つの部分系から構成される複合系では，断熱近似と呼ばれる取り扱いが可能である．たとえば，典型的な複合系の例である2原子分子を考える．原子核の質量は電子の質量に比べて十分に大きいので，原子核の相対運動は電子の運動に比較して十分に遅い[*22]．すなわち，それぞれの運動の特徴的時間スケールが大きく異なっている．このような場合，電子の自由度に対応する力学変数 r は時間変化の**速い変数** (fast variable) に，原子核の自由度に対応する力学変数 R は時間変化の**遅い変数** (slow variable) に対応する．このとき，次のような考え方が適用できる．まず，遅い変数 R の時間変化を無視して R をパラメータとみなす．与えられた R に対して，速い変数 r についてのシュレーディンガー方程式[*23]を解く．得られたエネルギー固有値 $\epsilon_n(R)$ と固有関数 $\phi_n(r; R)$ は一般に R を含む関数である．この固有エネルギー $\epsilon_n(R)$ を有効ポテンシャルと考えて遅い変数 R に関する方程式を解いて，系全体のエネルギーを求める．もし遅い変数の時間変化がゆっくりしていれば，$\phi_n(r; R)$ は近似的に系の電子準位の定常状態を記述している．これを**断熱近似** (adiabatic approximation) または**ボル**

[*22]すなわち，断熱的変化をする．

[*23]これは，位置 R に固定された原子核に関しての電子の運動状態を記述していることになる．

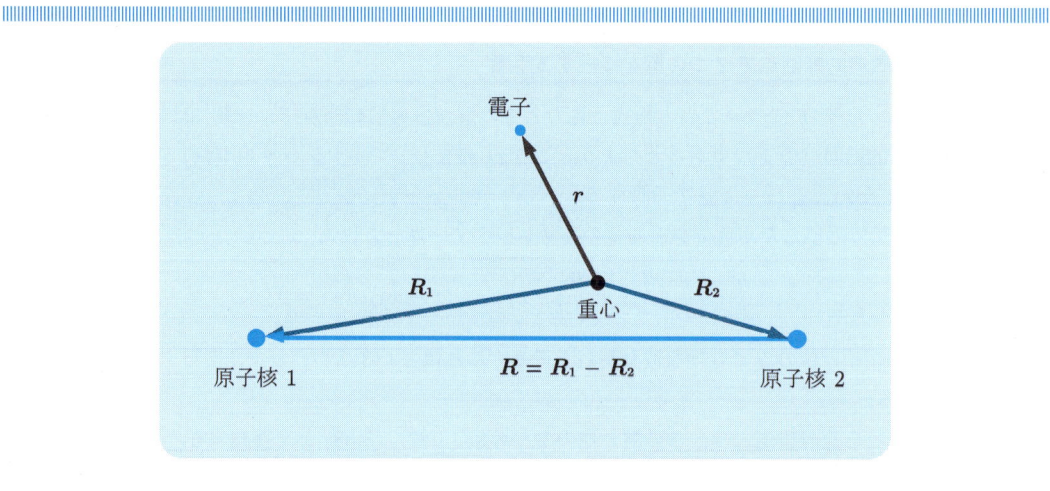

図 5.2 2原子核と1電子の座標系．原子核1の位置を R_1，原子核2の位置を R_2 とすると，原子核間の相対位置ベクトルは $R \equiv R_1 - R_2$ となる．

ン-オッペンハイマー (**Born-Oppenheimer**) 近似という.

具体的に, 2原子分子の1電子問題を考えよう. 図 5.2 のように, 重心を座標原点にとり, 原子核間の相対座標を $\boldsymbol{R}$ とし, 電子の位置を $\boldsymbol{r}$ とすると, 1電子シュレーディンガー方程式は

$$\left[-\frac{\hbar^2}{2M}\nabla_{\boldsymbol{R}}^2 - \frac{\hbar^2}{2m}\nabla_{\boldsymbol{r}}^2 + V(\boldsymbol{r},\boldsymbol{R})\right]\psi(\boldsymbol{r},\boldsymbol{R}) = E\psi(\boldsymbol{r},\boldsymbol{R}) \quad (5.90)$$

となる. ここで $\boldsymbol{\nabla}_{\boldsymbol{R}} \equiv (\partial/\partial X, \partial/\partial Y, \partial/\partial Z)$, $\boldsymbol{\nabla}_{\boldsymbol{r}} \equiv (\partial/\partial x, \partial/\partial y, \partial/\partial z)$ で, $V(\boldsymbol{r},\boldsymbol{R})$ は電子間斥力, 電子-原子核間引力, 原子核間斥力の和である. 原子核の質量 M は電子の質量 m より十分に大きいとする. 次に, 波動関数 ψ を, $\psi(\boldsymbol{r},\boldsymbol{R}) = \sum_n \Phi_n(\boldsymbol{R})\phi_n(\boldsymbol{r};\boldsymbol{R})$ と展開する. $\Phi_n(\boldsymbol{R})$ は原子核の状態を記述する波動関数である. このときの $\phi_n(\boldsymbol{r};\boldsymbol{R})$ は, $\boldsymbol{R}$ をパラメータと考えて固定したときの電子についてのシュレーディンガー方程式

$$\left[-\frac{\hbar^2}{2m}\nabla_{\boldsymbol{r}}^2 + V(\boldsymbol{r},\boldsymbol{R})\right]\phi_n(\boldsymbol{r};\boldsymbol{R}) = \epsilon_n(\boldsymbol{R})\phi_n(\boldsymbol{r};\boldsymbol{R}) \quad (5.91)$$

の規格化された固有関数である.

ψ の展開式を (5.90) に代入した際, 原子核の座標 $\boldsymbol{R}$ についての微分を含む演算子 $-[\hbar^2/(2M)]\nabla_{\boldsymbol{R}}^2$ は, 関数 $\Phi_n(\boldsymbol{R})$ にも $\phi_n(\boldsymbol{r};\boldsymbol{R})$ にも作用する. 準位に縮退が無い場合, $\Phi_n(\boldsymbol{R})$ は近似的に

$$\left[-\frac{\hbar^2}{2M}[\boldsymbol{\nabla}_{\boldsymbol{R}} - i\boldsymbol{A}_n(\boldsymbol{R})]^2 + \epsilon_n(\boldsymbol{R})\right]\Phi_n(\boldsymbol{R}) = E\Phi_n(\boldsymbol{R}) \quad (5.92)$$

解説 5.23 (5.92) の導出の際の近似

異なる電子準位との結合を無視し,

$$\sum_m \Phi_m(\boldsymbol{R})\int \phi_n^*(\boldsymbol{r};\boldsymbol{R})\nabla_{\boldsymbol{R}}^2\phi_m(\boldsymbol{r};\boldsymbol{R})d^3r \simeq \Phi_n(\boldsymbol{R})\int \phi_n^*(\boldsymbol{r};\boldsymbol{R})\nabla_{\boldsymbol{R}}^2\phi_n(\boldsymbol{r};\boldsymbol{R})d^3r,$$

$$\sum_m [\boldsymbol{\nabla}_{\boldsymbol{R}}\Phi_m(\boldsymbol{R})]\cdot\int \phi_n^*(\boldsymbol{r};\boldsymbol{R})\boldsymbol{\nabla}_{\boldsymbol{R}}\phi_m(\boldsymbol{r};\boldsymbol{R})d^3r \simeq [\boldsymbol{\nabla}_{\boldsymbol{R}}\Phi_n(\boldsymbol{R})]\cdot\int \phi_n^*(\boldsymbol{r};\boldsymbol{R})\boldsymbol{\nabla}_{\boldsymbol{R}}\phi_n(\boldsymbol{r};\boldsymbol{R})d^3r$$

と近似する.

解説 5.24 (5.92) の局所ゲージ不変性

$\Lambda(\boldsymbol{R})$ を2階微分可能な任意のスカラー場としたとき, 方程式 (5.92) は**局所ゲージ変換**

$$\Phi_n(\boldsymbol{R}) \to \exp[i\Lambda_n(\boldsymbol{R})]\Phi_n(\boldsymbol{R}),$$

$$\boldsymbol{A}_n(\boldsymbol{R}) \to \boldsymbol{A}_n(\boldsymbol{R}) + \boldsymbol{\nabla}_{\boldsymbol{R}}\Lambda_n(\boldsymbol{R})$$

に対して不変である. ゲージ不変性については, 7.4 節を参照のこと.

を満たす．$\epsilon_n(\boldsymbol{R})$ は，電子の準位 n ごとに定まる有効ポテンシャルで**断熱ポテンシャル** (adiabatic potential) と呼ばれ，$\boldsymbol{R}$ を固定したときの電子のエネルギーと原子核間斥力の和である．また，$\boldsymbol{A}_n(\boldsymbol{R})$ は電磁場のベクトルポテンシャルに相当する実数量

$$\boldsymbol{A}_n(\boldsymbol{R}) \equiv i \int \phi_n^*(\boldsymbol{r};\boldsymbol{R})\boldsymbol{\nabla}_{\boldsymbol{R}}\phi_n(\boldsymbol{r};\boldsymbol{R})d^3r \tag{5.93}$$

で，**ベリー接続** (Berry's connection) と呼ばれるゲージポテンシャルである[*24]．(5.92) は，外部磁場 $\boldsymbol{B} = \boldsymbol{\nabla}_{\boldsymbol{R}} \times \boldsymbol{A}_n(\boldsymbol{R})$ がかかっている系での荷電粒子のシュレーディンガー方程式と同形になっている．2つの方程式 (5.91), (5.92) を解くことによって，断熱近似の下での2原子分子の全波動関数 $\psi(\boldsymbol{r},\boldsymbol{R})$ が得られる．

5.6 章末問題

章末問題の略解は，サイエンス社のホームページ (http://www.saiensu.co.jp) から手に入れることができる．

(1) ハミルトニアン $\hat{H} = \hat{H}_0 + \hat{V}$ が 2×2 行列

$$\hat{H}_0 = \begin{pmatrix} \Delta & 0 \\ 0 & -\Delta \end{pmatrix}, \quad \hat{V} = \begin{pmatrix} 0 & v \\ v & 0 \end{pmatrix}$$

で表される二準位系を考える．ここで，$\Delta \neq 0$ である．

　(a) $|v| \ll |\Delta|$ の場合，v について1次摂動でのエネルギー固有値と固有関数とを求めよ．

　(b) $|v| \ll |\Delta|$ の場合，v について2次摂動でのエネルギー固有値と固有関数とを求めよ．

　(c) エネルギー固有値と固有関数の厳密解を求め，上記の結果と比較せよ．

(2) 一定の力 F が加わっている質量 m の1次元調和振動子を考える．

　(a) 常に一定の力 F が加わっているとする．この系のエネルギー固有値を，2次摂動の範囲で求めよ．さらに，厳密解と比較せよ．

　(b) 時刻 $t = 0$ から一定の力 F が加わるとする．$t < 0$ で基底状態 ($n = 0$) にあったとして，$t > 0$ で n 番目の状態に存在する確率を求めよ．

(3) 幅が1で，無限に深い1次元井戸型ポテンシャル中の基底状態のエネルギーを，変分パラメータ a, b を含む試行関数 $\phi_{\mathrm{trial}}(x;a,b) \equiv Nx^a(1-x)^b$ を用いて，変分法で求めよ．さらに，厳密解と比較せよ．

(4) 1次元調和振動子 $\hat{H} = \hat{p}^2/(2m) + m\omega^2\hat{x}^2/2$ のエネルギー固有値を，WKB 近似を用いて求めよ．さらに，厳密解と比較せよ．

[*24] ベリー位相との関連は，7.5 節を参照．

3次元空間で中心力を及ぼし合う2粒子の問題

天体運動のケプラー (Kepler) 問題のように，古典力学では中心力を及ぼし合う2体系の運動は重要であった．量子力学においても，3次元空間で中心力を及ぼし合う2体系の問題は，水素原子での電子と陽子を代表例とするように，やはり重要である．この2体問題は，中心力ポテンシャル場での1体問題に帰着する．中心力ポテンシャル場では，保存量である角運動量が物理量の主役である．そこで本章では，角運動量を量子力学的に取り扱い，軌道角運動量とスピン角運動量という2種類の角運動量を導入し解説する．その結果を用いて，3次元等方的調和振動子，3次元球対称井戸型ポテンシャル問題および水素状原子の束縛状態を考察する．1.3節で述べた水素原子に関するボーアの理論は「ボーアの量子条件」という仮説を含むものであったが，この章で水素原子の量子力学的に厳密な取り扱いが示されることになる．角運動量の記述にあたっては，球面極座標系，ルジャンドル (Legendre) 多項式，球面調和関数，球関数などの数学的知識も必要である．なお，スピン角運動量は，古典物理学には存在しない新しい物理量である．

本章の内容

- 6.1 3次元中心力ポテンシャル場での1体問題と軌道角運動量
- 6.2 軌道角運動量の固有値問題
- 6.3 3次元等方的調和振動子
- 6.4 3次元球対称井戸型ポテンシャル中の束縛状態
- 6.5 水素状原子の束縛状態
- 6.6 スピン角運動量
- 6.7 角運動量の合成

6.1　3次元中心力ポテンシャル場での1体問題と軌道角運動量

6.1.1　重心運動と相対運動の分離

中心力[*1]を及ぼし合う2つの質点の運動は，重心運動と相対運動に分離できることを復習しよう．まず，質量が m_1 と m_2 の2つの質点を考え，それぞれの位置座標を $\boldsymbol{r}_1 = (x_1, y_1, z_1), \boldsymbol{r}_2 = (x_2, y_2, z_2)$ とする．お互いが及ぼし合う力のポテンシャルを $V(\boldsymbol{r}_1 - \boldsymbol{r}_2)$ とする[*2]．このとき，この2粒子系の波動関数を $\Psi(\boldsymbol{r}_1, \boldsymbol{r}_2, t)$ とすると，シュレーディンガー方程式は，

$$i\hbar \frac{\partial}{\partial t}\Psi(\boldsymbol{r}_1, \boldsymbol{r}_2, t) = \left[-\frac{\hbar^2}{2m_1}\nabla_1^2 - \frac{\hbar^2}{2m_2}\nabla_2^2 + V(\boldsymbol{r}_1 - \boldsymbol{r}_2) \right] \Psi(\boldsymbol{r}_1, \boldsymbol{r}_2, t) \tag{6.1}$$

である．ここで，$\boldsymbol{\nabla}_i \equiv (\partial/\partial x_i, \partial/\partial y_i, \partial/\partial z_i)$ は i 番目の粒子の座標に対するナブラ演算子である．さて，2つの座標 $\boldsymbol{r}_1, \boldsymbol{r}_2$ で表示する代わりに，**重心座標** $\boldsymbol{R} = (X, Y, Z) \equiv (m_1\boldsymbol{r}_1 + m_2\boldsymbol{r}_2)/(m_1 + m_2)$ と**相対座標** $\boldsymbol{r} = (x, y, z) \equiv \boldsymbol{r}_1 - \boldsymbol{r}_2$ を用いて表そう．重心座標 $\boldsymbol{R}$，相対座標 $\boldsymbol{r}$ に正準共役な運動量は，それぞれ重心運動量 $\boldsymbol{P} = M\dot{\boldsymbol{R}} = \boldsymbol{p}_1 + \boldsymbol{p}_2$ と相対運動量

[*1] 力の場の中心を座標原点 O とし，O から測った粒子の距離を r とする．粒子に働く力の方向が O と粒子を結ぶ直線に沿っている場合，これを中心力という．中心力の大きさが r にしか依存しない場合を，球対称な中心力という．

[*2] 斥力でも引力でもよい．つまり，V の符号は正負どちらでもよい．

解説 6.1　重心運動量と相対運動量

重心座標 $\boldsymbol{R}$，相対座標 $\boldsymbol{r}$ に正準共役な運動量は何かを示しておこう．解析力学において，2粒子系のラグランジアンが

$$L(\boldsymbol{r}_1, \boldsymbol{r}_2) = \frac{m_1}{2}\dot{\boldsymbol{r}}_1^2 + \frac{m_2}{2}\dot{\boldsymbol{r}}_2^2 - V(\boldsymbol{r}_1 - \boldsymbol{r}_2)$$

であるとき，位置座標 $\boldsymbol{r}_1, \boldsymbol{r}_2$ に正準共役な運動量 $\boldsymbol{p}_1, \boldsymbol{p}_2$ とは，

$$\boldsymbol{p}_i \equiv \frac{\partial L(\boldsymbol{r}_1, \boldsymbol{r}_2)}{\partial \dot{\boldsymbol{r}}_i} = m_i \dot{\boldsymbol{r}}_i$$

で定義されるものであった．よって，ラグランジアンを重心座標 $\boldsymbol{R}$ と相対座標 $\boldsymbol{r}$ とで書き直した

$$L(\boldsymbol{R}, \boldsymbol{r}) = \frac{M}{2}\dot{\boldsymbol{R}}^2 + \frac{\mu}{2}\dot{\boldsymbol{r}}^2 - V(\boldsymbol{r})$$

を用いると，$\boldsymbol{R}$ と $\boldsymbol{r}$ に正準共役な運動量 $\boldsymbol{P}, \boldsymbol{p}$ は，

$$\boldsymbol{P} \equiv \frac{\partial L(\boldsymbol{R}, \boldsymbol{r})}{\partial \dot{\boldsymbol{R}}} = M\dot{\boldsymbol{R}} = \boldsymbol{p}_1 + \boldsymbol{p}_2,$$

$$\boldsymbol{p} \equiv \frac{\partial L(\boldsymbol{R}, \boldsymbol{r})}{\partial \dot{\boldsymbol{r}}} = \mu\dot{\boldsymbol{r}} = \frac{m_2\boldsymbol{p}_1 - m_1\boldsymbol{p}_2}{m_1 + m_2}$$

となる．

$p = \mu\dot{r} = (m_2 p_1 - m_1 p_2)/(m_1 + m_2)$ であるので,(6.1) は,

$$i\hbar\frac{\partial}{\partial t}\Psi(\boldsymbol{R},\boldsymbol{r},t) = \left[-\frac{\hbar^2}{2M}\nabla_R^2 - \frac{\hbar^2}{2\mu}\nabla_r^2 + V(\boldsymbol{r})\right]\Psi(\boldsymbol{R},\boldsymbol{r},t) \qquad (6.2)$$

となる.ここで,$M = m_1 + m_2$ は**重心質量**,$\mu = m_1 m_2/(m_1 + m_2)$ は**換算質量** (reduced mass) という.$\boldsymbol{\nabla}_R \equiv (\partial/\partial X, \partial/\partial Y, \partial/\partial Z)$ は重心座標に,$\boldsymbol{\nabla}_r \equiv (\partial/\partial x, \partial/\partial y, \partial/\partial z)$ は相対座標に対するナブラ演算子である.ポテンシャルは相対座標 $\boldsymbol{r}$ だけの関数となり,中心力を表している.

▷ **重心運動について** 変数分離形の解 $\Psi(\boldsymbol{R},\boldsymbol{r},t) = G(\boldsymbol{R},t)\psi(\boldsymbol{r},t)$ を仮定して (6.2) に代入すると,$G(\boldsymbol{R},t)$ は微分方程式 $i\hbar\partial G/\partial t = -[\hbar^2/(2M)]\nabla_R^2 G$ を満たす.これは,3次元空間での自由粒子のシュレーディンガー方程式と同形なので,(4.8) を用いて

$$G(\boldsymbol{R},t) = \frac{1}{(2\pi)^{3/2}}\int_{-\infty}^{\infty}\tilde{G}_0(\boldsymbol{K})\exp\left[i\boldsymbol{K}\cdot\boldsymbol{R} - i\frac{\hbar|\boldsymbol{K}|^2 t}{2M}\right]d^3\boldsymbol{K} \qquad (6.3)$$

が一般解となる.$\tilde{G}_0(\boldsymbol{K})$ は初期時刻での波数表示の(重心運動の)波動関数である.

▷ **相対運動について** 他方,相対運動の波動関数 $\psi(\boldsymbol{r},t)$ は,

$$i\hbar\frac{\partial}{\partial t}\psi(\boldsymbol{r},t) = \left[-\frac{\hbar^2}{2\mu}\nabla_r^2 + V(\boldsymbol{r})\right]\psi(\boldsymbol{r},t) \qquad (6.4)$$

を満たす.これは1粒子の(時間に依存する)シュレーディンガー方程式と同形である.

🔵 (6.2) の導出 🔵

(6.2) を導出する際に,

$$\frac{\partial}{\partial\boldsymbol{R}} = \frac{\partial}{\partial\boldsymbol{r}_1} + \frac{\partial}{\partial\boldsymbol{r}_2},$$
$$\frac{\partial}{\partial\boldsymbol{r}} = \frac{m_2}{M}\frac{\partial}{\partial\boldsymbol{r}_1} - \frac{m_1}{M}\frac{\partial}{\partial\boldsymbol{r}_2}$$

であることに注意して,

$$\nabla_R^2 = \nabla_1^2 + \nabla_2^2 + 2\boldsymbol{\nabla}_1\cdot\boldsymbol{\nabla}_2,$$
$$\nabla_r^2 = \left(\frac{m_2}{M}\right)^2\nabla_1^2 + \left(\frac{m_1}{M}\right)^2\nabla_2^2 - 2\left(\frac{m_1 m_2}{M^2}\right)\boldsymbol{\nabla}_1\cdot\boldsymbol{\nabla}_2$$

を用いる.

結局，重心座標 $\boldsymbol{R}$ に依存する部分は自由粒子と同じで，平面波解 (6.3) として完全に解けてしまい，相対座標 $\boldsymbol{r}$ に依存する部分は，質量 μ の 1 粒子問題 (6.4) に帰着する．よって，中心力を及ぼし合う 2 粒子の問題は，中心力ポテンシャル場 $V(\boldsymbol{r})$ での（相対運動に関する）1 体問題になった．

6.1.2 軌道角運動量演算子

中心力ポテンシャル場で保存量となる角運動量は重要な物理量である．と同時に，6.1.3 項以降で，中心力ポテンシャル場での相対運動を記述するシュレーディンガー方程式 (6.4) を解くためにも，角運動量演算子は大切である．そこでまず，角運動量の演算子を導入しよう．**軌道角運動量**[*3]は古典力学にその対応量が存在するので，対応原理 (3.27), (3.28) により，量子力学での軌道角運動量演算子 $\hat{\boldsymbol{L}} = (\hat{L}_x, \hat{L}_y, \hat{L}_z)$ は

$$\hat{\boldsymbol{L}} \equiv \hat{\boldsymbol{r}} \times \hat{\boldsymbol{p}} = \boldsymbol{r} \times (-i\hbar)\boldsymbol{\nabla} \tag{6.5}$$

と定義される．これはエルミート演算子である．各成分で表示すると，$\hat{L}_x = y\hat{p}_z - z\hat{p}_y$, $\hat{L}_y = z\hat{p}_x - x\hat{p}_z$, $\hat{L}_z = x\hat{p}_y - y\hat{p}_x$ である．軌道角運動量演算子 $\hat{\boldsymbol{L}}$ は，位置と運動量の交換関係 $[r_\mu, \hat{p}_\nu] = i\hbar\delta_{\mu\nu}$ を用いると，交換関係

$$[\hat{L}_x, \hat{L}_y] = i\hbar\hat{L}_z, \quad [\hat{L}_y, \hat{L}_z] = i\hbar\hat{L}_x, \quad [\hat{L}_z, \hat{L}_x] = i\hbar\hat{L}_y \tag{6.6}$$

[*3] 6.6 節でスピン角運動量という別の角運動量が出てくるので，ここでの角運動量を軌道角運動量と呼ぶ．

解説 6.2 軌道角運動量と回転操作

軌道角運動量演算子 $\hat{\boldsymbol{L}}$ は，空間座標 $\boldsymbol{r}$ の微小回転の生成子である．$\boldsymbol{n}$ を $\boldsymbol{n}^2 = \boldsymbol{n} \cdot \boldsymbol{n} = 1$ を満たすベクトルとするとき，物理量を表す演算子 $\hat{A}$ をユニタリー変換

$$\hat{U}_{\boldsymbol{n}}(\vartheta) \equiv \exp\left(\frac{i}{\hbar}\vartheta\boldsymbol{n} \cdot \hat{\boldsymbol{L}}\right) \tag{6.7}$$

によって，$\hat{U}_{\boldsymbol{n}}(\vartheta)\hat{A}\hat{U}_{\boldsymbol{n}}^{-1}(\vartheta)$ と変換してみよう．この際，角度 ϑ を，小さい角度 $\Delta\vartheta_j$ の和として $\vartheta = \sum_j \Delta\vartheta_j$ と表すと，$\hat{U}_{\boldsymbol{n}}(\vartheta)$ は，無限小変換の積の形 $\hat{U}_{\boldsymbol{n}}(\vartheta) = \exp[(i/\hbar)\sum_j \Delta\vartheta_j \boldsymbol{n} \cdot \hat{\boldsymbol{L}}] = \prod_j \exp[(i/\hbar)\Delta\vartheta_j \boldsymbol{n} \cdot \hat{\boldsymbol{L}}]$ と書ける．$\hat{A}$ は任意の物理量であるが，今の場合 $\hat{\boldsymbol{r}}$ と $\hat{\boldsymbol{p}}$ とで表されるから，$\hat{\boldsymbol{r}}$ と $\hat{\boldsymbol{p}}$ の無限小変換を調べると，

$$\hat{\boldsymbol{r}} \to \left(1 + \frac{i}{\hbar}\Delta\vartheta_j \boldsymbol{n} \cdot \hat{\boldsymbol{L}}\right)\hat{\boldsymbol{r}}\left(1 - \frac{i}{\hbar}\Delta\vartheta_j \boldsymbol{n} \cdot \hat{\boldsymbol{L}}\right) = \hat{\boldsymbol{r}} + \Delta\vartheta_j(\boldsymbol{n} \times \hat{\boldsymbol{r}}),$$

$$\hat{\boldsymbol{p}} \to \left(1 + \frac{i}{\hbar}\Delta\vartheta_j \boldsymbol{n} \cdot \hat{\boldsymbol{L}}\right)\hat{\boldsymbol{p}}\left(1 - \frac{i}{\hbar}\Delta\vartheta_j \boldsymbol{n} \cdot \hat{\boldsymbol{L}}\right) = \hat{\boldsymbol{p}} + \Delta\vartheta_j(\boldsymbol{n} \times \hat{\boldsymbol{p}})$$

となる．ここで $\hat{\boldsymbol{r}}$ や $\hat{\boldsymbol{p}}$ と $\hat{\boldsymbol{L}}$ との交換関係を用いた．結果を見ると，$\boldsymbol{n}$ を軸とする小さな角度 $\Delta\vartheta_j$ だけの回転を表している．よって，$\hat{U}_{\boldsymbol{n}}(\vartheta)$ は，座標系を $\boldsymbol{n}$ 軸のまわりに角度 ϑ だけ回転させる演算子であり，軌道角運動量 $\hat{\boldsymbol{L}}$ は回転を表すユニタリー変換の生成子である．もし，ハミルトニアンがすべての回転のもとで不変ならば，そのハミルトニアンは軌道角運動量演算子と可換となる．すなわち，軌道角運動量は保存量となる．

を満たす．これらから，$\hat{L}_x, \hat{L}_y, \hat{L}_z$ の同時固有状態は存在しない[*4]ことが分かる．しかし，角運動量演算子の2乗 $\hat{\boldsymbol{L}}^2 \equiv \hat{L}_x^2 + \hat{L}_y^2 + \hat{L}_z^2$ を定義すると，

$$[\hat{L}_x, \hat{\boldsymbol{L}}^2] = 0, \quad [\hat{L}_y, \hat{\boldsymbol{L}}^2] = 0, \quad [\hat{L}_z, \hat{\boldsymbol{L}}^2] = 0 \tag{6.8}$$

を満たすので，$\hat{\boldsymbol{L}}^2$ と $\hat{L}_\mu$ ($\mu = x, y, z$) との同時固有状態は存在する．これを拠り所にして，6.2節で，角運動量の固有値問題を考察する．

6.1.3 3次元ラプラス演算子と軌道角運動量演算子との関係

相対運動の波動関数 $\psi(\boldsymbol{r}, t)$ がしたがうシュレーディンガー方程式 (6.4) を考察するにあたり，そのハミルトニアン $\hat{H}_r \equiv -[\hbar^2/(2\mu)]\nabla_r^2 + V(\boldsymbol{r})$ は，動径座標 $r \equiv |\boldsymbol{r}| = \sqrt{x^2 + y^2 + z^2}$ の微分演算子 $\partial/\partial r$ と $\hat{\boldsymbol{L}}^2$ とを用いて表すことができることを示す．すなわち，3次元ラプラス演算子 ∇^2 は，角運動量演算子の2乗 $\hat{\boldsymbol{L}}^2$ と密接に関連がある．ここでは，$\hat{\boldsymbol{L}}^2$ を変形していくことで，3次元ラプラス演算子 ∇^2 との関係を調べる．

まず，$(r_1, r_2, r_3) = (x, y, z)$，$(\hat{p}_1, \hat{p}_2, \hat{p}_3) = (\hat{p}_x, \hat{p}_y, \hat{p}_z)$ として

$$\begin{aligned}
\hat{\boldsymbol{L}}^2 &\equiv (y\hat{p}_z - z\hat{p}_y)^2 + (z\hat{p}_x - x\hat{p}_z)^2 + (x\hat{p}_y - y\hat{p}_x)^2 \\
&= \left(\sum_{\mu=1}^{3} r_\mu^2\right)\left(\sum_{\mu=1}^{3} \hat{p}_\mu^2\right) - \sum_{\mu=1}^{3}\sum_{\nu=1}^{3} r_\mu r_\nu \hat{p}_\nu \hat{p}_\mu + 2i\hbar \sum_{\mu=1}^{3} r_\mu \hat{p}_\mu \\
&= (\boldsymbol{r} \cdot \boldsymbol{r})(\hat{\boldsymbol{p}} \cdot \hat{\boldsymbol{p}}) - (\boldsymbol{r} \cdot \hat{\boldsymbol{p}})^2 + i\hbar(\boldsymbol{r} \cdot \hat{\boldsymbol{p}}) \tag{6.9}
\end{aligned}$$

[*4] 3.8.2項で注意したように，この表現は不正確である．実際，$\hat{L}_x|\psi\rangle = \hat{L}_y|\psi\rangle = \hat{L}_z|\psi\rangle = 0$ となる球対称な同時固有状態 (6.72) が存在する．

解説 6.3 角運動量演算子の交換関係

角運動量の交換関係 (6.6) は角運動量演算子を本質的に規定するものなので，非常に重要である．後述するスピン角運動量演算子も含めて，この形の交換関係を持つ量はそれだけで空間の回転と関係づけられる．しかし，交換関係 (6.6) を満たす演算子すべてが，回転を生じるとは限らないことに注意せよ．たとえば，次の3つの演算子

$$\begin{aligned}
\hat{K}_x &= \frac{1}{4}\left[\left(a\hat{x}^2 + \frac{1}{a}\hat{p}_x^2\right) - \left(a\hat{y}^2 + \frac{1}{a}\hat{p}_y^2\right)\right], \\
\hat{K}_y &= \frac{1}{2}\left(a\hat{x}\hat{y} + \frac{1}{a}\hat{p}_x\hat{p}_y\right), \\
\hat{K}_z &= \frac{1}{2}(\hat{x}\hat{p}_y - \hat{y}\hat{p}_x)
\end{aligned}$$

を考える．ここで a は 0 でない任意の実数である．これらの演算子は (6.6) とまったく同じ交換関係を満たす．また，$[\hat{K}_\mu, \hat{\boldsymbol{K}}^2] = 0$ も満たす．しかし，$\hat{\boldsymbol{r}}$ や $\hat{\boldsymbol{p}}$ との交換関係を計算してみると分かるように，$\hat{\boldsymbol{K}}$ は回転を生じる生成子にはなっていない．

である．また，$\nabla \psi(\boldsymbol{r})$ の動径方向成分は $\partial \psi(\boldsymbol{r})/\partial r$ だから[*5]，$\boldsymbol{r} \cdot \hat{\boldsymbol{p}} = -i\hbar r \partial/\partial r$ なので，$\hat{p}$ を $\hat{p} \equiv |\hat{\boldsymbol{p}}| = \sqrt{\hat{p}_x^2 + \hat{p}_y^2 + \hat{p}_z^2}$ と定義すると上式は，

$$\hat{\boldsymbol{L}}^2 = r^2 \hat{p}^2 + \hbar^2 r^2 \left(\frac{\partial^2}{\partial r^2} + \frac{2}{r}\frac{\partial}{\partial r} \right) = r^2 \hat{p}^2 + \hbar^2 \frac{\partial}{\partial r} r^2 \frac{\partial}{\partial r} \tag{6.10}$$

と変形できる．一方，各成分を計算してみると分かるように $[r, \hat{\boldsymbol{L}}^2] = 0$ であるから，(6.10) の両辺を $2\mu r^2$ で割る際に $\hat{\boldsymbol{L}}^2$ と r^2 の順序を気にしなくてよいので，

$$\frac{\hat{p}^2}{2\mu} = -\frac{\hbar^2}{2\mu r^2} \frac{\partial}{\partial r} r^2 \frac{\partial}{\partial r} + \frac{\hat{\boldsymbol{L}}^2}{2\mu r^2} \tag{6.11}$$

と書ける．これが $-[\hbar^2/(2\mu)]\nabla_r^2$ であるので，シュレーディンガー方程式 (6.4) は，

$$i\hbar \frac{\partial \psi(\boldsymbol{r}, t)}{\partial t} = \left[-\frac{\hbar^2}{2\mu r^2} \frac{\partial}{\partial r} r^2 \frac{\partial}{\partial r} + \frac{\hat{\boldsymbol{L}}^2}{2\mu r^2} + V(\boldsymbol{r}) \right] \psi(\boldsymbol{r}, t) \tag{6.12}$$

と表せる．右辺の $\hat{\boldsymbol{L}}^2/(2\mu r^2)$ が **遠心ポテンシャル** (centrifugal potential) に相当する項である．この式で，$\partial/\partial r$ を含む項と $\hat{\boldsymbol{L}}^2$ の項とが分離している点が重要である．

6.1.4 動径方程式

相対運動のシュレーディンガー方程式 (6.12) は，$\partial/\partial r$ を含む項と $\hat{\boldsymbol{L}}^2$ の項とが分離しているので，変数分離法で解いてみよう．簡単のためにポテン

[*5] (6.29) より，ナブラ演算子 ∇ の動径方向成分は $\partial/\partial r$ であることに注意.

解説 6.4 動径運動量による表現

動径座標 r に正準共役な運動量である動径運動量 $\hat{p}_r$ は

$$\hat{p}_r = -i\hbar \frac{1}{r}\frac{\partial}{\partial r} r = -i\hbar \left(\frac{\partial}{\partial r} + \frac{1}{r} \right)$$

で定義される．これを用いると，相対運動のハミルトニアンは，

$$\hat{H}_r = \frac{\hat{p}_r^2}{2\mu} + \frac{\hat{\boldsymbol{L}}^2}{2\mu r^2} + V(\boldsymbol{r})$$

と表すこともできる．なお，$\hat{p}_r$ はエルミート演算子であり，交換関係 $[\hat{r}, \hat{p}_r] = i\hbar$ を満たす．ただし，$r \geq 0$ の条件があるので，これは通常の正準交換関係ではない．

ちなみに，球面極座標系の θ 座標に正準共役な運動量 $\hat{p}_\theta$ は

$$\hat{p}_\theta = -i\hbar \left(\frac{\partial}{\partial \theta} + \frac{1}{2}\cot\theta \right) = -i\hbar \frac{1}{\sqrt{\sin\theta}} \frac{\partial}{\partial \theta} \sqrt{\sin\theta}$$

で，φ 座標に正準共役な運動量 $\hat{p}_\varphi$ は，周期 2π の周期関数に対して

$$\hat{p}_\varphi = -i\hbar \frac{\partial}{\partial \varphi}.$$

シャル V は等方的（球対称）とし，$V(\boldsymbol{r})$ の代わりに $V(r)$ と書く．相対運動の波動関数を変数分離して，$\psi(\boldsymbol{r},t) = \exp(-iEt/\hbar)\psi(\boldsymbol{r})$ として代入すると，エネルギー固有関数 $\psi(\boldsymbol{r})$ に関する固有方程式

$$-\frac{\hbar^2}{2\mu r^2}\frac{\partial}{\partial r}\left[r^2\frac{\partial \psi(\boldsymbol{r})}{\partial r}\right] + \left[\frac{\hat{\boldsymbol{L}}^2}{2\mu r^2} + V(r)\right]\psi(\boldsymbol{r}) = E\psi(\boldsymbol{r}) \qquad (6.13)$$

が得られる．6.2.2 項で示すように，演算子 $\hat{\boldsymbol{L}}^2$ は球面極座標系 (r,θ,φ) の θ と φ のみについての微分演算子で，動径座標 r には依存しないから，$\hat{\boldsymbol{L}}^2$ の固有方程式は

$$\hat{\boldsymbol{L}}^2 Y(\theta,\varphi) = \hbar^2 \lambda Y(\theta,\varphi) \qquad (6.14)$$

と表せ，固有関数 Y は θ と φ のみの関数で r には依存しない．ここでは，この固有方程式 (6.14) が解けているとして[*6]，固有値を $\hbar^2\lambda$，固有関数の球面極座標表示を $Y(\theta,\varphi)$ としておく．

$\psi(\boldsymbol{r}) = R(r)Y(\theta,\varphi)$ と変数分離して代入すると，動径関数 $R(r)$ については

$$-\frac{\hbar^2}{2\mu r^2}\frac{d}{dr}\left[r^2\frac{dR(r)}{dr}\right] + \left[\frac{\hbar^2\lambda}{2\mu r^2} + V(r)\right]R(r) = ER(r) \qquad (6.15)$$

が成り立つ．さらに $u(r) \equiv rR(r)$ とおくと，$u(r)$ について

[*6] 実際には，6.2 節で解く．

解説 6.5　動径関数の規格化条件

波動関数 $\psi(\boldsymbol{r})$ の規格化条件は

$$\int_0^\infty r^2 dr\,[R(r)]^2 \int_0^\pi \sin\theta d\theta \int_0^{2\pi} d\varphi\,|Y(\theta,\varphi)|^2 = 1$$

である．$\hat{\boldsymbol{L}}^2$ の固有関数を $\int_0^\pi \sin\theta d\theta \int_0^{2\pi} d\varphi\,|Y(\theta,\varphi)|^2 = 1$ と規格化しておけば，動径関数として考慮すべき規格化条件は，

$$\int_0^\infty [u(r)]^2 dr = \int_0^\infty [R(r)]^2 r^2 dr = 1$$

となる．

$$-\frac{\hbar^2}{2\mu}\frac{d^2 u(r)}{dr^2} + \left[\frac{\hbar^2 \lambda}{2\mu r^2} + V(r)\right] u(r) = E u(r) \tag{6.16}$$

となって，1次元シュレーディンガー方程式と等価な形となる．ただし，ポテンシャル $V(r)$ に遠心ポテンシャル $\hbar^2 \lambda/(2\mu r^2)$ が加わっている点と，変数 r は動径座標なので $r \geq 0$ である点が異なっている．(6.15) や (6.16) のような，動径座標 r のみの関数が満たす方程式を**動径方程式**という．

以上より，相対運動の波動関数の動径方向成分は，方程式 (6.16) の解 $u(r)$ を用いて，$R(r) = u(r)/r$ と得られる．規格化については，前頁の解説 6.5 を参照せよ．なお，(6.16) を解く際の境界条件に注意が必要である．(6.16) は1次元シュレーディンガー方程式と同じ形をしてはいるが，$r \geq 0$ なので，境界条件は，

$$u(r \to \infty) \to 0, \tag{6.17}$$

$$u(r \to 0+) \sim r^{l+1} \to 0 \tag{6.18}$$

となる．特に，(6.18) に注意せよ（解説 6.6 を参照）．ここで，l は 6.2 節で定義される方位量子数で，$l = 0, 1, 2, \cdots$ である．

6.2 軌道角運動量の固有値問題

6.2.1 球面極座標系

これ以降の計算では，直交座標系 (x, y, z) よりも**球面極座標系** (r, θ, φ) が便利である．直交座標系と球面極座標系との関係は，

解説 6.6 関数 $u(r)$ の $r \to 0+$ での境界条件について

$r \to 0+$ において境界条件 (6.18) が成り立たなければならない理由を考えよう．それを理解するために，動径方向部分のシュレーディンガー方程式 (6.15) の解 $R(r)$ の $r \sim 0$ 近傍の振る舞いを見てみる．与えられたポテンシャル $V(r)$ は，$r \to 0$ の極限で有限であるか，r^{-2} よりも緩い発散しか示さないとする．このとき，$R(r)$ の $r \to 0$ での振る舞いは，遠心ポテンシャル $l(l+1)/r^2$ で決まる．ここで l は方位量子数 $l = 0, 1, 2, \cdots$ である．そこで，$r \sim 0$ で $R(r) = Cr^k + $ (高次項) として，(6.15) に代入すると，$-k(k+1)r^{k-2} + l(l+1)r^{k-2} + O(r^{k-1}) = 0$ となる．よって，$k(k+1) = l(l+1)$，すなわち $(k-l)(k+l+1) = 0$ なので，$k = l$ または $k = -l-1$ でなければならない．したがって，任意の定数 A と B を用いて，$r \to 0$ では

$$R(r) \sim A r^l + B r^{-(l+1)} \tag{6.19}$$

の形をしている．

(i) $l \neq 0$ のときは，波動関数の規格化積分が発散しないために $B = 0$ でなければならないので，$R(r) \simeq A r^l$ つまり $u(r) \simeq A r^{l+1}$ となる．

(ii) $l = 0$ のときは，$R(r) \simeq A + B/r$ であるが，$\psi(\boldsymbol{r}) \propto R(r) = B/r$ として (6.13) に代入すると，$\nabla^2 (1/r) = -4\pi \delta(\boldsymbol{r})$ の特異性が残るので (6.13) を満たさない．よって $B = 0$ となり，$R(r) \simeq A$ つまり $u(r) \simeq A r$ となる．結局，$r \to 0+$ で $u(r) \sim A r^{l+1}$ の形のもののみが許される．

$$x = r\sin\theta\cos\varphi, \quad y = r\sin\theta\sin\varphi, \quad z = r\cos\theta \tag{6.20}$$

である.直交座標系 (x,y,z) の基本ベクトル $\bm{e}_x, \bm{e}_y, \bm{e}_z$ と,球面極座標系の基本ベクトル $\bm{e}_r, \bm{e}_\theta, \bm{e}_\varphi$ との関係を調べよう.任意の位置ベクトル $\bm{r}$ は,$\bm{r} = \bm{e}_r r = \bm{e}_r (x^2 + y^2 + z^2)^{1/2} = \bm{e}_x x + \bm{e}_y y + \bm{e}_z z = \bm{e}_x r\sin\theta\cos\varphi + \bm{e}_y r\sin\theta\sin\varphi + \bm{e}_z r\cos\theta$ と表される.この $\bm{r}$ として $\bm{e}_r$ をとると,$|\bm{e}_r| = 1$ だから $\bm{e}_r = \bm{e}_x \sin\theta\cos\varphi + \bm{e}_y \sin\theta\sin\varphi + \bm{e}_z \cos\theta$ と書ける.幾何学的関係より $\bm{e}_\varphi = -\bm{e}_x \sin\varphi + \bm{e}_y \cos\varphi$ なので,結局,$\bm{e}_r, \bm{e}_\theta, \bm{e}_\varphi$ は,

$$\bm{e}_r = \bm{e}_x \sin\theta\cos\varphi + \bm{e}_y \sin\theta\sin\varphi + \bm{e}_z \cos\theta, \tag{6.21}$$

$$\bm{e}_\theta = \bm{e}_\varphi \times \bm{e}_r = \bm{e}_x \cos\theta\cos\varphi + \bm{e}_y \cos\theta\sin\varphi - \bm{e}_z \sin\theta, \tag{6.22}$$

$$\bm{e}_\varphi = -\bm{e}_x \sin\varphi + \bm{e}_y \cos\varphi \tag{6.23}$$

となる.$\bm{e}_r, \bm{e}_\theta, \bm{e}_\varphi$ は互いに直交するので,$\bm{e}_r \cdot \bm{e}_\theta = \bm{e}_\theta \cdot \bm{e}_\varphi = \bm{e}_\varphi \cdot \bm{e}_r = 0$ が成り立っている.この逆変換は,

$$\bm{e}_x = \bm{e}_r \sin\theta\cos\varphi + \bm{e}_\theta \cos\theta\cos\varphi - \bm{e}_\varphi \sin\varphi, \tag{6.24}$$

$$\bm{e}_y = \bm{e}_r \sin\theta\sin\varphi + \bm{e}_\theta \cos\theta\sin\varphi + \bm{e}_\varphi \cos\varphi, \tag{6.25}$$

$$\bm{e}_z = \bm{e}_r \cos\theta - \bm{e}_\theta \sin\theta \tag{6.26}$$

となる.

位置ベクトル $\bm{r} = r\bm{e}_r$ の全微分は,次頁の解説 6.7 より,

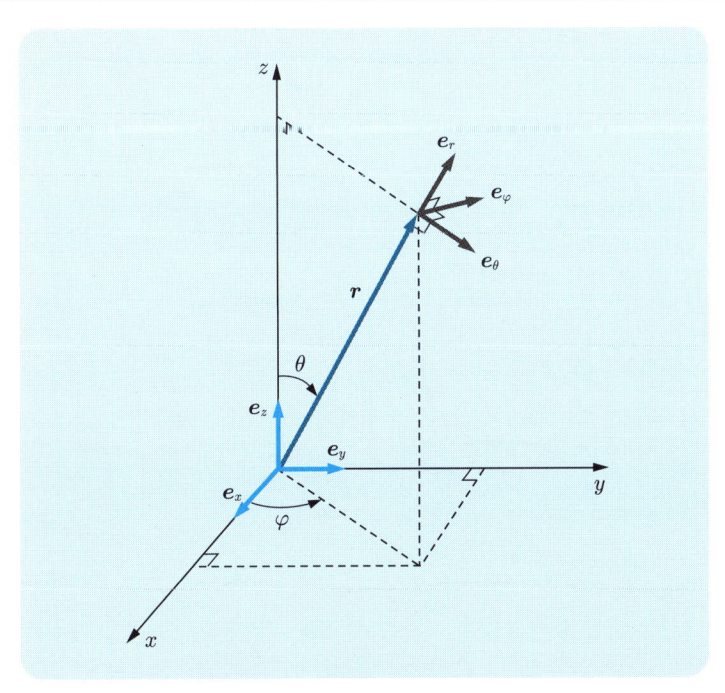

図 **6.1** 球面極座標系 (r, θ, φ)

$$dr = e_r dr + r de_r = e_r dr + r\left(\frac{\partial e_r}{\partial \theta}d\theta + \frac{\partial e_r}{\partial \varphi}d\varphi\right)$$
$$= e_r dr + e_\theta r d\theta + e_\varphi r\sin\theta d\varphi \tag{6.27}$$

となり，微小体積要素は，$dxdydz = r^2 \sin\theta dr d\theta d\varphi$ となる．また，任意のスカラー関数 $f(r)$ の全微分 df は，

$$\begin{aligned}
df &= \frac{\partial f}{\partial r}dr + \frac{\partial f}{\partial \theta}d\theta + \frac{\partial f}{\partial \varphi}d\varphi \\
&= \frac{\partial f}{\partial r}dr + \frac{1}{r}\frac{\partial f}{\partial \theta}r d\theta + \frac{1}{r\sin\theta}\frac{\partial f}{\partial \varphi}r\sin\theta d\varphi \\
&\stackrel{(6.27)}{=} \left[e_r \frac{\partial f}{\partial r} + e_\theta \frac{1}{r}\frac{\partial f}{\partial \theta} + e_\varphi \frac{1}{r\sin\theta}\frac{\partial f}{\partial \varphi}\right]\cdot dr
\end{aligned} \tag{6.28}$$

となるが，これは，$df = \nabla f \cdot dr$ と表すことができるので，ナブラ演算子を球面極座標表示すると

$$\nabla = e_r \frac{\partial}{\partial r} + e_\theta \frac{1}{r}\frac{\partial}{\partial \theta} + e_\varphi \frac{1}{r\sin\theta}\frac{\partial}{\partial \varphi} \tag{6.29}$$

となる．

6.2.2　軌道角運動量演算子の球面極座標表示

角運動量演算子 $\hat{L}$ を球面極座標系で表示しよう．(6.29) を用いると，角運動量演算子 $\hat{L} = r \times (-i\hbar)\nabla$ は

$$\begin{aligned}
\hat{L} &= -i\hbar r e_r \times \left(e_r \frac{\partial}{\partial r} + e_\theta \frac{1}{r}\frac{\partial}{\partial \theta} + e_\varphi \frac{1}{r\sin\theta}\frac{\partial}{\partial \varphi}\right) \\
&= -i\hbar\left(e_\varphi \frac{\partial}{\partial \theta} - e_\theta \frac{1}{\sin\theta}\frac{\partial}{\partial \varphi}\right)
\end{aligned} \tag{6.30}$$

解説 6.7　球面極座標系の基本ベクトルの微分

(6.21), (6.22), (6.23) から分かるように，e_r, e_θ, e_φ は角度 θ や φ の関数なので，角度 θ や φ が変わると変化する．よって，これらの基本ベクトルを θ や φ で微分しても 0 にはならない．(6.21), (6.22), (6.23) を，θ や φ で微分すると，

$$\frac{\partial e_r(\theta,\varphi)}{\partial \theta} = e_\theta, \quad \frac{\partial e_r(\theta,\varphi)}{\partial \varphi} = e_\varphi \sin\theta,$$
$$\frac{\partial e_\theta(\theta,\varphi)}{\partial \theta} = -e_r, \quad \frac{\partial e_\theta(\theta,\varphi)}{\partial \varphi} = e_\varphi \cos\theta,$$
$$\frac{\partial e_\varphi(\theta,\varphi)}{\partial \theta} = 0, \quad \frac{\partial e_\varphi(\theta,\varphi)}{\partial \varphi} = -e_r \sin\theta - e_\theta \cos\theta$$

となる．

と変形できる．ここで，$\partial/\partial r$ が現れないことが重要である．これに (6.22) と (6.23) を代入することによって，直交座標系での各成分 $\hat{L}_x, \hat{L}_y, \hat{L}_z$ の球面極座標表示

$$\hat{L}_x = -i\hbar\left(-\sin\varphi\frac{\partial}{\partial\theta} - \cos\varphi\cot\theta\frac{\partial}{\partial\varphi}\right), \tag{6.31}$$

$$\hat{L}_y = -i\hbar\left(\cos\varphi\frac{\partial}{\partial\theta} - \sin\varphi\cot\theta\frac{\partial}{\partial\varphi}\right), \tag{6.32}$$

$$\hat{L}_z = -i\hbar\frac{\partial}{\partial\varphi} \tag{6.33}$$

が得られる．(6.30) を用いると，$\hat{\bm{L}}^2$ の球面極座標表示が得られ，

$$\hat{\bm{L}}^2 = -\hbar^2\left[\frac{1}{\sin\theta}\frac{\partial}{\partial\theta}\left(\sin\theta\frac{\partial}{\partial\theta}\right) + \frac{1}{\sin^2\theta}\frac{\partial^2}{\partial\varphi^2}\right] \tag{6.34}$$

となる．θ 微分の項と φ 微分の項とが分離している．

6.2.3 軌道角運動量の固有値問題

残った課題は，演算子 $\hat{\bm{L}}^2$ の固有方程式 (6.14) を解くことである．さらに $\hat{L}_z$ の固有値問題も解いて[*7]，$\hat{\bm{L}}^2$ と $\hat{L}_z$ の同時固有状態と固有値を求めよう．

[*7] 空間は等方的なので，$\hat{L}_x$ や $\hat{L}_y$ を考えずに $\hat{L}_z$ だけを特別扱いするような理由はない．しかし，通常の球面極座標では z 軸が特別扱いされているので，(6.33) のように $\hat{L}_z$ だけは簡単な表式になる．

解説 6.8 球面極座標系でのラプラス演算子

(6.11) で示したように，ラプラス演算子 ∇^2 は，

$$\begin{aligned}\nabla^2 &= \frac{1}{r^2}\frac{\partial}{\partial r}r^2\frac{\partial}{\partial r} - \frac{\hat{\bm{L}}^2}{\hbar^2 r^2} \\ &= \frac{\partial^2}{\partial r^2} + \frac{2}{r}\frac{\partial}{\partial r} - \frac{\hat{\bm{L}}^2}{\hbar^2 r^2}\end{aligned} \tag{6.35}$$

と表すことができる．これに (6.34) を代入すると，

$$\begin{aligned}\nabla^2 &= \frac{1}{r^2}\frac{\partial}{\partial r}r^2\frac{\partial}{\partial r} + \frac{1}{r^2}\left[\frac{1}{\sin\theta}\frac{\partial}{\partial\theta}\left(\sin\theta\frac{\partial}{\partial\theta}\right) + \frac{1}{\sin^2\theta}\frac{\partial^2}{\partial\varphi^2}\right] \\ &= \frac{1}{r^2}\frac{\partial}{\partial r}r^2\frac{\partial}{\partial r} + \frac{1}{r^2\sin\theta}\frac{\partial}{\partial\theta}\left(\sin\theta\frac{\partial}{\partial\theta}\right) + \frac{1}{r^2\sin^2\theta}\frac{\partial^2}{\partial\varphi^2}\end{aligned} \tag{6.36}$$

となり，ラプラス演算子の球面極座標表示が得られる．

(6.34) を用いて固有方程式 (6.14) を球面極座標表示すると，

$$-\left[\frac{1}{\sin\theta}\frac{\partial}{\partial\theta}\left(\sin\theta\frac{\partial}{\partial\theta}\right)+\frac{1}{\sin^2\theta}\frac{\partial^2}{\partial\varphi^2}\right]Y(\theta,\varphi)=\lambda Y(\theta,\varphi) \qquad (6.37)$$

となる．固有関数 $Y(\theta,\varphi)$ に変数分離形を仮定し，$Y(\theta,\varphi)=\Theta(\theta)\Phi(\varphi)$ として代入すると，m をある定数として

$$-\frac{1}{\sin\theta}\frac{d}{d\theta}\left[\sin\theta\frac{d\Theta(\theta)}{d\theta}\right]+\frac{m^2}{\sin^2\theta}\Theta(\theta)=\lambda\Theta(\theta), \qquad (6.38)$$

$$\frac{d^2\Phi(\varphi)}{d\varphi^2}+m^2\Phi(\varphi)=0 \qquad (6.39)$$

となる．(6.39) より $\Phi(\varphi)=\exp(im\varphi)$ の形[8]をしていることが分かる[9]．ここに現れる λ と m がどのような値をとるのか，代数的方法を用いて考察しよう（解説 6.9 も参照せよ）．

---

[8] $m=0$ の場合は，2 つの積分定数 A,B を用いて $\Phi(\varphi)=A+B\varphi$ となる．

[9] 波動関数 $\Phi(\varphi)$ に一価性 $\Phi(\varphi)=\Phi(\varphi+2\pi)$ を仮定すると，$m=0,\pm1,\pm2,\cdots$ がただちに導かれる．確率密度 $|\Phi(\varphi)|^2$ が一価であるのは物理的に自明だが，波動関数 $\Phi(\varphi)$ が一価なのは自明ではない気がするかもしれない．しかし，位置演算子の固有ケット $|\boldsymbol{r}\rangle$ による任意のケットベクトルの展開は一意的であるという要請を課すと，座標表示の波動関数は一価でなければならないことになる．ただし，後述するスピン角運動量の固有状態は m が半整数の場合にも相当するので，一価ではない．

解説 6.9　(6.38) の λ について

m が整数 $(m=0,\pm1,\pm2,\cdots)$ であるとして，関数 $\Theta(\theta)$ についての固有方程式 (6.38) の解を考察しよう．$z\equiv\cos\theta$ と変数変換し $\Theta(\theta)\equiv P^{|m|}(z)$ と書くと，$0\leq\theta\leq\pi$ だから $-1\leq z\leq 1$ で

$$\frac{d}{dz}\left[(1-z^2)\frac{dP^{|m|}(z)}{dz}\right]+\left[\lambda-\frac{m^2}{1-z^2}\right]P^{|m|}(z)=0 \qquad (6.40)$$

となる．分母の $1-z^2$ を消去するために，関数 $P(z)=(1-z^2)^{-|m|/2}P^{|m|}(z)$ を定義すると (6.40) は，

$$(1-z^2)\frac{d^2P(z)}{dz^2}-2(|m|+1)z\frac{dP(z)}{dz}+[\lambda-|m|(|m|+1)]P(z)=0 \qquad (6.41)$$

と変形できる．級数解 $P(z)=\sum_{n=0}^{\infty}a_n z^n$ を代入すると，漸化式

$$a_{n+2}=\frac{(|m|+n)(|m|+n+1)-\lambda}{(n+1)(n+2)}a_n$$

が得られるが，$z=\pm1$ で有限 $\left(\lim_{z\to\pm1}|P(z)|<\infty\right)$ になるためには，解は有限級数で表されなければならないので，λ は $\lambda=(|m|+n)(|m|+n+1)$ となる．$l\equiv|m|+n=0,1,2,\cdots$ と書くと，

$$\lambda=l(l+1) \qquad (6.42)$$

となる．

6.2.4 "一般化された"角運動量演算子

まず，"一般化された"角運動量演算子 $\hat{\boldsymbol{J}}$ を定義する．それは，交換関係[*10]

$$[\hat{J}_x, \hat{J}_y] = i\hat{J}_z, \quad [\hat{J}_y, \hat{J}_z] = i\hat{J}_x, \quad [\hat{J}_z, \hat{J}_x] = i\hat{J}_y \tag{6.43}$$

および

$$[\hat{J}_x, \hat{\boldsymbol{J}}^2] = [\hat{J}_y, \hat{\boldsymbol{J}}^2] = [\hat{J}_z, \hat{\boldsymbol{J}}^2] = 0 \tag{6.44}$$

を満たす演算子と定義する．つまり，演算子の具体的な形は何も指定せず[*11]，上記の交換関係のみ満たす演算子を，"一般化された"角運動量演算子とする．

6.2.5 代数的方法：演算子法

(6.44) から，$\hat{\boldsymbol{J}}^2$ と $\hat{J}_\nu$ には，(規格化された) 同時固有状態 $|m\rangle$ が存在する．ν として特に z を選ぶ．すなわち，

$$\hat{\boldsymbol{J}}^2|m\rangle = \lambda|m\rangle, \tag{6.45}$$

$$\hat{J}_z|m\rangle = m|m\rangle \tag{6.46}$$

[*10] 交換関係 (6.6) と異なり $\hbar$ が右辺に現れていないが，演算子 $\hat{J}_\nu$ の中に $1/\hbar$ も含めて $\hat{J}_\nu$ を定義したと考えればよい．

[*11] 軌道角運動量演算子 $\hat{\boldsymbol{L}}$ は具体的な形 (6.31), (6.32), (6.33) が定義されており，その結果として交換関係 (6.6) を満たしている．つまり，$\hat{\boldsymbol{L}}/\hbar$ は交換関係 (6.43) を満たす演算子の一例に過ぎない．(6.43) を満たす演算子は他にもあるので，それらを総称して「"一般化された"角運動量演算子」と呼んでいる．

解説 6.10　ルジャンドル多項式

(6.41) において，(6.42) より $\lambda = l(l+1)$ とおき，$m = 0$ とした微分方程式

$$(1-z^2)\frac{d^2P(z)}{dz^2} - 2z\frac{dP(z)}{dz} + l(l+1)P(z) = 0 \tag{6.47}$$

をルジャンドル (**Legendre**) の微分方程式という．ここで，$P(z) = P^{m=0}(z)$ である．z の l 次多項式

$$P_l(z) \equiv \frac{1}{2^l l!}\frac{d^l}{dz^l}(z^2-1)^l, \quad (l=0,1,2,\cdots) \tag{6.48}$$

の形の解を，l 次のルジャンドル多項式という．(6.48) はロドリーグ (**Rodrigues**) の公式と呼ばれる．$P_l(z)$ は $|z| < 1$ の範囲に l 個の節 (零点) を持っている．具体例は，$P_0(z) = 1$, $P_1(z) = z$, $P_2(z) = (3z^2-1)/2$ である．ルジャンドルの微分方程式 (6.47) は，

$$\frac{d}{dz}\left[(1-z^2)\frac{dP_l(z)}{dz}\right] + l(l+1)P_l(z) = 0$$

と表すこともできる．また，ルジャンドル多項式は，次のような直交系を構成している．

$$\int_{-1}^{1} P_l(z)P_{l'}(z)dz = \frac{2}{2l+1}\delta_{ll'}.$$

を満たす同時固有状態 $|m\rangle$ が存在する．この固有値 λ と m および同時固有状態 $|m\rangle$ を求めるのが本節の課題である．(6.43)〜(6.46) のみを用いて，固有値と固有関数に関して分かることを6つ列挙していく．

(a) $\lambda = \langle m|\hat{\boldsymbol{J}}^2|m\rangle = \|\hat{\boldsymbol{J}}|m\rangle\|^2 \geq 0$ であるから，$\hat{\boldsymbol{J}}^2$ の固有値 λ は正 $(\lambda \geq 0)$ である．

(b) 昇降演算子を $\hat{J}^{(+)} \equiv \hat{J}_x + i\hat{J}_y$ と $\hat{J}^{(-)} \equiv \hat{J}_x - i\hat{J}_y$ と定義する．これらは，

$$[\hat{J}^{(+)}, \hat{\boldsymbol{J}}^2] = [\hat{J}^{(-)}, \hat{\boldsymbol{J}}^2] = 0, \tag{6.49}$$

$$\hat{J}_z \hat{J}^{(+)} = \hat{J}^{(+)}(\hat{J}_z + 1), \quad \hat{J}_z\hat{J}^{(-)} = \hat{J}^{(-)}(\hat{J}_z - 1) \tag{6.50}$$

を満たすので，

$$\hat{\boldsymbol{J}}^2 \hat{J}^{(+)}|m\rangle \stackrel{(6.49)}{=} \hat{J}^{(+)}\hat{\boldsymbol{J}}^2|m\rangle \stackrel{(6.45)}{=} \lambda \hat{J}^{(+)}|m\rangle, \tag{6.51}$$

$$\hat{\boldsymbol{J}}^2 \hat{J}^{(-)}|m\rangle \stackrel{(6.49)}{=} \hat{J}^{(-)}\hat{\boldsymbol{J}}^2|m\rangle \stackrel{(6.45)}{=} \lambda \hat{J}^{(-)}|m\rangle \tag{6.52}$$

が成り立つ．よって，$\hat{J}^{(\pm)}|m\rangle$ は，固有値 λ に属する $\hat{\boldsymbol{J}}^2$ の固有ベクトルであることが分かる．また，

$$\hat{J}_z \hat{J}^{(+)}|m\rangle \stackrel{(6.50)}{=} \hat{J}^{(+)}(\hat{J}_z + 1)|m\rangle \stackrel{(6.46)}{=} (m+1)\hat{J}^{(+)}|m\rangle,$$

$$\hat{J}_z \hat{J}^{(-)}|m\rangle \stackrel{(6.50)}{=} \hat{J}^{(-)}(\hat{J}_z - 1)|m\rangle \stackrel{(6.46)}{=} (m-1)\hat{J}^{(-)}|m\rangle$$

であるから，$\hat{J}^{(\pm)}|m\rangle$ は，固有値 $(m \pm 1)$ に属する $\hat{J}_z$ の固有ベクトルである．よって，

解説 6.11 ルジャンドル陪関数と (6.38) の解

解説 6.10 の (6.47) の両辺を z について $|m|$ 回微分した式と，解説 6.9 の (6.41) とを比較すると (6.41) の解は $P(z) \propto d^{|m|}P_l(z)/dz^{|m|}$ であることが分かる．そこで，l 次のルジャンドル陪関数を，

$$P_l^{|m|}(z) \equiv (1-z^2)^{|m|/2} \frac{d^{|m|}}{dz^{|m|}} P_l(z) \tag{6.53}$$

と定義すると，(6.38) の解 $\Theta(\theta)$ は $P_l^{|m|}(z) = P_l^{|m|}(\cos\theta)$ に比例することになる．$m \neq 0$ の $P_l^{|m|}(z)$ では $z = \pm 1$ は必ず節（零点）である．それ以外の節は $l - |m|$ 個存在する．ルジャンドル陪関数の内積は

$$\int_{-1}^{1} P_l^{|m|}(z) P_{l'}^{|m|}(z) dz = \frac{2}{2l+1} \frac{(l+|m|)!}{(l-|m|)!} \delta_{ll'}$$

となるので（各自で確認せよ），規格化した解 $\Theta(\theta)$ は，

$$\Theta_l^{|m|}(\theta) = \left[\frac{2l+1}{2} \frac{(l-|m|)!}{(l+|m|)!}\right]^{1/2} P_l^{|m|}(\cos\theta) \tag{6.54}$$

と表せる．$P_l(z)$ は z の l 次多項式だから，これを z について $|m| = l+1$ 回以上微分すると 0 となるので，$|m| \leq l$ としてよい．

$$\hat{J}^{(+)}|j,m\rangle = \sqrt{(j-m)(j+m+1)}\,|j,m+1\rangle, \qquad (6.55)$$
$$\hat{J}^{(-)}|j,m\rangle = \sqrt{(j+m)(j-m+1)}\,|j,m-1\rangle \qquad (6.56)$$

と書ける．$|j,m\rangle$ は，j を決めたときの $|m\rangle$ の意味である．係数の決定方法は，解説 6.12 を参照せよ．

(c) $\hat{\boldsymbol{J}}$ はエルミート演算子なので，任意の $|\psi\rangle$ に対して，$\langle\psi|\hat{J}_x^2|\psi\rangle = \|\hat{J}_x|\psi\rangle\|^2 \geq 0$ および $\langle\psi|\hat{J}_y^2|\psi\rangle = \|\hat{J}_y|\psi\rangle\|^2 \geq 0$ が成り立つ．また，$\hat{J}_x^2 + \hat{J}_y^2 = \hat{\boldsymbol{J}}^2 - \hat{J}_z^2$ なので，$(\hat{J}_x^2+\hat{J}_y^2)|m\rangle = (\hat{\boldsymbol{J}}^2-\hat{J}_z^2)|m\rangle = (\lambda-m^2)|m\rangle$ となる．これから，$\langle m|(\hat{J}_x^2+\hat{J}_y^2)|m\rangle = (\lambda-m^2)\langle m|m\rangle = \lambda-m^2 \geq 0$ がいえる．よって $\lambda \geq 0$ で λ の値を固定すると，m の値には，上限と下限とが存在することになる．

(d) そこで，m の最大値を j，最小値を j' とすると，$\hat{J}^{(+)}|m=j\rangle = 0$，$\hat{J}^{(-)}|m=j'\rangle = 0$ となる．状態 $|m=j\rangle$ に $\hat{J}^{(-)}$ を順次作用させていくと，固有値が 1 だけ小さい固有ベクトルが順次得られることになる．よって，m のとりうる値は，$j', j'+1, \cdots, j-2, j-1, j$ となる．

(e) 次に，$\hat{J}^{(-)}\hat{J}^{(+)} = \hat{\boldsymbol{J}}^2 - \hat{J}_z^2 - \hat{J}_z$，$\hat{J}^{(+)}\hat{J}^{(-)} = \hat{\boldsymbol{J}}^2 - \hat{J}_z^2 + \hat{J}_z$ を，$|m=j\rangle$ と $|m=j'\rangle$ にそれぞれ作用させると，
$$\hat{J}^{(-)}\hat{J}^{(+)}|m=j\rangle = (\hat{\boldsymbol{J}}^2 - \hat{J}_z^2 - \hat{J}_z)|m=j\rangle$$
$$= (\lambda - j^2 - j)|m=j\rangle = 0, \qquad (6.57)$$
$$\hat{J}^{(+)}\hat{J}^{(-)}|m=j'\rangle = (\hat{\boldsymbol{J}}^2 - \hat{J}_z^2 + \hat{J}_z)|m=j'\rangle$$
$$= (\lambda - j'^2 + j')|m=j'\rangle = 0 \qquad (6.58)$$

解説 6.12 (6.55) と (6.56) の係数の決定について

未知の係数を $a_m^{(\pm)}$ とし，
$$\hat{J}^{(+)}|m\rangle = a_m^{(+)}|m+1\rangle,$$
$$\hat{J}^{(-)}|m\rangle = a_m^{(-)}|m-1\rangle$$

とする．第 2 式の両辺に左から $\langle m-1|$ を掛けると，$\langle m-1|\hat{J}^{(-)}|m\rangle = a_m^{(-)}\langle m-1|m-1\rangle$ となる．この右辺は $a_m^{(-)}$ である．左辺は，$\langle m-1|\hat{J}^{(-)}|m\rangle = [\hat{J}^{(+)}|m-1\rangle]^\dagger|m\rangle = (a_{m-1}^{(+)})^*\langle m|m\rangle = (a_{m-1}^{(+)})^*$ となるので，$a_m^{(-)} = (a_{m-1}^{(+)})^*$ が成り立つ．

また，$[\hat{J}^{(+)}|m\rangle]^\dagger \hat{J}^{(+)}|m\rangle = |a_m^{(+)}|^2\langle m+1|m+1\rangle = |a_m^{(+)}|^2$ であるが，この等式の最左辺は，$[\hat{J}^{(+)}|m\rangle]^\dagger \hat{J}^{(+)}|m\rangle = \langle m|\hat{J}^{(-)}\hat{J}^{(+)}|m\rangle = \langle m|\hat{\boldsymbol{J}}^2-\hat{J}_z^2-\hat{J}_z|m\rangle = j(j+1)-m(m+1) = (j-m)(j+m-1)$ でもあるので，$|a_m^{(+)}| = \sqrt{(j-m)(j+m+1)}$ となる．$a_m^{(+)}$ は実数であるとしても一般性を失わないので，$a_m^{(-)} = (a_{m-1}^{(+)})^*$ を用いて，(6.55) と (6.56) が得られる．

となるが，$|m=j\rangle \neq 0$, $|m=j'\rangle \neq 0$ であるから，$\lambda - j^2 - j = 0$ かつ $\lambda - j'^2 + j' = 0$ が得られる．すなわち，$\lambda = j(j+1) = j'(j'-1)$ である．$j(j+1) = j'(j'-1)$ をさらに変形すると $(j+j')(j-j'+1) = 0$ となるが，$j \geq j'$ であるので，$j' = -j$ が導かれる．よって，m の最大値が j ならば，最小値は $-j$ であることが分かった．つまり，m のとりうる値は，

$$m = -j, -j+1, \cdots, j-2, j-1, j \tag{6.59}$$

の $(2j+1)$ 個存在する．

(f) 固有値 m が上記のような値を持つためには，とりうる値の「間隔」の個数 $2j$ が 0 または正整数でなければならないから，j は 0 または正整数および半整数（半奇数）

$$j = 0, \frac{1}{2}, 1, \frac{3}{2}, 2, \frac{5}{2}, \cdots \tag{6.60}$$

でなければならない．この j を **角運動量の大きさ** と呼ぶことがある．(e) より，$\hat{\boldsymbol{J}}^2$ の固有値は，$\lambda = j(j+1)$ で与えられる．

以上の考察によって，$j = 0, 1/2, 1, 3/2, 2, \cdots$ としたとき，$\hat{\boldsymbol{J}}^2$ の固有値は $\lambda = j(j+1)$ で与えられ，j を 1 つ決めたとき，$\hat{J}_z$ の固有値は $m = -j, -j+1, \cdots, j-2, j-1, j$ の $(2j+1)$ 通り存在することが分かった（図 6.2 参照）．

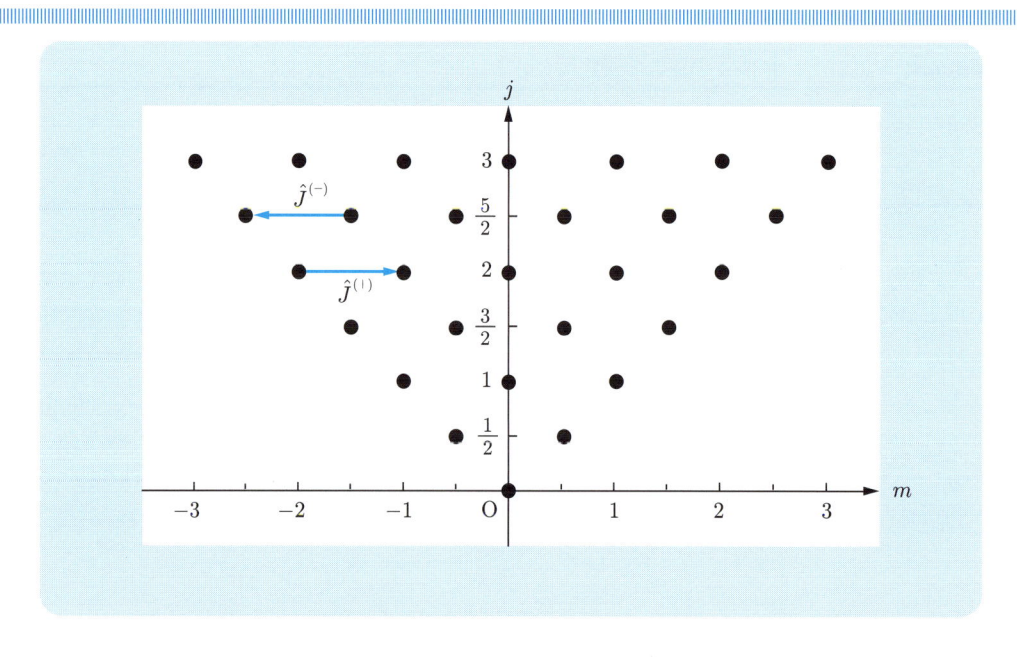

図 6.2 演算子 $\hat{\boldsymbol{J}}^2$ と $\hat{J}_z$ の量子数 j と m のとりうる値．各黒点は $\hat{\boldsymbol{J}}^2$ と $\hat{J}_z$ の同時固有状態を意味する．昇降演算子 $\hat{J}^{(+)}, \hat{J}^{(-)}$ は，図中の青い矢印のような点の移動を表す．

6.2.6 軌道角運動量演算子の固有値

以上の考察は，"一般化された"角運動量演算子 $\hat{\boldsymbol{J}}$ についてであったが，軌道角運動量 $\hat{\boldsymbol{L}}$ の場合は，j のとる値が非負整数値 $j = 0, 1, 2, 3, \cdots$ に限られ，半整数 $1/2, 3/2, \cdots$ は許されない．これを示そう．$\hbar$ を表に出さないために $\hat{\boldsymbol{M}} \equiv \hat{\boldsymbol{L}}/\hbar$ と書くことにする．

昇降演算子の極座標表示は，(6.31) と (6.32) を用いると

$$\hat{M}^{(+)} \equiv \hat{M}_x + i\hat{M}_y = \exp(i\varphi)\left[\frac{\partial}{\partial\theta} + i\cot\theta\frac{\partial}{\partial\varphi}\right], \tag{6.61}$$

$$\hat{M}^{(-)} \equiv \hat{M}_x - i\hat{M}_y = \exp(-i\varphi)\left[\frac{\partial}{\partial\theta} + i\cot\theta\frac{\partial}{\partial\varphi}\right] \tag{6.62}$$

である．$z = \cos\theta$ $(0 \leq \theta \leq \pi)$ とおくと，$\sin\theta = \sqrt{1-z^2} \geq 0$ および $\partial/\partial\theta = -\sqrt{1-z^2}\,\partial/\partial z$ を用いて

$$\hat{M}^{(+)} = \exp(i\varphi)\left[-\sqrt{1-z^2}\frac{\partial}{\partial z} + \frac{iz}{\sqrt{1-z^2}}\frac{\partial}{\partial\varphi}\right], \tag{6.63}$$

$$\hat{M}^{(-)} = \exp(-i\varphi)\left[\sqrt{1-z^2}\frac{\partial}{\partial z} + \frac{iz}{\sqrt{1-z^2}}\frac{\partial}{\partial\varphi}\right], \tag{6.64}$$

$$\hat{\boldsymbol{M}}^2 = -\frac{\partial}{\partial z}\left[(1-z^2)\frac{\partial}{\partial z}\right] - \frac{1}{1-z^2}\frac{\partial^2}{\partial\varphi^2} \tag{6.65}$$

と表すことができる．$\hat{\boldsymbol{M}}^2$ と $\hat{M}_z$ の同時固有関数を $Y_m(z, \varphi)$ と書くと[*12]，

[*12] これは (6.39) より $\exp(im\varphi)$ に比例する．$z = \cos\theta$ であるので，$Y_m(z, \varphi)$ と $Y_m(\theta, \varphi)$ は同じ内容を意味すると考えよ．

解説 6.13 状態の一価性条件と j のとりうる値

状態 $|m\rangle$ の一価性を仮定すると，軌道角運動量 $\hat{\boldsymbol{L}}$ の場合は，j のとる値が非負整数値 $j = 0, 1, 2, 3, \cdots$ に限られることを，ただちに示すことができる．

$\hat{M}_z = \hat{L}_z/\hbar$ の固有値 m が j に等しい状態（m が最大の状態）$|m = j\rangle$ を考える．この状態の系を z 軸のまわりに角度 2π だけ回転させると，状態 $|m = j\rangle$ は，

$$|m = j\rangle \to \hat{U}_z(-2\pi)|m = j\rangle = \exp(-2\pi i \hat{M}_z)|m = j\rangle$$
$$= \exp(-2\pi i j)|m = j\rangle$$

と変形される．ここでは系を回転させるので，座標系を回転させる演算子 (6.7) の逆回転を行った．波動関数の一価性条件より，$|m = j\rangle = \exp(-2\pi i j)|m = j\rangle$ となるので，$\exp(-2\pi i j) = 1$ が成り立つ．よって，j として半整数 $1/2, 3/2, \cdots$ は許されない．

$$\hat{M}^{(+)}Y_m = -\exp(i\varphi)\left[\sqrt{1-z^2}\frac{\partial}{\partial z} + \frac{mz}{\sqrt{1-z^2}}\right]Y_m$$
$$= -\exp(i\varphi)\left(\sqrt{1-z^2}\right)^{m+1}\frac{\partial}{\partial z}\left[\left(\sqrt{1-z^2}\right)^{-m}Y_m\right], \quad (6.66)$$
$$\hat{M}^{(-)}Y_m = \exp(-i\varphi)\left(\sqrt{1-z^2}\right)^{-m+1}\frac{\partial}{\partial z}\left[\left(\sqrt{1-z^2}\right)^m Y_m\right] \quad (6.67)$$

となる．演算子 $\hat{M}_z$ の固有値 m の最大値を l とすると，$\hat{M}^{(+)}$ は m を 1 だけ増やす演算子であるから，$\hat{M}^{(+)}Y_l(z,\varphi) = 0$ となるはずである．これと (6.66) より，

$$\left(\sqrt{1-z^2}\right)^{-l}Y_l(z,\varphi) = (z\text{ に依存しない定数}) \quad (6.68)$$

である．一方，正の整数 n について，

$$\left[\hat{M}^{(-)}\right]^n Y_m = \exp(-in\varphi)\left(\sqrt{1-z^2}\right)^{-m+n}\frac{\partial^n}{\partial z^n}\left[\left(\sqrt{1-z^2}\right)^m Y_m\right] \quad (6.69)$$

が成り立つ*13．$n = 1$ の場合の (6.69) は (6.67) に一致する．(6.69) において $m = l, n = 2l+1$ とすると，左辺は $[\hat{M}^{(-)}]^{2l+1}Y_l$ となるが，m は $2l+1$ 通りしか存在しないので，$[\hat{M}^{(-)}]^{2l+1}Y_l = 0$ となる．よって，(6.69) より

$$\left(\sqrt{1-z^2}\right)^l Y_l(z,\varphi) = (z\text{ についての }2l\text{ 次多項式}) \quad (6.70)$$

---

*13 数学的帰納法で証明できる．

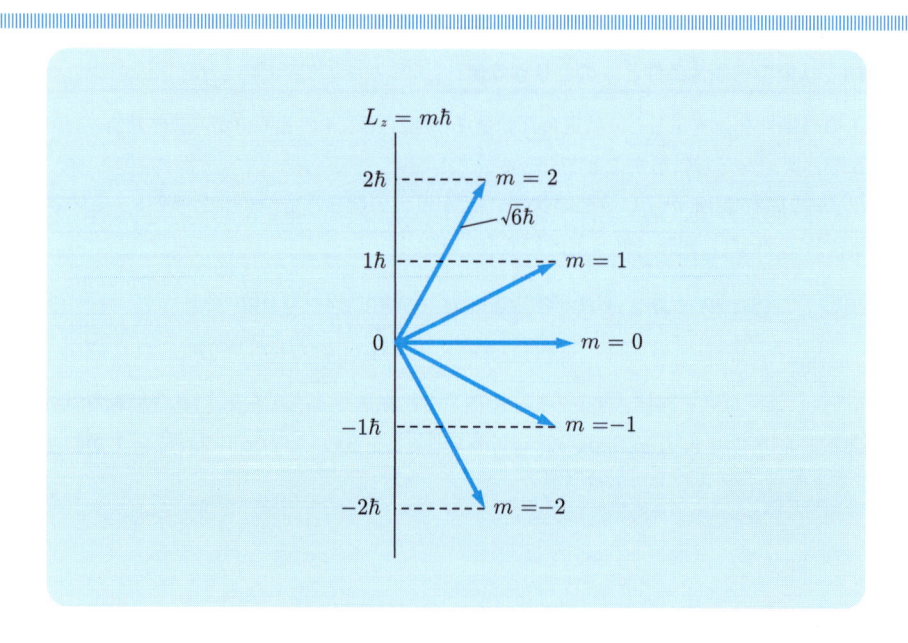

図 **6.3** $l = 2$ の場合の $\hat{L}_z$ の固有値 $m\hbar$．軌道角運動量ベクトル $\boldsymbol{L}$ がとることのできる状態は離散的に制限されており，**方向量子化**という．

であることが分かる．これを (6.68) で割ると，$(1-z^2)^l$ が z についての $2l$ 次多項式とならなければならないことになる．これが成り立つためには，l は 0 または正整数であり，半整数をとることは許されない．以上より，$\hat{L}^2$ の固有値は $l(l+1)\hbar^2$ であり[*14]，ここで $l=0,1,2,\cdots$ である．また，$\hat{L}_z$ の固有値は $m\hbar$ であり，$m=-l,-l+1,\cdots,l-2,l-1,l$ である（図 6.3）．

6.2.7 軌道角運動量演算子の固有関数

$\hat{L}^2$ の固有関数 $Y(\theta,\varphi)=\Theta(\theta)\Phi(\varphi)$ において，$\Phi(\varphi)=\exp(im\varphi)$ であり，$\Theta(\theta)$ については (6.53) のルジャンドル陪関数 $P_l^{|m|}(\cos\theta)$ を用いた (6.54) が得られている．よって，規格化も行うと，

$$Y_{lm}(\theta,\varphi) = \varepsilon_m \left[\frac{2l+1}{4\pi}\frac{(l-|m|)!}{(l+|m|)!}\right]^{1/2} P_l^{|m|}(\cos\theta)\exp(im\varphi) \quad (6.71)$$

が，$\hat{L}^2$ の固有値 $l(l+1)\hbar^2$ に属する固有関数となる．これを**球面調和関数** (spherical harmonics) という．ここで，位相因子 ε_m として，$m \leq 0$ に対しては $\varepsilon_m = 1$，$m > 0$ に対しては $\varepsilon_m = (-1)^m$ に選ぶことが多い．また，$l=0,1,2,\cdots$ および $m=-l,-l+1,\cdots,l-2,l-1,l$ である．これが $\hat{L}_z$ の固有関数にもなっていることは，(6.33) からすぐに分かる．よって，球面調和関数 (6.71) が，$\hat{L}^2$ の固有値 $l(l+1)\hbar^2$ と $\hat{L}_z$ の固有値 $m\hbar$ に属する規格化された同時固有関数である．

[*14] $\hat{L}^2$ の固有値が $l(l+1)\hbar^2$ である状態のことを，「角運動量の大きさが l である状態」としばしばいう．

解説 6.14 l が小さい場合の**球面調和関数**の具体形

- $l=0$ の場合は，$m=0$ のみで，
$$Y_{00}(\theta,\varphi) = (4\pi)^{-1/2} \quad (6.72)$$
となり，θ と φ に依存しないので球対称解を表す．この状態は $\hat{L}^2, \hat{L}_z, \hat{L}_x, \hat{L}_y$ の同時固有関数（固有値は 0）になっている，例外的な状態である．
- $l=1$ の場合は，$m=-1,0,1$ をとりうる．
$$Y_{10}(\theta,\varphi) = \left(\frac{3}{4\pi}\right)^{1/2}\cos\theta = \left(\frac{3}{4\pi}\right)^{1/2}\frac{z}{r},$$
$$Y_{1,\pm 1}(\theta,\varphi) = \mp\left(\frac{3}{8\pi}\right)^{1/2}\sin\theta\exp(\pm i\varphi) = \mp\left(\frac{3}{8\pi}\right)^{1/2}\frac{x\pm iy}{r}$$
- $l=2$ の場合は，$m=-2,-1,0,1,2$ をとりうる．
$$Y_{20}(\theta,\varphi) = \left(\frac{5}{16\pi}\right)^{1/2}(3\cos^2\theta - 1),$$
$$Y_{2,\pm 1}(\theta,\varphi) = \mp\left(\frac{15}{8\pi}\right)^{1/2}\cos\theta\sin\theta\exp(\pm i\varphi),$$
$$Y_{2,\pm 2}(\theta,\varphi) = \left(\frac{15}{32\pi}\right)^{1/2}\sin^2\theta\exp(\pm 2i\varphi).$$

球面調和関数 (6.71) は，正規直交性

$$\int_0^\pi \sin\theta d\theta \int_0^{2\pi} d\varphi\, Y_{lm}^*(\theta,\varphi) Y_{l'm'}(\theta,\varphi) = \delta_{ll'}\delta_{mm'} \tag{6.73}$$

が成り立つ．また，球面調和関数の全系（$l=0,1,2,\cdots$ および $|m|\leq l$）は，球面上で内積が有限となる関数（2乗可積分関数）に対して完全系

$$\sum_{l=0}^{\infty} \sum_{m=-l}^{l} Y_{lm}^*(\theta,\varphi) Y_{lm}(\theta',\varphi') = \frac{\delta(\theta-\theta')\delta(\varphi-\varphi')}{\sin\theta} \tag{6.74}$$

になっている．なお，球面調和関数の複素共役は $Y_{lm}^*(\theta,\varphi) = (-1)^m Y_{l,-m}(\theta,\varphi)$ であるので，$|Y_{lm}(\theta,\varphi)| = |Y_{l,-m}(\theta,\varphi)|$ となり，古典的な周回運動のイメージ（m と $-m$ とでは回転の向きが異なるだけ）と合っている．また，空間反転 $(\theta,\varphi) \to (\pi-\theta, \varphi+\pi)$ のもとでは $Y_{lm}(\pi-\theta, \varphi+\pi) = (-1)^l Y_{lm}(\theta,\varphi)$ となる．

波動関数の角度 (θ,φ) 依存性は，原子や分子の結合などを理解する上で重要である．図 6.4 と図 6.5 からもわかるように，角運動量が 0 の場合（$l=0$）の波動関数は球対称であるが，一般に角運動量が大きくなると，波動関数の角度分布は鋭くなる．量子数 m が最大（$m=+l$）の状態では，電子の存在確率は主として xy 平面上に分布している．m が 0 に近い状態では，xy 平面と異なる方向に存在確率が大きい．

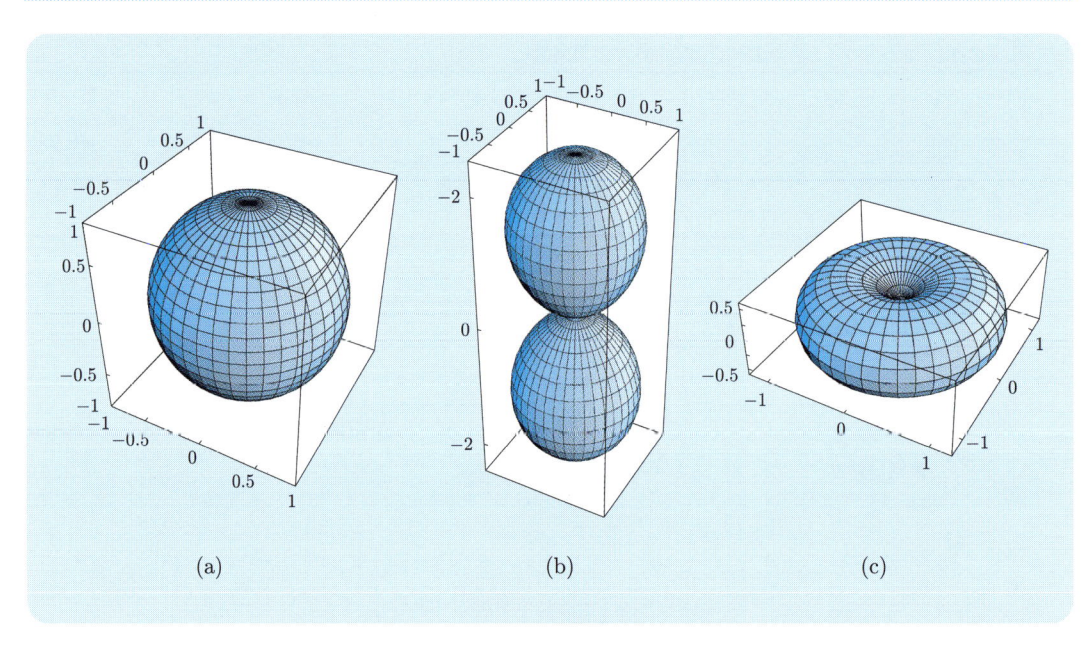

図 6.4　$l=0$ と $l=1$ の軌道角運動量固有状態の確率密度分布．
(a) $|Y_{00}(\theta,\varphi)|^2$, (b) $|Y_{10}(\theta,\varphi)|^2$, (c) $|Y_{1,\pm 1}(\theta,\varphi)|^2$.

6.3　3次元等方的調和振動子

3次元の等方的な放物形ポテンシャル

$$V(\boldsymbol{r}) = \frac{m\omega^2}{2}r^2 = \frac{m\omega^2}{2}(x^2+y^2+z^2) \tag{6.75}$$

の問題を再び考えよう．4.6節のp.116の解説4.22では，直交座標系で変数分離法を用いて解いたが，ここでは球面極座標を用いて固有値問題を解くことにする．3次元空間での等方的調和振動子のハミルトニアンは(4.72)で，シュレーディンガー方程式は$\hat{H}\psi_{nlm}(\boldsymbol{r}) = E_{nl}\psi_{nlm}(\boldsymbol{r})$である．エネルギー固有状態はすべて束縛状態であり，$E_{nl} \geq 0$である．

球面極座標でのラプラス演算子は(6.35)であり，$\hat{\boldsymbol{L}}^2$の固有値$\hbar^2 l(l+1)$に属する固有関数は(6.71)の球面調和関数$Y_{lm}(\theta,\varphi)$である[15]．そこで，波動関数を変数分離して$\psi_{nlm}(\boldsymbol{r}) = r^{-1}u_{nl}(r)Y_{lm}(\theta,\varphi)$とおくと，関数$u_{nl}(r)$は(6.16)を満たす．すなわち，

$$\frac{d^2 u_{nl}}{dr^2} + \left[\frac{2mE_{nl}}{\hbar^2} - \frac{m^2\omega^2}{\hbar^2}r^2 - \frac{l(l+1)}{r^2}\right]u_{nl} = 0 \tag{6.76}$$

が成り立つ．4.6節と同じ記号$\lambda \equiv 2E_{nl}/(\hbar\omega)$と$\rho \equiv \sqrt{m\omega/\hbar}$を用いると，この微分方程式は，

---

[15] $l=0$場合の3次元調和振動子のハミルトニアンは，1次元調和振動子のそれと同じ形になる．

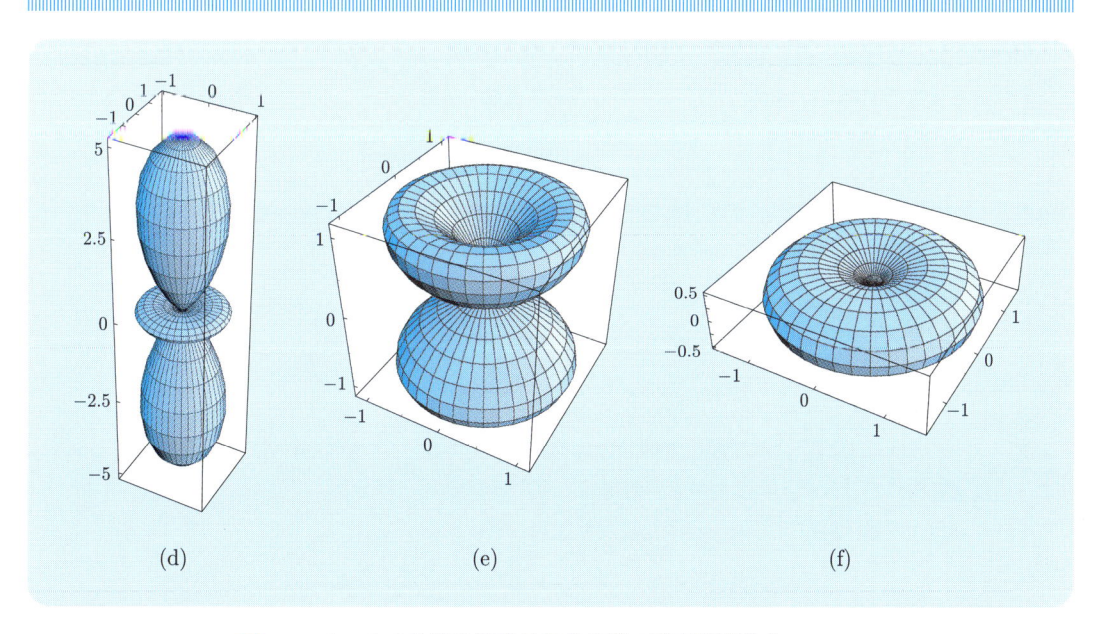

(d)　(e)　(f)

図 6.5　$l=2$の軌道角運動量固有状態の確率密度分布．
(d) $|Y_{20}(\theta,\varphi)|^2$, (e) $|Y_{2,\pm 1}(\theta,\varphi)|^2$, (f) $|Y_{2,\pm 2}(\theta,\varphi)|^2$.

$$\frac{d^2 u_{nl}}{dr^2} + \left[\rho^2 \lambda - \rho^4 r^2 - \frac{l(l+1)}{r^2}\right] u_{nl} = 0 \tag{6.77}$$

となる．(4.69) と似ているが遠心ポテンシャル $l(l+1)/r^2$ の項が異なっている．

1次元調和振動子の場合と同様に，r の大きな領域での漸近解を調べると，そこでは遠心ポテンシャルの項を無視できるので，$u_{nl}(r) \sim \exp(-\rho^2 r^2/2)$ と振る舞う．他方，$r \to 0$ では，遠心ポテンシャルの項が重要となり放物形ポテンシャルは効かなくなるので，べき級数解 $u_{nl}(r) = r^k \sum_{i=0}^{\infty} a_i r^i$ として代入すると，(6.19) を導いた手順で，$u_{nl}(r) \sim r^{l+1}$ あるいは r^{-l} のように振る舞うことが分かる．p.168 の解説 6.6 で示したように，原点 $r = 0$ での境界条件から第1の場合 $u_{nl}(r) \sim r^{l+1}$ の解のみが有効である．そこで，

$$u_{nl}(r) = r^{l+1} \exp\left(-\frac{\rho^2 r^2}{2}\right) v(r)$$

として関数 $v(r)$ を導入すると，(6.77) より

$$\frac{d^2 v}{dr^2} + 2\left(\frac{l+1}{r} - \rho^2 r\right)\frac{dv}{dr} - \rho^2 (2l+3-\lambda) v = 0 \tag{6.78}$$

が得られる．無次元の変数 $\zeta \equiv \rho^2 r^2$ を用いると，(6.78) は**クンマー (Kummer) の微分方程式（合流型超幾何微分方程式）**

$$\zeta \frac{d^2 v}{d\zeta^2} + \left(l + \frac{3}{2} - \zeta\right)\frac{dv}{d\zeta} - \left(\frac{3+2l-\lambda}{4}\right) v = 0 \tag{6.79}$$

解説 6.15 クンマーの微分方程式（合流型超幾何微分方程式）

z を独立変数として，$v(z)$ についての2階変数係数常微分方程式

$$\frac{d^2 v}{dz^2} + \frac{-\gamma + (1+\alpha+\beta)z}{z(z-1)}\frac{dv}{dz} + \frac{\alpha\beta}{z(z-1)} v = 0$$

を**超幾何微分方程式**という．α, β, γ は定数のパラメーターである．$\zeta = \beta z$ と変数変換すると，

$$\zeta\left(1 - \frac{\zeta}{\beta}\right)\frac{d^2 v}{d\zeta^2} + \left(\gamma - \frac{1+\alpha+\beta}{\beta}\zeta\right)\frac{dv}{d\zeta} - \alpha v = 0$$

となり，確定特異点は $\zeta = 0, \beta, \infty$ にある．ここで，$\beta \to \infty$ としたもの

$$\zeta \frac{d^2 v}{d\zeta^2} + (\gamma - \zeta)\frac{dv}{d\zeta} - \alpha v = 0$$

を**クンマーの微分方程式（合流型超幾何微分方程式）**という．$\zeta = 0$ は確定特異点であるが，$\zeta = \infty$ は，2つの確定特異点が「合流」したもので，確定特異点ではない．

$\zeta = 0$ 近傍での級数解の1つは，合流型超幾何関数と呼ばれる

$${}_1F_1(\alpha, \gamma; \zeta) \equiv 1 + \frac{\alpha}{1 \cdot \gamma}\zeta + \frac{\alpha(\alpha+1)}{1 \cdot 2 \cdot \gamma(\gamma+1)}\zeta^2 + \cdots$$

で与えられ，$|\zeta| < \infty$ で収束する．もう1つの解は，$\zeta^{1-\gamma} {}_1F_1(1-\gamma+\alpha, 2-\gamma; \zeta)$ で与えられる．

になるので，一般解は**合流型超幾何関数** $_1F_1(\alpha,\gamma;z)$ を用いて[*16]

$$v(r) = A\,_1F_1\left(\frac{3+2l-\lambda}{4}, l+\frac{3}{2};\rho^2 r^2\right)$$
$$+ B r^{-(2l+1)}\,_1F_1\left(\frac{1-2l-\lambda}{4}, \frac{1}{2}-l;\rho^2 r^2\right) \quad (6.80)$$

と表すことができる．右辺第 2 項は $r=0$ での発散が強くて規格化できないため，$B=0$ としなければならない[*17]．

動径関数 $u_{nl}(r)/r$ は，無限遠 $r\to\infty$ で 0 になる境界条件を満たさなければならない．そのためには，(6.80) の右辺第 1 項の合流型超幾何関数が，$\rho^2 r^2$ の有限項で終わる多項式である必要がある．そのための条件は，$n=0,1,2,\cdots$ として $(3+2l-\lambda)/4 = -n$ である．すなわちエネルギー固有値は

$$E_{nl} = \left(2n + l + \frac{3}{2}\right)\hbar\omega \quad (6.81)$$

となる[*18]．ここで $l=0,1,2,\cdots,n$ で，$3\hbar\omega/2$ は 3 次元調和振動子の零点エネルギーである．(6.81) に属するエネルギー固有関数は，

[*16] $_1F_1(\alpha,\gamma;z) \equiv \sum_{n=0}^{\infty}[(\alpha)_n/(\gamma)_n](n!)^{-1}z^n$ で定義される．ここで，$(\alpha)_n = \alpha(\alpha+1)(\alpha+2)\cdots(\alpha+n+1)$ である．

[*17] 原点近傍 $(r\to 0)$ では，右辺第 1 項は $\sim r^0$，右辺第 2 項は $\sim r^{-(2l+1)}$ のように振る舞う．

[*18] これは，(4.73) と等価である．

解説 6.16 ビリアル定理

空間内のある領域を運動する粒子について，運動エネルギー K とポテンシャルエネルギー V の期待値の間には，一般的な関係式

$$\lim_{t\to\infty}\frac{1}{t}\int_0^t 2\langle K\rangle dt' = \lim_{t\to\infty}\frac{1}{t}\int_0^t \langle \boldsymbol{r}\cdot\boldsymbol{\nabla}V(\boldsymbol{r})\rangle dt'$$

が成り立つ．これを**ビリアル定理** (virial theorem) といい，古典力学でも量子力学でも成立する（証明は各自に任せる）．ポテンシャル $V(\boldsymbol{r})$ が球対称で $V(\boldsymbol{r}) \propto |\boldsymbol{r}|^n$ に比例している場合，定常状態においては $2\langle K\rangle = n\langle V(\boldsymbol{r})\rangle$ が成り立つ．調和振動子の場合は $n=2$ であるから，$\langle K\rangle = \langle V(\boldsymbol{r})\rangle$ となり，水素原子の場合は $n=-1$ であるから，$\langle K\rangle = -\langle V(\boldsymbol{r})\rangle/2$ となる．

運動エネルギーを表す演算子 $\hat{K}\equiv \hat{\boldsymbol{p}}^2/(2m)$ とポテンシャルエネルギー $\hat{V}(\boldsymbol{r})$ は非可換なので，全エネルギーが確定している状態（エネルギー固有状態）であっても，運動エネルギーとポテンシャルエネルギーは同時には確定していない．両者の間の関係は，ビリアル定理以上のことはいえない．

$$\psi_{nlm}(r,\theta,\varphi) = N r^l \exp\left(-\frac{1}{2}\rho^2 r^2\right) {}_1F_1\left(-n, l+\frac{3}{2}; \rho^2 r^2\right) Y_{lm}(\theta,\varphi) \tag{6.82}$$

となる[*19]．n と l は等しいが m の異なる固有状態は $2l+1$ 重に縮退している．また，$2n+l$ が同じ値の状態も $(2n+l+1)(2n+l+2)/2$ 重に縮退している．

6.4 3次元球対称井戸型ポテンシャル中の束縛状態

3次元空間で中心力を及ぼし合う異種粒子の2体問題の簡単な場合を考えよう．6.1節で述べたように，2つの粒子の相対運動を考察すればよい．ある粒子と他の粒子が，球対称井戸型ポテンシャル（図 6.6）

$$V(\boldsymbol{r}) = V(r,\theta,\varphi) = V(r) = \begin{cases} -V_0 & (0 \leq r < a) \\ 0 & (r \geq a) \end{cases} \tag{6.83}$$

で表される中心力を及ぼしあっているとする．ここで V_0 と a は正の定数である．r は相対座標の動径成分で $r \geq 0$ である．$V(r)$ は角度座標 θ と φ には依存しないので球対称なポテンシャル場を表す．

相対運動を表す波動関数 $\psi(\boldsymbol{r})$ を変数分離して $\psi(\boldsymbol{r}) = R_l(r)Y_{lm}(\theta,\varphi)$ とすると，$Y_{lm}(\theta,\varphi)$ は球面調和関数となり，動径関数 $R_l(r)$ は (6.15) で示したように，

[*19] これは，(4.74) と等価である．

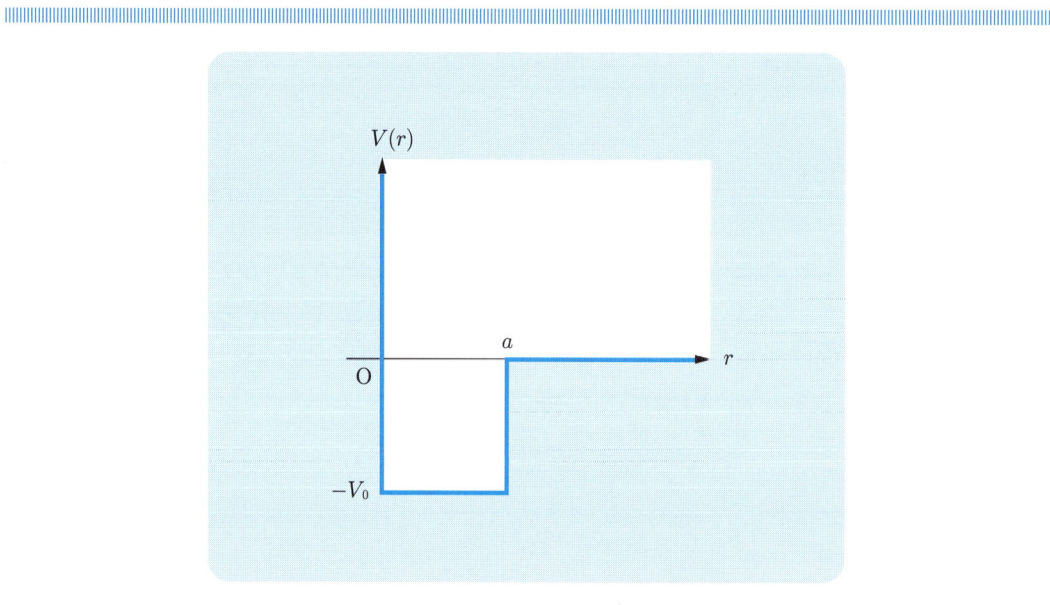

図 6.6 3次元球対称井戸型ポテンシャル．横軸は動径座標 r である．

6.4 3次元球対称井戸型ポテンシャル中の束縛状態

$$-\frac{\hbar^2}{2\mu}\left[\frac{d^2 R_l}{dr^2} + \frac{2}{r}\frac{dR_l}{dr}\right] + \left[\frac{l(l+1)\hbar^2}{2\mu r^2} + V(r)\right]R_l = ER_l \quad (6.84)$$

を満たす．ここで，この2粒子系の換算質量を μ とした．束縛状態を考察するので[20]，エネルギー固有値 E は負とする．1次元井戸型ポテンシャル問題と同じように，井戸の半径 a の内側の解と外側の解を別々に計算した後，不連続境界面 $r=a$ で内外の波動関数を接続する手順を踏む．

6.4.1 井戸内部 $(0 \leq r < a)$ の解

井戸の内部 $(r < a)$ の領域を考える．$k = \sqrt{2\mu(E+V_0)}/\hbar$ として $\rho \equiv kr$ と定義すると，(6.84) は，

$$\left[\frac{d^2}{d\rho^2} + \frac{2}{\rho}\frac{d}{d\rho}\right]R_l(\rho) + \left[1 - \frac{l(l+1)}{\rho^2}\right]R_l(\rho) = 0 \quad (6.85)$$

となる[21]．ここで $f_l(\rho) \equiv \sqrt{\rho}\,R_l(\rho)$ で定義される関数 $f_l(\rho)$ を用いると，

$$\left[\frac{d^2}{d\rho^2} + \frac{1}{\rho}\frac{d}{d\rho}\right]f_l(\rho) + \left[1 - \frac{(l+1/2)^2}{\rho^2}\right]f_l(\rho) = 0 \quad (6.86)$$

となる[22]．よって，(6.86) の独立な解は，ベッセル関数 $J_l(\rho)$ とノイマン関

---

[20] 散乱状態（非束縛状態）については，本書では 7.7.3 節で少し触れるのみで，詳しくは取り扱わない．

[21] この微分方程式を，**球ベッセル微分方程式**という．

[22] この微分方程式は，ベッセルの微分方程式 $d^2 B_l(z)/dz^2 + (1/z)dB_l(z)/dz + (1 - l^2/z^2)B_l(z) = 0$ において，l を $l+1/2$ に置き換えたものになっている．

解説 6.17 球ベッセル関数と球ノイマン関数の級数表示

球ベッセル微分方程式 (6.85) に，原点回りのべき級数解 $R_l(\rho) = \rho^\gamma \sum_{n=0}^{\infty} a_n \rho^n$ を代入すると，原点付近で最も重要な項は $\rho^{\gamma-2}$ であり，その係数が $a_0[\gamma(\gamma+1) - l(l+1)] = 0$ となることから，$\gamma = l$ または $\gamma = -l - 1$ となる．次の次数の項 $\rho^{\gamma-1}$ を考えると $a_1 = 0$ となり，$\rho^{\gamma-1+2m}$ の係数から $a_{2m-1} = 0$ $(m = 1, 2, \cdots)$，つまり奇数次の係数はすべて 0 となる．偶数次の係数は，漸化式 $a_n[(n+\gamma)(n+\gamma+1) - l(l+1)] + a_{n-2} = 0$ を満たす．

$\gamma = l$ を選ぶと，原点で有限な解として $a_{2m} = a_0(2l+1)!(-1)^m(l+m)!/[l!m!(2l+1+2m)!]$ が得られる．$a_0 = l!2^l/(2l+1)!$ とした場合を**球ベッセル関数**と呼び，$j_l(\rho)$ という記号で表す．つまり，球ベッセル関数の無限級数表示は

$$j_l(\rho) = (2\rho)^l \sum_{m=0}^{\infty} \frac{(-1)^m (l+m)!}{m!(2l+2m+1)!}\rho^{2m}.$$

$\gamma = -l - 1$ を選ぶと，原点で発散する解として $a_{2m} = a_0[2^m m!(2l-1)(2l-3)\cdots(2l-2m+1)]^{-1}$ が得られる．$a_0 = -(2l)!/(l!2^l)$ とした場合を**球ノイマン関数**と呼び，$n_l(\rho)$ という記号で表す．

$$n_l(\rho) = -\frac{1}{2^l \rho^{l+1}}\left[\sum_{m=0}^{l}\frac{(2l-2m)!}{m!(l-m)!}\rho^{2m} + (-1)^l \sum_{m=l+1}^{\infty}\frac{(-1)^m (m-l)!}{m!(2m-2l)!}\rho^{2m}\right].$$

数 $N_l(\rho)$ を用いて,

$$J_{l+1/2}(\rho) = \sum_{n=0}^{\infty} \frac{(-1)^n}{n!(l+n+1/2)!} \left(\frac{\rho}{2}\right)^{l+2n+1/2}, \tag{6.87}$$

$$N_{l+1/2}(\rho) = \frac{J_{l+1/2}(\rho)\cos[\pi(l+1/2)] - J_{-l-1/2}(\rho)}{\sin[\pi(l+1/2)]} \tag{6.88}$$

と表せる.これから,(6.85) の独立な解は,

$$j_l(\rho) \equiv \left(\frac{\pi}{2\rho}\right)^{1/2} J_{l+1/2}(\rho), \tag{6.89}$$

$$n_l(\rho) \equiv \left(\frac{\pi}{2\rho}\right)^{1/2} N_{l+1/2}(\rho) \tag{6.90}$$

になる.これらには,それぞれ球ベッセル (spherical Bessel) 関数,球ノイマン (spherical Neumann) 関数という名称がある.これらは,球面波を表すのに適した関数である.

以上より,井戸の内部での (6.84) の一般解は,A_l と B_l とを積分定数として,$R_l(\rho) = A_l j_l(\rho) + B_l n_l(\rho)$ と表せるが,波動関数は原点で有界でなければならないので,$B_l = 0$ である.すなわち,ポテンシャル井戸内部の解は,

$$R_l(\rho) = A_l j_l(\rho) \tag{6.91}$$

である.

6.4.2 井戸外部 ($r \geq a$) の解

井戸の外部 ($r \geq a$) では $V(r) = 0$ である.$\kappa = \sqrt{2\mu|E|}/\hbar$ として $\rho' \equiv i\kappa r$ と定義すると,(6.84) は,

---

解説 6.18 球ベッセル関数と球ノイマン関数の漸近形

球ベッセル関数と球ノイマン関数の,原点近傍 ($\rho \to 0$) での振る舞いは,

$$j_l(\rho) \sim \frac{\rho^l}{(2l+1)!!}\left[1 - \frac{\rho^2}{2(2l+3)} + \cdots\right], \tag{6.92}$$

$$n_l(\rho) \sim -\frac{(2l-1)!!}{\rho^{l+1}}\left[1 + \frac{\rho^2}{2(2l-1)} + \cdots\right] \tag{6.93}$$

である.ここで $(2l+1)!! \equiv (2l+1)(2l-1)\cdots 5\cdot 3\cdot 1$ である.無限遠 ($\rho \to \infty$) での振る舞いは,

$$j_l(\rho) \sim \frac{1}{\rho}\sin\left(\rho - \frac{l\pi}{2}\right), \quad n_l(\rho) \sim -\frac{1}{\rho}\cos\left(\rho - \frac{l\pi}{2}\right)$$

となり,球面波を表していることがわかる.

ちなみに,球ハンケル関数の無限遠 ($|\rho'| \to \infty$) での振る舞いは,

$$h_l^{(1)}(\rho') \sim \frac{1}{\rho'}\exp\left\{i\left[\rho' - \frac{(l+1)\pi}{2}\right]\right\} = \frac{1}{i\kappa r}\exp\left[-\kappa r - i\frac{(l+1)\pi}{2}\right], \tag{6.94}$$

$$h_l^{(2)}(\rho') \sim \frac{1}{\rho'}\exp\left\{-i\left[\rho' - \frac{(l+1)\pi}{2}\right]\right\} = \frac{1}{i\kappa r}\exp\left[\kappa r + i\frac{(l+1)\pi}{2}\right] \tag{6.95}$$

である.

$$\frac{d^2 R_l(\rho')}{d\rho'^2} + \frac{2}{\rho'}\frac{dR_l(\rho')}{d\rho'} + \left[1 - \frac{l(l+1)}{\rho'^2}\right] R_l(\rho') = 0 \qquad (6.96)$$

となる．ρ' が純虚数であるこの方程式の独立な解は，球ベッセル関数と球ノイマン関数を用いて，

$$h_l^{(1)}(\rho') \equiv j_l(\rho') + i n_l(\rho'), \qquad (6.97)$$

$$h_l^{(2)}(\rho') \equiv [h_l^{(1)}(\rho')]^* = j_l(\rho') - i n_l(\rho') \qquad (6.98)$$

と表せ，それぞれ**第 1 種球ハンケル (spherical Hankel) 関数**，**第 2 種球ハンケル関数**と呼ばれる．ただし，(6.95) のように第 2 種球ハンケル関数は $r \to \infty$ で発散するので解として不適切である．よって，ポテンシャル井戸外部の解は，C_l を積分定数として

$$R_l(\rho') = C_l h_l^{(1)}(i\kappa r) = C_l [j_l(\rho') + i n_l(\rho')] \qquad (6.99)$$

となる．

6.4.3 井戸の内部と外部の接続

ポテンシャルの不連続面 $r = a$ で波動関数とその 1 階導関数が連続である条件を課して，ポテンシャル井戸の内部と外部とを接続する．この接続条件は，波動関数とその対数微分

$$\frac{1}{j_l(kr)} \frac{dj_l(kr)}{dr}\bigg|_{r=a-} = \frac{1}{h_l^{(1)}(i\kappa r)} \frac{dh_l^{(1)}(i\kappa r)}{dr}\bigg|_{r=a+} \qquad (6.100)$$

解説 6.19 球ベッセル関数と球ノイマン関数の三角関数表示

$y_l(\rho) \equiv \rho^{-l} R_l(\rho)$ という関数に変換すると，球ベッセル微分方程式 (6.85) は，

$$\frac{d^2 y_l}{d\rho^2} + \frac{2(l+1)}{\rho} \frac{dy_l}{d\rho} + y_l = 0 \qquad (6.101)$$

となる．さらに $z_l(\rho) \equiv \rho^{-1} dy_l(\rho)/d\rho$ とすると，

$$\frac{d^2 z_l}{d\rho^2} + \frac{2(l+2)}{\rho} \frac{dz_l}{d\rho} + z_l = 0$$

となるので，z_l は y_{l+1} の満たす方程式の解である．よって，微分を繰り返して行えば，(6.101) の解を $y_l(\rho) = (\rho^{-1} d/d\rho)^l y_0(\rho)$ と表現できる．$l = 0$ の場合の (6.101) は簡単に解くことができ，$y_0(\rho)$ には 2 つの独立な解 $y_0(\rho) = \sin\rho/\rho$ と $-\cos\rho/\rho$ があることがわかる．よって，2 つの独立な $y_l(\rho)$ が得られ，原点近傍での漸近形 (6.92), (6.93) を正しく与えるように規格化定数を決めると，

$$j_l(\rho) = (-\rho)^l \left(\frac{1}{\rho}\frac{d}{d\rho}\right)^l \frac{\sin\rho}{\rho}, \quad n_l(\rho) = -(-\rho)^l \left(\frac{1}{\rho}\frac{d}{d\rho}\right)^l \frac{\cos\rho}{\rho}$$

と表すことができる．l が小さな場合の具体形は，$j_0(\rho) = \rho^{-1}\sin\rho$, $j_1(\rho) = \rho^{-2}\sin\rho - \rho^{-1}\cos\rho$, $n_0(\rho) = -\rho^{-1}\cos\rho$, $n_1(\rho) = -\rho^{-2}\cos\rho - \rho^{-1}\sin\rho$ などである．

が連続であることと等しい．この条件 (6.100) を満たすためには，k と κ は特別の値でなければならないことになる．その値から，束縛状態のエネルギー固有値[23]とエネルギー固有関数とが決まる．

$u_l(r) = rR_l(r)$ は (6.16) にしたがうが，球対称な $l = 0$ の場合は遠心ポテンシャルがないので，1 次元井戸型ポテンシャルでのシュレーディンガー方程式とまったく同じ形

$$-\frac{\hbar^2}{2\mu}\frac{d^2 u_0(r)}{dr^2} + V(r)u_0(r) = Eu_0(r) \tag{6.102}$$

になる．ただし変数 r は $r \geq 0$ なので，原点 $r = 0$ での境界条件が 1 次元井戸型ポテンシャル問題の場合とは異なり，$u_0(r=0) = 0$ すなわち原点に無限に高いポテンシャルの壁があるとしなければならない．$l = 0$ の束縛状態のエネルギー固有値をグラフによって求める手順を示す．まず，$\xi = ka$ および $\eta = \kappa a$ とおくと，k と κ の定義から分かるように，

$$\xi^2 + \eta^2 = \frac{2\mu V_0 a^2}{\hbar^2} \tag{6.103}$$

を満たさなければならない．さらに，$l = 0$ の場合の接続条件 (6.100) より，

$$\xi \cot \xi = -\eta \tag{6.104}$$

---

[23]球対称な中心力ポテンシャル場でのエネルギー固有値は一般に，$\hat{L}_z$ の固有値を定める量子数 m について縮退している．球対称性がある中心力ポテンシャル場ではどの方向も対等であり，量子数 m を定義する量子化軸（z 軸）を人間は勝手に定めたに過ぎないので，エネルギー固有値は量子化軸の選び方に依存しない．

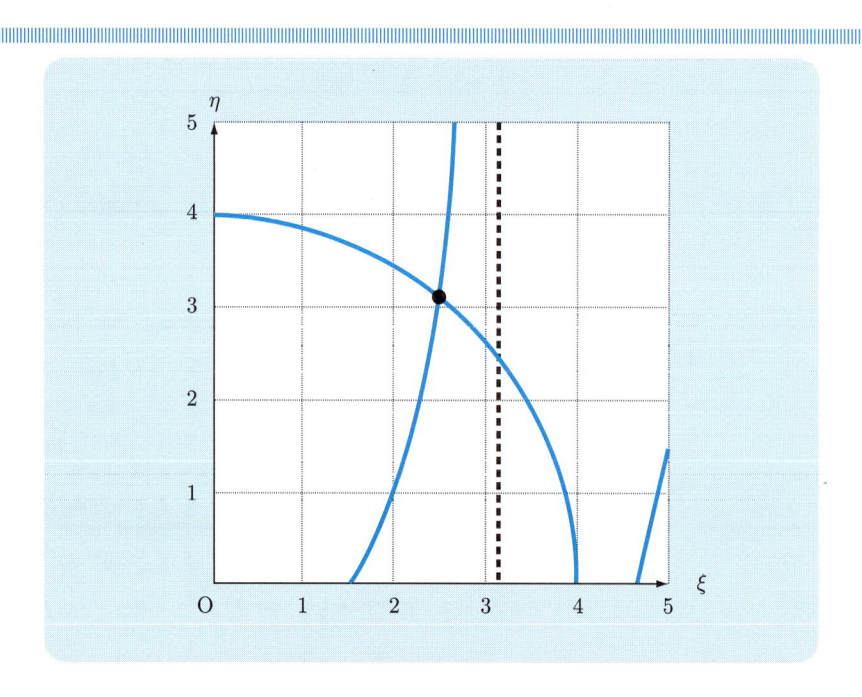

図 **6.7** $l = 0$ の束縛状態のエネルギー固有値のグラフによる解法．(ξ, η) 平面上に (6.103) と (6.104) とを描き，それらの交点を求める．この図は，$2\mu V_0 a^2/\hbar^2 = 16$ の場合で，交点は 1 つしか存在しない．

が成り立っていなければならない．図 6.7 のように，(ξ, η) 平面上に (6.103) と (6.104) の 2 つの曲線を図示し，その交点が求めるべき解 ξ と η となる．今の場合は $\xi \geq 0$ かつ $\eta \geq 0$ なので，(ξ, η) 平面の第 1 象限のみ考えればよい．グラフから分かるように，井戸の深さ V_0 が

$$\frac{(2N_0 - 1)^2 \pi^2 \hbar^2}{8\mu a^2} \leq V_0 < \frac{(2N_0 + 1)^2 \pi^2 \hbar^2}{8\mu a^2} \tag{6.105}$$

の範囲の時に，N_0 個の解（$l = 0$ の束縛状態）が存在する．よって，$V_0 < \pi^2 \hbar^2 / (8\mu a^2)$ のような「浅い井戸」では，束縛状態は 1 つも存在しない[*24].

6.5 水素状原子の束縛状態

量子力学の 2 体問題の中で最も基本的かつ重要な問題が，水素状原子の問題である．これは，質量 M，電荷 $-Ze$ の原子核（イオン）と質量 m，電荷 e（$e < 0$）の電子の 2 体問題である[*25]．原子核と電子の相対座標を球面極座標 (r, θ, φ) で表す[*26]．原子核と電子の間には中心力であるクーロン引力が働く．そのクーロンポテンシャルは，動径座標（原子核と電子の間の距離）r のみに依存し，

[*24] 1 次元井戸型ポテンシャルでは，どんなに浅い井戸でも最低 1 つは束縛状態が存在した．4.5 節の結果と比較せよ．

[*25] 水素原子は $Z = 1$ の場合である．

[*26] クーロン力を及ぼし合う 2 体系の問題は，放物座標系でも変数分離することができる．本書では触れない．

解説 6.20 $l = 1$ の場合の束縛状態について

$l = 1$ の場合の接続条件 (6.100) は，

$$\frac{\cot \xi}{\xi} - \frac{1}{\xi^2} = \frac{1}{\eta} + \frac{1}{\eta^2}$$

となり，井戸の深さ V_0 が

$$\frac{N_1^2 \pi^2 \hbar^2}{2\mu a^2} \leq V_0 < \frac{(N_1 + 1)^2 \pi^2 \hbar^2}{2\mu a^2}$$

の範囲の時に，N_1 個の解（$l = 1$ の束縛状態）が存在する．$l = 0$ の場合と異なり $l \geq 1$ では，遠心ポテンシャル $l(l+1)\hbar^2/(2\mu r^2)$ が存在するために，エネルギー固有値が 0 の束縛状態も存在する．

$$V(\boldsymbol{r}) = V(r) = -\frac{Ze^2}{4\pi\epsilon_0 r} \qquad (6.106)$$

であり，$r=0$ で $-\infty$ に発散し $r \to \infty$ で 0 に近づく形をしている．今までの節で考察してきたように，系の重心運動は平面波であり，相対運動の波動関数の θ, φ 成分は球面調和関数 $Y_{lm}(\theta,\varphi)$ で記述できるので，クーロンポテンシャル (6.106) の下での相対運動の動径方向 r の波動関数を求めることがここでの問題である．

相対運動の動径関数 $R_l(r)$ が満たす固有方程式は，(6.15) より

$$-\frac{\hbar^2}{2\mu}\frac{1}{r^2}\frac{d}{dr}\left(r^2\frac{dR_l}{dr}\right) + \left[\frac{l(l+1)\hbar^2}{2\mu r^2} - \frac{Ze^2}{4\pi\epsilon_0 r}\right]R_l = ER_l \qquad (6.107)$$

となる．ここで，$\mu \equiv mM/(m+M) \simeq m$ は換算質量である．束縛状態を考えるので $E<0$ とする[27]．

6.5.1 解析的方法：級数展開法とラゲール陪多項式

$\kappa \equiv \sqrt{2\mu|E|}/\hbar$ として無次元座標 $\xi \equiv 2\kappa r$ を用いると，(6.107) は

$$\frac{1}{\xi^2}\frac{d}{d\xi}\left(\xi^2\frac{dR_l}{d\xi}\right) + \left[\frac{\lambda}{\xi} - \frac{1}{4} - \frac{l(l+1)}{\xi^2}\right]R_l = 0 \qquad (6.108)$$

となる．ここで λ はエネルギー固有値の平方根の逆数を表す無次元量 $\lambda \equiv Ze^2\sqrt{\mu}/\left(4\pi\epsilon_0\hbar\sqrt{2|E|}\right)$ である．無限遠点（$\xi \to \infty$）では $-1/4$ の項が残る

---

[27] 散乱状態（非束縛状態）については，本書では触れない．

解説 6.21 水素状原子の基底状態にのみ適用できる簡便な方法

基底状態の波動関数 $\psi_{\rm GS}$ は対称性の最も高い球対称であるので，動径座標 r のみの関数となる．この場合，(6.36) の θ と φ 微分の項は効かないので，ラプラシアンは $\nabla^2 = d^2/dr^2 + (2/r)d/dr$ となり，基底状態のみに対して成り立つシュレーディンガー方程式は，(6.107) より

$$\left[-\frac{\hbar^2}{2\mu}\left(\frac{d^2}{dr^2} + \frac{2}{r}\frac{d}{dr}\right) - \frac{Ze^2}{4\pi\epsilon_0 r}\right]\psi_{\rm GS}(r) = E_{\rm GS}\psi_{\rm GS}(r)$$

となる．この微分方程式を解くために，N と α とを定数として，$\psi_{\rm GS}(r) = N\exp(\alpha r)$ の形を仮定して代入すると，α は

$$-\frac{\hbar^2}{2\mu}\left(\alpha^2 + \frac{2\alpha}{r}\right) - \frac{Ze^2}{4\pi\epsilon_0 r} = E_{\rm GS} \qquad (6.109)$$

を満たさなければならない．右辺は定数なので，$\hbar^2\alpha/\mu + Ze^2/(4\pi\epsilon_0) = 0$ が成り立たなければならない．これから $\alpha = -\mu Ze^2/(4\pi\epsilon_0\hbar^2)$ が得られる．水素原子のボーア半径 $a_{\rm B}$ とは，$|\alpha|^{-1} = a_{\rm B}/Z$ の関係にある．また (6.109) より，基底状態のエネルギーは $E_{\rm GS} = -\hbar^2\alpha^2/(2\mu) = -[\hbar^2/(2\mu)](Z/a_{\rm B})^2 = \frac{1}{2}V(r=a_{\rm B}/Z)$ となって，$n=1$ の場合の (6.113) と一致する．

ので，解の振る舞いは $(d/d\xi)^2 R_l - R_l/4 \sim 0$ で決まる．よって，解の漸近形は $R_l(\xi) \sim \exp(\pm \xi/2)$ となる．無限遠で発散しないために負号を選んで，

$$R_l(\xi) \sim \exp\left(-\frac{\xi}{2}\right), \quad \xi \to \infty \tag{6.110}$$

である．原点（$\xi \sim 0$）近傍では，(6.18) から $R_l(\xi) \sim \xi^l$ でなければならないので，新たな関数 $F_l(\xi) \equiv \xi^{-l} \exp(\xi/2) R_l(\xi)$ を用いて (6.108) を書き換えると，

$$\xi \frac{d^2 F_l(\xi)}{d\xi^2} + (2l + 2 - \xi) \frac{dF_l(\xi)}{d\xi} + (\lambda - l - 1) F_l(\xi) = 0 \tag{6.111}$$

となる[*28]．

(6.111) の原点まわりのべき級数解 $F_l(\xi) = \sum_{k=0} a_k \xi^k$ を調べてみよう．これを代入し ξ の各べきの係数を比較すると，展開係数 a_k に対する漸化式

$$a_{k+1} = \frac{k + l + 1 - \lambda}{(k+1)(k+2l+2)} a_k \tag{6.112}$$

が得られる．R_l が無限遠で発散しないためには，級数が有限項で打ち切られなければならない．その最大のべきを $k_{\max}$ とすると，漸化式 (6.112) より $\lambda = k_{\max} + l + 1$ でなければならない．これが，水素状原子の束縛状態のエ

[*28] これは**クンマーの微分方程式（合流型超幾何微分方程式）**でもある．$\xi = 0$ が確定特異点，$\xi = \infty$ が真性特異点である．一般解は合流型超幾何関数 $_1F_1$ を用いて，$F_l(\xi) = C_1 F_1(l + 1 - \lambda, 2l + 2; \xi)$ と表せる．

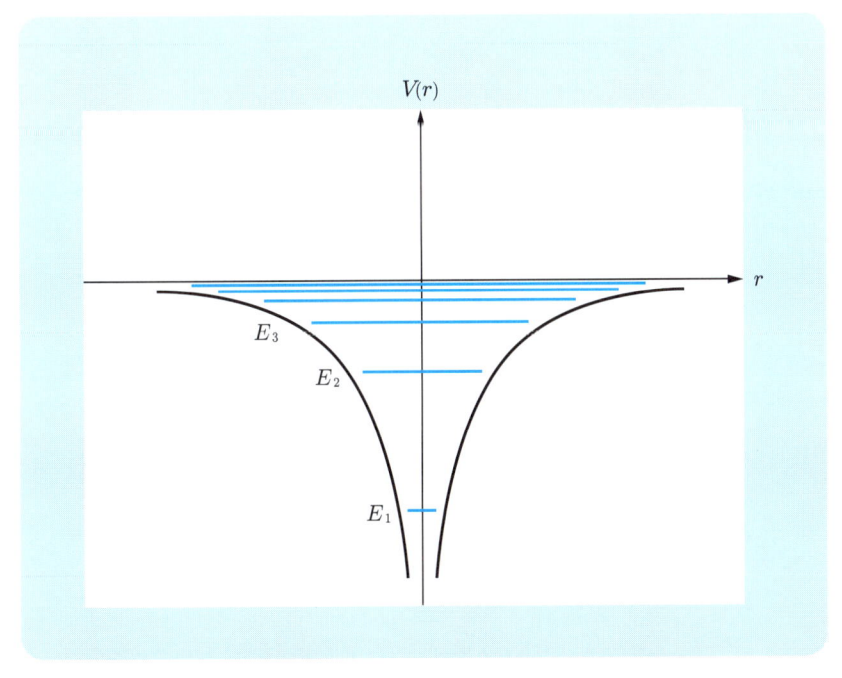

図 6.8 クーロンポテンシャル中の束縛状態のエネルギー準位．

ネルギー固有値を決める式であり，元の表現に戻すと

$$E_n = -\frac{\mu e^4 Z^2}{32\pi^2 \epsilon_0^2 \hbar^2} \frac{1}{n^2} = -\frac{\hbar^2}{2\mu}\left(\frac{Z}{a_\mathrm{B}}\right)^2 \frac{1}{n^2} \tag{6.113}$$

である．ここで $a_\mathrm{B} = 4\pi\epsilon_0 \hbar^2/(\mu e^2)$ は，1.3 節でボーアが導いたボーア半径である．ここの n は**主量子数** (principal quantum number) と呼ばれる量子数で，$n \equiv \lambda = k_{\max} + l + 1 = 1, 2, 3, \cdots$ である．このように，水素状原子の束縛状態は無限個存在し[*29]，そのエネルギー固有値は主量子数 $n = 1, 2, 3, \cdots$ のみで決まり，l には依存しない[*30]．図 6.9 を参照せよ．

1.3 節で述べたように，ボーアは量子条件 (1.11) を仮定して軌道角運動量を量子化し，水素原子のエネルギーの離散性と $E_n \propto n^{-2}$ なる関係 (1.10) を導いたが，ここでは量子力学を用いて，論理的に自然に $E_n \propto n^{-2}$ を導いたことになる．なお，$l = 0, 1, 2, \cdots, n-1$ を**方位量子数**といい，n が決まっている場合は n 通りの値をとりうる．θ, φ 成分の球面調和関数に現れる量子数

[*29] クーロンポテンシャルは r^{-1} のように遠くでゆっくり減衰するので，引力が遠くまで実効的に効いているからである．図 6.8 を参照．

[*30] 磁気量子数 m についての縮退はポテンシャルの球対称性に起因するが，方位量子数 l についての縮退（**軌道縮退**）は，水素状原子に特有のクーロンポテンシャルの r^{-1} 依存性に起因している．つまり，クーロンポテンシャル以外の球対称ポテンシャルでは，束縛状態のエネルギー固有値は n と l に依存する．球対称でないポテンシャルでは，n, l, m すべてに依存する．

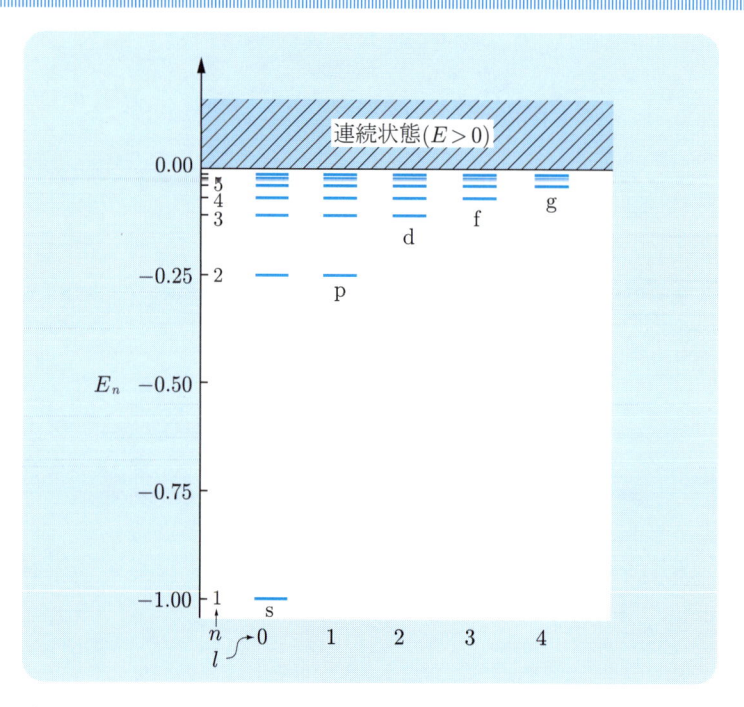

図 6.9 水素原子のエネルギー準位と軌道縮退の様子．縦軸のエネルギーは，イオン化エネルギーの 13.6 eV（リュードベリ定数）を単位としている．

$m = -l, -l+1, \cdots, l-1, l$ は**磁気量子数**と呼ばれ，l が決まると $2l+1$ 通りの値をとりうる．よって，主量子数 n で指定されるエネルギー E_n の束縛状態は，

$$\sum_{l=0}^{n-1}(2l+1) = n^2 \tag{6.114}$$

重に縮退していることになる[*31]．

エネルギー固有関数は，漸化式 (6.112) を解いて，ξ の有限級数の形で得ることができるが，(6.111) がラゲール (**Laguerre**) の微分方程式と同形であることを用いると，この級数解を表すのにラゲール陪多項式が便利である．$q = 0, 1, 2, \cdots$ および $\alpha = 0, 1, 2, \cdots$ としたときのラゲール陪多項式 $L_q^{(\alpha)}(\xi)$ は，ラゲールの微分方程式

$$\xi \frac{d^2 L_q^{(\alpha)}(\xi)}{d\xi^2} + (\alpha + 1 - \xi)\frac{dL_q^{(\alpha)}(\xi)}{d\xi} + qL_q^{(\alpha)}(\xi) = 0 \tag{6.115}$$

の解[*32]

$$L_q^{(\alpha)}(\xi) = \frac{(\alpha+q)!}{q!} \xi^{-\alpha} \exp(\xi) \frac{d^q}{d\xi^q}\left[\xi^{q+\alpha}\exp(-\xi)\right] \tag{6.116}$$

で，(6.115) は $\alpha = 2l+1$, $q = n-l-1$ とおけば，(6.111) と一致する．

[*31] 電子のスピン角運動量自由度を考慮すると，この 2 倍の $2n^2$ 重に縮退している．

[*32] 合流型超幾何関数 $_1F_1$ との関係は，$L_q^{(\alpha)}(\xi) = [(\alpha+q)!]^2 (\alpha! q!)^{-1}{}_1F_1(-q, \alpha+1; \xi)$ である．

解説 6.22　ラゲール陪多項式 $L_q^{(\alpha)}(\xi)$ の諸性質

母関数 $S^{(\alpha)}(\xi, t) \equiv (1-t)^{-\alpha-1}\exp[-\xi t/(1-t)]$ の展開係数によって

$$S^{(\alpha)}(\xi, t) \equiv \exp\left(-\frac{\xi t}{1-t}\right)\frac{1}{(1-t)^{\alpha+1}} = \sum_{q=0}^{\infty} L_q^{(\alpha)}(\xi)\frac{t^q}{(\alpha+q)!}$$

としても定義される．この展開は $|t| < 1$ で収束する．また，$q \geq 2$ で漸化式

$$qL_q^{(\alpha)}(\xi) + (\alpha+q)(\xi - \alpha - 2q + 1)L_{q-1}^{(\alpha)}(\xi) + (\alpha+q)(\alpha+q-1)^2 L_{q-2}^{(\alpha)}(\xi) = 0 \tag{6.117}$$

が成り立つ．さらに，次のような直交性がある．

$$\int_0^\infty \xi^\alpha \exp(-\xi) L_q^{(\alpha)}(\xi) L_{q'}^{(\alpha)}(\xi) d\xi = \delta_{qq'}\frac{[(\alpha+q)!]^3}{q!}. \tag{6.118}$$

なお，q が小さい場合のラゲール陪多項式の具体形は，

$$\begin{aligned}
L_0^{(\alpha)}(\xi) &= \alpha!, \\
L_1^{(\alpha)}(\xi) &= (\alpha+1)!(\alpha+1-\xi), \\
L_2^{(\alpha)}(\xi) &= (\alpha+2)!\left[\frac{(\alpha+1)(\alpha+2)}{2} - (\alpha+2)\xi + \frac{\xi^2}{2}\right].
\end{aligned}$$

$L_q^{(\alpha)}(\xi)$ は ξ の q 次多項式である．ボーア半径 $a_\mathrm{B} = 4\pi\epsilon_0\hbar^2/(\mu e^2)$ を用いると $\xi = 2Zr/(na_\mathrm{B})$ と表せるから，(6.117) と (6.118) とを用いて規格化も実行すると，水素状原子の相対運動の束縛状態の動径関数 $R_{nl}(\xi)$ は，

$$R_{nl}(r) = \left(\frac{Z}{a_\mathrm{B}}\right)^{3/2} \left[\frac{(n-l-1)!}{\{(n+l)!\}^3}\right]^{1/2} \frac{2}{n^2}$$
$$\times \left(\frac{2Zr}{na_\mathrm{B}}\right)^l \exp\left(-\frac{Zr}{na_\mathrm{B}}\right) L_{n-l-1}^{(2l+1)}\left(\frac{2Zr}{na_\mathrm{B}}\right) \quad (6.119)$$

と表せる．これは，主量子数 n と方位量子数 l のみに依存する．このように，n と l とで電子の状態を指定した際，その状態を**軌道** (orbital) または**殻** (shell) と呼ぶ[33]．n が大きい状態では $\exp[-Zr/(na_\mathrm{B})]$ 項による減衰が弱まるので，動径関数 $R_{nl}(r)$ は遠くまで広がる．これは，n が大きいほど束縛状態のエネルギー E_n は 0 に近づき，クーロンポテンシャルによる束縛が効かなくなることと符合している．l が大きい状態では遠心ポテンシャルが大きくなるために，原点からの斥力が大きくなることに相当し，原点 $r=0$ 付近の $R_{nl}(r)$ は小さくなる．また，l を固定して n が 1 つ増えると，$R_{nl}(r)$ の節（零点）が 1 つ増える．

(θ, φ) 方向の固有関数である球面調和関数 $Y_{lm}(\theta, \varphi)$ と合わせて，水素状

---

[33] 主量子数 n は数字 $1, 2, 3, \cdots$ で，方位量子数（角運動量の大きさ）$l = 0, 1, 2, 3, \cdots$ は小文字のアルファベット s, p, d, f, $\cdots$ で表すことが多い．基底状態 $(n=1, l=m=0)$ は「1s 軌道」となる．

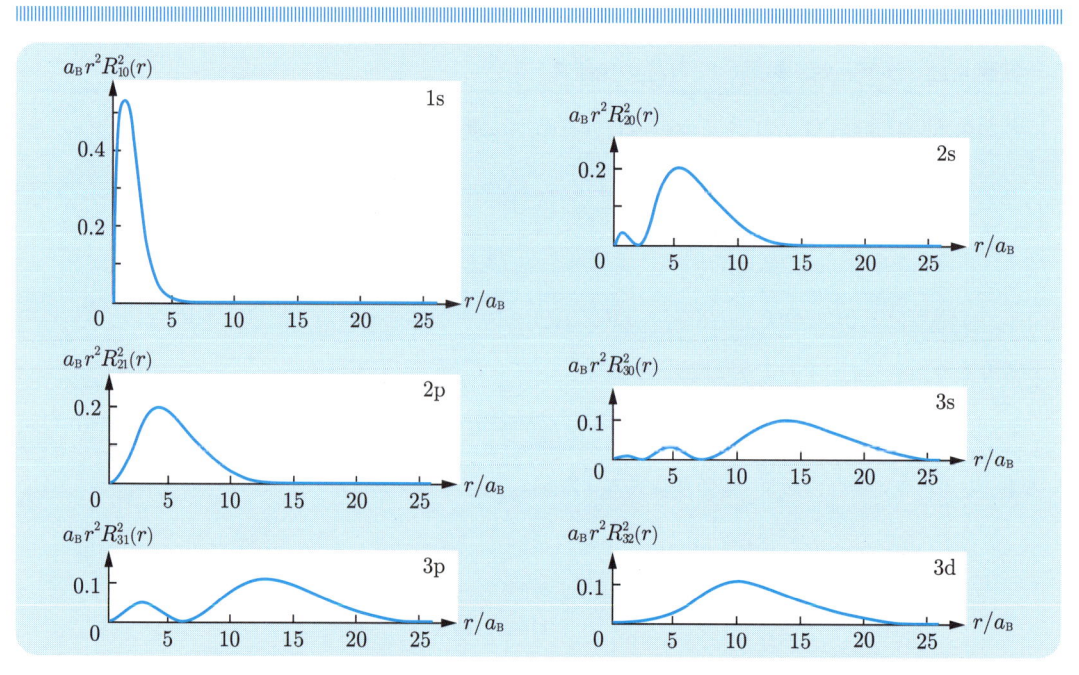

図 6.10 水素原子の 1s, 2s, 2p, 3s, 3p, 3d 軌道の動径方向確率密度分布関数 $a_\mathrm{B} r^2 [R_{nl}(r)]^2 \propto P_{nl}(r)$．エネルギーが大きいほど，波動関数は外に広がる．

原子の相対運動の束縛状態を表すエネルギー固有関数は，$\psi_{nlm}(r,\theta,\varphi) = R_{nl}(r)Y_{lm}(\theta,\varphi)$ となる．なお，電子の動径方向の確率密度分布 $P_{nl}(r)$ は

$$P_{nl}(r) \equiv \int_0^\pi \sin\theta d\theta \int_0^{2\pi} d\varphi\, r^2 |\psi_{nlm}(r,\theta,\varphi)|^2 \tag{6.120}$$

で与えられ，m に依らない．図 6.10 のように，$P_{nl}(r)$ には $(n-l)$ 個の節（零点）[*34]ができる．

6.5.2 代数的方法：演算子法

ボーア半径 $a_\mathrm{B} = 4\pi\epsilon_0\hbar^2/(\mu e^2)$ を長さの単位として用いて，長さを無次元量 $\rho \equiv (Z/a_\mathrm{B})r$ で表す．また，エネルギーも無次元量 $\epsilon \equiv (2\mu/\hbar^2)(a_\mathrm{B}/Z)^2 E$ で表す．すると，(6.107)は，$R_l(\rho)$ を用いて定義される関数 $u_l(\rho) \equiv \rho R_l(\rho)$ についての固有方程式

$$-\frac{d^2 u_l(\rho)}{d\rho^2} + \left[\frac{l(l+1)}{\rho^2} - \frac{2}{\rho}\right]u_l(\rho) = \epsilon u_l(\rho) \tag{6.121}$$

に書き換えることができる．固有方程式 (6.121) を解く際，ここでは昇降演算子を用いて解こう．（天下りであるが）昇降演算子として，

$$\hat{b}_{l+1} \equiv \frac{1}{i}\frac{d}{d\rho} + i\left(\frac{l+1}{\rho} - \frac{1}{l+1}\right), \tag{6.122}$$

$$\hat{b}_{l+1}^\dagger \equiv \frac{1}{i}\frac{d}{d\rho} - i\left(\frac{l+1}{\rho} - \frac{1}{l+1}\right) \tag{6.123}$$

[*34] 原点 $r=0$ も含める．

解説 6.23 ボーア半径の意味

水素状原子の基底状態（$n=1, l=m=0$）の（座標表示の）波動関数は，

$$\psi_{100}(r,\theta,\varphi) = 2\left(\frac{Z}{a_\mathrm{B}}\right)^{3/2} \exp\left(-\frac{Zr}{a_\mathrm{B}}\right)\frac{1}{\sqrt{4\pi}} \tag{6.124}$$

であるから，動径方向の確率密度分布は

$$P_{10}(r) = 4\left(\frac{Z}{a_\mathrm{B}}\right)^3 r^2 \exp\left(-\frac{2Zr}{a_\mathrm{B}}\right)$$

となる．これが最大となる r は $r = a_\mathrm{B}/Z$ である．よって，ボーア半径 a_B とは，水素原子（$Z=1$）の基底状態の電子の動径方向の確率密度分布が最大となる距離を意味することが分かる．なお，水素原子の基底状態の電子の動径位置の期待値は $\langle r \rangle = \int_0^\infty r P_{10}(r)dr = 3a_\mathrm{B}/2$ となり，a_B とは一致しない．

を定義すると，(6.121) の左辺の $u_l(\rho)$ に作用する演算子は，

$$-\frac{d^2}{d\rho^2} + \frac{l(l+1)}{\rho^2} - \frac{2}{\rho} = \hat{b}_{l+1}^\dagger \hat{b}_{l+1} + \epsilon^{(l+1)}$$
$$\equiv \hat{H}^{(1)} \quad (6.125)$$

と表せる．これを，$\hat{H}^{(1)}$ と記することにする．ここで，$\epsilon^{(l+1)}$ は「おつり」の項 $\epsilon^{(l+1)} = -1/(l+1)^2$ である．次に，$\hat{H}^{(1)}$ の $\hat{b}_{l+1}^\dagger$ と $\hat{b}_{l+1}$ の順序を入れ替えた演算子 $\hat{H}^{(2)}$ を考えると，これは

$$\hat{H}^{(2)} \equiv \hat{b}_{l+1} \hat{b}_{l+1}^\dagger + \epsilon^{(l+1)}$$
$$= -\frac{d^2}{d\rho^2} + \frac{(l+1)(l+2)}{\rho^2} - \frac{2}{\rho} \quad (6.126)$$

である．これは，新たな昇降演算子

$$\hat{b}_{l+2} \equiv \frac{1}{i}\frac{d}{d\rho} + i\left(\frac{l+2}{\rho} - \frac{1}{l+2}\right), \quad (6.127)$$

$$\hat{b}_{l+2}^\dagger \equiv \frac{1}{i}\frac{d}{d\rho} - i\left(\frac{l+2}{\rho} - \frac{1}{l+2}\right) \quad (6.128)$$

を用いて，

$$\hat{H}^{(2)} = \hat{b}_{l+2}^\dagger \hat{b}_{l+2} + \epsilon^{(l+2)} \quad (6.129)$$

と表すことができる．このときの「おつり」は，$\epsilon^{(l+2)} = -1/(l+2)^2$ である．同様に繰り返すと，$k = 1, 2, 3, \cdots$ として

解説 6.24 水素状原子での期待値

水素状原子の状態 $\psi_{nlm}(r, \theta, \varphi)$ において，動径座標 r についてのべきの期待値をいくつか計算すると，

$$\langle r^{-1} \rangle = \frac{Z}{n^2 a_B},$$

$$\langle r \rangle = \frac{a_B}{2Z}[3n^2 - l(l+1)],$$

$$\langle r^2 \rangle = \left(\frac{a_B}{Z}\right)^2 \frac{n^2}{2}[5n^2 + 1 - 3l(l+1)]$$

となる．これから，動径方向の位置の不確定さは，

$$\delta r \equiv [\langle (r - \langle r \rangle)^2 \rangle]^{1/2} = \frac{a_B}{2Z}\left[n^2(n^2+2) - l^2(l+1)^2\right]^{1/2}$$

となる．ちなみに，対応する古典的楕円軌道についての時間平均値 $\langle \ \rangle_{\rm cl}$ を計算すると，

$$\langle r^{-1} \rangle_{\rm cl} = \frac{Z}{n^2 a_B}, \quad \langle r \rangle_{\rm cl} = \frac{a_B}{2Z}(3n^2 - l^2), \quad \langle r^2 \rangle_{\rm cl} = \left(\frac{a_B}{Z}\right)^2 \frac{n^2}{2}(5n^2 - 3l^2)$$

となる．ビリアル定理により，r^{-1} の期待値は量子力学でも古典力学でも正確に一致する．これ以外の量の期待値では，古典力学での結果で l を $l+1/2$ に置き換えると一致がよくなる．これは，WKB 近似において**ランガー（Langer）の処方**として知られている．

6.5 水素状原子の束縛状態

$$\begin{aligned}\hat{H}^{(k)} &= \hat{b}_{l+k-1}\hat{b}^{\dagger}_{l+k-1} + \epsilon^{(l+k-1)} \\ &= \hat{b}^{\dagger}_{l+k}\hat{b}_{l+k} + \epsilon^{(l+k)}\end{aligned} \tag{6.130}$$

を定義できる．ここで，

$$\hat{b}_{l+k} \equiv \frac{1}{i}\frac{d}{d\rho} + i\left(\frac{l+k}{\rho} - \frac{1}{l+k}\right), \tag{6.131}$$

$$\hat{b}^{\dagger}_{l+k} \equiv \frac{1}{i}\frac{d}{d\rho} - i\left(\frac{l+k}{\rho} - \frac{1}{l+k}\right), \tag{6.132}$$

$$\epsilon^{(l+k)} \equiv -\frac{1}{(l+k)^2} \tag{6.133}$$

である．以上の準備をふまえて，事項を 6 つ列挙していこう．

(a) $\hat{b}_{l+k}$ を作用すると恒等的に 0 となる関数として $\phi^{(l+k-1)}(\rho)$ を定義する．すなわち，$\hat{b}_{l+k}\phi^{(l+k-1)}(\rho) = 0$ である．この関数 $\phi^{(l+k-1)}(\rho)$ は，$\hat{H}^{(k)}$ の最小固有値 $\epsilon^{(l+k)}$ に属する固有関数である（下段の証明参照）．

(b) (6.130) より，

$$\begin{aligned}\hat{H}^{(k)}\hat{b}^{\dagger}_{l+k} &= \left[\hat{b}^{\dagger}_{l+k}\hat{b}_{l+k} + \epsilon^{(l+k)}\right]\hat{b}^{\dagger}_{l+k} \\ &= \hat{b}^{\dagger}_{l+k}\left[\hat{b}_{l+k}\hat{b}^{\dagger}_{l+k} + \epsilon^{(l+k)}\right] \\ &= \hat{b}^{\dagger}_{l+k}\hat{H}^{(k+1)},\end{aligned} \tag{6.134}$$

$$\hat{b}_{l+k}\hat{H}^{(k)} = \hat{H}^{(k+1)}\hat{b}_{l+k} \tag{6.135}$$

が成り立つ．

🔵 (a) の証明 🔵

まず，

$$\hat{H}^{(k)}\phi^{(l+k-1)}(\rho) = \left[\hat{b}^{\dagger}_{l+k}\hat{b}_{l+k} + \epsilon^{(l+k)}\right]\phi^{(l+k-1)}(\rho) = \epsilon^{(l+k)}\phi^{(l+k-1)}(\rho) \tag{6.136}$$

であるから，$\phi^{(l+k-1)}(\rho)$ は $\hat{H}^{(k)}$ の固有関数で，その固有値は $\epsilon^{(l+k)}$ である．次に，$\phi^{(l+k-1)}(\rho)$ 以外の，$\hat{H}^{(k)}$ の規格化された固有関数を $\chi^{(l+k-1)}(\rho)$ として，状態 $\chi^{(l+k-1)}(\rho)$ での $\hat{H}^{(k)}$ の期待値を計算すると

$$\begin{aligned}\int_0^{\infty}[\chi^{(l+k-1)}(\rho)]^*\hat{H}^{(k)}\chi^{(l+k-1)}(\rho)d\rho &\overset{(6.130)}{=} \int_0^{\infty}[\chi^{(l+k-1)}(\rho)]^*\left[\hat{b}^{\dagger}_{l+k}\hat{b}_{l+k} + \epsilon^{(l+k)}\right]\chi^{(l+k-1)}(\rho)d\rho \\ &= \int_0^{\infty}[\chi^{(l+k-1)}(\rho)]^*\hat{b}^{\dagger}_{l+k}\hat{b}_{l+k}\chi^{(l+k-1)}(\rho)d\rho \\ &\quad + \epsilon^{(l+k)}\int_0^{\infty}|\chi^{(l+k-1)}(\rho)|^2 d\rho \\ &= \int_0^{\infty}|\hat{b}_{l+k}\chi^{(l+k-1)}(\rho)|^2 d\rho + \epsilon^{(k+l)} \\ &> \epsilon^{(k+l)}\end{aligned}$$

である．よって，(a) が示された．

(c) (6.136) において $k=1$ とすると，$\phi^{(l)}(\rho)$ は $\hat{H}^{(1)}$ の固有値 $\epsilon^{(l+1)}$ に属する固有関数であることが分かる．このとき，$\phi^{(l)}(\rho)$ は，(a) より $l = 0, 1, 2, \cdots$ として，$\hat{b}_{l+1}\phi^{(l)}(\rho) = 0$ を満たす解であることに注意せよ．この $\phi^{(l)}(\rho)$ を $u_{l+1}(\rho)$ と書くことにする．

(d) $\hat{b}_{l+1}^{\dagger}\phi^{(l+1)}(\rho)$ は，$\hat{H}^{(1)}$ の固有値 $\epsilon^{(l+2)}$ に属する固有関数である．実際に，(b) と (6.136) より，

$$\hat{H}^{(1)}\hat{b}_{l+1}^{\dagger}\phi^{(l+1)}(\rho) = \hat{b}_{l+1}^{\dagger}\hat{H}^{(2)}\phi^{(l+1)}(\rho) = \epsilon^{(l+2)}\hat{b}_{l+1}^{\dagger}\phi^{(l+1)}(\rho) \tag{6.137}$$

が成り立つ．そこで，この $\hat{b}_{l+1}^{\dagger}\phi^{(l+1)}(\rho)$ を $u_{l+2}(\rho)$ と書くことにする．

(e) 順次繰り返すと，一般に，$\hat{H}^{(1)}$ の固有関数は (a) の関数 $\phi^{(l+k-1)}(\rho)$ を用いて，

$$u_{l+k}(\rho) \equiv \hat{b}_{l+1}^{\dagger}\hat{b}_{l+2}^{\dagger}\cdots\hat{b}_{l+k-1}^{\dagger}\phi^{(l+k-1)}(\rho) \tag{6.138}$$

と表され，その固有値は，

$$\epsilon^{(l+k)} = -\frac{1}{(l+k)^2} \tag{6.139}$$

となる．ここで慣例によって，$n \equiv l+k$ とおくと，$l = 0, 1, 2, \cdots$ および $k = 1, 2, 3, \cdots$ なので，$n = 1, 2, 3, \cdots$ となる．この n が水素状原子の主量子数である．k と l の代わりに n と l を用いて表すと，$\hat{H}^{(1)}$ の固有値は $\epsilon^{(n)} = -1/n^2$ となるので，水素状原子の（相対運動の）束縛状態のエネルギー固有値は，$n = 1, 2, 3, \cdots$ として離散的な値

解説 6.25　水素状原子の基底状態の波数分布

水素状原子の基底状態の波動関数は (6.124) であるから，これを位置座標についてフーリエ変換することにより，波数表示の波動関数 $\tilde{\psi}_{100}(\boldsymbol{k})$ を計算すると

$$\begin{aligned}
\tilde{\psi}_{100}(\boldsymbol{k}) &= \frac{1}{(2\pi)^{3/2}} \int \psi_{100}(\boldsymbol{r}) \exp(-i\boldsymbol{k}\cdot\boldsymbol{r}) d^3\boldsymbol{r} \\
&= \frac{1}{\pi^2}\left(\frac{Z}{2a_B}\right)^{3/2} \int \exp\left(-\frac{Zr}{a_B}\right) \exp(-ikr\cos\theta) r^2 \sin\theta dr d\theta d\varphi \\
&= \frac{1}{\pi\sqrt{2}}\left(\frac{Z}{a_B}\right)^{3/2} \int_0^{\infty} r^2 \exp\left(-\frac{Zr}{a_B}\right) \left[\int_{-1}^{1} \exp(-ikr\cos\theta) d\cos\theta\right] dr \\
&= \frac{1}{\pi}\left(\frac{2a_B}{Z}\right)^{3/2} \left[1 + \left(\frac{a_B k}{Z}\right)^2\right]^{-2}
\end{aligned}$$

となる．よって基底状態の波数の確率密度分布関数は，

$$|\tilde{\psi}_{100}(\boldsymbol{k})|^2 = \frac{8}{\pi^2}\left(\frac{a_B}{Z}\right)^3 \left[1 + \left(\frac{a_B k}{Z}\right)^2\right]^{-4}$$

となる．

$E_n = -[\hbar^2/(2\mu)](Z/a_B)^2 n^{-2}$ をとり，(6.113) と一致する．

(f) $u_{l+k}(\rho)$ を $u_l^{(n)}(\rho)$ と表すことにすると，(6.138) より $u_l^{(n)}(\rho) = \hat{b}_{l+1}^\dagger \hat{b}_{l+2}^\dagger \cdots \hat{b}_{n-1}^\dagger \phi^{(n-1)}(\rho)$ であるが，このときの $\phi^{(n-1)}(\rho)$ は，(a) より，ρ についての微分方程式

$$\hat{b}_n \phi^{(n-1)}(\rho) = \left[\frac{1}{i}\frac{d}{d\rho} + i\left(\frac{n}{\rho} - \frac{1}{n}\right)\right]\phi^{(n-1)}(\rho) = 0 \qquad (6.140)$$

の解

$$\phi^{(n-1)}(\rho) = N_n \rho^n \exp\left(-\frac{\rho}{n}\right) \qquad (6.141)$$

である．N_n は定数で，波動関数の規格化条件を用いて後で決めればよい．この $\phi^{(n-1)}(\rho)$ に $\hat{b}_{l+k}^\dagger$ を順次作用させていくことによって，l が大きい順に，

$$\begin{aligned}
u_{l=n-1}^{(n)}(\rho) &= \phi^{(n-1)}(\rho), \\
u_{l=n-2}^{(n)}(\rho) &= \hat{b}_{n-1}^\dagger \phi^{(n-1)}(\rho), \\
u_{l=n-3}^{(n)}(\rho) &= \hat{b}_{n-2}^\dagger \hat{b}_{n-1}^\dagger \phi^{(n-1)}(\rho), \\
&\cdots \\
u_{l=0}^{(n)}(\rho) &= \hat{b}_1^\dagger \hat{b}_2^\dagger \cdots \hat{b}_{n-2}^\dagger \hat{b}_{n-1}^\dagger \phi^{(n-1)}(\rho)
\end{aligned} \qquad (6.142)$$

が得られる．すなわち，$\hat{b}^\dagger$ は，方位量子数 l の下降演算子として働く．これらの $u_l^{(n)}(\rho)$ を用いて，動径関数 $R_{nl}(\rho) = u_l^{(n)}(\rho)/\rho$ をラゲール陪多項式で表したものが，(6.119) である．

解説 6.26　$R_{nl}(\rho) = u_l^{(n)}(\rho)/\rho$ の具体形

動径方向の波動関数 $R_{nl}(\rho)$ の具体形を示す．これらは規格化条件 $\int_0^\infty \rho^2 |R_{nl}(\rho)|^2 d\rho = 1$ を満たすように規格化されている．ちなみに，$\rho = Zr/a_B$ から r の関数に変換して規格化条件を満たすためには，$R_{nl}(\rho) \to (Z/a_B)^{3/2} R_{nl}(Zr/a_B)$ とすればよい．

$n=1, l=0\ (k=1):\quad R_{10}(\rho) = \dfrac{u_0^{(1)}(\rho)}{\rho} = \dfrac{\phi^{(0)}(\rho)}{\rho} = 2\exp(-\rho),$

$n=2, l=1\ (k=1):\quad R_{21}(\rho) = \dfrac{u_1^{(2)}(\rho)}{\rho} = \dfrac{\phi^{(1)}(\rho)}{\rho} = \dfrac{1}{2\sqrt{6}}\rho\exp\left(-\dfrac{\rho}{2}\right),$

$n=2, l=0\ (k=2):\quad R_{20}(\rho) = \dfrac{u_0^{(2)}(\rho)}{\rho} = \dfrac{\hat{b}_1^\dagger \phi^{(1)}(\rho)}{\rho} = \dfrac{1}{\sqrt{2}}\left(1 - \dfrac{\rho}{2}\right)\exp\left(-\dfrac{\rho}{2}\right),$

$n=3, l=2\ (k=1):\quad R_{32}(\rho) = \dfrac{u_2^{(3)}(\rho)}{\rho} = \dfrac{\phi^{(2)}(\rho)}{\rho} = \dfrac{4}{81\sqrt{30}}\rho^2 \exp\left(-\dfrac{\rho}{3}\right),$

$n=3, l=1\ (k=2):\quad R_{31}(\rho) = \dfrac{u_1^{(3)}(\rho)}{\rho} = \dfrac{\hat{b}_2^\dagger \phi^{(2)}(\rho)}{\rho} = \dfrac{8}{27\sqrt{6}}\rho\left(1 - \dfrac{\rho}{6}\right)\exp\left(-\dfrac{\rho}{3}\right),$

$n=3, l=0\ (k=3):\quad R_{30}(\rho) = \dfrac{u_0^{(3)}(\rho)}{\rho} = \dfrac{\hat{b}_1^\dagger \hat{b}_2^\dagger \phi^{(2)}(\rho)}{\rho} = \dfrac{2}{3\sqrt{3}}\left(1 - \dfrac{2}{3}\rho + \dfrac{2}{27}\rho^2\right)\exp\left(-\dfrac{\rho}{3}\right)$

このように，$\hat{b}^\dagger$ は k についての上昇演算子にもなっている．

6.6 スピン角運動量

量子力学では，軌道角運動量とは別に，粒子の内部自由度に起因する角運動量も存在し[*35]，粒子が静止している座標系でも 0 でない値を持ちうる．これを**スピン角運動量**，略して**スピン** (spin) という．1925 年に，ウーレンベック (Uhlenbeck) とハウトスミット (Gaudsmit) が Na の D 線 2 重項を説明するために，電子の「自転」に相当する角運動量（$\pm \hbar/2$ の 2 つの値のみをとる）の存在を導入（仮定）したのが最初である[*36]．このスピン角運動量には古典的描像や古典的対応量は存在しないため，その演算子を位置座標と運動量とで書き表すことはできない．よって，対応原理に基づいた量子化はできない．

6.6.1 スピン角運動量演算子

スピン角運動量演算子を $\hat{\boldsymbol{s}} = (\hat{s}_x, \hat{s}_y, \hat{s}_z)$ と記すと，これらは，軌道角運動量と同様に交換関係

$$[\hat{s}_x, \hat{s}_y] = i\hbar \hat{s}_z, \quad [\hat{s}_y, \hat{s}_z] = i\hbar \hat{s}_x, \quad [\hat{s}_z, \hat{s}_x] = i\hbar \hat{s}_y \tag{6.143}$$

[*35] 相対論的量子力学を用いればスピン角運動量の存在を論理的に示すことができるが，ここではスピン角運動量の存在を天下りに仮定する．

[*36] しかし，電子の「自転」を古典的自転だと考えると，自転の回転速度は $v \sim c/\alpha \sim 137c$ となり，光速よりも大きくなってしまうので，スピン角運動量には量子力学的考察が不可欠である．歴史的にも，軌道角運動量以外の角運動量が存在することの発見の過程は，試行錯誤の連続であった．このいきさつは，参考文献 [47] に詳しい．

解説 6.27 水素原子の基底状態の不確定性関係による見積もり

基底状態の水素原子について，その大きさと（原子核と電子の相対運動の）全エネルギーを概算してみる．水素原子における電子の位置の不確定さは，電子の波動関数の広がり程度であるから水素原子の大きさに他ならない．そこで，基底状態にある水素原子の大きさ（直径）を $2a$ 程度だとしよう．すると，ある方向（x 方向）の運動量の大きさは $p_x \sim \hbar/(4a)$ 程度であるから，電子の運動エネルギーの大きさは，$|\boldsymbol{p}|^2/2\mu \sim 3[\hbar/(4a)]^2/(2\mu)$ 程度となる．係数の 3 は，3 次元中の 3 方向の運動からの寄与である．ポテンシャルエネルギーは，$-e^2/(4\pi\epsilon_0 a)$ であるから，電子の全エネルギーを a の関数として評価すると

$$E(a) \sim \frac{3\hbar^2}{32\mu a^2} - \frac{e^2}{4\pi\epsilon_0 a} \tag{6.144}$$

となる．基底状態ではエネルギーが最小であるから，(6.144) が最小となるような a とエネルギーは，$dE(a)/da = 0$ より，$a \sim a_0 \equiv 3\pi\epsilon_0\hbar^2/(4\mu e^2)$，$\min E \sim E(a = a_0) = -\mu e^4/(6\pi^2\epsilon_0^2\hbar^2) = -[\hbar^2/(2\mu)][\sqrt{3}/(4a_0)]^2$ となって，正確な値 $a_B = 4\pi\epsilon_0\hbar^2/(\mu e^2)$，$E_1 = -\mu e^4/(32\pi^2\epsilon_0^2\hbar^2)$ と同じ程度の値になっている．

(6.144) から分かるように，電子は a を小さくして原子核に近づくと，クーロンエネルギーが $-a^{-1}$ で下がるが，同時に，不確定性関係から運動量の不確定さが増加して運動エネルギーが a^{-2} で増加してしまう．このバランスで a の値，すなわち水素原子の大きさが決まっている．

を満たしているとする．これから，

$$[\hat{\boldsymbol{s}}^2, \hat{s}_x] = 0, \quad [\hat{\boldsymbol{s}}^2, \hat{s}_y] = 0, \quad [\hat{\boldsymbol{s}}^2, \hat{s}_z] = 0 \quad (6.145)$$

も満たしていることが分かる．さて，演算子 $\hat{\boldsymbol{s}}$ はこれらの交換関係を満たす演算子であるから，"一般化された"角運動量演算子である．よって 6.2.4 項で調べたように，$\hat{\boldsymbol{s}}^2$ と $\hat{s}_z$ の固有値はそれぞれ，$s(s+1)\hbar^2$ と $m_s\hbar$ である．ここで，軌道角運動量の方位量子数に相当する量子数 s をスピン量子数とか「スピンの大きさ」などと呼ぶが，これは粒子固有の量で，粒子の種類に応じて 0 または正の整数 ($s = 0, 1, 2, \cdots$) あるいは半奇数 ($s = 1/2, 3/2, 5/2, \cdots$) の値をとる．また，磁気量子数に相当する量子数 m_s は $m_s = -s, -s+1, \cdots, 0, \cdots, s-1, s$ である．

6.6.2　電子，陽子，中性子のスピン角運動量

相対論的量子力学によると，電子，陽子，中性子のスピン量子数は $s = 1/2$ である[37]．よって，m_s は，$m_s = +1/2$ と $-1/2$ の 2 つの値のみをとる．$m_s = 1/2, -1/2$ に対する固有状態をそれぞれ「上向きスピン」，「下向きスピン」状態といい，それぞれ，

$$\left|s = \frac{1}{2},\ m_s = +\frac{1}{2}\right\rangle = |+\rangle = |\uparrow\rangle, \quad (6.146)$$

$$\left|s = \frac{1}{2},\ m_s = -\frac{1}{2}\right\rangle = |-\rangle = |\downarrow\rangle \quad (6.147)$$

---

[37] 7.1 節の p.214 の解説 7.3 で，「スピンと統計の関係」について簡単に触れる．

解説 6.28　水素原子のエネルギーの補正

(6.113) で得られた水素原子の束縛状態のエネルギー E_n は，実験での実測値から少しずれている．その理由をいくつか列挙する．

(1) 実際の水素原子は，相対運動だけでなく重心も運動しているため，重心の運動エネルギー分だけ全エネルギーは (6.113) より上昇する．重心の運動量が $\hbar \boldsymbol{K}$ の場合，重心の運動エネルギーは $E_K = \hbar^2|\boldsymbol{K}|^2/[2(m+M)]$ である．

(2) 水素の電子の軌道角運動量とスピン角運動量との間には，スピン-軌道相互作用 $\hat{H}_{LS}$ が存在する．

(3) 相対論的補正として，電子質量は $m = m_0(1 - v^2/c^2)^{1/2}$ だけ静止質量 m_0 から変化する．水素原子の基底状態では $v/c \simeq 1/137$ 程度であるので，精密な測定ではこの補正も考慮する必要がある．

(4) 水素の原子核である陽子には同位体が存在する．自然界には，(通常の) 水素 ^{1}H は 99.985%，重水素 ^{2}H は 0.015% 程度存在する．

と書く．このスピン状態は，2成分列ベクトルで表示することもできる．つまり，それぞれの固有値 $m_s = +1/2, -1/2$ に属する $\hat{s}^2$ と $\hat{s}_z$ との同時固有関数を，$\alpha \equiv \begin{bmatrix} 1 \\ 0 \end{bmatrix}, \beta \equiv \begin{bmatrix} 0 \\ 1 \end{bmatrix}$ で表すことができる．この2つの基底ベクトルは完全系をなしているので，一般のスピン状態 χ は，$\chi = C_\alpha \alpha + C_\beta \beta = \begin{bmatrix} C_\alpha \\ C_\beta \end{bmatrix}$ と表される．展開係数 C_α と C_β は一般には複素数で，規格化条件 $|C_\alpha|^2 + |C_\beta|^2 = 1$ を満たさなければならない．この χ を（非相対論的）**スピノル** (spinor) という．スピン角運動量はスピノル空間に作用する演算子であるといえる．スピノル空間に作用する演算子は 2×2 行列であり，物理量として意味を持つためにエルミート行列でなければならないから，基底 α, β の下でのスピン演算子の行列は，独立なものとして

$$\mathbf{I} = \begin{bmatrix} 1 & 0 \\ 0 & 1 \end{bmatrix}, \quad \sigma_x = \begin{bmatrix} 0 & 1 \\ 1 & 0 \end{bmatrix}, \quad \sigma_y = \begin{bmatrix} 0 & -i \\ i & 0 \end{bmatrix}, \quad \sigma_z = \begin{bmatrix} 1 & 0 \\ 0 & -1 \end{bmatrix}$$
(6.148)

を選ぶことができる[*38]．3つの行列 σ_μ は，**パウリ行列** (Pauli matrices) と呼ばれる[*39]．これを用いると，スピン角運動量演算子 $\hat{\boldsymbol{s}} = (\hat{s}_x, \hat{s}_y, \hat{s}_z)$ は，$\mu = x, y, z$ として

[*38]すなわち，任意の 2×2 行列は，パウリ行列 $\boldsymbol{\sigma}$ と単位行列 $\mathbf{I}$ だけで表すことができる．

[*39]パウリ行列は，エルミートでありユニタリーでもある．

解説 6.29　スピン角運動量と回転操作

スピン角運動量演算子 $\hat{\boldsymbol{s}}$ も，微小回転の生成子である．$\boldsymbol{n}$ 軸のまわりの角度 ϑ の回転は，$\hat{U}_{\boldsymbol{n}}(\vartheta) = \exp[-(i/\hbar)\vartheta \boldsymbol{n} \cdot \hat{\boldsymbol{s}}] = \exp[-(i/2)\vartheta \boldsymbol{n} \cdot \boldsymbol{\sigma}]$ で表されることを示そう．$\boldsymbol{n}$ を $\boldsymbol{n}^2 = 1$ を満たすベクトルとして z 軸方向を選ぶと，z 軸のまわりの角度 ϑ の回転は，

$$\hat{U}_z(\vartheta) = \exp[-(i/2)\vartheta \sigma_z] = \hat{1}\cos(\vartheta/2) - i\sigma_z \sin(\vartheta/2)$$

となるから，

$$\hat{U}_z(\vartheta) \begin{bmatrix} \hat{s}_x \\ \hat{s}_y \\ \hat{s}_z \end{bmatrix} \hat{U}_z^{-1}(\vartheta) = \begin{bmatrix} \hat{s}_x \cos\vartheta + \hat{s}_y \sin\vartheta \\ -\hat{s}_x \sin\vartheta + \hat{s}_y \cos\vartheta \\ \hat{s}_z \end{bmatrix} \quad (6.149)$$

となり，たしかにスピン角運動量 $\hat{\boldsymbol{s}}$ を z 軸の回りに角度 ϑ だけ回転している．このとき，スピン状態（スピノル）χ は，

$$\hat{U}_z(\vartheta)\chi = \hat{U}_z(\vartheta) \begin{bmatrix} C_\alpha \\ C_\beta \end{bmatrix} = \begin{bmatrix} C_\alpha \exp(-i\vartheta/2) \\ C_\beta \exp(+i\vartheta/2) \end{bmatrix} \quad (6.150)$$

となる．角度 $\vartheta = 2\pi$ のとき，物理量は $\vartheta = 0$ での値に戻って一致しなければならないが，これは (6.149) では成り立っている．しかし，スピン状態（スピノル）χ は，(6.150) によると -1 倍になる．これが**スピノルの二価性**（4π 周期性）と呼ばれる性質である．

$$\hat{s}_\mu = \frac{\hbar}{2}\sigma_\mu \qquad (6.151)$$

と表すことができる．パウリ行列は，以下のような関係式を満たしている．

$$\sigma_x^2 = \sigma_y^2 = \sigma_z^2 = \mathbf{I}, \qquad (6.152)$$

$$\sigma_x\sigma_y = i\sigma_z, \quad \sigma_y\sigma_z = i\sigma_x, \quad \sigma_z\sigma_x = i\sigma_y, \qquad (6.153)$$

$$[\sigma_x, \sigma_y] = 2i\sigma_z, \quad [\sigma_y, \sigma_z] = 2i\sigma_x, \quad [\sigma_z, \sigma_x] = 2i\sigma_y, \qquad (6.154)$$

$$\{\sigma_x, \sigma_y\} = 0, \quad \{\sigma_y, \sigma_z\} = 0, \quad \{\sigma_z, \sigma_x\} = 0 \qquad (6.155)$$

ここで，$\{\hat{A}, \hat{B}\} \equiv \hat{A}\hat{B} + \hat{B}\hat{A}$ である．$\{~,~\}$ を**反交換子** (anticommutator) という．

6.7 角運動量の合成

軌道角運動量とスピン角運動量との間に働く相互作用は**スピン軌道相互作用** (spin-orbit interaction) と呼ばれ，その相互作用ハミルトニアンは $\hat{H}_{\text{so}} = \xi \hat{\boldsymbol{L}} \cdot \hat{\boldsymbol{s}}$ となり，$\hat{\boldsymbol{L}}$ と $\hat{\boldsymbol{s}}$ との内積に比例する．係数 ξ はディラックの相対論的量子力学によって決まる．スピン軌道相互作用があると，$\hat{\boldsymbol{L}}$ と $\hat{\boldsymbol{s}}$ に関する量子数 m と m_s は，もはや状態を規定する良い量子数ではなくなる．$\hat{H}_{\text{so}}$ は $\hat{L}_z$ や $\hat{s}_z$ とは非可換であるが，**全角運動量** $\hat{\boldsymbol{J}} \equiv \hat{\boldsymbol{L}} + \hat{\boldsymbol{s}}$ の $\hat{\boldsymbol{J}}^2$ や $\hat{J}_z$ とは可換であるので，全角運動量 $\hat{\boldsymbol{J}}$ に関する量子数 j, m_j が状態を規定する[*40]．

[*40] 全角運動量演算子 $\hat{\boldsymbol{J}}$ も，同様の交換関係 $[\hat{J}_x, \hat{J}_y] = i\hat{J}_z$, $[\hat{J}_y, \hat{J}_z] = i\hat{J}_x$, $[\hat{J}_z, \hat{J}_x] = i\hat{J}_y$ と $[\hat{\boldsymbol{J}}^2, \hat{J}_x] = 0$, $[\hat{\boldsymbol{J}}^2, \hat{J}_y] = 0$, $[\hat{\boldsymbol{J}}^2, \hat{J}_z] = 0$ を満たしている．6.2.4 項での "一般化された" 角運動量演算子と記号が重複しているが，混乱しないように．

解説 6.30　$\hat{s}_z$ と $\hat{\boldsymbol{s}}^2$ の行列表示と対角化

基底として (6.146) と (6.147) を用いて，スピン角運動量演算子の z 成分 $\hat{s}_z$ を行列表示すると，

$$\hat{s}_z = \begin{bmatrix} \langle +|\hat{s}_z|+\rangle & \langle +|\hat{s}_z|-\rangle \\ \langle -|\hat{s}_z|+\rangle & \langle -|\hat{s}_z|-\rangle \end{bmatrix} = \frac{\hbar}{2}\begin{bmatrix} 1 & 0 \\ 0 & -1 \end{bmatrix} = \frac{\hbar}{2}\sigma_z$$

となる．スピン角運動量の 2 乗の演算子 $\hat{\boldsymbol{s}}^2$ については，

$$\hat{\boldsymbol{s}}^2 = \left(\frac{\hbar}{2}\right)^2 (\sigma_x^2 + \sigma_y^2 + \sigma_z^2) = \frac{3\hbar^2}{4}\begin{bmatrix} 1 & 0 \\ 0 & 1 \end{bmatrix}$$

となり，いずれも対角行列となっている．対角行列になるのは，$\hat{s}_z$ と $\hat{\boldsymbol{s}}^2$ のみである．すなわち，α と β は $\hat{s}_z$ と $\hat{\boldsymbol{s}}^2$ を同時に対角化する基底であり，これは，$\hat{s}_z$ と $\hat{\boldsymbol{s}}^2$ の同時固有状態を見出すことに他ならない．演算子 $\hat{\boldsymbol{s}}^2$ の固有値 $3\hbar^2/4$ は，$s(s+1)\hbar^2$ に $s = 1/2$ を代入した $(1/2)(1/2+1)\hbar^2$ に一致している．

つまり，スピン軌道相互作用があるときは，系の全角運動量 $\boldsymbol{L}+\boldsymbol{s}$ が保存量となり，$\boldsymbol{L}$ と $\boldsymbol{s}$ とは別々には保存しなくなる．

中心力ポテンシャル場の中に複数の粒子（たとえば電子）が存在するときは，個々の電子の角運動量が保存されるのではなく，すべての電子にわたっての全角運動量が保存される．全角運動量の固有値・固有状態が，個々の粒子の角運動量の固有値・固有状態によって，どのように表されるだろうか．これが，角運動量の合成の問題である．

6.7.1 合成された角運動量の量子数

ここでは，一般の 2 つの角運動量の合成について考えよう．それぞれの角運動量を $\hat{\boldsymbol{J}}_1, \hat{\boldsymbol{J}}_2$ とする．i 番目の角運動量の大きさが $\sqrt{j_i(j_i+1)}$ のとき，$\hat{J}_i^2$ と $\hat{J}_{iz}$ の同時固有状態を $|j_i, m_i\rangle$ と書く．ここで，$m_i = -j_i, \cdots, j_i$ である．j_1 と j_2 はしばらく固定しておく．和の演算子 $\hat{\boldsymbol{J}} \equiv \hat{\boldsymbol{J}}_1 + \hat{\boldsymbol{J}}_2$ は，それぞれの固有状態に

$$\hat{\boldsymbol{J}}|j_1, m_1\rangle|j_2, m_2\rangle = \{\hat{\boldsymbol{J}}_1|j_1, m_1\rangle\}|j_2, m_2\rangle + |j_1, m_1\rangle\{\hat{\boldsymbol{J}}_2|j_2, m_2\rangle\} \tag{6.156}$$

と作用するから[*41]，個々の角運動量演算子と同じ交換関係が成り立ってい

[*41] 和の演算子 $\hat{\boldsymbol{J}} \equiv \hat{\boldsymbol{J}}_1 + \hat{\boldsymbol{J}}_2$ の $\hat{\boldsymbol{J}}_1$ と $\hat{\boldsymbol{J}}_2$ は，それぞれ異なったヒルベルト空間の状態ベクトルに作用する．よって正確には，$\hat{\boldsymbol{J}} \equiv \hat{\boldsymbol{J}}_1 \otimes \hat{\boldsymbol{1}}_2 + \hat{\boldsymbol{1}}_1 \otimes \hat{\boldsymbol{J}}_2$ と書くべきである．$\hat{\boldsymbol{1}}_i$ は単位演算子である．

解説 6.31　電子の磁気モーメント

(6.165) にも示すように，電子の軌道角運動量に伴う**磁気モーメント** $\hat{\boldsymbol{\mu}}_l$ は，

$$\hat{\boldsymbol{\mu}}_l = -\frac{g_l \mu_B}{\hbar}\hat{\boldsymbol{L}} = \frac{e}{2m}\hat{\boldsymbol{L}},$$

であり，電子のスピン角運動量に伴う磁気モーメント $\hat{\boldsymbol{\mu}}_s$ は，

$$\hat{\boldsymbol{\mu}}_s = -\frac{g_s \mu_B}{\hbar}\hat{\boldsymbol{s}} \simeq \frac{e}{m}\hat{\boldsymbol{s}}$$

で与えられる．ここで，$\mu_B \equiv |e|\hbar/(2m) = 9.27 \times 10^{-24}$ A·m² は**ボーア磁子** (Bohr magneton) と呼ばれる量で，電子の磁気モーメントの量子化の単位である．また，$g_l = 1$ は軌道角運動量の **g 因子** (g-factor)，g_s はスピン g 因子と呼ばれ，$g_s = 2.002319 \simeq 2$ である．ディラックの相対論的量子力学によると，g_s の 2 からのずれは真空の揺らぎに起因し，近似的に

$$g_s = 2\left(1 + \frac{\alpha}{2\pi} - 0.327\frac{\alpha^2}{\pi^2} + \cdots\right)$$

で与えられる．ここで，$\alpha \equiv e^2/(4\pi\epsilon_0\hbar c) = 1/137.0359895 \simeq 1/137$ は**微細構造定数** (fine structure constant) である．

る．また，$\hat{\boldsymbol{J}}^2 = \hat{\boldsymbol{J}}_1^2 + \hat{\boldsymbol{J}}_2^2 + 2\hat{\boldsymbol{J}}_1 \cdot \hat{\boldsymbol{J}}_2$ であるから，$[\hat{\boldsymbol{J}}_1^2, \hat{J}_z] = [\hat{\boldsymbol{J}}_2^2, \hat{J}_z] = [\hat{\boldsymbol{J}}_1^2, \hat{\boldsymbol{J}}^2] = [\hat{\boldsymbol{J}}_2^2, \hat{\boldsymbol{J}}^2] = 0$ なので，$\hat{\boldsymbol{J}}_1^2, \hat{\boldsymbol{J}}_2^2, \hat{\boldsymbol{J}}^2, \hat{J}_z$ の同時固有状態が存在する．この状態を $|j_1, j_2; j, m\rangle\!\rangle$ と表す．なお，固有状態 $|j_1, m_1\rangle$ と $|j_2, m_2\rangle$ から，$(2j_1+1)(2j_2+1)$ 個の状態

$$|j_1, j_2; m_1, m_2\rangle \equiv |j_1, m_1\rangle|j_2, m_2\rangle \tag{6.157}$$

を作ることができるが，これは一般には $\hat{\boldsymbol{J}}^2$ と $\hat{J}_z$ の同時固有状態になっていない．同時固有状態 $|j_1, j_2; j, m\rangle\!\rangle$ は

$$\hat{\boldsymbol{J}}^2|j_1, j_2; j, m\rangle\!\rangle = j(j+1)|j_1, j_2; j, m\rangle\!\rangle, \tag{6.158}$$

$$\hat{J}_z|j_1, j_2; j, m\rangle\!\rangle = m|j_1, j_2; j, m\rangle\!\rangle, \tag{6.159}$$

$$\hat{J}^{(+)}|j_1, j_2; j, m\rangle\!\rangle = \sqrt{(j-m)(j+m+1)}\,|j_1, j_2; j, m+1\rangle\!\rangle, \tag{6.160}$$

$$\hat{J}^{(-)}|j_1, j_2; j, m\rangle\!\rangle = \sqrt{(j+m)(j-m+1)}\,|j_1, j_2; j, m-1\rangle\!\rangle \tag{6.161}$$

を満たしている．ここで $\hat{J}^{(+)} \equiv \hat{J}_1^{(+)} + \hat{J}_2^{(+)}$，$\hat{J}^{(-)} \equiv \hat{J}_1^{(-)} + \hat{J}_2^{(-)}$ である．同時固有状態 $|j_1, j_2; j, m\rangle\!\rangle$ は $\hat{\boldsymbol{J}}_1^2$ と $\hat{\boldsymbol{J}}_2^2$ の固有状態でもあるから，(6.157) の $|j_1, j_2; m_1, m_2\rangle$ を用いて，

$$|j_1, j_2; j, m\rangle\!\rangle = \sum_{m_1=-j_1}^{j_1} \sum_{m_2=-j_2}^{j_2} |j_1, j_2; m_1, m_2\rangle \langle j_1, j_2; m_1, m_2 | j_1, j_2; j, m\rangle\!\rangle \tag{6.162}$$

と展開できる．この展開係数 $\langle j_1, j_2; m_1, m_2 | j_1, j_2; j, m\rangle\!\rangle$ をクレプシュ-ゴルダン (Clebsch-Gordan) 係数という．

解説 6.32 電子のスピン軌道相互作用

古典的に考えてみよう．電子は，原子核の作る静電ポテンシャル $V(\boldsymbol{r})$ による電場 $\boldsymbol{E} = -(1/e)\boldsymbol{\nabla}V(\boldsymbol{r})$ を感じている．また，電子が速度 $\boldsymbol{v}$ で原子核のまわりを周回しているとすると，有効磁場 $\boldsymbol{B}_{\text{eff}} = -(\boldsymbol{v}/c) \times \boldsymbol{E}$ も感じていることになる．よって，この有効磁場と電子のスピン磁気モーメント $\hat{\boldsymbol{\mu}}_s$ とが結合して $\hat{H}_{\text{so}} = -\hat{\boldsymbol{\mu}}_s \cdot \boldsymbol{B}_{\text{eff}} = (m^2c^2r)^{-1}(\hat{\boldsymbol{L}} \cdot \hat{\boldsymbol{s}})dV(r)/dr$ という形の相互作用が生じる．定性的にはこれで正しい．しかし正確には，大きさはこの半分で

$$\hat{H}_{\text{so}} = \frac{1}{2m^2c^2} \frac{1}{r} \frac{dV(r)}{dr} \hat{\boldsymbol{L}} \cdot \hat{\boldsymbol{s}}$$

がスピン軌道相互作用のハミルトニアンである．正しく導出するには，ディラックの相対論的量子力学が必要である．

j_1 と j_2 を固定したとき, j と m がどのような値をとるかを調べよう. (6.162) の両辺に左から $\hat{J}_z$ を作用すると,

$$\hat{J}_z |j_1, j_2; j, m\rangle\!\rangle = \sum_{m_1=-j_1}^{j_1} \sum_{m_2=-j_2}^{j_2} (\hat{J}_{1z} + \hat{J}_{2z}) |j_1, j_2; m_1, m_2\rangle \\ \times \langle j_1, j_2; m_1, m_2 | j_1, j_2; j, m\rangle\!\rangle \tag{6.163}$$

となり, 各辺を計算すると,

$$\sum_{m_1=-j_1}^{j_1} \sum_{m_2=-j_2}^{j_2} [m - (m_1 + m_2)] |j_1, j_2; m_1, m_2\rangle \langle j_1, j_2; m_1, m_2 | j_1, j_2; j, m\rangle\!\rangle \\ = 0 \tag{6.164}$$

が成り立たねばならないことがわかる. すべての $|j_1, j_2; m_1, m_2\rangle$ は互いに直交し, 一次独立であるから, $m \neq m_1 + m_2$ のときは $\langle j_1, j_2; m_1, m_2 | j_1, j_2; j, m\rangle\!\rangle = 0$ となり, $\langle j_1, j_2; m_1, m_2 | j_1, j_2; j, m\rangle\!\rangle \neq 0$ のときは $m = m_1 + m_2$ となる. よって今の場合は, $m = m_1 + m_2$ であることになる.

$j_1 \geq j_2$ としても一般性を失わない. m_2 の値を固定して, $m = m_1 + m_2$ を横に書き並べると, 次の表 6.1 のように表せる[*42].

[*42] m_1 と m_2 のとりうる値は, それぞれ, $-j_1, -j_1+1, \cdots, j_1-1, j_1$ と $-j_2, -j_2+1, \cdots, j_2-1, j_2$ である. なお, 表の中の数値 $m = m_1 + m_2$ が等しくても, 表の異なる場所に対応する状態は互いに直交している.

解説 6.33 水素原子のゼーマン効果

z 軸方向の一様な磁場 $\boldsymbol{B}$ 中の水素原子を考える. ベクトルポテンシャル $\boldsymbol{A} = (\boldsymbol{B} \times \boldsymbol{r})/2$ が存在する系のハミルトニアンは (7.26) で与えられる. クーロンゲージ $\boldsymbol{\nabla} \cdot \boldsymbol{A}(\boldsymbol{r}) = 0$ をとり, 1 電子系では重要でない $\boldsymbol{A}^2$ の項 ($\boldsymbol{A}^2 = |\boldsymbol{B}|^2(x^2+y^2)/4$) を無視して磁場の大きさ $|\boldsymbol{B}|$ に比例する項だけ残すと,

$$\hat{H} - \frac{\hat{\boldsymbol{p}}^2}{2m_e} + V(\boldsymbol{r}) - \frac{e}{2m_e}|\boldsymbol{B}|\hat{L}_z \tag{6.165}$$

となる. ここでは電子質量を m_e と書いた. 最後の項が軌道角運動量によるゼーマン (**Zeeman**) 相互作用項 $-\hat{\boldsymbol{\mu}}_l \cdot \boldsymbol{B}$ である. さらに, 磁場 $\boldsymbol{B}$ とスピン磁気モーメントとの相互作用 $-\hat{\boldsymbol{\mu}}_s \cdot \boldsymbol{B} = (g_s \mu_B/\hbar)\hat{\boldsymbol{s}} \cdot \boldsymbol{B} \simeq -[e/(m_e c)]|\boldsymbol{B}|\hat{s}_z$ をも付け加えると, ゼーマン相互作用ハミルトニアンは,

$$\hat{H}_{\text{Zeeman}} = \frac{\mu_B}{\hbar}|\boldsymbol{B}|\left(g_l \hat{L}_z + g_s \hat{s}_z\right) \simeq -\frac{e}{2m_e}|\boldsymbol{B}|\left(\hat{L}_z + 2\hat{s}_z\right)$$

となる. これを無摂動系 $\hat{\boldsymbol{p}}^2/(2m_e) + V(\boldsymbol{r}) + \hat{H}_{\text{so}}$ に対する摂動として取り扱うと, $j = l \pm 1/2$ の電子の状態のエネルギーのずれの 1 次補正は,

$$E^{(1)} = \mu_B |\boldsymbol{B}| m \left(1 \pm \frac{1}{2l+1}\right) = -\frac{e|\boldsymbol{B}|}{2m_e} m\hbar \left(1 \pm \frac{1}{2l+1}\right) \tag{6.166}$$

となって m に比例する. 磁場と電子との相互作用によってエネルギーがずれることを**ゼーマン効果**といい, (6.166) を**ランデ** (**Landé**) **の公式**という.

6.7 角運動量の合成

表 6.1

	$m_1 = j_1$	$j_1 - 1$	$\cdots$	$-j_1 + 1$	$-j_1$
$m_2 = j_2$	$j_1 + j_2$	$j_1 + j_2 - 1$	$\cdots$	$-j_1 + j_2 + 1$	$-j_1 + j_2$
$m_2 = j_2 - 1$	$j_1 + j_2 - 1$	$j_1 + j_2 - 2$	$\cdots$	$-j_1 + j_2$	$-j_1 + j_2 - 1$
$\vdots$	$\vdots$	$\vdots$		$\vdots$	$\vdots$
$m_2 = -j_2 + 1$	$j_1 - j_2 + 1$	$j_1 - j_2$	$\cdots$	$-j_1 - j_2 + 2$	$-j_1 - j_2 + 1$
$m_2 = -j_2$	$j_1 - j_2$	$j_1 - j_2 - 1$	$\cdots$	$-j_1 - j_2 + 1$	$-j_1 - j_2$

この $(2j_1 + 1)(2j_2 + 1)$ 個の $m = m_1 + m_2$ の値を，次のように分類する（表 6.2 も参照）．

(i) $m = -j_1 - j_2, -j_1 - j_2 + 1, \cdots, j_1 + j_2 - 1, j_1 + j_2$ の $2j_1 + 2j_2 + 1$ 個．これは $j = j_1 + j_2$ の状態に相当する．

(ii) $m = -j_1 - j_2 + 1, -j_1 - j_2 + 2, \cdots, j_1 + j_2 - 2, j_1 + j_2 - 1$ の $2j_1 + 2j_2 - 1$ 個．これは $j = j_1 + j_2 - 1$ の状態に相当する．

以下同様に考えて，

(iii) $m = -j_1 + j_2 - 1, -j_1 + j_2, \cdots, j_1 - j_2, j_1 - j_2 + 1$ の $2j_1 - 2j_2 + 3$ 個．これは $j = j_1 - j_2 + 1$ の状態に相当する．

(iv) $m = -j_1 + j_2, -j_1 + j_2 + 1, \cdots, j_1 - j_2 - 1, j_1 - j_2$ の $2j_1 - 2j_2 + 1$ 個．これは $j = j_1 - j_2$ の状態に相当する．

このように考えると，任意の j_1 と j_2 において，合成された j のとり得る値は，

表 6.2 角運動量の合成における $m = m_1 + m_2$ の値の分類．カギ形の枠で囲んだ m の値の組合せを取り出す．

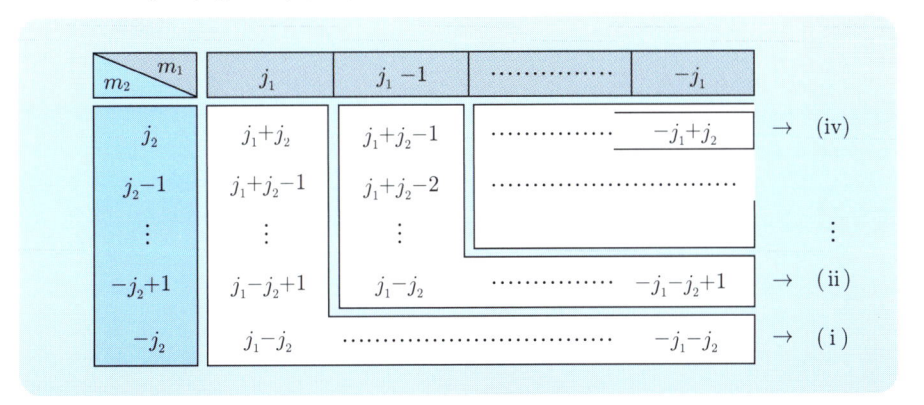

	m_1	j_1	$j_1 - 1$	$\cdots\cdots\cdots$	$-j_1$	
m_2						
j_2		$j_1 + j_2$	$j_1 + j_2 - 1$	$\cdots\cdots\cdots$	$-j_1 + j_2$	$\to$ (iv)
$j_2 - 1$		$j_1 + j_2 - 1$	$j_1 + j_2 - 2$	$\cdots\cdots\cdots$		
$\vdots$		$\vdots$	$\vdots$			$\vdots$
$-j_2 + 1$		$j_1 - j_2 + 1$	$j_1 - j_2$	$\cdots\cdots\cdots$	$-j_1 - j_2 + 1$	$\to$ (ii)
$-j_2$		$j_1 - j_2$	$\cdots\cdots\cdots\cdots\cdots$		$-j_1 - j_2$	$\to$ (i)

$$j = |j_1 - j_2|, |j_1 - j_2| + 1, \cdots, j_1 + j_2 - 1, j_1 + j_2 \qquad (6.167)$$

となる．それぞれのjに対して，mで分類される$2j+1$個の状態がある．なお，$|j_1, j_2; m_1, m_2\rangle$ から $|j_1, j_2; j, m\rangle\!\rangle$ を構成する手順は本書では触れない[*43]．

6.7.2　2つの電子のスピン角運動量の合成

電子のスピン角運動量は $m_s = \pm 1/2$ の2つの値しかとらないので，もっとも単純である．そこで，2つの電子のスピン角運動量の合成を考えてみよう．$j_1 = 1/2, m_1 = \pm 1/2$ および $j_2 = 1/2, m_2 = \pm 1/2$ であるから，$\hat{s}_z = \hat{s}_{1z} + \hat{s}_{2z}$ の固有値 $m = m_1 + m_2$ は，表6.3のようになる．

表 6.3

	$m_1 = +1/2$	$m_1 = -1/2$
$m_2 = +1/2$	+1	0
$m_2 = -1/2$	0	−1

この4つの状態のうち，$m = -1, 0, 1$ が $j = 1$ 状態に，$m = 0$ が $j = 0$ 状態に相当する（表6.4参照）．

[*43] スピン軌道相互作用が小さい場合の多電子系の波動関数は，**LS結合**という手順で構成される．他方，スピン軌道相互作用が強い場合は，**jj結合**と呼ばれる組み立て方で波動関数が記述される．

表 6.4　2つの電子のスピン角運動量の合成における $m = m_1 + m_2$ の値の分類．

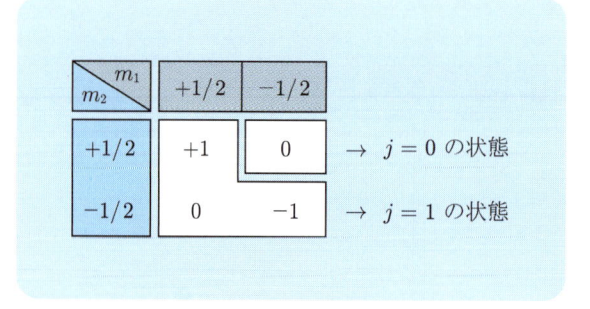

$m_2 \diagdown m_1$	+1/2	−1/2	
+1/2	+1	0	→ $j = 0$ の状態
−1/2	0	−1	→ $j = 1$ の状態

▷ $j=1$ の状態：スピン三重項状態　まず，$j=1$ の 3 つの状態を調べよう．

(i)　m が最大の時 ($m=1$) の固有状態 $|1/2,1/2;1,1\rangle\!\rangle$ は，$m_1=m_2=1/2$ とすればよいから，

$$\left|\frac{1}{2},\frac{1}{2};1,1\right\rangle\!\!\right\rangle = \left|\frac{1}{2},\frac{1}{2};m_1=\frac{1}{2},m_2=\frac{1}{2}\right\rangle \equiv |+,+\rangle. \tag{6.168}$$

(ii)　次に，$m=0$ の固有状態 $|1/2,1/2;1,0\rangle\!\rangle$ は，(6.168) に左から $\hat{s}^{(-)}$ を作用させて m の値を 1 だけ小さくすると得られるから，

$$\hat{s}^{(-)}\left|\frac{1}{2},\frac{1}{2};1,1\right\rangle\!\!\right\rangle = \sqrt{(1+1)(1-1+1)}\left|\frac{1}{2},\frac{1}{2};1,0\right\rangle\!\!\right\rangle = \sqrt{2}\left|\frac{1}{2},\frac{1}{2};1,0\right\rangle\!\!\right\rangle \tag{6.169}$$

である．他方，$\hat{s}^{(-)} = \hat{s}_1^{(-)} + \hat{s}_2^{(-)}$ として，それぞれの電子の状態に作用させると，

$$\begin{aligned}\hat{s}^{(-)}\left|\frac{1}{2},\frac{1}{2};1,1\right\rangle\!\!\right\rangle &= \left(\hat{s}_1^{(-)} + \hat{s}_2^{(-)}\right)|+,+\rangle \\ &= \hat{s}_1^{(-)}|+,+\rangle + \hat{s}_2^{(-)}|+,+\rangle \\ &= |-,+\rangle + |+,-\rangle\end{aligned} \tag{6.170}$$

となる．よって，(6.169) と (6.170) より

$$\left|\frac{1}{2},\frac{1}{2};1,0\right\rangle\!\!\right\rangle = \frac{1}{\sqrt{2}}\left[|+,-\rangle + |-,+\rangle\right]. \tag{6.171}$$

解説 6.34　2 つの電子のスピン軌道関数の対称性について

中心力ポテンシャル場での電子は，スピン角運動量だけでなく軌道角運動量も持つので，波動関数は，動径分布と軌道角運動量の情報を表す**軌道関数** $\phi_\nu(\boldsymbol{r})$ とスピン角運動量状態を指定する**スピン状態関数** $\chi(\sigma)$ の積 $\phi_\nu(\boldsymbol{r})\chi(\sigma)$ で表現される．これを**スピン軌道関数**という．軌道関数 $\phi_\nu(\boldsymbol{r})$ は，水素原子と同様に 3 つの量子数 $\nu=(n,l,m)$ で指定され，電子には $\alpha(\sigma)$ と $\beta(\sigma)$ の 2 つのスピン状態関数がある（6.6.2 項参照）．

2 つの電子のスピン状態関数は，スピン同士は独立だとすると，両方の電子のスピン状態関数の積 $\alpha(\sigma_1)\alpha(\sigma_2)$，$\beta(\sigma_1)\beta(\sigma_2)$，$\alpha(\sigma_1)\beta(\sigma_2)$，$\beta(\sigma_1)\alpha(\sigma_2)$ の 4 種類がある．6.7.2 項で示したように，2 つの電子のスピン角運動量を合成すると，これらの 4 つのスピン状態関数の 1 次結合として，対称のもの ($\alpha(\sigma_1)\alpha(\sigma_2)$，$\beta(\sigma_1)\beta(\sigma_2)$，$\alpha(\sigma_1)\beta(\sigma_2)+\beta(\sigma_1)\alpha(\sigma_2)$) と反対称のもの ($\alpha(\sigma_1)\beta(\sigma_2)-\beta(\sigma_1)\alpha(\sigma_2)$) が得られ，前者がスピン三重項状態，後者がスピン一重項状態である．

7.1 節で述べるように，2 つの電子の全波動関数は，電子の入れ替えに対して常に反対称でなければならない．よって，軌道が異なる場合 ($\nu \neq \nu'$)，スピン状態関数が対称のスピン三重項状態では，軌道関数は必ず反対称でなければならないから，$\phi_\nu(\boldsymbol{r}_1)\phi_{\nu'}(\boldsymbol{r}_2) - \phi_{\nu'}(\boldsymbol{r}_1)\phi_\nu(\boldsymbol{r}_2)$ の形にならざるを得ないし，スピン一重項状態では，軌道関数は必ず対称でなければならないから，$\phi_\nu(\boldsymbol{r}_1)\phi_{\nu'}(\boldsymbol{r}_2) + \phi_{\nu'}(\boldsymbol{r}_1)\phi_\nu(\boldsymbol{r}_2)$ の形にならざるを得ない．軌道が同じ場合 ($\nu = \nu'$) は特別で，軌道関数は対称の形 $\phi_\nu(\boldsymbol{r}_1)\phi_\nu(\boldsymbol{r}_2)$ になるので，スピンは反対称のスピン一重項状態しかとることができない．

(iii) また，$m=-1$ の固有状態 $|1/2,1/2;1,-1\rangle\!\rangle$ は，(6.171) に $\hat{s}^{(-)}$ をさらに作用させた式 $\hat{s}^{(-)}|1/2,1/2;1,0\rangle\!\rangle = \sqrt{2}|1/2,1/2;1,-1\rangle\!\rangle$ と

$$\begin{aligned}\hat{s}^{(-)}\left|\frac{1}{2},\frac{1}{2};1,0\right\rangle\!\rangle &= \left(\hat{s}_1^{(-)}+\hat{s}_2^{(-)}\right)\frac{1}{\sqrt{2}}\left[|-,+\rangle+|+,-\rangle\right] \\ &= \frac{1}{\sqrt{2}}\left[\hat{s}_1^{(-)}|+,-\rangle+\hat{s}_2^{(-)}|-,+\rangle\right] \\ &= \frac{1}{\sqrt{2}}\left[|-,-\rangle+|-,-\rangle\right] \end{aligned} \quad (6.172)$$

を用いて，

$$\left|\frac{1}{2},\frac{1}{2};1,-1\right\rangle\!\rangle = |-,-\rangle. \quad (6.173)$$

であることが分かる．

以上の $j=1$ の 3 つの状態 $|1/2,1/2;1,1\rangle\!\rangle$, $|1/2,1/2;1,0\rangle\!\rangle$, $|1/2,1/2;1,-1\rangle\!\rangle$ は，粒子 1 と粒子 2 の入れ替えに対して対称で，**スピン三重項状態**という．

▷ **$j=0$ の状態：スピン一重項状態**　$j=0, m=0$ の固有状態 $|1/2,1/2;0,0\rangle\!\rangle$ は，(6.171) に直交するから，

$$\left|\frac{1}{2},\frac{1}{2};0,0\right\rangle\!\rangle = \frac{1}{\sqrt{2}}\left[|+,-\rangle-|-,+\rangle\right] \quad (6.174)$$

であることがすぐに分かる．この状態は，粒子 1 と粒子 2 の入れ替えに対して反対称で，**スピン一重項状態**という．

6.8 章末問題

章末問題の略解は，サイエンス社のホームページ (http://www.saiensu.co.jp) から手に入れることができる．

(1) 水素原子の換算質量は，電子の静止質量の何倍か？
(2) $\nabla^2(1/r) = -4\pi\delta(\boldsymbol{r})$ を示せ．
(3) 軌道角運動量演算子 $\hat{L}_x, \hat{L}_y, \hat{L}_z$ の球面極座標表示 (6.31), (6.32), (6.33) を用いて，交換関係 (6.6) を満たすことを確認せよ．
(4) 角運動量の大きさが l, 角運動量の z 成分の値が $m\hbar$ で指定される固有状態について，$\hat{L}_x$ と $\hat{L}_x^2$ の期待値を求めよ．
(5) 振動数 ω の 2 次元等方的調和振動子のハミルトニアンは

$$\hat{H} = \frac{1}{2m}(\hat{p}_x^2+\hat{p}_y^2)+\frac{m\omega^2}{2}(x^2+y^2)$$

である．平面極座標 (r,φ) を用いて変数分離して，エネルギー固有値とエネルギー固有関数とを求めよ．
(6) 水素原子の基底状態において，動径座標 r のべき乗の期待値 $\langle r^n \rangle$ を求めよ．ただし，$n=-2,-1,0,1,2,\cdots$ である．また，基底状態における電子のポテンシャルエネルギーと運動エネルギーの期待値を求め，ビリアル定理が成り立っていることを確かめよ．

進んだ話題

7

　今までの章では，1つの電子を念頭に置いた量子力学を，正準量子化（対応原理）を基にした波動力学形式で解説してきた．しかし，量子力学はさらに広い対象に適用され成果を上げている．まず，多粒子系に量子力学を適用する．多粒子系では，原理的に区別できる粒子（異種粒子）とできない粒子（同種粒子）がある．同種粒子は互いに区別できず，個々の粒子に「名前」を付けることができなくなる．このために，ボーズ粒子とフェルミ粒子という量子統計性の違う2つの粒子タイプに分類される．また多粒子系では多くの粒子間の相互作用が重要で，いわゆる量子多体問題になり，近似的に解くのさえも難しくなる．電子多体問題の入り口として，もっとも基本的なハートリー-フォック (Hartree-Fock) 近似の初歩を述べる．電磁場の量子力学とそれに関連したゲージ不変性についても簡単に紹介する．さらに，正準量子化を用いない経路積分量子化法の初歩を解説する．また，実験と密接な関係がある散乱現象の基礎理論にも触れておこう．量子力学自体の進展と適用範囲の拡大は現在でも盛んなので，本書で触れることのできなかった面白い話題は他にもたくさんある．

本章の内容

7.1　ボーズ粒子とフェルミ粒子
7.2　多粒子系に対する近似法
7.3　電磁場の量子化
7.4　ゲージ不変性とゲージ原理
7.5　ベリー位相
7.6　経路積分量子化法
7.7　散乱現象の量子力学
7.8　巨視的量子現象

7.1 ボーズ粒子とフェルミ粒子

古典力学では，個々の同種粒子[*1]をそれぞれ別々に区別して名前付け[*2]し，その運動を時間的および空間的に追跡することができたが，量子力学では位置と運動量との不確定性関係のために，個々の同種粒子を別々に追跡し区別することは原理的に不可能である．つまり，量子力学では，同種粒子はまったく区別がつかない．このことから，量子力学では，同種の粒子を複数個含む系の波動関数や物理量は，ある制約（対称性）を持つ[*3]．正準量子化によって量子力学を構築する場合，まずは同種粒子に名前を付け，その位置座標と運動量を基本変数と考えた．そこで，2つの同種粒子1と2が存在する最も簡単な場合を考えよう．粒子1の座標を q_1，粒子2の座標を q_2 とする．この q_i は，i 番目の粒子の位置座標 r_i とスピンの z 方向の値の両方を指定するものとする．この2つの粒子からなる系の波動関数を $\psi(q_1, q_2)$ とする．ここで，粒子の「入れ替え」操作を行ってみる．量子力学では，同種粒子は区別できないのであるから，入れ替え操作を行う前後の2つの状態も区別できないはずで，それらは同一の状態と考えるべきである．これから何が導かれる

[*1] 2粒子以上の系では，原理的に区別できる粒子（**異種粒子**）とできない粒子（**同種粒子**）がある．たとえば，電子と中性子とは区別できる異種粒子であるが，電子同士は互いに区別できない同種粒子である．

[*2] たとえば，「質点1」，「質点2」などと．

[*3] 1粒子系では名前付けする必要がないので，この制約は生じない．

解説 7.1 多粒子系の波動関数

N 個の粒子を考え，j 番目の粒子の位置座標を r_j とすると，N 粒子系全体の状態は，波動関数 $\Psi(r_1, r_2, \cdots, r_N, t)$ で表される．個々の粒子のスピンも考慮する場合は，j 番目の粒子の位置座標 r_j に加えて，スピンの z 方向の値も引数に含める．

$|\Psi(r_1, r_2, \cdots, r_N, t)|^2 d^3r_1 d^3r_2 \cdots d^3r_N$ を，「時刻 t において，1番目の粒子が位置 r_1 付近の体積要素 d^3r_1 の中に，2番目の粒子が位置 r_2 付近の体積要素 d^3r_2 の中に，$\cdots$，j 番目の粒子が位置 r_j 付近の体積要素 d^3r_j の中に存在する確率」と解釈する．よって，規格化条件は，

$$\int |\Psi(r_1, r_2, \cdots, r_N, t)|^2 d^3r_1 d^3r_2 \cdots d^3r_N = 1$$

である．波動関数 $\Psi(r_1, r_2, \cdots, r_N, t)$ の満たすべきシュレーディンガー方程式は，

$$i\hbar \frac{\partial}{\partial t} \Psi(r_1, r_2, \cdots, r_N, t) = \hat{H} \Psi(r_1, r_2, \cdots, r_N, t)$$

となる．エネルギー固有状態 $\psi(r_1, r_2, \cdots, r_N)$ は，

$$\hat{H} \psi(r_1, r_2, \cdots, r_N) = E \psi(r_1, r_2, \cdots, r_N)$$

を満たす．ここで，E は，N 粒子系全体のエネルギーである．

かを見てみよう.

 2つの粒子を入れ替えるとは,座標 q_1 と q_2 を置換することであるが,それらを置換する演算子を $\hat{P}_{12}$ と書くと,置換した後の状態の波動関数は,$\hat{P}_{12}\psi(q_1,q_2) \equiv \psi(q_2,q_1)$ となる.この状態は,置換前の状態 $\psi(q_1,q_2)$ と同一でなければならないから,定数倍の違いだけであり,$\psi(q_2,q_1) = c\psi(q_1,q_2)$ でなければならない.ここで c は複素数の定数である.$\psi(q_2,q_1)$ の規格化条件から,$|c|^2 = 1$ となる[*4].さらに,もう一度置換 $\hat{P}_{12}$ を行うと,

$$\hat{P}_{12}\hat{P}_{12}\psi(q_1,q_2) = \hat{P}_{12}\psi(q_2,q_1) = c\hat{P}_{12}\psi(q_1,q_2) = c^2\psi(q_1,q_2) \quad (7.1)$$

となるが,同じ置換を2回行う操作 $\hat{P}_{12}\hat{P}_{12}$ は何もしないことと同じだから,$c^2 = 1$ でなければならない.よって,$c = \pm 1$ のどちらかである.以上から,同種粒子系の波動関数は,2つの粒子の入れ替えに対して2種類の対称性を持つことになる.$c = +1$ のときの波動関数は,2つの粒子の入れ替えに対して**対称** (symmetric),$c = -1$ のときの波動関数は,2つの粒子の入れ替えに対して**反対称** (antisymmetric) である[*5].

 そこで,一般に3次元空間では[*6],状態を表す波動関数は,同種粒子の個数 N によらずに,任意の2つの同種粒子の入れ替えに対して対称関数か反対称

[*4] δ をある実数とすると,$c = \exp(i\delta)$ の形に表せる.

[*5] 対称関数は $\delta = 0, \pm 2\pi, \cdots$,反対称関数は $\delta = \pm \pi, \pm 3\pi, \cdots$ に相当する.

[*6] 1次元や2次元空間では,必ずしもこの2種類に限られず,δ が 0 や π でない場合も存在し,そのような粒子はエニオン (anyon) と呼ばれる.

解説 7.2 2つの量子統計

 フェルミ粒子とボーズ粒子はそれぞれ,フェルミ-ディラック統計,ボーズ-アインシュタイン (Bose-Einstein) 統計という異なる統計法則にしたがう.N 個の同種粒子から構成される全エネルギーが E の系を考える.粒子のとりうるエネルギー準位を小さい順に $E_1, E_2, \cdots$,j 番目の準位の縮退度を g_j,粒子数を N_j とする.フェルミ粒子系であってもボーズ粒子系であっても,$N = \sum_{j=1}^{N} N_j$ と $E = \sum_{j=1}^{N} E_j N_j$ は成り立っている.しかし,温度 T の熱平衡状態での粒子数分布は,フェルミ粒子とボーズ粒子とで異なり,それぞれ

$$N_j^{(\mathrm{F})} = g_j f^{(\mathrm{F})}(E_j) \equiv \frac{g_j}{\exp[(E_j - E_\mathrm{F})/(k_\mathrm{B}T)] + 1}, \quad (7.2)$$

$$N_j^{(\mathrm{B})} = g_j f^{(\mathrm{B})}(E_j) \equiv \frac{g_j}{\exp[(E_j - E_\mathrm{F})/(k_\mathrm{B}T)] - 1} \quad (7.3)$$

で与えられる.ここで,E_F はフェルミエネルギーで,1粒子あたりのギブス自由エネルギーである.フェルミ-ディラック統計での分布関数 $f^{(\mathrm{F})}(E)$ は**フェルミ分布関数**と呼ばれ,絶対零度 $T = 0$ では階段関数 $f^{(\mathrm{F})}(E) = \theta(E_\mathrm{F} - E)$ となるので,$E < E_\mathrm{F}$ のエネルギー状態は完全に占められ,$E > E_\mathrm{F}$ の状態はすべて空いていることを表している.ボーズ-アインシュタイン統計での**ボーズ分布関数** $f^{(\mathrm{B})}(E)$ については,熱輻射のプランクの輻射公式 (1.4) と比較してみよ(解説 7.12 も参照).量子統計性は,熱運動に伴うド・ブロイ波長が平均粒子間隔と同程度になる低温や高密度下で重要になる.

関数のどちらかで表されるとする制約を課する[*7]．そして，波動関数が 2 つの同種粒子の入れ替えに対して対称な場合の粒子を**ボーズ粒子** (boson)，反対称な場合の粒子を**フェルミ粒子** (fermion) と呼ぶ[*8]．光子や中間子はボーズ粒子，電子や陽子や中性子はフェルミ粒子である．

N 個の同種粒子からなる系の状態 $\psi(q_1, q_2, \cdots, q_N)$ は，一般には対称関数や反対称関数になっているとは限らないので，N 個の同種粒子の任意の入れ替えに対して，対称あるいは反対称な関数を作る必要がある．まず，N 個のうちの i 番目と j 番目の 2 つの粒子の置換をした新しい状態を，$\hat{P}_{ij}\psi(q_1, q_2, \cdots, q_N)$ と書く．これから，対称関数 $\psi^{(S)}$ と反対称関数 $\psi^{(A)}$ を，次のように作ればよい．

$$\psi^{(S)}(q_1, q_2, \cdots, q_N) = \frac{C_S}{N!} \sum_{\langle ij \rangle} \hat{P}_{ij} \psi(q_1, q_2, \cdots, q_N), \tag{7.4}$$

$$\psi^{(A)}(q_1, q_2, \cdots, q_N) = \frac{C_A}{N!} \sum_{\langle ij \rangle} (-1)^p \hat{P}_{ij} \psi(q_1, q_2, \cdots, q_N) \tag{7.5}$$

[*7] このような制約は不自然に見えるが，本来は区別がつかないはずの個々の粒子それぞれに座標 q_i を割り当てて，あたかも区別しているかのように記述しようとしたから生じたのである．なお，同種粒子の波動関数がお互いにまったく重なり合わない場合は，対称化や反対称化は不要である．

[*8] 非相対論的量子力学では，時間 t に依存して変化する状態の場合でも，波動関数の対称（反対称）性は，時間 t の経過によらずに保たれることが証明されている．相対論的量子力学では必ずしも保たれない．

解説 7.3　スピンと統計の定理

スピン角運動量は粒子固有の量であるので，スピンの大きさ s は粒子の種類によって異なるが，粒子の量子統計性とスピン角運動量の大きさには関連があることが分かっている．すなわち，

(i)　フェルミ粒子は，スピン量子数が $s = 1/2, 3/2, 5/2, \cdots$ のような半整数スピンを持つ．たとえば，電子，陽子，中性子はフェルミ粒子で，$s = 1/2$ である．

(ii)　ボーズ粒子は，スピン量子数が $s = 0, 1, 2, 3, \cdots$ のような整数スピンを持つ．たとえば，光子はボーズ粒子で $s = 1$，パイ中間子は $s = 0$ である．

この関係はパウリによって確立された定理で，**スピンと統計の定理**と呼ばれる美しく深遠な定理である．この定理は，量子力学と特殊相対性理論の枠組みの中で証明される（初等的説明は難しい）．つまり，特殊相対性理論を満たすように定式化された局所的な場の理論では，スピンと統計の定理が必然的に成立する．

ここで和は，N 個の変数の $N!$ 個の可能なすべての置換についての和で，$(-1)^P$ は，奇置換なら $-$ を，偶置換なら $+$ を意味する．(7.4) のような対称な波動関数で表される粒子がボーズ粒子，(7.5) のような反対称な波動関数で表される粒子がフェルミ粒子である．C_S と C_A は規格化定数である．

さて，反対称関数 (7.5) において，任意の 2 つの粒子が同じ座標の値をとるとしてみよう．$\psi^{(A)}(q_1, q_2, \cdots, q_N)$ において，$q_i = q_j$ とする（i, j は $1 \leq i, j \leq N$ の任意の自然数の組）と，必ず $\psi^{(A)}(q_1, q_2, \cdots, q_i, \cdots, q_i, \cdots, q_N) = 0$ となる．つまり，フェルミ粒子系では，スピンまでも含めて同じ座標を 2 つ以上のフェルミ粒子が占有できない．言い換えると，**フェルミ粒子は同一の量子状態にたかだか 1 個しか存在できない**．これは，フェルミ粒子特有の**パウリの排他律** (Pauli's exclusion principle) という重要な性質である．

ボーズ粒子やフェルミ粒子が古典的粒子とどのように異なるかを簡単な例で示しておこう．今，2 つの状態 $+$ と $-$ のみをとることのできる同種粒子が 2 個存在する状況を考える（粒子 A と粒子 B と命名しておく）．粒子 A の状態を σ_A，粒子 B の状態を σ_B（$\sigma = \pm$）と表す．組合わせ（配位）を古典力学的に考えると，$(\sigma_A, \sigma_B) = (+, +), (+, -), (-, +), (-, -)$ の 4 通りが考えられる．しかし，もし A と B とを区別できなければ，$(+, -)$ と $(-, +)$ とを 1 つとして勘定し，3 通りだと考えなくてはならない．これがボーズ粒子の**ボーズ-アインシュタイン** (**Bose-Einstein**) **統計**である．他方，フェルミ粒子は，パウリの排他律から $(+, +)$ や $(-, -)$ の状態も許されないので，配位は 1 通りと勘定しなければならない（フェルミ-ディラック統計）．

解説 7.4　パウリの排他律と巨視的エネルギー

フェルミ粒子はパウリの排他律にしたがうために，ボーズ粒子とは巨視的な違いが生じる．その簡単な例を示そう．幅が L で無限に深い 1 次元井戸型ポテンシャルを考え，そこに N 個の電子が入っているとする．電子間の相互作用は考えない．エネルギー固有値は $E_n = [\hbar^2/(2m)](n\pi/L)^2$ であった．もしもパウリの排他律が効かない場合，絶対零度での全エネルギーは，N 個すべての電子が最低エネルギー状態 E_1 を占めればよいので，$E'_\text{total} = NE_1 = \hbar^2\pi^2 N/(2mL^2)$ となる．しかし，実際はパウリの排他律によって，1 つのエネルギー準位は上向きスピンと下向きスピンの 2 つの電子で「満席」になるので，N 個の電子は，基底状態の E_1 から順次，E_n 準位に 2 つずつ入ることになる．すると，全エネルギーは，

$$E_\text{total} = 2\sum_{n=1}^{N_\text{max}} E_n \simeq \frac{\hbar^2\pi^2}{mL^2} \sum_{n=1}^{N_\text{max}} n^2 \simeq \frac{\hbar^2\pi^2}{24mL^2} N^3$$

となる．ここで N_max は，N が偶数なら $N_\text{max} = N/2$，N が奇数なら $N_\text{max} = (N+1)/2$ であるが，N は十分に大きいと考えた．通常の物質では $N \gg 1$ であるので，全エネルギーの比 $E_\text{total}/E'_\text{total} \simeq N^2/12$ は非常に大きく，巨視的な差が生じる．電子に占有されている，最もエネルギーの高い準位のエネルギー（フェルミエネルギーという）は，$E_F = \hbar^2\pi^2 N_\text{max}^2/(2mL^2) \simeq \hbar^2\pi^2 N^2/(8mL^2)$ なので，1 電子あたりの平均エネルギー $\langle e \rangle \equiv E_\text{total}/N$ とは，$\langle e \rangle = E_F/3$ の関係が成り立つ．なお，3 次元の無限に深い井戸型ポテンシャルでは，$\langle e \rangle = 3E_F/5$ である．

7.2 多粒子系に対する近似法

多粒子系の代表例として，固体中の電子の問題を考えよう．電子の状態を考察する際は，原子核は電子に比べて十分に重いので 5.5 節の断熱近似を適用して原子核の運動を止めて考えてよい．よって，固体中の電子は，周期的に並んだ原子核の作るポテンシャル $V(\boldsymbol{r})$ 中を，電子同士のクーロン斥力を感じながら運動している．一般に，多電子系全系の固有関数 ψ とエネルギー固有値 E とは，シュレーディンガー方程式 $\hat{H}\psi = E\psi$ から決定されるが，ここでのハミルトニアン演算子 $\hat{H}$ は，

$$\hat{H} = \sum_{j=1}^{N} \hat{h}_j + \frac{1}{4\pi\epsilon_0} \sum_{j=1}^{N} \sum_{k(>j)}^{N} \frac{e^2}{|\boldsymbol{r}_j - \boldsymbol{r}_k|}, \tag{7.6}$$

$$\hat{h}_j \equiv -\frac{\hbar^2}{2m}\hat{\nabla}_j^2 + V(\boldsymbol{r}_j) \tag{7.7}$$

である．ここで，$\boldsymbol{r}_j$ は j 番目の粒子の位置座標，1 電子ハミルトニアン $\hat{h}_j$ の第 1 項は j 番目の電子の運動エネルギー，$\hat{h}_j$ の第 2 項は原子核と j 番目の電子とのクーロン相互作用を表し，$\hat{H}$ の第 2 項は電子間のクーロン相互作用である．このように，N 電子系の定式化は簡単であるが，このシュレーディンガー方程式を解いて基底状態や励起状態を知るのは，一般には極めて難しい．

解説 7.5 周期的に並んだ原子核の作るポテンシャル $V(\boldsymbol{r})$

i 番目の原子核の位置を $\boldsymbol{R}_i$，その原子番号を Z_i とすると，(7.7) の V は

$$V(\boldsymbol{r}) = -\frac{1}{4\pi\epsilon_0} \sum_i \frac{Z_i e^2}{|\boldsymbol{r} - \boldsymbol{R}_i|}$$

である．結晶中では一般に，$\boldsymbol{R}_i$ は規則的に（周期的に）並んでいるので，ポテンシャル $V(\boldsymbol{r})$ は周期条件 $V(\boldsymbol{r} + \boldsymbol{t}_n) = V(\boldsymbol{r})$ を満たす周期ポテンシャルとなっている．ここで $\boldsymbol{t}_n$ は，結晶格子 $\boldsymbol{R}_i$ の規則的な周期配列の仕方を規定するブラヴェ格子 (Bravais lattice) ベクトルと呼ばれる．1 次元の周期ポテンシャルの例を図 7.1 に示す．

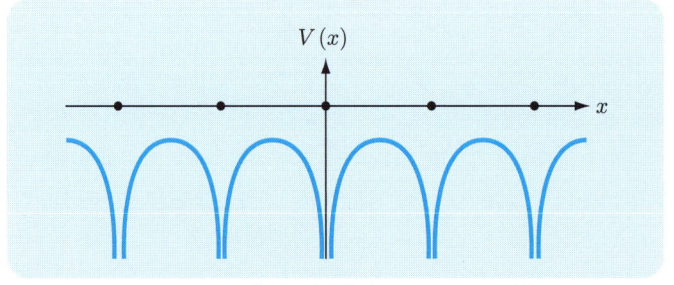

図 7.1 1 次元の周期ポテンシャルの例

7.2.1 独立粒子近似

例外は，粒子間に相互作用のない場合である．電子間の相互作用を無視し，個々の電子は互いに独立に，平均的ポテンシャル中を運動しているとする **1 電子近似** (one-electron approximation) あるいは **独立粒子近似** (independent particle approximation) でも，電子構造や原子の性質を比較的よく説明できる場合がある．そこで，多電子系でも，各電子は 1 電子波動関数によって表現される電子状態を持つと仮定しよう．p.209 の解説 6.34 で述べたように，各軌道は **軌道関数** と呼ばれる 1 電子波動関数 $\phi_j(\boldsymbol{r}_j)$ で表され，各軌道には上向き $(m_s = +1/2)$ スピン状態 $\alpha(\sigma)$ と下向き $(m_s = -1/2)$ スピン状態 $\beta(\sigma)$ とがある[*9]．ある向きのスピン状態関数 $\chi_j(\sigma_j)$ を軌道関数につけ加えたものを，**スピン軌道関数** という．

電子間の相互作用を無視し，j 番目の電子がポテンシャル $V(\boldsymbol{r}_j)$ の中を独立に運動しているとすると，(7.6) の右辺第 2 項を無視して，ハミルトニアンは $\hat{H} = \sum_{j=1}^{N} \hat{h}_j$ のように 1 電子ハミルトニアン $\hat{h}_j$ の和の形になる．よってこの場合は，N 電子の全系の定常状態は，それぞれの電子に対するシュレーディンガー方程式 $\hat{h}_j \phi_n(\boldsymbol{r}_j) = e_n \phi_n(\boldsymbol{r}_j)$ の解 $\phi_n(\boldsymbol{r}_j)$ の積

$$\psi_{m,n,\cdots,r}(\boldsymbol{r}_1, \boldsymbol{r}_2, \cdots, \boldsymbol{r}_N) = \phi_m(\boldsymbol{r}_1)\phi_n(\boldsymbol{r}_2)\cdots\phi_r(\boldsymbol{r}_N) \tag{7.8}$$

[*9] σ は電子のスピン変数で，スピンの z 方向の固有値 $m_s\hbar$ を用いて $\sigma \equiv 2m_s = \pm 1$ をとればよい．

解説 7.6 反対称化：フェルミ粒子の場合

電子のようなフェルミ粒子の場合に (7.8) を反対称化するには，(7.5) より，

$$\psi^{(A)}_{m,n,\cdots,r}(\boldsymbol{r}_1, \boldsymbol{r}_2, \cdots, \boldsymbol{r}_N) = \frac{C_A}{N!} \sum_{\langle ij \rangle} (-1)^p \hat{P}_{ij} [\phi_m(\boldsymbol{r}_1)\phi_n(\boldsymbol{r}_2)\cdots\phi_r(\boldsymbol{r}_N)] \tag{7.9}$$

とすればよい．ここで，すべての置換について和をとる際，量子数 $m, n, \cdots, r$ は固定しておく．波動関数の規格化条件より，$C_A = \sqrt{N!}$ である．この (7.9) の N 個の量子数 $m, n, \cdots, r$ のうち，どれか 2 つの値が等しいときは，$\psi^{(A)}_{m,n,\cdots,r} = 0$ となる（パウリの排他律）．また，(7.9) は，行列式の形で書くことも可能で，

$$\psi^{(A)}_{m,n,\cdots,r}(\boldsymbol{r}_1, \boldsymbol{r}_2, \cdots, \boldsymbol{r}_N) = \frac{1}{\sqrt{N!}} \begin{vmatrix} \phi_m(\boldsymbol{r}_1) & \phi_m(\boldsymbol{r}_2) & \cdots & \phi_m(\boldsymbol{r}_N) \\ \phi_n(\boldsymbol{r}_1) & \phi_n(\boldsymbol{r}_2) & \cdots & \phi_n(\boldsymbol{r}_N) \\ \vdots & \vdots & \ddots & \vdots \\ \phi_r(\boldsymbol{r}_1) & \phi_r(\boldsymbol{r}_2) & \cdots & \phi_r(\boldsymbol{r}_N) \end{vmatrix} \tag{7.10}$$

となる．これを，**スレイター (Slater) 行列式** という．

となる.ここで,$m, n, \cdots, r$ は,それぞれ $1, 2, \cdots, N$ 番目の電子の軌道関数を指定する量子数である.全系の固有エネルギーは,1電子エネルギー固有値 e_n の和 $E_{m,n,\cdots,r} = e_m + e_n + \cdots + e_r$ で与えられる.ここで,独立粒子近似の全波動関数 (7.8) は,一般には対称関数でも反対称関数でもないことに注意しよう.系を正しく表現するためには,電子のようなフェルミ粒子の場合は反対称化(前頁の解説 7.6 参照),ボーズ粒子の場合は対称化(解説 7.7 参照)しなければならない.

7.2.2 1体近似:ハートリー近似とハートリー-フォック近似

粒子間の相互作用を無視する「独立粒子近似」は,互いに相関し合っている多粒子系の物理を考察していることにならないので,(7.6) の右辺第2項のような粒子間の相互作用の効果を,何らかの方法で取り入れることが必要である.そのために様々な近似法が開発されているが,それらのうちの多くの方法では,(7.10) や (7.11) のように,多粒子系全体の波動関数 ψ を 1 粒子の波動関数 ϕ の積で表すことから出発し,粒子密度の各点での期待値に依存するようなポテンシャルを求め,それぞれの粒子が独立にそのポテンシャル中を運動すると考える.つまり,相互作用の効果を個々の粒子の状態 ϕ に押し込めて計算し,それらの積として全系を表現するのである.このような立場の近似を総称して **1体近似** と呼ぶ.この 1 体近似の代表例として,ハートリー (Hartree) 近似とハートリー-フォック (Hartree-Fock) 近似を簡単に紹介する.

解説 7.7 対称化:ボーズ粒子の場合

ボーズ粒子の場合,(7.8) を反対称化するには,(7.4) より,

$$\psi^{(\mathrm{S})}_{m,n,\cdots,r}(\boldsymbol{r}_1, \boldsymbol{r}_2, \cdots, \boldsymbol{r}_N) = \frac{C_\mathrm{S}}{N!} \sum_{\langle ij \rangle} \hat{P}_{ij} [\phi_m(\boldsymbol{r}_1)\phi_n(\boldsymbol{r}_2)\cdots\phi_r(\boldsymbol{r}_N)] \tag{7.11}$$

とすればよい.ここで,量子数 $m, n, \cdots, r$ は固定しておく.N 個の量子数 $m, n, \cdots, r$ のとりうる値を,小さい順に,$k_1, k_2, \cdots, k_\infty$ とし,N 個の量子数のうち,量子数の値が k_1 である粒子が n_1 個,量子数の値が k_2 である粒子が n_2 個,$\cdots$,量子数の値が k_∞ である粒子が n_∞ 個であるとすると $\left(\text{当然,} \sum_{\nu=1}^{\infty} n_\nu = N\right)$,波動関数の規格化条件より,$C_\mathrm{S} = \left(\frac{N!}{n_1! n_2! \cdots n_\infty!}\right)^{1/2}$ となる.

これから分かることは,(7.11) の対称化された波動関数は,何番目の粒子がどんな量子状態にあるかには関係なく,量子数の値の組 $(k_1, k_2, \cdots, k_\infty)$ から,それぞれの値をとる粒子の個数 $n_1, n_2, \cdots, n_\infty$ を指定するだけで決まる.そこで,各粒子の持つ N 個の量子数 $m, n, \cdots, r$ の代わりに,それぞれの状態 $k_1, k_2, \cdots, k_\infty$ にある粒子数 $n_1, n_2, \cdots, n_\infty$ を変数として利用すれば,粒子を区別する番号付けを必要としない定式化が可能である.これを **第 2 量子化** という.なお,反対称関数で記述されるフェルミ粒子系も,「反交換関係」を利用すれば,第 2 量子化による記述が可能である.これ以上は本書では触れない.

■ ハートリー近似 ■

ハミルトニアンが (7.6) で与えられる多電子系の基底状態や励起状態の軌道関数を求める近似法の中でもっとも簡単なものが，**ハートリー近似** (Hartree approximation) である．まず，N 電子系全体の波動関数 Ψ を，1 電子軌道関数の積

$$\psi(\bm{r}_1, \bm{r}_2, \cdots, \bm{r}_N) = \phi_1(\bm{r}_1)\phi_2(\bm{r}_2)\cdots\phi_N(\bm{r}_N) \tag{7.12}$$

で表す．j 番目の電子の軌道関数 $\phi_j(\bm{r}_j)$ は，

$$\int |\phi_j(\bm{r})|^2 d^3\bm{r} = 1, \quad (j = 1, 2, \cdots, N) \tag{7.13}$$

の規格化条件を満たしているとする．この (7.12) は反対称化されていないので，パウリの排他律を満たしていないことに注意せよ．基底状態での $\phi_j(\bm{r}_j)$ を決定するには変分原理を用いる．ハミルトニアン (7.6) の期待値

$$\int \Psi^* \hat{H} \Psi d^3\bm{r}_1 d^3\bm{r}_2 \cdots d^3\bm{r}_N = \sum_{j=1}^{N} \int \phi_j^*(\bm{r}) \hat{h}_j \phi_j(\bm{r}) d^3\bm{r}$$
$$+ \frac{e^2}{4\pi\epsilon_0} \sum_{i>j}^{N} \int \frac{|\phi_i(\bm{r})|^2 |\phi_j(\bm{r}')|^2}{|\bm{r}-\bm{r}'|} d^3\bm{r} d^3\bm{r}'$$

を，N 個の拘束条件 (7.13) の下で最小にすればよい．その結果，各軌道関数 $\phi_j(\bm{r})$ は非線形連立微積分方程式

$$\left[\hat{h}_j + \frac{e^2}{4\pi\epsilon_0} \sum_{i(\neq j)}^{N} \int \frac{|\phi_i(\bm{r}')|^2}{|\bm{r}-\bm{r}'|} d^3\bm{r}' \right] \phi_j(\bm{r}) = \epsilon_j \phi_j(\bm{r}) \quad (j=1,2,\cdots,N) \tag{7.14}$$

🔵 ハートリー方程式 (7.14) の導出 🔵

N 個のラグランジュ未定乗数 ϵ_j を導入して，

$$F = \int \Psi^* \hat{H} \Psi d^3\bm{r}_1 d^3\bm{r}_2 \cdots d^3\bm{r}_N - \sum_{j=1}^{N} \epsilon_j \left[\int |\phi_j(\bm{r})|^2 d^3\bm{r} - 1 \right]$$

の変分を 0 にすればよい．具体的には，

$$\begin{aligned}\delta F &= \sum_{j=1}^{N} \int \delta\phi_j^*(\bm{r}) \hat{h}_j \phi_j(\bm{r}) d^3\bm{r} + \frac{e^2}{4\pi\epsilon_0} \sum_{j=1}^{N} \sum_{i(\neq j)}^{N} \int \frac{\delta\phi_j^*(\bm{r})\phi_j(\bm{r})\phi_i^*(\bm{r}')\phi_i(\bm{r}')}{|\bm{r}-\bm{r}'|} d^3\bm{r} d^3\bm{r}' \\ &\quad - \sum_{j=1}^{N} \epsilon_j \int \delta\phi_j^*(\bm{r}) \phi_j(\bm{r}) d^3\bm{r} \\ &= 0\end{aligned}$$

となる．これから，(7.14) が得られる．

を満たすように決めればよいことになる．これを**ハートリー方程式**という．すなわち，多電子系の固有方程式（シュレーディンガー方程式）が，1電子軌道関数 $\phi_j(\boldsymbol{r})$ の非線形方程式に帰着した．

1電子状態のエネルギー ϵ_j は，$\epsilon_j = I_j + \sum_{k(\neq j)}^{N} J_{jk}$ と表される．ここで，

$$I_j \equiv \int \phi_j^*(\boldsymbol{r}_j)\hat{h}_j \phi_j(\boldsymbol{r}_j) d^3\boldsymbol{r}_j, \tag{7.15}$$

$$J_{jk} \equiv \frac{e^2}{4\pi\epsilon_0} \int \frac{|\phi_j(\boldsymbol{r}_j)|^2 |\phi_k(\boldsymbol{r}_k)|^2}{|\boldsymbol{r}_j - \boldsymbol{r}_k|} d^3\boldsymbol{r}_j d^3\boldsymbol{r}_k \tag{7.16}$$

である．I_j は**コア積分**，J_{jk} は**クーロン積分** (Coulomb integral) と呼ばれ，J_{jk} は j 電子と k 電子との間のクーロン相互作用の平均エネルギーである．全エネルギーは $E = \sum_{j=1}^{N} I_j + \sum_{j=1}^{N} \sum_{k(>j)}^{N} J_{jk}$ で与えられる．

■ **ハートリー-フォック近似** ■

7.2.1項で述べたように，電子系のようなフェルミ粒子系の波動関数は，スピン座標 $\sigma_j = \pm 1$ も含めて反対称化されてなければならない．しかし，ハートリー近似では (7.12) が反対称化されていないので，フェルミ粒子であることの性質（パウリの排他律）が正確に取り扱われていない．そこで，(7.12) における関数 ϕ_j としてスピン自由度も取り入れ，互いに直交するものをとり，ψ として反対称化した**スレイター** (**Slater**) **行列式**を採用する．スピン軌道関数を $\phi_j(\boldsymbol{r}, \sigma) \equiv \phi_j(\boldsymbol{r})\chi_j(\sigma)$ と書くと，全系の波動関数 ψ は，

解説 7.8 ハートリー方程式 (7.14) の物理的意味

j 番目の電子に着目すると，この電子に作用するポテンシャルは，原子核からの寄与 $V(\boldsymbol{r})$ もあらわに書いて，

$$V_j(\boldsymbol{r}) = V(\boldsymbol{r}) + \frac{e^2}{4\pi\epsilon_0} \sum_{i(\neq j)}^{N} \int \frac{|\phi_i(\boldsymbol{r}')|^2}{|\boldsymbol{r} - \boldsymbol{r}'|} d^3\boldsymbol{r}'$$

となるが，この2項目の $e|\phi_i(\boldsymbol{r}')|^2$ は，i 番目の電子による，位置 $\boldsymbol{r}'$ 付近の電荷密度を表しているので，2項目全体は，j 番目の電子を除く他のすべての電子の平均電荷分布によるクーロン場のポテンシャル（**ハートリーポテンシャル**という）を表している．よって，V_j 全体は，原子核からのクーロン引力が平均的電子密度 $e|\phi_i(\boldsymbol{r}')|^2$ によって**遮蔽**されていることを表している．このように，ハートリー近似は，電子間相互作用が平均においてのみ考慮されている**平均場近似**の一種である．

ハートリーポテンシャル項には N 元連立方程式 (7.14) を解いて決定される $\phi_i(\boldsymbol{r})$ が含まれている．よって，この連立方程式はポテンシャル項中の $\phi_i(\boldsymbol{r})$ と，それを解いて決定される $\phi_i(\boldsymbol{r})$ とが一致するように，逐次近似で**セルフコンシステント**（**自己無撞着**）(self-consistent) に解かなければならない．

$$\psi = \frac{1}{\sqrt{N!}} \begin{vmatrix} \phi_1(\boldsymbol{r}_1,\sigma_1) & \phi_1(\boldsymbol{r}_2,\sigma_2) & \cdots & \phi_1(\boldsymbol{r}_N,\sigma_N) \\ \phi_2(\boldsymbol{r}_1,\sigma_1) & \phi_2(\boldsymbol{r}_2,\sigma_2) & \cdots & \phi_2(\boldsymbol{r}_N,\sigma_N) \\ \vdots & \vdots & \ddots & \vdots \\ \phi_N(\boldsymbol{r}_1,\sigma_1) & \phi_N(\boldsymbol{r}_2,\sigma_2) & \cdots & \phi_N(\boldsymbol{r}_N,\sigma_N) \end{vmatrix} \qquad (7.17)$$

の形で表せる.ただし,軌道関数 $\phi_j(\boldsymbol{r})$ は,規格直交条件 $\int \phi_j^*(\boldsymbol{r})\phi_k(\boldsymbol{r})d^3\boldsymbol{r} = \delta_{jk}$ を満たしているとする.ハートリー近似と同様に変分原理を用いると,スピン軌道関数 $\phi_j(\boldsymbol{r},\sigma)$ の満足すべき連立方程式は,

$$\left[\hat{h}_j + \frac{e^2}{4\pi\epsilon_0}\sum_{k(\neq j)}^{N}\int\frac{|\phi_k(\boldsymbol{r}_k,\sigma_k)|^2}{|\boldsymbol{r}_j-\boldsymbol{r}_k|}d^3\boldsymbol{r}_k d\sigma_k\right]\phi_j(\boldsymbol{r}_j,\sigma_j)$$
$$-\frac{e^2}{4\pi\epsilon_0}\sum_{k(\neq j)}^{N\|}\left[\int\frac{\phi_k^*(\boldsymbol{r}_k,\sigma_k)\phi_j(\boldsymbol{r}_k,\sigma_k)}{|\boldsymbol{r}_j-\boldsymbol{r}_k|}d^3\boldsymbol{r}_k d\sigma_k\right]\phi_k(\boldsymbol{r}_j,\sigma_j)$$
$$= \epsilon_j\phi_j(\boldsymbol{r}_j,\sigma_j), \qquad (j=1,2,\cdots,N) \qquad (7.18)$$

となる.これを**ハートリー-フォック方程式**という.ここで $\int d\sigma_j$ は和 $\sum_{\sigma_j=\pm 1}$ を,$\sum_k^{N\|}$ は j 状態と同じ向きのスピンをもつ k 状態についてのみの和を意味する.**ハートリー-フォック近似**は原子に対する 1 体近似のなかでは最良のものであり,今まで大きな成功を収めてきた.

解説 7.9 電子配置とフント則

原子内の電子のエネルギー準位は,水素原子のエネルギー準位のように,主量子数 n により決まり,n が大きいほどエネルギーが高い.しかし,一般には多電子原子のエネルギー準位は,原子核の電荷が他の電子の存在により**遮蔽** (screening) されることにより 1 個の電子に対する有効核電荷がその電子の原子核からの距離の関数となるため,n のみならず方位量子数 l にも依存する.よって,クーロンポテンシャル内で縮退していたエネルギー準位は遮蔽効果により分裂することになる.

スピン軌道相互作用が小さい原子番号の小さな原子の基底状態は,n と l とで指定されたエネルギー準位に,パウリの排他律と**フント則** (Hund's rule) を満たしながら低い準位から電子を詰めて作られる.この構成を**電子配置** (electron configuration) という.フント則とは次の 2 項目から成る経験則である.(i) 1 つの基底状態の電子配置について,S が最大である LS 多重項がエネルギーがもっとも低い.(ii) 最大の S を与える LS 多重項が複数ある場合,そのうちの L が最大のものがエネルギーがもっとも低い.

ここで,L と S とはそれぞれ,全軌道角運動量 $\hat{L} \equiv \sum_{j=1}^{N} \hat{l}_j$ と全スピン角運動量 $\hat{S} \equiv \sum_{j=1}^{N} \hat{s}_j$ に関する方位量子数とスピン量子数であり,L と S とで決まる $(2L+1)(2S+1)$ 重に縮退した状態を **LS 多重項** (LS multiplet) という.一般に n が同じなら l が大きいほどエネルギーが大きいが,遷移元素は例外である.スピン軌道相互作用が無視できなくなると,LS 多重項は,全角運動量 $\hat{J} \equiv \hat{L}+\hat{S}$ の大きさ $J=L+S, L+S-1, \cdots, |L-S|$ で指定された $2S+1$ 個の $2J+1$ 重に縮退した **J 多重項**に分裂する.

この近似のもとでのエネルギー固有値 ϵ_j は，$\epsilon_j = I_j + \sum_{k(\neq j)}^{N} J_{jk} - \sum_{k(\neq j)}^{N\parallel} K_{jk}$ となるが，ここで

$$K_{jk} \equiv \frac{e^2}{4\pi\epsilon_0} \int \frac{\phi_j^*(\boldsymbol{r}_j)\phi_k(\boldsymbol{r}_j)\phi_k^*(\boldsymbol{r}_k)\phi_j(\boldsymbol{r}_k)}{|\boldsymbol{r}_j - \boldsymbol{r}_k|} d^3\boldsymbol{r}_j d^3\boldsymbol{r}_k \quad (7.19)$$

は**交換積分** (exchange integral) と呼ばれる j 電子と k 電子との間の**交換相互作用**エネルギー (exchange interaction energy) で，これは純粋に量子力学的効果であり，スピンの向きを揃えようとする効果を持つ．交換相互作用は，パウリの排他律とクーロン相互作用とによって生じるもので，原子内の交換積分は一般に正である．また，状態 j と k とがスピンの向きも含めて等しければ $|J_{jj}| = |K_{jj}|$ となるので，電子が自分自身に働く相互作用は自動的に排除されている．電子系の全エネルギーは $E_N = \sum_{j=1}^{N} I_j + \sum_{j=1}^{N} \sum_{k(>j)}^{N} J_{jk} - \sum_{j=1}^{N} \sum_{k(>j)}^{N\parallel} K_{jk}$ である．N 電子系から j 番目の電子を取り除いた $(N-1)$ 電子系の全エネルギーを E_{N-1} とすると，$\epsilon_j = E_N - E_{N-1}$ である．N 電子系の軌道と $(N-1)$ 電子系の対応する軌道とが等しい場合は，ϵ_j は軌道 ϕ_j にある電子のイオン化エネルギーと一致する．これを**クープマンス (Koopmans) の定理**という．

7.2.3 場の量子論へ

本書で主として取り扱っている量子力学は「粒子の量子力学」といえるもので，粒子の位置座標 $\boldsymbol{r}_j$ と運動量 $\boldsymbol{p}_j$ を用いた古典的ハミルトニアンから出発し，対応原理により正準交換関係を仮定して，物理量を演算子とみなし

解説 7.10 電子相関の問題と動的平均場理論

固体電子論で1体近似の果たしてきた役割は非常に大きい．1つの電子に着目し，相互作用している相手の電子の運動を時々刻々追跡した情報を用いず，相互作用している相手の粒子の状態を統計平均で近似してしまうのが1体近似の本質である．よって，平均値からの揺らぎは統計平均では取り入れることができない．1体近似ではこの揺らぎの効果を無視している．このような1体近似を超える効果を一般に**電子相関効果**と呼ぶが，これが重要となる現象は昔から興味を持たれている．1体近似を超える解析手法の開発に多くの努力が成されているが，信頼できる近似理論を構築するのは非常に難しく，現在でも発展途上である．

金属のような動き回る多くの遍歴電子の問題は，固体電子論でも頻繁に顔を出すが，電子相関を（できるだけ）考慮しながらこの問題を解くことが求められている．ハートリー-フォック近似では原子内の相互作用を1体近似してしまうので不十分である．そこで，1つの原子内の相互作用は近似せずに正確に扱い，電子が原子と原子の間を動き回る効果を平均的に取り扱う近似法が考えられた．これが**動的平均場理論** (dynamical mean-field theory) である．この理論は，無限大次元の格子上の電子系に対しては厳密に正確になり，現実の3次元系の電子相関効果が，かなり正しく取り入れられている．現在では，動的平均場理論と第1原理バンド計算法とを結びつけ，バンド計算に電子相関効果を取り入れる試みが進められている．また，無限大次元ではなく，実際の3次元電子系でより正確な理論を作るために，動的クラスター近似やセル動的平均場近似などが提案されている．

て量子化を行う手続きが用いられた．一方，量子力学的粒子は粒子性と同時に波動性も兼ね備えているから，波動描像から出発し波動場を表す物理量に正準交換関係を設定して量子化を行う手続きも可能である．これを**正準形式の場の量子化** (field quantization) といい，このような量子論を**場の量子論** (quantum field theory) という．場の量子化とは，波動関数とか電磁場のような時空座標 $(\bm{r},t)$ の関数 $\varphi(\bm{r},t)$ を演算子（q 数）$\hat{\varphi}(\bm{r},t)$ とみなすことである．古典力学のハミルトニアンを q 数にしてシュレーディンガー方程式を導いた過程を第 1 段の量子化とすれば，波動関数自身を q 数にするのは第 2 段の量子化とみなせるので，**第 2 量子化** (second quantization) ともいわれる．

何も粒子が存在しない真空状態を，ディラックのケットベクトルを用いて $|0\rangle$ と書くことにする．場の量子化法では，N 粒子状態を表す関数は真空状態 $|0\rangle$ に粒子を生成する演算子を N 回演算することによって得られる．点 $\bm{r}$ に粒子を創る演算子を $\hat{\varphi}^\dagger(\bm{r})$ とすると，$\hat{\varphi}^\dagger(\bm{r})|0\rangle$ は点 $\bm{r}$ に 1 個の粒子が存在する状態を表す．この $\hat{\varphi}(\bm{r})$ を**場の演算子** (field operator) あるいは**量子場** (quantum field) と呼ぶ[*10]．通常の量子力学の場合の正準量子化を，位置座標 $\bm{r}$ の各点を別々の粒子のように考えて拡張したものと考えればよい．したがって，従来の波動関数 $\psi(\bm{r})$ で記述される状態は，$\int \psi(\bm{r})\hat{\varphi}^\dagger(\bm{r})|0\rangle d^3\bm{r}$ で与えられる．また，$\hat{\varphi}^\dagger(\bm{r})\hat{\varphi}(\bm{r})$ は，位置 $\bm{r}$ における粒子密度を表す演算子である．本書では，場の量子論の詳細にはこれ以上立ち入らない．

[*10]数学的にいえば，作用素値超関数である．

解説 7.11 正準形式の場の量子化の概要

場 $\varphi(\bm{r},t)$ の時間微分を $\dot{\varphi}(\bm{r},t) \equiv \partial\varphi(\bm{r},t)/\partial t$ と書き，古典解析力学でのラグランジアンを $L(\{\varphi(\bm{r},t),\dot{\varphi}(\bm{r},t)\})$ とする．場 $\varphi(\bm{r},t)$ に共役な**一般化運動量** $\pi(\bm{r},t)$ は，汎関数微分を用いて $\pi(\bm{r},t) = \delta L/\delta \dot{\varphi}(\bm{r},t)$ と定義される．

場の理論では，粒子系を表す変数 $\{\bm{r}_j(t),\bm{p}_j(t)\}$ の代わりに，場を表す量 $\{\varphi(\bm{r},t),\pi(\bm{r},t)\}$ を用いて，物理量 A を $A = A(\{\varphi(\bm{r},t),\pi(\bm{r},t)\})$ と記述する．すなわち，異なる粒子を区別する添え字 j が空間座標 $\bm{r}$ に置き換わっていると考えると，場の理論では無限個の変数を取り扱っていることに相当する．よって，場による表現は**無限自由度の系**の記述になっている．ボーズ粒子系を正準量子化するには，同時刻正準交換関係

$$[\hat{\varphi}(\bm{r},t),\hat{\pi}(\bm{r}',t)] = i\hbar\delta(\bm{r}-\bm{r}'),$$
$$[\hat{\pi}(\bm{r},t),\hat{\pi}(\bm{r}',t)] = [\hat{\varphi}(\bm{r},t),\hat{\varphi}(\bm{r}',t)] = 0$$

を満たす演算子 $\hat{\varphi}(\bm{r},t), \hat{\pi}(\bm{r},t)$ に置き換える．ボーズ粒子の量子場は**スカラー場**となる．他方，電子・陽子・中性子のようなフェルミ粒子の量子場は**ディラック場** (Dirac field) といわれ，同時刻正準反交換関係を満たす．

7.3 電磁場の量子化

マクスウェル電磁気学より，ある共振器中に閉じこめられた古典的電磁場の全エネルギーは

$$\frac{1}{2}\int \left(\epsilon_0|\boldsymbol{E}(\boldsymbol{r},t)|^2 + \mu_0|\boldsymbol{H}(\boldsymbol{r},t)|^2\right) d^3\boldsymbol{r} \tag{7.20}$$

で与えられる．ここで，電場 $\boldsymbol{E}(\boldsymbol{r},t)$ と磁場 $\boldsymbol{H}(\boldsymbol{r},t)$ を共振器内の定在波モード $\boldsymbol{u}_\kappa(\boldsymbol{r})$ で展開し，

$$\boldsymbol{E}(\boldsymbol{r},t) = -\frac{1}{\sqrt{\epsilon_0}} \sum_\kappa \frac{dq_\kappa(t)}{dt} \boldsymbol{u}_\kappa(\boldsymbol{r}), \tag{7.21}$$

$$\boldsymbol{H}(\boldsymbol{r},t) = \frac{1}{\mu_0\sqrt{\epsilon_0}} \sum_\kappa q_\kappa(t) \boldsymbol{\nabla} \times \boldsymbol{u}_\kappa(\boldsymbol{r}) \tag{7.22}$$

としよう．電磁場のモード指数 κ は，波数ベクトル $\boldsymbol{k}$ と偏光 $\sigma = \pm 1$ の両方を区別する添字 $\kappa = (\boldsymbol{k},\sigma)$ であるとする．この時の $q_\kappa(t)$ と $\boldsymbol{u}_\kappa(\boldsymbol{r})$ は，$d^2q_\kappa(t)/dt^2 + \omega_{\boldsymbol{k}}^2 q_\kappa(t) = 0$ および $\nabla^2 \boldsymbol{u}_\kappa(\boldsymbol{r}) + (\omega_{\boldsymbol{k}}^2/c^2)\boldsymbol{u}_\kappa(\boldsymbol{r}) = 0$ を満たす関数である．$\boldsymbol{u}_\kappa(\boldsymbol{r})$ は，適当な境界条件の下で正規直交系になるようにとった解で，$\omega_{\boldsymbol{k}}$ はモード κ の角振動数である．これより，全エネルギー (7.20) は $\frac{1}{2}\sum_{\boldsymbol{k}}\left[\left(\frac{dq_\kappa}{dt}\right)^2 + \omega_{\boldsymbol{k}}^2 q_\kappa^2\right]$ と表せる．これは調和振動子のハミルトニアンに他ならない．

この $q_\kappa(t)$ と $p_\kappa(t) \equiv dq_\kappa(t)/dt$ とは互いに正準共役な量になっているこ

解説 7.12 プランクの輻射公式とボーズ-アインシュタイン統計

体積 L^3 の空洞（共振器）に閉じ込められた電磁場は，空洞の壁を通して外界とエネルギーの授受が行われ，ある温度 T での熱平衡になる．光子はボーズ粒子であるから，ボーズ分布関数 (7.3) 式を用いると，熱平衡状態にある電磁場のある 1 つの角振動数 ω の状態について，平均エネルギー $\langle E \rangle$ は

$$\langle E \rangle = \frac{\hbar\omega}{\exp[\hbar\omega/(k_\mathrm{B}T)]-1}$$

となる．(1.3) より，振動数 $\nu = ck/(2\pi)$ が ν から $\nu + d\nu$ の間にある状態密度は $\rho(\nu) \equiv N(\nu)/L^3 = 8\pi\nu^2/c^3$ なので，エネルギー密度分布関数 $u(\nu,T)$ は，$u(\nu,T) = \langle E \rangle \rho(\nu) = \langle E \rangle 8\pi\nu^2/c^3$ となり，プランクの輻射公式 (1.4) と一致する．すなわち，黒体輻射スペクトルには，光子がボーズ粒子であることが反映されている．

とに注意し，対応原理にしたがって $q_\kappa \to \hat{q}_\kappa$, $p_\kappa \to \hat{p}_\kappa$ とすれば，正準量子化された電磁場のハミルトニアン演算子 $\hat{H} = \frac{1}{2}\sum_\kappa (\hat{p}_\kappa^2 + \omega_{\bm{k}}^2 \hat{q}_\kappa^2)$ が得られる．ボーズ粒子の交換関係 (4.84) にしたがう生成・消滅演算子 $\hat{a}_\kappa^\dagger, \hat{a}_\kappa$ を，(4.82) より $\hat{a}_\kappa^\dagger \equiv [\omega_{\bm{k}}/(2\hbar)]^{1/2}(\hat{q}_\kappa - i\hat{p}_\kappa/\omega_{\bm{k}})$, $\hat{a}_\kappa \equiv [\omega_{\bm{k}}/(2\hbar)]^{1/2}(\hat{q}_\kappa + i\hat{p}_\kappa/\omega_{\bm{k}})$ と定義してハミルトニアンを書き換えると，

$$\hat{H} = \sum_\kappa \hbar\omega_{\bm{k}} \left(\hat{a}_\kappa^\dagger \hat{a}_\kappa + \frac{1}{2}\right) \tag{7.23}$$

となる．つまり，量子化された電磁場は，エネルギーが $\hbar\omega_{\bm{k}}$ を単位として量子化された量子力学的調和振動子の集合体と考えることができる．状態 κ にある光子の個数を表す数演算子は $\hat{n}_\kappa \equiv \hat{a}_\kappa^\dagger \hat{a}_\kappa$ である．

7.4　ゲージ不変性とゲージ原理

電場 $\bm{E}(\bm{r},t)$ と磁場 $\bm{B}(\bm{r},t)$ は，ベクトルポテンシャル $\bm{A}(\bm{r},t)$ とスカラーポテンシャル $\phi(\bm{r},t)$ とを決めると，$\bm{E} = -\bm{\nabla}\phi - \partial\bm{A}/\partial t$, $\bm{B} = \bm{\nabla}\times\bm{A}$ を通して一意的に決まる．しかし，**ゲージ変換** (gauge transformation)

$$\bm{A} \to \bm{A}' \equiv \bm{A} + \bm{\nabla}\Lambda(\bm{r},t), \tag{7.24}$$

$$\phi \to \phi' \equiv \phi - \frac{\partial}{\partial t}\Lambda(\bm{r},t) \tag{7.25}$$

で得られるポテンシャル $\bm{A}'$, ϕ' を用いても，同じ $\bm{E}(\bm{r},t)$ と $\bm{B}(\bm{r},t)$ が得られる．ここで，$\Lambda(\bm{r},t)$ はゲージ関数と呼ばれる 2 階微分可能な任意のスカ

解説 7.13　カシミア効果

(7.23) の波数 $\bm{k}$ の和には上限がないので，零点振動のエネルギーの和の部分 $\sum_{\bm{k}} \hbar\omega_{\bm{k}}/2$ は発散してしまう．しかし，通常の実験で測定可能な量はエネルギーの絶対値ではなく相対値（差）なので，無限大部分は差引勘定で相殺するから気にしなくてもよい．しかし $\bm{k}$ のとりうる値は考えている空間の体積に依存して変化し，分散関係 $\omega_{\bm{k}} = c|\bm{k}|$ を通じて零点エネルギーも変化する．電磁場を閉じ込めている空間の体積を変えることにより，無限大の零点エネルギーに有限の変化を生じさせると，その変化は測定可能で，**カシミア** (**Casimir**) **効果**と呼ばれている．

解説 7.14　ゲージの例

たとえば，$\bm{\nabla}\cdot\bm{A}(\bm{r},t) = 0$ ととるのがクーロンゲージ (Coulomb gauge) で，$\bm{\nabla}\cdot\bm{A}(\bm{r},t) + c^{-2}\partial\phi/\partial t = 0$ とするのがローレンツゲージ (Lorenz gauge) である．クーロンゲージを選ぶと，電磁場の横波成分 $\bm{E}_\mathrm{T}$ と $\bm{B}$ が横波の $\bm{A}$ で表され，それが量子化されて光子場（電磁波）を記述する．電磁場の縦波成分 $\bm{E}_\mathrm{L}$ はスカラーポテンシャル ϕ で表され，クーロン力は遠隔力のように取り扱われる．

ラー場である．現在の物理学では，このゲージ変換に対して不変な量だけが物理的意味を持つと考える（これを**ゲージ原理**という）．

ゲージ変換 (7.24), (7.25) は，荷電粒子と電磁場との相互作用の形を一意的に決める．電磁場中の荷電粒子（電荷を q とする）の古典的ラグランジアン $L = (m/2)(d\bm{r}/dt)^2 + q\bm{A}(\bm{r},t) \cdot (d\bm{r}/dt) - q\phi(\bm{r},t)$ から導かれる運動方程式はゲージ不変であるが，共役運動量は $\bm{p} = \partial L/\partial(d\bm{r}/dt) = md\bm{r}/dt + q\bm{A}$ なので，古典的ハミルトニアンは，$H_{\text{classical}} = (\bm{p} - q\bm{A})^2/(2m) + q\phi$ と表される．ここで運動量 $\bm{p}$ は，粒子の力学的運動量 $md\bm{r}/dt$ と電磁場の運動量 $q\bm{A}$ との和になっている．量子化に際しては，**ゲージ固定** (gauge fixing) という操作によりいったんゲージ不変性を破り，ある特定の $\varLambda(\bm{r},t)$ を選ぶ．量子論では，$H_{\text{classical}}$ と対応原理から，

$$\hat{H} = -\frac{\hbar^2}{2m}\left(\bm{\nabla} - \frac{iq}{\hbar}\hat{\bm{A}}\right)^2 + q\phi + V \tag{7.26}$$

が，ゲージ不変なハミルトニアンとなる．ここで，V は電磁場以外のポテンシャルである．上式中の $\bm{\nabla} - (iq/\hbar)\hat{\bm{A}}$ は，**ゲージ共変微分** (gauge covariant derivative) と呼ばれ，ゲージ不変な系での微分演算子を表す．波動関数に対しては，ゲージ変換で位相部分が変換されて

$$\Psi(\bm{r},t) \to \exp\left[\frac{iq}{\hbar}\varLambda(\bm{r},t)\right]\Psi(\bm{r},t) \tag{7.27}$$

となる．位相部分 $q\varLambda(\bm{r},t)/\hbar$ が位置 $\bm{r}$ に依存するので，(7.27) を**局所ゲージ変換**や**局所的位相変化**という．

解説 7.15　ゲージ不変性とゲージ共変微分

波動関数 $\psi(\bm{r})$ それ自身は観測量ではない．測定値と関係が有るのは，$\psi^*(\bm{r})$ と $\psi(\bm{r})$ とがペアで含まれる $|\psi(\bm{r})|^2$ のような量なので，波動関数の位相が空間全体で同一の変化 $\psi(\bm{r}) \to \psi(\bm{r})\exp[i\theta]$ をするなら（つまり，変化する位相 θ が位置 $\bm{r}$ に依存しないなら），結果は位相変化に無関係である．これを，より正確に表現したものがゲージ不変性である．

測定値に関係するのは，$|\psi(\bm{r})|^2$ だけでなく $\psi^*(\bm{r})\bm{\nabla}\psi(\bm{r})$ のような空間微分を含む量もある．たとえば，量子力学における電流は，シュレーディンガー方程式から導かれる確率密度流と粒子の電荷 q の積 $\bm{j} = (\hbar q/2mi)[\psi^*(\bm{r})\bm{\nabla}\psi(\bm{r}) - \bm{\nabla}\psi^*(\bm{r})\psi(\bm{r})]$ で表される．波動関数を $\psi(\bm{r}) = |\psi(\bm{r})|\exp[i\theta(\bm{r})]$ と表すと，$\bm{j} = (\hbar q/m)|\psi(\bm{r})|^2\bm{\nabla}\theta(\bm{r})$ とも書ける．このような量は，局所的位相変化 (7.27) に対して不変ではない．そこで，全体として不変な形にするために，電磁場のポテンシャルを導入し，空間微分や時間微分を

$$\bm{\nabla} \to \bm{\nabla} - \frac{iq}{\hbar}\hat{\bm{A}},$$
$$\frac{\partial}{\partial t} \to \frac{\partial}{\partial t} + \frac{iq}{\hbar}\phi$$

のようなゲージ共変微分の形にする．よって，$\hat{\bm{A}}$ と ϕ は，ゲージ変換すなわち $\psi(\bm{r})$ の局所的位相変化 (7.27) に対する不変性を保証する役割を担っている．このときのハミルトニアンが，(7.26) である．

7.5 ベリー位相

5.5 節で述べた断熱近似が成り立つ場合に，遅い変数の時間的変化に応じて生じる，速い変数についての状態の位相因子を考察しよう．遅い変数 $\bm{R}(t) = (X(t), Y(t), Z(t))$ をパラメータとして含むような，速い変数 $\bm{r}(t) = (x(t), y(t), z(t))$ についてのハミルトニアン $\hat{H}(\bm{R}(t))$ を考える．このハミルトニアンは，(5.90) のように時刻 t をあらわに含まないとする．時刻 t での $\hat{H}(\bm{R}(t))$ の固有状態と固有値を，$\phi_n(\bm{r}, \bm{R}(t))$ と $\epsilon_n(\bm{R}(t))$ とする．$t=0$ で状態が $\Psi(\bm{r}, t=0) = \phi_n(\bm{r}, \bm{R}(0))$ であったとして，状態を時刻 t まで時間発展させよう．つまり，経路 $\bm{R}(t)$ に沿って $\bm{R}$ をゆっくりと[*11] $\bm{R}(0)$ から $\bm{R}(t)$ まで変化させることを考える．この経路上ではエネルギーの縮退は生じていないとする．

波動関数の時間発展は時間に依存するシュレーディンガー方程式で決まるが，時刻 t での状態 $\Psi(\bm{r}, t)$ は，断熱近似の範囲内で

$$\Psi(\bm{r}, t) = \exp[i\Gamma_n(t)] \exp[i\gamma_n(t)] \phi_n(\bm{r}, \bm{R}(t)) \tag{7.28}$$

となる．右辺の第 1 の位相因子 $\exp[i\Gamma_n(t)]$ は**動力学的位相** (dynamical phase) 因子と呼ばれる（自明な）もので，$\Gamma_n(t) \equiv -\hbar^{-1} \int_0^t \epsilon_n(\bm{R}(t')) dt'$ である．第 2 の位相因子 $\exp[i\gamma_n(t)]$ の $\gamma_n(t)$ は実数で，**ベリー (Berry) 位相**

[*11] 波動関数が断熱的に変化し，異なる n 間の遷移が生じないとする．

解説 7.16 アハラノフ-ボーム効果

ゲージ不変なハミルトニアンが (7.26) の形となることに起因して，**アハラノフ-ボーム効果** (Aharonov-Bohm effect) が生じる．$\Lambda(\bm{r})$ をスカラー場として，$\bm{A}(\bm{r}) = \bm{\nabla}\Lambda(\bm{r})$ というゲージをとると，$\bm{A}(\bm{r})$ が存在する下での波動関数 $\Psi(\bm{r})$ は，$\bm{A} = 0$ の下での波動関数 $\Psi_0(\bm{r})$ と，$\Psi(\bm{r}) = \exp[iq\Lambda(\bm{r})/\hbar]\Psi_0(\bm{r})$ で結ばれる．これから，$\bm{A}(\bm{r})$ の下で，ある地点から別の地点に到る経路 C' に沿って荷電粒子が運動する際，その量子力学的振幅には，位相因子

$$\exp\left[\frac{iq}{\hbar} \int_{C'} \bm{A}(\bm{r}) \cdot d\bm{r}\right] \tag{7.29}$$

が付け加わる．これより，ベクトルポテンシャル $\bm{A}$ が，波動関数の位相に直接影響を及ぼすことが分かる．

特に，磁場が存在する領域を通らない閉曲線 C を考えると，ストークス (Stokes) の定理から，

$$\oint_C \bm{A}(\bm{r}) \cdot d\bm{r} = \iint (\bm{\nabla} \times \bm{A}) \cdot d\bm{S} = \iint \bm{B} \cdot d\bm{S} = \Phi$$

は，閉曲線 C が囲む曲面を貫く磁束 Φ となる．よって，位相因子 (7.29) は $\exp(iq\Phi/\hbar)$ となり，経路 C 上には磁場は存在しないにもかかわらず，つまり粒子の存在する位置に磁場は無いにもかかわらず，磁束 Φ に比例する位相が生じる．

(Berry phase) あるいは**幾何学的位相** (geometrical phase) という．波動関数から動力学的位相因子を除いた部分 $\bar{\Psi}(\boldsymbol{r},t) \equiv \exp[i\gamma_n(t)]\phi_n(\boldsymbol{r},\boldsymbol{R}(t))$ は，常に $\int \bar{\Psi}^*(\boldsymbol{r},t)\partial\bar{\Psi}(\boldsymbol{r},t)/\partial t\, d^3\boldsymbol{r} = 0$ を満たしながら時間発展している．これは，状態ベクトルがヒルベルト空間中の n が固定された超曲面（部分空間）上にあるための拘束条件である．これに $\bar{\Psi}(\boldsymbol{r},t) \equiv \exp[i\gamma_n(t)]\phi_n(\boldsymbol{r},\boldsymbol{R}(t))$ を代入すると，

$$\frac{d\gamma_n(t)}{dt} = i\int \phi_n^*(\boldsymbol{r},\boldsymbol{R})\boldsymbol{\nabla}_{\boldsymbol{R}}\phi_n(\boldsymbol{r},\boldsymbol{R})d^3\boldsymbol{r} \cdot \frac{d\boldsymbol{R}(t)}{dt} \quad (7.30)$$

となる．これから，パラメータ $\boldsymbol{R}(t)$ の変化によって生じるベリー位相因子は，線積分

$$\gamma_n(t) = i\int_{\boldsymbol{R}(0)}^{\boldsymbol{R}(t)} \left[\int \phi_n^*(\boldsymbol{r},\boldsymbol{R}(t'))\boldsymbol{\nabla}_{\boldsymbol{R}}\phi_n(\boldsymbol{r},\boldsymbol{R}(t'))d^3\boldsymbol{r}\right] \cdot d\boldsymbol{R}(t') \quad (7.31)$$

で与えられることになる．パラメータ $\boldsymbol{R}(t)$ が十分に長い時間 T をかけて閉曲線 C を描いて変化し，$\boldsymbol{R}(0) \to \boldsymbol{R}(t) \to \boldsymbol{R}(T) = \boldsymbol{R}(0)$ となる場合は，ベリー位相は閉曲線 C に沿った線積分

$$\begin{aligned}\gamma_n(\mathrm{C}) &\equiv \gamma_n(t=T) \\ &= \oint_{\mathrm{C}} \boldsymbol{A}_n(\boldsymbol{R}) \cdot d\boldsymbol{R}\end{aligned} \quad (7.32)$$

となる．このとき γ_n は T には依存しない．ここで $\boldsymbol{A}_n(\boldsymbol{R})$ はベリー接続で

解説 7.17 微分幾何学におけるホロノミー

3 次元空間中の曲面を考え，この曲面上での（曲面上に拘束された）ベクトルの平行移動を考えてみよう．ベクトルが曲面上のある曲線に沿って微小距離だけ平行移動するとは，3 次元空間における（通常の意味の）平行移動操作を行った後，到達点の接平面上への射影をすることと定義する．曲面上の閉曲線を考え，その上でのベクトルの微小平行移動を繰り返し行い，閉曲線を一周して元の点に戻ってきたとしよう．このとき，曲面が平面でない場合は，出発したときのベクトルと一周して戻ってきたときのベクトルの向きは一般に異なっている．ベクトルの向きの変化（角度）は，閉曲線が囲む曲面上の領域における曲率の積分と一致することが分かっている．これを，微分幾何学での**ホロノミー**という．この考え方は 3 次元実空間以外の一般の空間に適用でき，ヒルベルト空間内での状態ベクトル（波動関数）に適用したものがベリー位相である．

ベリー位相は状態のエネルギー準位を変えないホロノミーであるが，準位を変えるホロノミーも存在し，あるトーラス上の閉経路に沿った連続的変化で状態を一周させたとき，異なる準位にずれてしまうような場合もある．

あり，速い変数の運動によって生み出されたゲージポテンシャル (5.93) に他ならない．A_n は固有状態 $\phi_n(\boldsymbol{R}(t))$ の位相の選び方に依存して変化するのに対して，ベリー位相 γ_n は位相の選び方によらないゲージ不変な量になっている．ベリー位相は，アハラノフ-ボーム (Aharonov-Bohm) 効果，ヤーン-テラー (Jahn-Teller) 系，化学反応系，超伝導体の渦糸，量子ホール効果，磁気単極子など様々な系に関連する量である．

7.6 経路積分量子化法

正準量子化以外にも，様々な量子化法が提案されている[*12]が，特に経路積分量子化法は計算手法としてすぐれているだけでなく，量子力学の理解に新しい観点をもたらした点で重要である．この方法は，量子力学的粒子が時刻 $t = t_1$ に位置 $\boldsymbol{r}(t_1) = \boldsymbol{r}_1$ を出発し，時刻 t_2 に位置 $\boldsymbol{r}(t_2) = \boldsymbol{r}_2$ に来るという運動のプロパゲーター（遷移振幅）$K(\boldsymbol{r}_2, t_2; \boldsymbol{r}_1, t_1)$ を，点 $\boldsymbol{r}_1$ から $\boldsymbol{r}_2$ への経路 $\boldsymbol{r}(t)$ の確率振幅の和（積分）として表す方法である．今では，正準量子化法とともに量子化法の1つとして広く用いられている[*13]．簡単に紹介しよう．

[*12]たとえば，経路積分量子化 (path integral quantization)，確率過程量子化，グッツヴィラー (Gutzwiller) 半古典量子化，幾何学的量子化などがある．

[*13]古典力学との対比でいうと，正準量子化形式はハミルトニアン形式に，経路積分形式はラグランジュ形式に相当し，相補的な関係にある．

解説 7.18 経路積分量子化法の特徴

経路積分量子化法は，1948年にファインマン (Feynman) が提案し，低温での液体ヘリウムのロトンやイオン結晶のポーラロンなどの素励起の理論に応用され成功を収めた．この量子化法では，基本的にすべての変数は古典的な変数であり，この方法で用いるものは，

(i) 重ね合わせの原理，
(ii) プロパゲーターの合成則 (7.34)，
(iii) $\hbar \to 0$ での古典力学との対応，

のみである．正準量子化法のように時間を特別扱いせず，時間と空間とを平等に取り扱うため，相対論的場の理論の共変的な量子化に適している．

波動関数 $\Psi(\bm{r},t)$ で表される質量 m の粒子が, 時間に依存しないポテンシャル場 $V(\bm{r})$ を運動するとき, プロパゲーター (propagator) $K(\bm{r}_2,t_2;\bm{r}_1,t_1)$ とは[*14],

$$\Psi(\bm{r}_2,t_2) = \int_{-\infty}^{\infty} K(\bm{r}_2,t_2;\bm{r}_1,t_1)\Psi(\bm{r}_1,t_1)d^3\bm{r}_1 \tag{7.33}$$

を満たすような積分核のことで, **遷移振幅** (transition amplitude) ともいわれる. これは, t_1 での始状態の波動関数に依存しない. よって, 波動関数の時間発展は, プロパゲーター $K(\bm{r}_2,t_2;\bm{r}_1,t_1)$ と始状態の波動関数 $\Psi(\bm{r}_1,t_1)$ とが与えられたら, 完全に予知できる.

合成則 (7.34) は, t_1 から t_2 までの時間を t' によって 2 つの時間間隔に分けたことに相当するが, 時間をさらに多くの小さな時間間隔に分けることも可能なので, 無限小の時間間隔 $t_1 < t < t_2 = t_1 + dt$ での K が分かれば, 有限時間間隔のプロパゲーターを求めることができる. そこで, ある粒子が時空の始点 $(\bm{r}_1,t_1)$ からスタートし, 終点 $(\bm{r}_N,t_N)$ へ移るプロパゲーター $K(\bm{r}_N,t_N;\bm{r}_1,t_1)$ を考えよう. 図 7.2 のように, $t_1 < t < t_N$ の時間を $N-1$ 等分し, $t_j - t_{j-1} \equiv \Delta t = (t_N - t_1)/(N-1)$ とする. 合成則を繰り返し用いると,

---

[*14] 境界条件を $t_2 < t_1$ で $K(\bm{r}_2,t_2;\bm{r}_1,t_1) = 0$ とした場合の, 時間に依存するシュレーディンガー方程式のグリーン関数でもある. また, $\bm{r}_2$ の関数としての $K(\bm{r}_2,t_2;\bm{r}_1,t_1)$ は, 以前のある時刻 t_1 に $\bm{r}_1$ に局在していた粒子の, 時刻 t_2 での座標表示の波動関数と考えてもよい.

解説 7.19　プロパゲーターの性質

ユニタリー時間推進演算子を $\hat{U}(t_2,t_1)$, 位置演算子の固有ケットを $|\bm{r}\rangle$ とすると,

$$K(\bm{r}_2,t_2;\bm{r}_1,t_1) = \langle \bm{r}_2|\hat{U}(t_2,t_1)|\bm{r}_1\rangle$$

と表せる. これは, 粒子がある時空点 $(\bm{r}_1,t_1)$ から他の時空点 $(\bm{r}_2,t_2)$ へ移る確率振幅で, 異なる時刻の 2 つの固有状態を結びつける変換関数でもある. エネルギー固有値 E_n に属する（座標表示の）エネルギー固有関数を $\psi_n(\bm{r})$ とすると,

$$K(\bm{r}_2,t_2;\bm{r}_1,t_1) = \sum_n \psi_n(\bm{r}_2)\hat{U}(t_2,t_1)\psi_n^*(\bm{r}_1)] = \sum_n \psi_n(\bm{r}_2)\exp[-iE_n(t_2-t_1)/\hbar]\psi_n^*(\bm{r}_1)$$

となる.

プロパゲーターは,

$$i\hbar\frac{\partial}{\partial t_2}K(\bm{r}_2,t_2;\bm{r}_1,t_1) = \hat{H}K(\bm{r}_2,t_2;\bm{r}_1,t_1),$$

$$\lim_{t_2 \to t_1+0} K(\bm{r}_2,t_2;\bm{r}_1,t_1) = \delta(\bm{r}_2-\bm{r}_1)$$

を満たす. さらに, プロパゲーターは, 確率振幅の合成の性質（**合成則**）

$$K(\bm{r}_2,t_2;\bm{r}_1,t_1) = \int K(\bm{r}_2,t_2;\bm{r}',t')K(\bm{r}',t';\bm{r}_1,t_1)d^3\bm{r}' \tag{7.34}$$

を $t_1 < t' < t_2$ で満たす.

$$K(\boldsymbol{r}_N,t_N;\boldsymbol{r}_1,t_1) = \int d^3\boldsymbol{r}_{N-1} \int d^3\boldsymbol{r}_{N-2} \cdots \int d^3\boldsymbol{r}_2$$
$$\times K(\boldsymbol{r}_N,t_N;\boldsymbol{r}_{N-1},t_{N-1})K(\boldsymbol{r}_{N-1},t_{N-1};\boldsymbol{r}_{N-2},t_{N-2})$$
$$\times \cdots \times K(\boldsymbol{r}_2,t_2;\boldsymbol{r}_1,t_1) \qquad (7.35)$$

が成り立つ．ここで，$\boldsymbol{r}_2,\boldsymbol{r}_3,\cdots,\boldsymbol{r}_{N-1}$ について積分するのは，時空間内で固定した両端 $(\boldsymbol{r}_N,t_N)$ と $(\boldsymbol{r}_1,t_1)$ の間のとりうることのできるすべての経路の和をとることと同じである．

古典力学でのラグランジアン $L(\boldsymbol{r},\dot{\boldsymbol{r}})$ を用いて，作用を $S(n,n-1) \equiv \int_{t_{n-1}}^{t_n} L(\boldsymbol{r},\dot{\boldsymbol{r}})dt$ と定義する[*15]．$\exp[iS(2,1)/\hbar]$ は $K(\boldsymbol{r}_2,t_2;\boldsymbol{r}_1,t_1)$ に「対応する」ので，ある経路上の1つの小区間 $(\boldsymbol{r}_{n-1},t_{n-1}) \sim (\boldsymbol{r}_n,t_n)$ での量 $\exp[iS(n,n-1)/\hbar]$ を考えて，その経路上でつなぎ合わせると，$\prod_{n=2}^{N}\exp[iS(n,n-1)/\hbar] = \exp[(i/\hbar)\sum_{n=2}^{N}S(n,n-1)] = \exp[iS(N,1)/\hbar]$ となる．よって，(7.35) より，「ある」経路だけでなく「すべての」経路からの寄与を含めると，$\Delta t \to 0$ の極限で，

$$K(\boldsymbol{r}_N,t_N;\boldsymbol{r}_1,t_1) \propto \sum_{\text{すべての経路}} \exp\left[\frac{i}{\hbar}S(N,1)\right] \qquad (7.36)$$

となるであろう．これが，経路積分量子化法のアイデアの骨子である．正しく計算すると，$t_n - t_{n-1} \equiv \Delta t \to 0$ で，$K(\boldsymbol{r}_n,t_n;\boldsymbol{r}_{n-1},t_{n-1}) = \sqrt{m/(2\pi i\hbar\Delta t)}\exp[(i/\hbar)S(n,n-1)]$ となるから，$t_N - t_1$ が有限の大き

[*15]作用は，積分の経路が指定されて定義される量である．なお $\dot{\boldsymbol{r}} \equiv \partial\boldsymbol{r}/\partial t$ である．

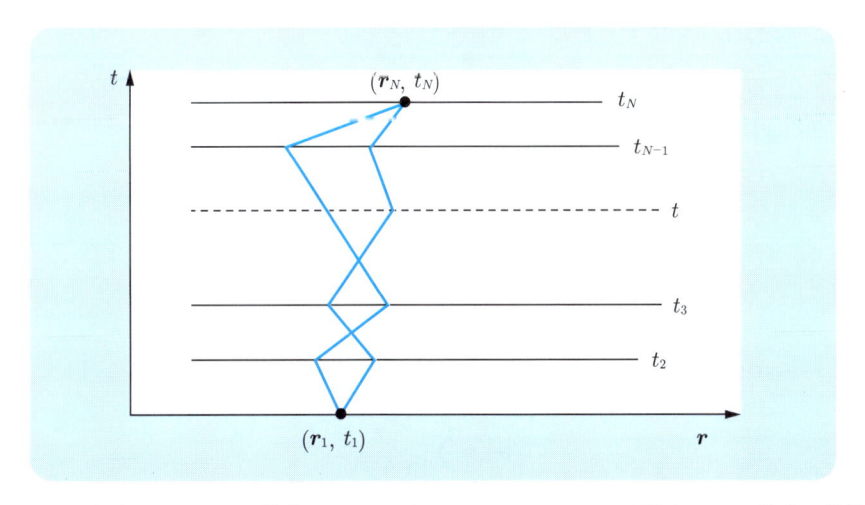

図 7.2 始点 $(\boldsymbol{r}_1,t_1)$ から終点 $(\boldsymbol{r}_N,t_N)$ までの $t_1 < t < t_N$ の時間を $N-1$ 等分に離散化する．この図には，2つの経路のみが描かれている．

さの場合は，合成則によって繰り返しつなぎ合わせて，

$$K(\bm{r}_N, t_N; \bm{r}_1, t_1) = \lim_{N\to\infty} \left(\frac{m}{2\pi i\hbar\Delta t}\right)^{(N-1)/2} \int d^3\bm{r}_{N-1} \int d^3\bm{r}_{N-2}$$

$$\times \cdots \int d^3\bm{r}_2 \prod_{n=2}^{N} \exp\left[\frac{i}{\hbar} S(n, n-1)\right] \qquad (7.37)$$

となる．ファインマン (Feynman) は，これを

$$K(\bm{r}_N, t_N; \bm{r}_1, t_1) = \int_{\bm{r}(t_1)=\bm{r}_1}^{\bm{r}(t_N)=\bm{r}_N} \mathcal{D}[\bm{r}(t)] \exp\left[\frac{i}{\hbar}\int_{t_1}^{t_N} L(\bm{r}, \dot{\bm{r}}) dt\right] \quad (7.38)$$

と書いた．ここで $\int \mathcal{D}[\bm{r}(t)]$ は，あらゆる連続経路にわたる積分を表す記号である．1組の $\{\bm{r}_j\}$ を折れ線経路とし，$\iint \cdots \int \prod_{j=2}^{N-1} d\bm{r}_j$ をあらゆる折れ線経路にわたる積分と見なして，$N\to\infty$ の極限を「あらゆる連続経路にわたる積分」とする．これは，量子力学の新しい定式化である[*16]．

古典力学では，古典力学でのラグランジアン $L(\bm{r}, \dot{\bm{r}}) = m|\dot{\bm{r}}|^2 - V(\bm{r})$ と，両端の時空点 $(\bm{r}_1, t_1)$, $(\bm{r}_N, t_N)$ とが指定されると，$(\bm{r}_1, t_1)$ と $(\bm{r}_N, t_N)$ とを

[*16] 場の量子論に移行するには，$\bm{r}(t)$ の引数 t を4元座標 (ct, x, y, z) に増やし，$\bm{r}$ を量子場 $\hat{\psi}$ と読み直せばよい．ボーズ粒子を表す場に対しては，実数あるいは複素数の場の変数が用いられ，フェルミ粒子を表す変数としては，常に反交換する（大きさを持たない）グラスマン (Grassmann) 数という数が用いられる．

解説 7.20 プロパゲーターとエネルギー固有値スペクトル

$\bm{r}_1 = \bm{r}_2$ として，プロパゲーターを全空間で積分したものを $G(t_2 - t_1) \equiv \int d^3\bm{r}\, K(\bm{r}, t_2; \bm{r}, t_1)$ と書くことにすると，これは系のエネルギー固有値を E_n としたとき，

$$G(t_2 - t_1) = \sum_n \exp\left[-i\frac{E_n(t_2 - t_1)}{\hbar}\right]$$

と表せる（各自確認せよ）．ここで変数 $t_2 - t_1$ を解析接続して純虚数と考え，正の実数 $\beta \equiv i(t_2 - t_1)/\hbar$ を導入すると，$G(t_2 - t_1)$ は，$Z \equiv \sum_n \exp(-\beta E_n)$ となって，分配関数となる．また，$G(t)$ のラプラス-フーリエ (Laplace-Fourier) 変換を $\tilde{G}(\epsilon) \equiv -(i/\hbar)\int_0^\infty G(t)\exp(i\epsilon t/\hbar)dt$ と書き，$\epsilon \to \epsilon + i\delta$ と置き換えてから $\delta \to +0$ とすると，

$$\tilde{G}(\epsilon) = \sum_n \frac{1}{\epsilon - E_n}$$

となる（各自確認せよ）．よって，エネルギー固有値スペクトルは，複素 ϵ 平面上での $\tilde{G}(\epsilon)$ の1位の極で表される．

結ぶ「任意の経路」などは考えない．古典的粒子の実際の運動 $r(t)$ に対応する**唯一の経路** $r_{\rm cl}(t)$ が存在するだけである．その唯一の経路は，ハミルトンの原理により，作用 S すなわちラグランジアンの時間積分を最小にするような経路であり，

$$\delta \int_{t_1}^{t_N} L(r, \dot{r}) dt = 0 \tag{7.39}$$

から，ただ 1 つに決まる．よって，古典力学では，時空間 (r, t) 内の**ある定まった経路**と粒子の運動とが，1 対 1 で結びついている．他方，量子力学では，時空間 (r, t) 内の**すべての可能な経路**が何らかの役割を演じている．

$\hbar \to 0$ の古典極限では，(7.38) の指数関数の肩が激しく振動するため，隣り合う経路からの様々な寄与は互いに打ち消し合い，経路積分への主要な寄与は作用の停留点 (7.39)，すなわち運動方程式の古典解 $r_{\rm cl}(t)$ で決まる．したがって，すべての経路についての積分から，古典的経路 $r_{\rm cl}(t)$ が自然に選び出され，$\hbar \to 0$ の極限で古典力学が再現される．

7.7 散乱現象の量子力学

波動または粒子が，障害物や散乱体との相互作用によって自由進行を乱される現象を一般に**散乱**という．図 7.3 のように，通常の散乱実験では，有限領域に局在している散乱体（標的）に十分遠方からビーム状の波動や粒子を入射して散乱現象を起こし，四方に散乱されて出てくる波動や粒子を散乱体から十分離れた距離 r にある粒子検出器で観測する．入射方向に垂直な単位

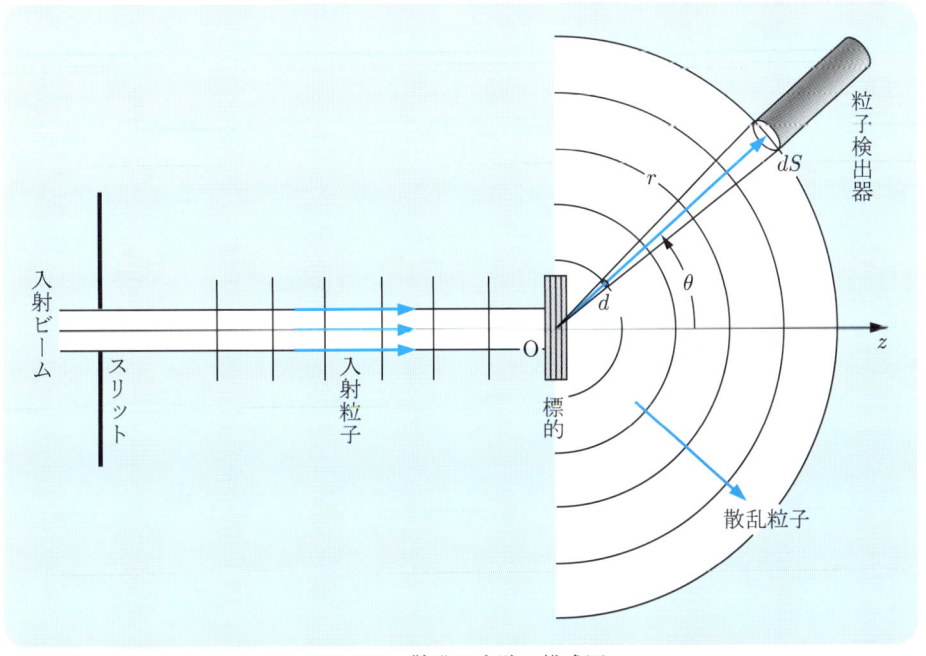

図 7.3 散乱の実験の模式図

面積に，単位時間に N 個の粒子が入射するとしよう．散乱体の位置を中心とする半径 r の球面上の (θ, φ) 方向の微小面積要素を dS とすると，単位時間あたりに dS を通過する散乱された粒子数 ΔN は，$\Delta N \propto NdS/r^2 = Nd\Omega$ に比例する．ここで，$d\Omega = dS/r^2$ は微小な立体角要素である．この比例係数 $\Delta N/(Nd\Omega)$ は散乱角 θ の関数で**微分散乱断面積** (differential scattering cross-section) と呼ばれ，$\sigma(\theta)$ と書く．微分散乱断面積を，すべての立体角について積分した量 $\sigma_{\text{total}} = \int \sigma(\theta) d\Omega$ を**全散乱断面積** (total scattering cross-section) という[*17]．シュレーディンガー方程式から微分散乱断面積を理論的に導出するのが量子力学における散乱理論である．

7.7.1 散乱の積分方程式

ハミルトニアン $\hat{H}$ が，自由粒子を記述する運動エネルギー $\hat{H}_0 = \hat{\boldsymbol{p}}^2/(2m)$ と散乱体との相互作用を表すポテンシャル $V(\boldsymbol{r})$ との和から成り立っているとする．散乱体がない場合（$V = 0$）のエネルギー固有状態は自由粒子状態（運動量演算子の固有状態でもある）であるが，散乱が弾性的[*18]な場合は，全ハミルトニアン $\hat{H}$ のシュレーディンガー方程式の，$V = 0$ の場合と同じエ

[*17] 単位時間あたりに単位断面積を 1 個の粒子が通って入射するとき，散乱される全粒子数の割合を表す．原子による電子の散乱では $\sigma_{\text{total}} \sim 10^{-17}$ cm^2 程度，原子核による散乱では $\sigma_{\text{total}} \sim 10^{-24}$ cm^2 程度の大きさである．

[*18] 衝突の前後でエネルギー変化が生じないような散乱を**弾性散乱**と呼ぶ．散乱によって運動量の向きは変わるがその大きさは変わらない．

解説 7.21　散乱現象の記述と種類

散乱現象は時間的に様子が変わっていくので，時間に依存するシュレーディンガー方程式 (2.26) を解くべきであるが，入射粒子ビームが運動量一定の定常的流れであり，標的物質（散乱体）との相互作用が時間にあらわに依存しなければ，散乱現象を力学的定常状態として (2.23) を解くという形で取り扱うことができる（4.3 節や 4.4 節での反射率や透過率の計算を参照せよ）．また，散乱現象の別の取扱い方法として，入射粒子の状態が，散乱体との相互作用によって他の状態に遷移すると考え，その遷移確率を計算する方法もある．空間的にある程度局在した波束を考え，その運動の時間的変化を追跡する解法は，かなり難しい．

散乱体と粒子との相互作用の形が与えられたとして散乱実験の測定値（微分散乱断面積等）を導出するのを「散乱の順問題」，散乱の様子から相互作用の形を推定するのを「散乱の逆問題」(inverse scattering problem) という．

ネルギー固有値に属する固有状態を求める必要がある．遠方（$|\bm{r}| \to \infty$）での波動関数は入射波と散乱波とから成るという境界条件の下では $E \geq 0$ のすべての E に対してエネルギー固有関数が存在するので，正の連続固有値 $E = \hbar^2 k^2/(2m)$ を持っていることになる．

z 方向から入射された，ある一定の正のエネルギー E，運動量 $\hbar\bm{k} = (0, 0, \hbar k)$ の粒子流（ビーム）を考える．ここで $k = \sqrt{2mE}/\hbar > 0$ である．この粒子流を表す平面波[19]の波動関数 $\psi_k^{(0)}(\bm{r}) \equiv (2\pi)^{-3/2}\exp(i\bm{k}\cdot\bm{r}) = (2\pi)^{-3/2}\exp(ikz)$ は，原点に存在する標的物質（散乱体）の球対称ポテンシャル[20] $V(r)$ によって弾性散乱されて，同じエネルギー固有値 E の散乱状態の固有関数[21] $\psi_k^{(+)}(\bm{r})$ になるとする．原点から十分遠方（$|\bm{r}| \to \infty$）での境界条件は，入射波 $\psi_k^{(0)}(\bm{r})$ と散乱波とから成ることから

$$\psi_k^{(+)}(\bm{r}) \sim (2\pi)^{-3/2}\left[\exp(ikz) + f(\theta, \varphi)\frac{\exp(ikr)}{r}\right] \tag{7.40}$$

と表せる（図 7.4 参照）．ここで $r = |\bm{r}|$ で，入射方向を極軸（z 軸）とする球面極座標 (r, θ, φ) を用いた．右辺第 1 項は $+z$ 方向に進む入射平面波で，第

---

[19] $V = 0$ の場合の（つまり $\hat{H}_0$ の）エネルギー固有関数である．

[20] 球対称でないポテンシャルの場合は難しい．また，ポテンシャルの及ぶ到達距離は有限か遠方で十分に速やかに 0 になるものとする．クーロンポテンシャルのように原点からの距離 r について r^{-1} の依存性を持つ場合は取り扱いが難しい．

[21] 全ハミルトニアン $\hat{H}$ のエネルギー固有関数である．

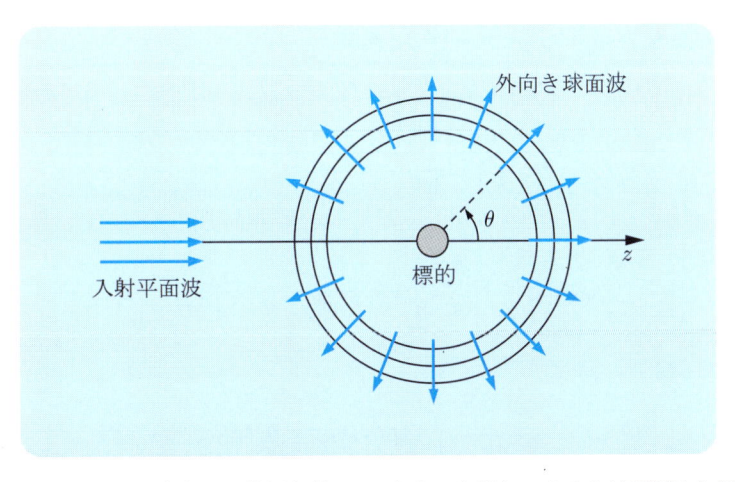

図 7.4 原点から十分遠方での境界条件．$+z$ 方向に入射してくる入射平面波と標的物質によって散乱された外向き球面波とが共存する．

2 項が散乱された外向き球面波である．係数 $f(\theta,\varphi)$ を**散乱振幅** (scattering amplitude) という．散乱振幅は微分散乱断面積と $\sigma(\theta)=|f(\theta,\varphi)|^2$ で結びついている[*22]．見やすくするために $U(r)\equiv 2mV(r)/\hbar^2$ とおくと，時間に依存しないシュレーディンガー方程式 (2.23) は，$(\nabla^2+k^2)\psi(\bm{r})=U(r)\psi(\bm{r})$ と書ける．この一般解を $\psi_k^{(+)}(\bm{r})=\psi_k^{(0)}(\bm{r})+\zeta_k(\bm{r})$ の形で表すと，右辺の第 1 項 $\psi_k^{(0)}(\bm{r})$ は，$(\nabla^2+k^2)\psi_k^{(0)}(\bm{r})=0$ を満たすので，$\psi_k^{(0)}(\bm{r})=(2\pi)^{-3/2}\exp(i\bm{k}\cdot\bm{r})=(2\pi)^{-3/2}\exp(ikz)$ である．右辺第 2 項 $\zeta_k(\bm{r})$ は，$(\nabla^2+k^2)\zeta_k(\bm{r})=U(r)\psi_k^{(+)}(\bm{r})$ を満たすので，関数 $\psi_k^{(+)}(\bm{r})$ を既知とすると，外向波のグリーン (**Green**) 関数[*23]

$$G_k^{(+)}(\bm{r},\bm{r}')=-\frac{1}{4\pi}\frac{\exp(+ik|\bm{r}-\bm{r}'|)}{|\bm{r}-\bm{r}'|} \tag{7.41}$$

を用いて

$$\zeta_k(\bm{r})=\int G_k^{(+)}(\bm{r},\bm{r}')U(r')\psi_k^{(+)}(\bm{r}')d^3\bm{r}' \tag{7.42}$$

と表せる．よって一般解 $\psi_k^{(+)}(\bm{r})$ は，次の積分方程式を満たしている．

$$\psi_k^{(+)}(\bm{r})=\frac{\exp(ikz)}{(2\pi)^{3/2}}+\int G_k^{(+)}(\bm{r},\bm{r}')U(r')\psi_k^{(+)}(\bm{r}')d^3\bm{r}'. \tag{7.43}$$

[*22] 通常の系は z 軸の回りに回転対称であるため，散乱振幅 f は φ には依存しない．つまり，散乱波を球面調和関数 $Y_{lm}(\theta,\varphi)$ で展開したとき，$m=0$ しか現れない．

[*23] ヘルムホルツ (Helmholtz) 方程式 $(\nabla^2+k^2)G_k^{(\pm)}(\bm{r},\bm{r}')=\delta(\bm{r}-\bm{r}')$ の解の 1 つである．章末問題 (4) を参照.

解説 7.22　散乱振幅 $f(\theta,\varphi)$ の $\psi_k^{(+)}(\bm{r})$ による表示

6.4 節で考察したような場合，すなわち散乱体の球対称ポテンシャル $U(r)$ が半径 a の球内のみで有限の値 U_0 をとり，その球の外側では $U(r)\equiv 0$ となる場合などでは，$\bm{r}'$ についての積分は $0\leq|\bm{r}'|\leq a$ の範囲のみで十分なので，散乱の観測点の位置 $\bm{r}$ を十分遠方にとって $r\gg r'$ とすることができる．このとき，$\bm{n}\equiv\bm{r}/r$ として，$|\bm{r}-\bm{r}'|=[r^2+(r')^2-2(\bm{n}\cdot\bm{r}')r]^{1/2}\simeq r-\bm{n}\cdot\bm{r}'$ および $|\bm{r}-\bm{r}'|^{-1}\simeq 1/r+\bm{n}\cdot\bm{r}'/r^2\simeq 1/r$ と近似できる．これらを (7.43) に代入すると，

$$\psi_k^{(+)}(\bm{r})\stackrel{r\to\infty}{\longrightarrow}\frac{\exp(ikz)}{(2\pi)^{3/2}}-\frac{\exp(ikr)}{4\pi r}\int\exp(-ik\bm{n}\cdot\bm{r}')U(r')\psi_k^{(+)}(\bm{r}')d^3\bm{r}'$$

となるので，散乱振幅 $f(\theta,\varphi)$ は

$$f(\theta,\varphi)=-\frac{(2\pi)^{3/2}}{4\pi}\int\exp(-ik\bm{n}\cdot\bm{r}')U(r')\psi_k^{(+)}(\bm{r}')d^3\bm{r}'$$

と表すことができる．

(7.43) はリップマン-シュウィンガー (**Lippmann-Schwinger**) 方程式と呼ばれ，$\psi_k^{(+)}$ が両辺に含まれていることから分かるように，$\psi_k^{(+)}$ についての自己無撞着な積分方程式になっている．散乱体がある場合の波動関数 $\psi_k^{(+)}(\boldsymbol{r})$ が，入射波 $(2\pi)^{-3/2}\exp(ikz)$ と散乱波 $\int G_k^{(+)}(\boldsymbol{r},\boldsymbol{r}')U(r')\psi_k^{(+)}(\boldsymbol{r}')d^3\boldsymbol{r}'$ との和で表されている．無限遠方での散乱波は外向きの球面波 $\exp(+ikr)/r$ になっているので，境界条件 (7.40) を満たしている．

7.7.2 ボルン近似

(7.43) の右辺の被積分関数に含まれる $\psi_k^{(+)}(\boldsymbol{r})$ を，右辺第 1 項の $\psi_k^{(0)}(\boldsymbol{r}) = (2\pi)^{-3/2}\exp(ikz)$ で近似してしまうのを**第 1 ボルン近似**という[*24]．この近似の下での散乱振幅は，

$$f^{(1)}(\theta,\varphi) = -\frac{1}{4\pi}\int \exp[i(\boldsymbol{k}-k\boldsymbol{n})\cdot\boldsymbol{r}']U(r')d^3\boldsymbol{r}' \tag{7.44}$$

となる[*25]．球対称な散乱ポテンシャルの場合は，$f^{(1)}$ は $q \equiv |\boldsymbol{k}-k\boldsymbol{n}| = 2k\sin(\theta/2)$ のみの関数となり，

$$f^{(1)}(\theta) = -\frac{1}{q}\int_0^\infty rU(r)\sin(qr)dr \tag{7.45}$$

と表せる．$|\boldsymbol{k}|$ が小さい場合は q も小さくなり，$f^{(1)}(\theta)$ は θ に依存しない定

[*24] 第 1 ボルン近似で得られた $\psi_k^{(+)}(\boldsymbol{r})$ の近似解を，(7.43) の右辺の $\psi_k^{(+)}(\boldsymbol{r})$ に再度代入することを，**第 2 ボルン近似**という．

[*25] 定数倍は別にして，散乱ポテンシャル V の 3 次元フーリエ変換になっている．

解説 7.23 第 1 ボルン近似の成立条件

散乱振幅に寄与するのは，$U(r)$ が有限の値を持つような原点近傍 ($\boldsymbol{r}\simeq 0$) での $\psi^{(+)}$ であるから，$\boldsymbol{r}\simeq 0$ とすると，逐次展開が収束するには，

$$\frac{1}{4\pi}\left|\int \frac{\exp(ikr')}{r'}U(r')\exp(ikz')d^3\boldsymbol{r}'\right| \ll 1 \tag{7.46}$$

でなければならない．散乱ポテンシャル $U(r) = 2mV(r)/\hbar^2$ が $0 \le r \le a$ で有限の値 U_0 をとり，$r > a$ では $U(r) \equiv 0$ となっている場合を考えると，(7.46) は，

$$\frac{|U_0|}{4k^2}|\exp(2ika) - 2ika - 1| \ll 1 \tag{7.47}$$

となる．(i) 低エネルギー粒子の散乱の場合 ($ka \ll 1$) は，(7.47) は $|U_0|a^2/2 \ll 1$ となるから，散乱ポテンシャル $|U_0|$ が小さくポテンシャルの有効到達領域 a も小さいときに，ボルン近似は意味を持つ．(ii) 他方，高エネルギー粒子の散乱の場合 ($ka \gg 1$) は，(7.47) は $|U_0|a/(2k) \ll 1$ となるから，散乱ポテンシャル $|U_0|$ が小さく入射粒子の運動量 k が大きいときに，ボルン近似が有効となる．これは，入射粒子の速さを $v \equiv \hbar k/m$ とすれば，入射粒子がポテンシャルの有効到達領域を通過するのに要する時間 a/v が，ポテンシャルが粒子に作用する時間 $\hbar/|V_0|$ よりも十分小さい，と解釈することもできる．

数になる．他方，q が大きい場合は $\sin(qr)$ の速い振動により $f^{(1)}(\theta)$ は小さくなる．この第 1 ボルン近似では $f^{(1)}(\theta)$ は常に実数であり，微分散乱断面積 $\sigma^{(1)}(\theta) = |f^{(1)}(\theta)|^2$ は散乱ポテンシャル $V(r)$ の符号に依存しない．

7.7.3 部分波展開法

ポテンシャルが球対称の場合は，軌道角運動量演算子の $\hat{\boldsymbol{L}}^2$ と $\hat{L}_z$ の量子数 l と m が重要である．特に低エネルギー粒子の散乱の場合は l の小さな状態のみが関与するので[*26]，(7.43) を解く際に，散乱の波動関数 $\psi^{(+)}(r,\theta,\varphi)$ を角運動量の固有状態で展開する**部分波展開法** (partial wave expansion) がしばしば用いられる．$l = 0, 1, 2, \cdots$ に相当する部分波を s 波，p 波，d 波，$\cdots$ と呼ぶ．

$\psi_k^{(+)}(r,\theta,\varphi)$ を動径関数 $R_l^{(+)}(r)$ と球面調和関数 $Y_{lm}(\theta,\varphi)$ とで展開する際，z 軸回りの対称性より φ 依存性はなくなるので $m = 0$ のみ考えればよい．$m = 0$ の球面調和関数は，l 次のルジャンドル多項式 $P_l(\cos\theta) \equiv P_l^{m=0}(\cos\theta)$ を用いると，(6.71) から $Y_{l,m=0}(\theta,\varphi) = [(2l+1)/(4\pi)]^{1/2} P_l(\cos\theta)$ である．散乱振幅 $f(\theta)$ に未定の係数 $a_l(k)$ を導入して $P_l(\cos\theta)$ で展開した式 $f(\theta) = (2ik)^{-1} \sum_{l=0}^{\infty} (2l+1) a_l(k) P_l(\cos\theta)$ とレイリーの公式 (7.48) の漸近形

[*26] 3 次元球対称井戸型ポテンシャル (6.83) による散乱を考えると，入射粒子の z 軸からの距離（衝突径数）b が井戸の半径 a よりも小さな場合しか散乱は生じない．このような粒子の角運動量の大きさは $\hbar k b$ であるので，散乱は条件 $l \leq ak$ を満たす場合にのみ生じる．

> **解説 7.24** レイリーの公式とその漸近形
>
> レイリーの公式は，平面波 $\exp(ikz)$ を球面波で展開したもので
>
> $$\exp(ikz) = \exp(ikr\cos\theta) = \sum_{l=0}^{\infty} (2l+1) i^l j_l(kr) P_l(\cos\theta) \tag{7.48}$$
>
> である．球ベッセル関数 $j_l(z)$ の漸近形
>
> $$j_l(z) \xrightarrow{z\to\infty} \frac{1}{z} \sin\left(z - \frac{l\pi}{2}\right)$$
>
> を用いると，(7.48) の漸近形は，
>
> $$\exp(ikz) \xrightarrow{r\to\infty} \sum_{l=0}^{\infty} \frac{2l+1}{2ikr} \left[\exp(ikr) - (-1)^l \exp(-ikr)\right] P_l(\cos\theta) \tag{7.49}$$
>
> となる．

(7.49) を境界条件 (7.40) に代入すると，z 軸の回りに対称な $\psi_k^{(+)}$ の漸近形の部分波展開は，

$$\psi_k^{(+)}(r,\theta) \stackrel{r\to\infty}{\longrightarrow} (2\pi)^{-3/2} \sum_{l=0}^{\infty} \frac{2l+1}{2ikr} \Big[[1+a_l(k)]\exp(ikr) \\ -(-1)^l \exp(-ikr) \Big] P_l(\cos\theta) \tag{7.50}$$

となる．

散乱体を中心とする大きな球面を考え，この球面に流れ込む粒子数と球面から流れ出る粒子数は，確率の保存則より等しくなければならない．(7.50) の右辺の [ ] 内の第 1 項は原点から外へ発散する球面波を，第 2 項は原点へ向かって収束する球面波を表す項であるから，その係数の絶対値（の 2 乗）が等しくなければならないので，

$$|1+a_l(k)| = 1 \tag{7.51}$$

すなわち $a_l(k) + a_l^*(k) = -|a_l(k)|^2$ が成り立たなければならない．これを，l 番目の部分波に対する**ユニタリー関係式**と呼ぶ．実数 δ_l を用いて $1+a_l(k) = \exp(2i\delta_l)$ と書くことができる．

散乱ポテンシャル $V(r)$ が 0 である領域での動径関数 $R_l^{(+)}(r)$ の正確な解は，6.4 節において $E \geq 0$ とした場合に相当するから $R_l^{(+)}(r) = A_l h_l^{(1)}(kr) + B_l h_l^{(2)}(kr)$ と表せる．(7.50) の漸近形と比較して係数 A_l と B_l を決め，球ハンケル関数の漸近形を代入すると，全波動関数の漸近形は

解説 7.25 光学定理

前方散乱 ($\theta=0$) の散乱振幅は $f(\theta=0) = k^{-1}\sum_{l=0}^{\infty}(2l+1)/(2i)a_l(k)$ であるから，これより

$$\frac{2\pi}{ik}[f(\theta=0) - f^*(\theta=0)] = -\frac{2\pi}{k^2}\sum_{l=0}^{\infty}(2l+1)\frac{a_l(k)+a_l^*(k)}{2} \tag{7.52}$$

となる．よって，全散乱断面積と前方散乱の散乱振幅との間に

$$\begin{aligned}\sigma_{\text{total}} &= \frac{\pi}{k^2}\sum_{l=0}^{\infty}(2l+1)|a_l(k)|^2 \\ &\stackrel{(7.51)}{=} -\frac{\pi}{k^2}\sum_{l=0}^{\infty}(2l+1)[a_l(k)+a_l^*(k)] \\ &\stackrel{(7.52)}{=} \frac{4\pi}{k}\operatorname{Im} f(\theta=0)\end{aligned}$$

という関係式が導かれる．これを**光学定理**という．確率密度流の保存則に起因しているので，入射波の強度が前方散乱によって減少した分が四方に散乱されることを意味している．

$$\psi_k^{(+)}(r,\theta) \xrightarrow{r\to\infty} \frac{1}{(2\pi)^{3/2}} \sum_{l=0}^{\infty} \frac{2l+1}{kr} i^l \exp(i\delta_l)$$
$$\times \sin\left(kr - \frac{l\pi}{2} + \delta_l\right) P_l(\cos\theta) \qquad (7.53)$$

となる．他方，入射波の漸近形は (7.49) より

$$\frac{\exp(ikz)}{(2\pi)^{3/2}} \xrightarrow{r\to\infty} \frac{1}{(2\pi)^{3/2}} \sum_{l=0}^{\infty} \frac{2l+1}{kr} i^l \sin\left(kr - \frac{l\pi}{2}\right) P_l(\cos\theta) \qquad (7.54)$$

なので，(7.53) と (7.54) とを比べると分かるように，実数 δ_l は散乱体との相互作用によって生じた角運動量 l の部分波の**位相のずれ** (phase shift) である．

位相のずれ δ_l を用いると，

$$f(\theta) = \frac{1}{k}\sum_{l=0}^{\infty}(2l+1)\exp(i\delta_l)\sin\delta_l P_l(\cos\theta), \qquad (7.55)$$

$$\sigma_{\text{total}} = \frac{4\pi}{k^2}\sum_{l=0}^{\infty}(2l+1)\sin^2\delta_l \qquad (7.56)$$

と表される．$\delta_l = (n+1/2)\pi, (n=0,\pm1,\pm2,\cdots)$ のとき，**共鳴散乱**が生じているという．$\delta_l = n\pi$ のときは散乱が生じない（ラムザウアー-タウンゼント (Ramsauer-Townsend) 効果）．エネルギーの小さな粒子の散乱では，角運動量 l がある値を超える状態からの寄与は無視できるので，この表示は有用である．

位相のずれ δ_l は，ポテンシャル外部の厳密な波動関数とポテンシャル内部

解説 7.26 3次元球対称井戸型ポテンシャルでの s 波散乱の位相のずれ δ_0

3次元球対称井戸型ポテンシャル (6.83) の場合，半径 a の井戸の内部と外部の動径関数を滑らかに接続することで位相のずれが決まる．s 波散乱 ($l=0$) の位相のずれ δ_0 は，結果のみ示すと，

$$\tan\delta_0 = \frac{ka\cot(ka) - \sqrt{U_0+k^2}\,a\cot(\sqrt{U_0+k^2}\,a)}{ka + \sqrt{U_0+k^2}\,a\cot(\sqrt{U_0+k^2}\,a)\cot(ka)}$$

となる．ここで $U_0 \equiv 2mV_0/\hbar^2$ である．さらに低エネルギー極限 ($k\to 0$) では，$\delta_0 \simeq -k\alpha$ となる．ここで α は**散乱半径**（あるいは**散乱長**）と呼ばれる長さで，

$$\alpha = a\left[1 - \frac{1}{\sqrt{U_0}\,a\cot(\sqrt{U_0}\,a)}\right]$$

で与えられる．α の符号は束縛状態の存在と関係している．aU_0 が小さいとき（ポテンシャルが浅くて狭いとき）は $\alpha < 0$ である．U_0 が大きくなり（ポテンシャル井戸が深くなり）$\sqrt{U_0}\,a\cot(\sqrt{U_0}\,a) = 0$ になったとき $\alpha \to -\infty$ となり，**零エネルギー共鳴**が生じる（$\sigma_{\text{total}} \simeq 4\pi k^{-2}$ となる）．さらに U_0 が大きくなると束縛状態が存在するようになり，$\alpha > 0$ となる．ちなみに，部分波に対する第1ボルン近似を用いると，

$$\tan\delta_0^{(1)} = \frac{U_0}{2k^2}\left[ka - \frac{1}{2}\sin(2ka)\right]$$

であり，低エネルギー極限では $\delta_0^{(1)} \simeq U_0 ka^3/3$ となる．

の波動関数とを接続条件を用いてつなぐことによって決まる．導出は省略するが，3次元球対称井戸型ポテンシャル (6.83) の場合，位相のずれ δ_l を動径関数 $R_l^{(+)}(r)$ を用いて表すと

$$\tan \delta_l = -k \int_0^\infty (r')^2 j_l(kr') U(r') R_l^{(+)}(r') dr' \tag{7.57}$$

となる．この計算には「部分波に対する第1ボルン近似」

$$\tan \delta_l^{(1)} = -k \int_0^\infty (r')^2 [j_l(kr')]^2 U(r') dr' \tag{7.58}$$

がしばしば使われる．位相のずれが小さいときは良い近似である．これから，$U(r)$ が引力なら $\delta_l > 0$ で，$U(r)$ が斥力なら $\delta_l < 0$ となることが分かる．

7.8 巨視的量子現象

巨視的量子現象 (macroscopic quantum phenomena) は，2種類に大別される．1つは「第1種巨視的量子現象」と呼ばれ，パウリの排他律などのフェルミ-ディラック統計の特徴が原子や分子のレベルで現れるだけでなく，粒子数 N がアボガドロ数 ($N \sim 10^{23}$) ほどの巨視的な数になっても，フェルミ温度に比べて低温で現れる現象である．他方の「第2種巨視的量子現象」は，熱力学的極限 ($N \to \infty$) で初めて自発的に対称性が破れて起こる現象である．ここでは後者について紹介する．例として，超伝導や超流動，ボーズ-アインシュタイン凝縮（解説 7.27 参照），ジョセフソン (Josephson) 効果な

解説 7.27　ボーズ-アインシュタイン凝縮

フェルミ粒子はパウリの排他律にしたがうので，1つの量子状態を2個以上で占有できないが，ボーズ粒子は1つの状態を何個でも占めることができる．よってボーズ粒子系では，低温では1つの量子状態を巨視的な数のボーズ粒子が占めうる．温度を下げると1つの状態に粒子が「集まる」わけだから，水蒸気中に水滴が凝縮する現象に似ている．よって，この現象を**ボーズ-アインシュタイン凝縮**という．この凝縮状態では，全粒子の波動関数の位相は系の端から端まで一定値に保たれており，波動関数の位相がそろった量子コヒーレンスが巨視的に実現した状態である．

1粒子のエネルギーが ϵ の状態にボーズ粒子が存在する確率 $f^{(B)}(\epsilon)$ は，(7.3) のようにボーズ分布関数 $f^{(B)}(\epsilon) = \{\exp[(\epsilon - \mu)/(k_B T)] - 1\}^{-1}$ で与えられる．粒子数 N は条件式 $N = \sum_j f^{(B)}(\epsilon_j)$ から決まるが，化学ポテンシャル μ を 0 にしても右辺の和は有限となり，ある温度以下では，$\epsilon = 0$ の状態に巨視的な数のボーズ粒子が存在することになる．通常の3次元系でのボーズ-アインシュタイン凝縮では，凝縮の生じる転移温度 T_c は，$T_c \propto \hbar^2 (N/V)^{2/3}$ となる．N/V は粒子数密度である．

どがある．

　第2種巨視的量子現象では**量子コヒーレンス**といわれる波動性が大切となり，その波動性を特徴づける「位相」が重要である．量子コヒーレンスを持つ状態は，位相 φ を用いて

$$|\varphi\rangle \equiv \sum_{n=0}^{\infty} C_n \exp(i\varphi n)|n\rangle \tag{7.59}$$

と表すことができる．ここで，係数 C_n は実数，$|n\rangle$ は粒子数が n に確定している個数状態である．粒子数 n には個数演算子 $\hat{n}$ が対応しているように，位相 φ には「位相演算子」$\hat{\varphi} = -i\partial/\partial n$ が対応している（解説 7.28 参照）．よって，粒子数 $\hat{n}$ と位相 $\hat{\varphi}$ との間には，交換関係 $[\hat{n}, \hat{\varphi}] = i$ が成り立つ．すなわち (3.96) より，粒子数と位相は不確定性関係 $\delta n \delta \varphi \geq 1$ にある．よって，位相が揃った状態では粒子数は完全に不確定となる．だから，$n \to \infty$ の熱力学的極限でのみ，位相 φ の確定した「量子コヒーレンスを持つ状態」が実現しうるのである[*27]．

　このような状態を特徴づけるために，**非対角長距離秩序** (off-diagonal long-range order, ODLRO) という量（概念）がある．これは，

[*27] 元のハミルトニアンは粒子数を保存するようなものであっても，そのゲージ対称性を破るような共役な外場を印加しておき，$n \to \infty$ の熱力学的極限を先にとってから，外場を 0 にすると，自発的な対称性の破れが起こり，量子コヒーレンスを持った状態が実現される．

解説 7.28　位相演算子

量子コヒーレンスを持つ状態 (7.59) で，位相 φ の期待値を計算すると，

$$\begin{aligned}\langle\varphi|\varphi|\varphi\rangle &= \sum_{n=0}^{\infty}\sum_{n'=0}^{\infty} C_{n'} C_n \exp(-i\varphi n') \varphi \exp(i\varphi n) \langle n'|n\rangle \\ &= \sum_{n=0}^{\infty}\sum_{n'=0}^{\infty} C_{n'} C_n \exp(-i\varphi n') \left(-i\frac{\partial}{\partial n}\right) \exp(i\varphi n) \langle n'|n\rangle \\ &= \left\langle\varphi\left|-i\frac{\partial}{\partial n}\right|\varphi\right\rangle\end{aligned}$$

となる．この式の最左辺と最右辺とを比較すると

$$\varphi = -i\frac{\partial}{\partial n}$$

となるので，位相 φ に演算子 $\hat{\varphi} = -i\partial/\partial n$ を対応づけることができる．

7.8 巨視的量子現象

$$\langle \psi^\dagger(0)\psi(\boldsymbol{r})\rangle \stackrel{n\to\infty}{\longrightarrow} \Psi_{\mathrm{B}}^*(0)\Psi_{\mathrm{B}}(\boldsymbol{r}), \quad \text{ボーズ粒子系}$$

$$\langle \psi_2^\dagger(0)\psi_1^\dagger(0)\psi_1(\boldsymbol{r})\psi_2(\boldsymbol{r})\rangle \stackrel{n\to\infty}{\longrightarrow} \Psi_{\mathrm{F}}^*(0)\Psi_{\mathrm{F}}(\boldsymbol{r}), \quad \text{フェルミ粒子系}$$

という量である[*28]．これらの左辺の平均は，粒子数を保存するゲージ対称な系のハミルトニアン $\hat{H}$ について，$\exp[-\hat{H}/(k_{\mathrm{B}}T)]$ に比例した重みを持つカノニカル平均なので，系が有限サイズであっても定義できる．他方，右辺の $\Psi_{\mathrm{B}}(\boldsymbol{r})$ や $\Psi_{\mathrm{F}}(\boldsymbol{r})$ は，自発的に対称性が破れた状態での**秩序パラメータ（巨視的波動関数**とも呼ばれる）で，巨視的な量子状態 $|\Psi_{\mathrm{B}}(\boldsymbol{r})\rangle$ や $|\Psi_{\mathrm{F}}(\boldsymbol{r})\rangle$ での $\psi(\boldsymbol{r})$ や $\psi_2(\boldsymbol{r})$ の期待値である[*29]．

これらの秩序パラメータ $\Psi_{\mathrm{B}}(\boldsymbol{r})$, $\Psi_{\mathrm{F}}(\boldsymbol{r})$ は一般には複素数であるので，位相 $\varphi_{\mathrm{B}}(\boldsymbol{r})$ や $\varphi_{\mathrm{F}}(\boldsymbol{r})$ を用いて $\Psi_{\mathrm{B}}(\boldsymbol{r}) = |\Psi_{\mathrm{B}}(\boldsymbol{r})|\exp[i\varphi_{\mathrm{B}}(\boldsymbol{r})]$, $\Psi_{\mathrm{F}}(\boldsymbol{r}) = |\Psi_{\mathrm{F}}(\boldsymbol{r})|\exp[i\varphi_{\mathrm{F}}(\boldsymbol{r})]$ と表せる．空間的に一様な系では，位相は位置座標 $\boldsymbol{r}$ に依存しない．位相が $\boldsymbol{r}$ に依存する場合は，位相差 $\boldsymbol{\nabla}\varphi(\boldsymbol{r})$ によって粒子に流れが生じる．その流れの大きさ $\boldsymbol{J}$ は，$\boldsymbol{J} \propto \hbar\boldsymbol{\nabla}\varphi(\boldsymbol{r})$ のように $\boldsymbol{\nabla}\varphi$ に比例し，$\hbar \to 0$ で消える量である．これは，(3.68) とみかけ上は似ている．しかし，秩序パラメータ $\Psi_{\mathrm{B}}(\boldsymbol{r})$, $\Psi_{\mathrm{F}}(\boldsymbol{r})$ はシュレーディンガー方程式にしたがうのではなく，現象論的な**ギンツブルク-ランダウ (Ginzburg-Landau) 方程式**にしたがう（解説 7.29 を参照）．本書では，これ以上は立ち入らない．

[*28] フェルミ粒子系では，その 1 粒子状態に ODLRO は生じない．ODLRO を示すには，少なくとも 2 つのフェルミ粒子が何らかの相関を持つ必要がある．

[*29] $\Psi_{\mathrm{B}}(\boldsymbol{r}) = \langle\Psi_{\mathrm{B}}(\boldsymbol{r})|\psi(\boldsymbol{r})|\Psi_{\mathrm{B}}(\boldsymbol{r})\rangle$, $\Psi_{\mathrm{F}}(\boldsymbol{r}) = \langle\Psi_{\mathrm{F}}(\boldsymbol{r})|\psi_2(\boldsymbol{r})|\Psi_{\mathrm{F}}(\boldsymbol{r})\rangle$ である．

解説 7.29　ギンツブルク-ランダウ方程式の例

例として，超伝導に対するギンツブルク-ランダウ方程式を紹介する．クーパー (Cooper) 対の電荷を $-2e$, 質量を m とし，超伝導を記述する秩序パラメータを $\Psi(\boldsymbol{r})$ とする．磁場 $\boldsymbol{B}$ 中の運動量演算子は，ゲージ共変微分すなわち $\hat{\boldsymbol{p}} = -i\hbar\boldsymbol{\nabla} - 2e\boldsymbol{A}$ である．ギンツブルク-ランダウ理論では，系を記述する自由エネルギーを秩序パラメータの関数として現象論的に表し，それを最小とするように秩序パラメータが決まると考える．

超伝導体の自由エネルギー密度 $F_{\mathrm{S}}(\boldsymbol{r},T)$ を，秩序パラメータ Ψ で展開し

$$F_{\mathrm{S}}(\boldsymbol{r},T) = F_{\mathrm{N}}(\boldsymbol{r},T) + \alpha|\Psi|^2 + \frac{\beta}{2}|\Psi|^4 + \frac{1}{2m}|\hat{\boldsymbol{p}}\Psi|^2 + \frac{|\boldsymbol{B}|^2}{2\mu_0}$$

としよう．ここで，$F_{\mathrm{N}}(\boldsymbol{r},T)$ は常伝導状態（$\Psi = 0$）での自由エネルギー密度である．自由エネルギー $\int F_{\mathrm{S}}(\boldsymbol{r},T)d^3\boldsymbol{r}$ を最小にする条件 $\delta\int F_{\mathrm{S}}(\boldsymbol{r},T)d^3\boldsymbol{r} = 0$ から，秩序パラメータ Ψ に対する 2 つのギンツブルク-ランダウ方程式が導かれる．第 1 のギンツブルク-ランダウ方程式は，

$$\alpha\Psi + \beta|\Psi|^2\Psi + \frac{\hat{\boldsymbol{p}}^2}{2m}\Psi = 0$$

で，第 2 のギンツブルク-ランダウ方程式は，超伝導電流を $\boldsymbol{J}$ として，

$$\boldsymbol{J} = \frac{e}{m}\left[i\hbar(\Psi^*\boldsymbol{\nabla}\Psi - \Psi\boldsymbol{\nabla}\Psi^*) + 4e|\Psi|^2\boldsymbol{A}\right] = \frac{2e}{m}\mathrm{Re}\left[\Psi^*\hat{\boldsymbol{p}}\Psi\right].$$

7.9 章末問題

章末問題の略解は，サイエンス社のホームページ (http://www.saiensu.co.jp) から手に入れることができる．

(1) 同種粒子が 3 個ある場合の波動関数の形を，フェルミ粒子の場合とボーズ粒子の場合に示せ．

(2) 1 次元自由粒子のプロパゲーターを求めよ．

(3) 1 次元調和振動子のプロパゲーターを求めよ．

(4) 外向波のグリーン関数が (7.41) となることを示せ．

(5) ガウス関数型の球対称ポテンシャル

$$V(r) = V_0 \exp\left(-\frac{r^2}{r_0^2}\right)$$

および，指数関数型の球対称ポテンシャル

$$V(r) = V_0 \exp\left(-\frac{r}{r_0}\right)$$

による散乱について，第 1 ボルン近似を用いて散乱振幅を求めよ．

参考文献

[1] 朝永振一郎，量子力学 I, II，みすず書房，1952, 1953.

[2] 朝永振一郎，角運動量とスピン『量子力学』補巻，みすず書房，1989.

[3] 朝永振一郎，量子力学的世界像，朝永振一郎著作集第 8 巻，みすず書房，1982.

[4] 外村彰，量子力学への招待，岩波講座物理の世界，岩波書店，2001.

[5] 江沢洋・恒藤敏彦編，量子物理学の展望（上）（下）—50 年の歴史に立って，岩波書店，1977–78.

[6] 湯川秀樹・豊田利幸，量子力学 I, II，岩波講座 現代物理学の基礎〔第 2 版〕，岩波書店，1978.

[7] 清水明，新版 量子論の基礎―その本質のやさしい理解のために，新物理学ライブラリ・別巻 2，サイエンス社，2004.

[8] 大高一雄，基礎量子力学，電気・電子・情報・通信基礎コース，丸善，2002.

[9] 坂井典佑，基礎物理学課程 量子力学 I, II，培風館，1999, 2000.

[10] 猪木慶治・川合光，量子力学 I, II，講談社，1994.

[11] 岡崎誠，量子力学 [新訂版]，新物理学ライブラリ 6，サイエンス社，1997.

[12] 川村清，量子力学 I，産業図書，1996; 清水清孝，量子力学 II，産業図書，1996.

[13] 江沢洋，量子力学 (I), (II)，裳華房，2002.

[14] 齋藤理一郎，量子物理学，電子工学初歩シリーズ 7，培風館，1995.

[15] 岸野正剛，量子力学の基礎，丸善，1990.

[16] 町田茂，基礎量子力学，パリティ物理学コース，丸善，1990.

[17] 米谷民明，量子論入門講義，培風館，1998.

[18] 有馬朗人，量子力学，朝倉現代物理学講座 4，朝倉書店，1994.

[19] W. グライナー，伊藤伸泰・早野龍五（監訳），量子力学概論，シュプリンガー・フェアラーク東京，2000.

[20] J.J. サクライ，桜井明夫（訳），現代の量子力学（上）（下），吉岡書店，1989.

[21] ガシオロウィッツ，林武美・北門新作（訳），量子力学 I, II，丸善，1998.

[22] マンドル，森井俊行・蛯名邦禎（訳），量子力学，丸善，1998.

[23] ファインマン・レイトン・サンズ，砂川重信（訳），量子力学，ファインマン物理学 V，岩波書店，1986.

[24] シッフ，井上健（訳），新版 量子力学（上）（下），吉岡書店，1970.

[25] メシア，小出昭一郎・田村二郎（訳），量子力学 1, 2, 3，東京図書，1971–72.

[26] ランダウ・リフシッツ，佐々木健・好村滋洋（訳），量子力学 1, 2（改訂新版），東京図書，1983.

[27] J. シュウィンガー，清水清孝・日向裕幸（訳），シュウィンガー量子力学，シュプリンガー・フェアラーク東京，2003.

[28] A. ヤリフ，野村昭一郎（訳），量子力学の基礎と応用，啓学出版，1983.

[29] 宮沢弘成（監訳），量子力学 上・下，バークレー物理学コース 4，丸善，1975.

[30] W. ハイトラー，久保昌二・木下達彦（訳），初等量子力学 量子化学の基礎理論，共立全書 514，共立出版，1959.

[31] P.T. マシューズ，藤井昭彦（訳），初等量子力学，培風館，1976.

[32] ザイマン，樺沢宇紀（訳），ザイマン現代量子論の基礎，丸善プラネット，2000.

参考文献

[33] A.P. フレンチ・E.F. テイラー，平松惇（監訳），MIT 物理 量子力学入門 I, II，培風館，1993, 1994.

[34] G.F. ドゥルカレフ，小島英夫（訳），量子力学，大竹出版，1990.

[35] 阿部龍蔵，量子力学入門，物理テキストシリーズ 6，岩波書店，1987.

[36] 砂川重信，量子力学，岩波書店，1991.

[37] 原康夫，量子力学，岩波基礎物理シリーズ 5，岩波書店，1994.

[38] 岡崎誠，物質の量子力学，岩波基礎物理シリーズ 6，岩波書店，1995.

[39] 中嶋貞雄，量子力学 I，物理入門コース 5，岩波書店，1983; 量子力学 II，物理入門コース 6，岩波書店，1984.

[40] 砂川重信，量子力学の考え方，物理の考え方 4，岩波書店，1993.

[41] 和田純夫，量子力学のききどころ，物理講義のききどころ 3，岩波書店，1995.

[42] 藤原毅夫，キーポイント量子力学，物理のキーポイント 5，岩波書店，1995.

[43] 朝永振一郎・玉木英彦・木庭二郎・大塚益比古・伊藤大介（訳），ディラック量子力学 原書第 4 版，岩波書店，1968.

[44] 小出昭一郎，量子論（改訂版），基礎物理学選書 2，裳華房，1990.

[45] 小出昭一郎，量子論 (I)（改訂版），(II)（改訂版），基礎物理学選書 5，裳華房，1990.

[46] 原島鮮，初等量子力学（改訂版），裳華房，1986.

[47] 朝永振一郎，スピンはめぐる，中央公論社，1974.

[48] ローズ，山内恭彦・森田正人（訳），角運動量の基礎理論，みすず書房，1971.

[49] 永長直人，物性論における場の量子論，岩波書店，1995.

[50] 北原和夫（訳），ファインマン経路積分と量子力学，マグロウヒル，1990.

[51] 崎田文二・吉川圭二，経路積分による多自由度の量子力学，岩波書店，1986.

[52] フォン・ノイマン，井上健・広重徹・恒藤敏彦（訳），量子力学の数学的基礎，みすず書房，1978.

[53] アイシャム，佐藤文隆・森川雅博（訳），量子論 その数学及び構造の基礎，吉岡書店，2003.

[54] ペレス，大場一郎・山中由也・中里弘道（訳），量子論の概念と手法 先端研究へのアプローチ，丸善，2001.

[55] 日本物理学会編，量子力学と新技術，培風館，1987.

[56] 上田正仁，現代量子物理学［基礎と応用］，培風館，2004.

[57] 後藤憲一・西山敏之・山本邦夫・望月和子・神吉健・興地斐男，詳解理論応用 量子力学演習，共立出版，1982.

[58] 岡崎誠・藤原毅夫，演習 量子力学 [新訂版]，セミナーライブラリ物理学 4，サイエンス社，2002.

[59] 小野寺嘉孝，演習で学ぶ量子力学，裳華房フィジックスライブラリ，裳華房，2002.

[60] 小谷正雄・梅沢博臣（編），大学演習量子力学，裳華房，1959.

[61] 三枝寿勝・瀬藤憲昭，量子力学演習 シッフの問題解説，吉岡書店，1971.

[62] 飯高敏晃，演習現代の量子力学 J.J. サクライの問題解説，吉岡書店，1992.

索　引

あ 行

アインシュタイン-ド・ブロイの関係式, 12
アハラノフ-ボーム効果, 227

異種粒子, 212
位相速度, 22
位相のずれ, 240
一般化運動量, 223
井戸型ポテンシャル, 104

ウィーン (Wien) の輻射公式, 2
ウィーンの変移則, 16
ウェーバー (Weber) の微分方程式, 115

永久双極子モーメント, 138
永年方程式, 138
エーレンフェスト (Ehrenfest) の定理, 67
エネルギー固有関数, 54
エネルギー固有状態, 29, 54
エネルギー固有値, 54
エネルギー準位, 11, 110
エネルギー分母, 135
エネルギー量子, 5
エルミート交代, 74
エルミート (Hermite) 多項式, 117
エルミートの微分方程式, 117
演算子, 25
遠心ポテンシャル, 166

遅い変数, 158
オブザーバブル, 41

か 行

外積, 78
階段関数, 32
階段状ポテンシャル, 91
ガウス波束, 85
過完備系, 128

殻, 194
確率解釈, 21, 39
確率密度, 39
確率密度流, 61
重ね合わせの原理, 29, 40
重ね合わせの状態, 40
カシミア (Casimir) 効果, 225
仮想遷移, 146
ガモフ (Gamov) の透過因子, 155
換算質量, 163
干渉項, 41
干渉効果, 41
完全系, 47
完全性関係, 49
完全正規直交系, 48
完全透過, 102
完全反射, 94

幾何学的位相, 228
規格化, 27
規格化条件, 39
期待値, 52
基底状態, 11, 112
軌道, 194
軌道角運動量, 164
軌道関数, 209, 217
軌道縮退, 192
球ノイマン (spherical Neumann) 関数, 186
球ノイマン関数, 185
球ベッセル (spherical Bessel) 関数, 186
球ベッセル関数, 185
球ベッセル微分方程式, 185
球面極座標系, 168
球面調和関数, 179
球面波, 22
共鳴, 148
共鳴散乱, 240

共鳴発散, 134
共役演算子, 42
行列力学, 20
局所ゲージ変換, 159, 226
局所的位相変化, 226
巨視的波動関数, 243
ギンツブルク-ランダウ (Ginzburg-Landau) 方程式, 243

空間反転, 105
空洞, 2
クープマンス (Koopmans) の定理, 222
クーロンゲージ, 225
クーロン積分, 220
矩形ポテンシャル, 87
グラウバー (Glauber) の定理, 129
グリーン (Green) 関数, 230, 236
クレプシュ-ゴルダン (Clebsch-Gordan) 係数, 205
クロネッカー (Kronecker) のデルタ記号, 32
群速度, 86
クンマー (Kummer) の微分方程式, 182, 191

ゲージ関数, 225
ゲージ共変微分, 226
ゲージ原理, 226
ゲージ固定, 226
ゲージ不変性, 159
ゲージ変換, 225
ケット (ket) ベクトル, 76

コア積分, 220
光学定理, 239
交換子, 45
交換積分, 222
交換相互作用, 222
光子, 6
合成則, 230
光電効果, 5
光電子, 7
合流型超幾何関数, 183
合流型超幾何微分方程式, 182, 191
光量子, 6
光量子仮説, 6

黒体輻射, 2
個数演算子, 121
個数確定状態, 121
個数状態, 121
個数表示, 121
古典的転回点, 156
コヒーレント状態, 126
コペンハーゲン解釈, 39
固有関数, 27, 46
固有状態, 46
固有値, 27, 46
固有値スペクトル, 47
固有方程式, 27, 46
混合状態, 37
コンプトン効果, 6

さ 行

最小不確定状態, 72, 120
最小不確定積, 73
座標表示の波動関数, 38
作用, 4
散乱, 233
散乱状態, 113
散乱振幅, 236
散乱長, 240
散乱半径, 240

時間順序積, 63
時間推進演算子, 60
時間発展演算子, 60
磁気モーメント, 204
磁気量子数, 193
試行関数, 152
仕事関数, 7
自己無撞着, 220
実遷移, 146
射影仮説, 69
遮蔽, 220, 221
周期的境界条件, 33, 57
重心座標, 162
重心質量, 163
自由粒子, 82

縮退, 46
縮退度, 46
シュタルクシフト, 137
シュテファン-ボルツマン (Stefan-Boltzmann) の
　　法則, 4
シュミット (Schmidt) の直交化法, 48
主量子数, 192
シュレーディンガー表現, 43
シュレーディンガー表示, 60
シュレーディンガー (Schrödinger) 方程式（時間
　　に依存しない）, 27
シュレーディンガー方程式（時間に依存する）,
　　28
瞬間近似, 150
準古典近似, 155
純粋状態, 37
昇降演算子, 120, 174
状態, 37
状態ベクトル, 76
状態密度, 147
消滅演算子, 120
真空状態, 123

スカラー場, 223
スクイズド状態, 128
スピノル, 202
スピノルの二価性, 202
スピン, 200
スピン一重項状態, 210
スピン角運動量, 15, 200
スピン軌道関数, 209, 217
スピン軌道相互作用, 203
スピン三重項状態, 209, 210
スピンと統計の定理, 214
スペクトル, 33
スペクトル項, 10
スペクトル項系列, 10
スレイター (Slater) 行列式, 217, 220

正準交換関係, 43
正準量子化, 44
生成演算子, 120
ゼーマン効果, 206

ゼーマン (Zeeman) 相互作用, 206
接続公式, 156
接続条件, 89
摂動（項）, 132
摂動ハミルトニアン, 132
摂動法, 132
セルフコンシステント, 220
遷移, 11
遷移振幅, 230
全角運動量, 203
線形作用素, 25
全散乱断面積, 234
線スペクトル, 9

相互作用表示, 60, 143
相対座標, 162
双対関係, 76
相補性原理, 8
測定, 59
測定反作用, 69
束縛状態, 104

た 行

第 1 種球ハンケル (spherical Hankel) 関数, 187
第 1 ボルン近似, 237
第 2 種球ハンケル関数, 187
第 2 ボルン近似, 237
第 2 量子化, 218, 223
第 2 量子化法, 120
対応原理, 25
対角形, 143
対称, 213
対称化操作, 44
対数微分, 89
ダイソン (Dyson) 級数, 62
たたみこみ, 36
たたみこみ積分, 36
弾性散乱, 234
断熱近似, 158
断熱ポテンシャル, 160

逐次近似, 134
秩序パラメータ, 243

中間状態, 135
中心力, 162
超関数, 32
超幾何微分方程式, 182
調和振動子, 114
調和摂動, 148
調和ポテンシャル, 114
直交, 48
直交性, 48

定常状態, 11, 30, 55
ディラックの記法, 76
ディラックのデルタ関数, 32
ディラック場, 223
デュロン-プティ (Dulong-Petit) の法則, 6
デルタ関数規格化, 57
電子相関効果, 222
電子配置, 221

透過率, 94
動径方程式, 168
同時固有関数, 53
同種粒子, 212
動的平均場理論, 222
動力学的位相, 227
独立粒子近似, 217
閉じた系, 20
ド・ブロイ波長, 12
トンネル現象, 100
トンネル効果, 100

な 行

内積, 48, 77
ナブラ演算子, 23

ノイマン関数, 186
ノルム, 48, 77

は 行

パーセヴァル-プランシュレル (Perseval-Plancherel) の等式, 35
ハートリー近似, 219
ハートリー-フォック近似, 221
ハートリー-フォック方程式, 221
ハートリー方程式, 220
ハートリーポテンシャル, 220
ハイゼンベルクの運動方程式, 65
ハイゼンベルク表現, 43
ハイゼンベルク表示, 60
パウリ行列, 202
パウリの排他律, 215
箱形規格化, 57
波数, 22
波数表示の波動関数, 58
波数ベクトル, 22
波束, 85
波束の収縮, 52, 69
波動関数, 21, 27, 28, 38
波動力学, 21
場の演算子, 223
場の量子化, 223
場の量子論, 223
ハミルトニアン, 26
ハミルトニアン演算子, 26
ハミルトンの主関数, 155
ハミルトン (Hamilton) の正準方程式, 21
ハミルトン-ヤコビ (Hamilton-Jacobi) の方程式, 154
波面, 22
速い変数, 158
バルマー (Balmer) の公式, 9
反交換子, 203
反射率, 94
反対称, 213

非可換性, 45
微細構造定数, 204
微小回転, 164
非摂動ハミルトニアン, 132
非束縛状態, 113
非対角形, 143
非対角長距離秩序, 242
微分散乱断面積, 234
非ユニタリー時間発展, 69
標準偏差, 71
開いた系, 20

ビリアル定理, 183
ヒルベルト空間, 38

フーリエ逆変換, 35
フーリエ (Fourier) 級数展開, 33
フーリエ正弦変換, 35
フーリエの積分定理, 34
フーリエ変換, 35
フーリエ余弦変換, 35
フェルミエネルギー, 215
フェルミ-ディラック統計, 215
フェルミ (Fermi) の黄金律, 147
フェルミ分布関数, 213
フェルミ粒子, 214
フォック (Fock) 状態, 121
不確定さ, 71
不確定性関係, 72
不確定性原理, 14
物質波, 12
部分波展開法, 238
ブラ (bra) ベクトル, 76
プランク定数, 4
プランク (Planck) の輻射公式, 4
プロパゲーター, 230
分極率, 139
分散, 73
分散関係, 22
フント則, 221

ベイカー-ハウスドルフの補助定理, 126
平均値, 52
平均場近似, 220
並進操作, 66
閉包関係, 49
平面波, 22
ベッセル関数, 185
ベッセルの微分方程式, 185
ベッセル-パーセヴァル (Bessel-Perseval) の等式, 33
ベリー (Berry) 位相, 160, 227
ベリー接続, 160
変換関数, 79
変分パラメータ, 152

ポアソンの括弧式, 66
ポアソンの和公式, 36
ポアソン分布, 128
方位量子数, 192
方向余弦, 22
方向量子化, 178
ボーア磁子, 204
ボーア-ゾンマーフェルトの量子条件, 13
ボーア半径, 10
ボーズ-アインシュタイン凝縮, 241
ボーズ-アインシュタイン (Bose-Einstein) 統計, 215
ボーズ分布関数, 213
ボーズ粒子, 214
ポテンシャル障壁, 97
ボルン-オッペンハイマー (Born-Oppenheimer) 近似, 159
ボルン近似, 237
ボルンの確率規則, 50
ホロノミー, 228

ま 行

無摂動項, 132
無摂動ハミルトニアン, 132

や 行

ヤコビ (Jacobi) の恒等式, 45
ヤング (Young) の二重スリットの実験, 7
誘起双極子モーメント, 138
ユニタリー演算子, 61
ユニタリー関係式, 239
ユニタリー時間発展, 61
ユニタリー同値, 45
ユニタリー変換, 61
揺らぎ, 71

用意, 52

ら 行

ラグランジュ(Lagrange) の未定乗数, 150
ラグランジュ(Lagrange) の未定乗数法, 151
ラゲール (Laguerre) の微分方程式, 193

ラゲール陪多項式, 193
ラビ (Rabi) 振動, 144
ラプラシアン, 23
ラプラス演算子, 23
ランガー (Langer) の処方, 196
ランデ (Landé) の公式, 206

離散固有値, 47
離散スペクトル, 47
理想測定, 69
リッツ (Ritz) の結合則, 10
リップマン-シュウィンガー (Lippmann-Schwinger) 方程式, 237
リュードベリ (Rydberg) 定数, 10
量子コヒーレンス, 242
量子数, 11, 111
量子場, 223
量子反射, 96
量子ポテンシャル, 154

ルジャンドル多項式, 173
ルジャンドル (Legendre) の微分方程式, 173
ルジャンドル陪関数, 174

零エネルギー共鳴, 240
零点エネルギー, 112
レイリー-ジーンズ (Rayleigh-Jeans) の輻射公式, 3
レイリー-シュレーディンガーの摂動展開, 136

レイリーの公式, 238
レイリー-リッツの変分原理, 151
連続固有値, 47
連続状態, 113
連続スペクトル, 47
連続の方程式, 61

ローレンツゲージ, 225
ロドリーグ (Rodrigues) の公式, 173

欧数字

1次元調和振動子, 114
1体近似, 218
1電子近似, 217
3次元等方的調和振動子, 116, 181

c 数, 25

dc シュタルク効果, 137

g 因子, 204

jj 結合, 208
J 多重項, 221

LS 結合, 208
LS 多重項, 221

q 数, 25

WKB 近似, 100

δ 関数, 32

著者略歴

小川 哲生
（おがわ　てつお）

1985 年	東京大学工学部物理工学科卒業
1988 年	東京大学工学部助手
1990 年	工学博士
同　年	日本電信電話株式会社基礎研究所研究員
1993 年	大阪市立大学工学部助教授
1996 年	東北大学大学院理学研究科助教授
2000 年	大阪大学大学院理学研究科教授
	現在に至る

主要著書
Optical Properties of Low-Dimensional Materials, Vol. 1, 2
(World Scientific, Singapore, 1995 and 1998, 編著)

新・数理科学ライブラリ [物理学] = 6

量子力学講義

2006 年 4 月 10 日 ⓒ	初　版　発　行
2022 年 9 月 25 日	初版第 2 刷発行

著　者	小川哲生	発行者	森平敏孝
		印刷者	篠倉奈緒美
		製本者	小西恵介

発行所　株式会社　サイエンス社

〒151-0051　東京都渋谷区千駄ヶ谷 1 丁目 3 番 25 号
営業　☎ (03) 5474-8500 (代)　　振替 00170-7-2387
編集　☎ (03) 5474-8600 (代)
FAX 　☎ (03) 5474-8900

印刷　(株) ディグ　　製本　(株) ブックアート

《検印省略》
本書の内容を無断で複写複製することは，著作者および出版者の権利を侵害することがありますので，その場合にはあらかじめ小社あて許諾をお求め下さい．

ISBN4-7819-1121-8

PRINTED IN JAPAN

サイエンス社のホームページのご案内
http://www.saiensu.co.jp
ご意見・ご要望は
rikei@saiensu.co.jp まで．

新版 量子論の基礎
清水　明著　Ａ５・本体2000円

グラフィック講義 量子力学の基礎
和田純夫著　２色刷・Ａ５・本体1850円

レクチャー 量子力学
青木　一著　２色刷・Ａ５・本体1900円

はじめて学ぶ 量子力学
阿部龍蔵著　２色刷・Ａ５・本体1600円

演習量子力学 ［新訂版］
岡崎・藤原共著　Ａ５・本体1850円

グラフィック演習 量子力学の基礎
和田純夫著　２色刷・Ａ５・本体1950円

目で見る美しい 量子力学
外村　彰著　Ａ５・本体2800円

新版 シュレーディンガー方程式
－量子力学のよりよい理解のために－
仲　滋文著　Ａ５・本体1800円

＊表示価格は全て税抜きです．

サイエンス社